矿山重大危险源辨识、评价及预警技术

景国勋 杨玉中 著

北京

冶金工业出版社

2012

内 容 提 要

本书以科研项目为背景,主要介绍矿山重大危险源辨识及评价的理论与方法、一般空气区瓦斯爆炸冲击波传播规律的研究以及煤矿安全预警的理论及应用基础等内容。本书不仅对从事矿山安全管理的管理人员具有参考价值,而且对从事矿山危险源辨识、评价及预警技术的研究人员也具有一定的理论参考价值,还可以作为高等院校矿业工程、安全技术及工程专业的研究生和博士生的参考用书。

图书在版编目(CIP)数据

矿山重大危险源辨识、评价及预警技术/景国勋,杨玉中著.
—北京:冶金工业出版社,2008. 12(2012. 1 重印)
ISBN 978-7-5024-4782-3

Ⅰ. 矿… Ⅱ.①景… ②杨… Ⅲ. 矿山安全 Ⅳ. TD7

中国版本图书馆 CIP 数据核字(2008)第 201975 号

出 版 人 曹胜利
地 址 北京北河沿大街嵩祝院北巷 39 号, 邮编 100009
电 话 (010)64027926 电子信箱 yjcbs@cnmip. com. cn
责任编辑 郭冬艳 美术编辑 张媛媛 版式设计 葛新霞
责任校对 王贺兰 责任印制 牛晓波
ISBN 978-7-5024-4782-3

北京百善印刷厂印刷;冶金工业出版社出版发行;各地新华书店经销
2008 年 12 月第 1 版, 2012 年 1 月第 2 次印刷
850mm×1168mm 1/32;14. 625 印张;390 千字;452 页
42. 00 元

冶金工业出版社投稿电话:(010)64027932 投稿信箱:tougao@cnmip. com. cn
冶金工业出版社发行部 电话:(010) 64044283 传真:(010)64027893
冶金书店 地址:北京东四西大街 46 号(100010) 电话:(010)65289081(兼传真)
(本书如有印装质量问题, 本社发行部负责退换)

前　言

我国矿山事故状况十分严重,尤其是近几年重、特大恶性事故时常发生,每年发生一次死亡 3 人以上的较大事故 500 余起,一次死亡 10 人以上的重大事故约 70~80 起。在一次死亡 3 人以上的事故次数中,矿山事故占工矿企业总数的 70% 以上,煤矿百万吨死亡率是印度的 10 倍,美国的 60 倍。

我国是煤炭生产和消费大国,煤炭产量居世界第一位。但我国矿山重大恶性事故不断发生,如近年来平顶山十一矿的瓦斯爆炸事故死亡 39 人,平顶山十矿的瓦斯爆炸事故死亡 79 人,郑煤集团大平煤矿的瓦斯爆炸事故死亡 148 人,孙家湾煤矿的瓦斯、煤尘爆炸事故死亡 214 人。发生在这些国有重点煤矿的恶性事故,不仅影响矿井的安全生产,造成重大的经济损失,而且也产生了严重的政治影响,甚至波及到社会的稳定与发展。

在井下事故易发性的评价理论和方法方面,澳大利亚、德国、匈牙利、美国、波兰、前苏联、日本等国均进行了系统研究,其中澳大利亚、德国等国借用现有的概率评价方法,结合矿山生产实际对煤矿事故的易发性进行了研究,开发出了定量分析方法。在瓦斯爆炸冲击波的研究方面,国内外主要集中在燃烧区瓦斯爆炸冲击波的传播规律研究。

随着我国矿山企业向大型化、设备现代化发展和采用新的监测、监控手段,研究矿山重大致因及预测预报技术已成为矿山企业安全生产的当务之急。无论是从政府部门对矿山企业灾害的宏观控制还是企业对事故预防方面考虑,均需要一套系统的、科学的、能反映矿山安全状态,准确有效地辨识评价各类重点危险源的方法及监测监控和预警技术。从而减少或杜绝事故的发生,确保矿山安全、高效、经济地生产,促进国民经济健康、快速发展。

本书主要分析了以下几方面的问题:

(1)矿山重大危险源(爆炸、火灾、煤尘、煤与瓦斯突出)分类与评价原理:矿山重大危险源的特性及分类;矿山重大危险源评价程序及建模原则。

(2)矿山重大危险源(爆炸、火灾、煤尘、煤与瓦斯突出)辨识及评价模型:矿山重大危险源辨识标准;矿山重大危险源评价的指标体系;矿山重大危险源评价模型。

(3)事故伤害严重度评价方法:井下火灾事故的状态模型与系统分析研究;火灾事故后果评价指标及量化方法;瓦斯爆炸事故状态模型与系统分析研究;瓦斯爆炸事故后果评价指标及量化方法;面向煤尘爆炸的矿山重大危险源评价研究;煤与瓦斯突出事故危险性评价;煤与瓦斯突出事故危害性评价。

(4)研究得出了冲击波在管道截面积变化处的传播规律。冲击波超压在管道截面积变化处的衰减系数不仅和管道截面积变化幅度有关系,而且和冲击波的初始超压也有密切的关系。冲击波在由小断面进入大断面情况下,冲击波超压衰减系数随着巷道截面积变化幅度的加大而增加,随着冲击波初始超压的增加而增加;冲击波在由大断面进入小断面情况下,冲击波超压衰减系数随着巷道截面积变化幅度的加大而增加,随着冲击波初始超压的增加而增加。

(5)煤矿安全预警系统:提出了煤矿安全预警的理论框架及系统组成,建立了初步的煤矿安全预警指标体系和预警模型。

本书以科研项目为背景,该项目得到了国家自然科学基金(50674041)、教育部长江学者和创新团队发展计划(IRT0616)、教育部高等学校博士学科点专项科研基金(20050460002)、河南理工大学博士基金(B2008-60)等资助计划的资助。本书由河南理工大学的景国勋教授、杨玉中副教授共同主笔,在本书的成稿过程中,河南理工大学的贾智伟博士、研究生张甫仁、吴立云、张强和郑远攀也做了大量的工作,在此一并表示感谢。

由于作者的水平所限,书中不当之处,敬请读者批评指正!

作　者

2008 年 8 月

目　　录

1 绪 论

1.1 开展矿山重大危险源辨识、评价及预警技术研究的意义

在生产建设活动中一旦发生事故,给人们带来的不幸常常是巨大、惨痛和难以弥补的。这一点,已被越来越多的科技专家、企业家和政府官员所认识。早在1906年,美国U.S钢铁公司董事长E.H. 凯里在总结了公司中发生的一系列恶性事故教训后,把公司原来的"质量第一、产量第二"的经营方针,改变为"安全第一、质量第二、产量第三"。这一方针的改变,以及所采取的一系列有效的安全生产措施,不仅缓和了劳资双方的紧张关系,保障了人身和设备的安全,而且使企业经济效益获得了极大的提高。"安全第一"方针所取得的成功,震动了世界实业界的有识之士,群起而步其后尘[1]。

我国的煤矿生产大多数是地下作业,自然灾害因素很多,许多矿井都不同程度地受到火灾、顶板、瓦斯、煤尘、水患等灾害的威胁,发生各种事故的概率比较高。但煤炭是我国主要能源,近30年来,煤炭占我国一次能源的70%以上,可以说是我国的大动脉。然而,我国矿山事故状况十分严重,图1-1~图1-4反映了我国近几年煤矿事故的现状。

1.1.1 我国安全生产的现状

十六大以来,党和国家进一步健全完善了安全生产方针政策和法律法规,并从体制、机制、规划、投入等方面,采取一系列举措加强安全生产;各级党委政府高度重视,加强领导、落实责任;各重点企业和广大生产经营单位依法依规、履行职责;社会各界关注支

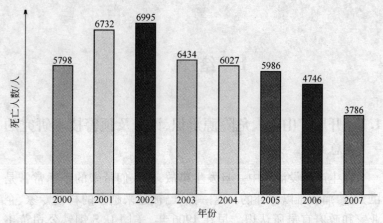

图 1-1   2000 ~ 2007 年煤矿事故死亡人数分布图

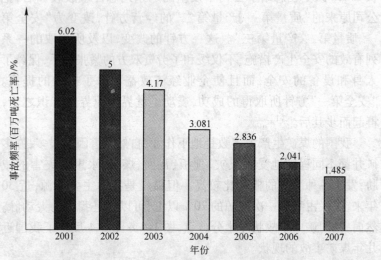

图 1-2   2001 ~ 2007 年煤矿百万吨死亡率分布图

持、参与监督。经过努力,安全生产的理论、法律、政策体系得到建立和形成,安全监管体制机制不断健全完善,安全生产状况趋于稳定好转。

1.1.1.1   安全生产理论体系初步建立

胡锦涛总书记在中央政治局第 30 次集体学习会上的重要讲

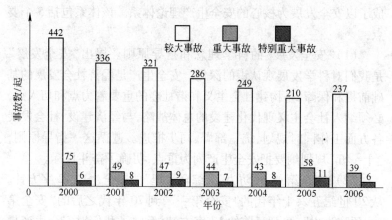

图 1-3 2000～2006 年煤矿重特大事故分布图

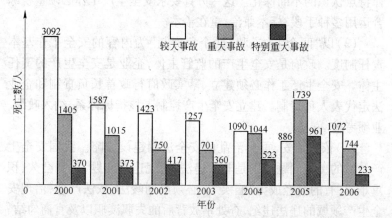

图 1-4 2000～2006 年煤矿重特大事故死亡人数分布图

话,温家宝总理在 2006 年全国安全生产工作会议上的讲话和《政府工作报告》中的相关论述,全面系统地阐述了安全生产的重要意义、指导原则、方针政策和重大举措。党的十六届五中全会确立了安全发展的指导原则,六中全会把坚持和推动"安全发展"纳入构建社会主义和谐社会应遵循的原则和总体布局。这些均为安全生产工作指明了方向,提供了坚实的思想理论基础和强大的精神动力。在总结国内外安全生产发展规律和经验教训的基础上,形成了以安全发展为核心的安全生产理论体系。该体系包括5个要点：

(1)"安全发展"的科学理念和指导原则。提出"安全发展"是我们对科学发展观认识的深化。安全生产是经济社会发展的基础前提和保障，是构建社会主义和谐社会的重要着力点和切入点，必须纳入社会主义现代化建设的总体战略，与经济建设、社会发展各方面工作同时规划、统一部署、同步推进。遵循这一指导原则，"十一五"规划纲要把安全生产列为重点，明确了奋斗目标。

(2)"安全第一、预防为主、综合治理"的安全生产12字方针。从20世纪五六十年代的"安全第一"，到70年代之后的"安全第一、预防为主"，再到目前的12字方针，反映了我们对安全生产规律特点认识的不断深化。这一方针要求安全生产工作必须重视综合运用多种手段，标本兼治、重在治本。

(3)以"两个主体"和"两个负责制"为内容的安全工作基本责任制度。政府是安全生产的监管主体，企业是安全生产的责任主体。安全生产工作必须建立、落实政府行政首长负责制和企业法定代表人负责制。建立安全生产控制考核指标体系，纳入政绩、业绩考核。

(4)依法治安、重典治乱的安全法制建设方略。我国安全生产领域的一些问题特别是非法违法、违规违章问题，积弊已久、积重难返，有的已经成为"痼疾"。必须严刑峻法、依法严惩，治理安全生产领域的违法违纪，查处事故背后的失职渎职以及官商勾结、权钱交易等腐败现象，尽快建立规范完善的安全生产法治秩序。

(5)倡导先进的安全文化，建立包括群众监督、舆论监督和社会监督在内的安全生产参与监督机制。安全生产工作是党的事业、人民群众的事业，必须调动全党、全社会的积极性，提高全社会安全意识和全民安全素质，形成广泛的参与和监督机制。安全生产重大决策、重点工作进展情况、重特大事故查处结果等，要让人民群众知道、向社会公布，接受来自方方面面的监督。

1.1.1.2 安全生产法律体系逐步健全完善

目前已有一部主体法即《安全生产法》。《劳动法》、《煤炭法》、《矿山安全法》、《职业病防治法》、《海上交通安全法》、《道路交通安全法》、《消防法》、《铁路法》、《民航法》、《电力法》、《建筑法》等十余部专门法律中，都有安全生产方面的规定。另外还有《国务院关于特大安全事故行政责任追究的规定》、《安全生产许可证条例》、《煤矿安全监察条例》、《关于预防煤矿生产安全事故的特别规定》、《危险化学品安全管理条例》、《烟花爆竹安全管理条例》、《民用爆炸物品安全管理条例》、《道路交通安全法实施条例》和《建设工程安全生产管理条例》等50多部行政法规、上百个部门规章。各地都制定出台了一批地方性法规规章,21个省(区、市)颁布实施了《安全生产条例》。企业建章立制工作也有很大进展。目前安全生产各个方面、各个环节的工作,大致上都可以做到有法可依、有章可循。

1.1.1.3 安全生产政策体系趋于形成

2005年底,鉴于安全生产领域存在的种种历史和现实问题,国务院第116次常务会议提出在采取断然措施遏制重特大事故、实现治本的同时,要在安全规划、行业管理、安全投入、科技进步、宏观调控、教育培训、安全立法、激励约束考核、企业主体责任、事故责任追究、社会监督参与、监管和应急体制等方面,采取有利于安全生产的对策措施,综合运用法律、经济、科技和必要的行政手段,抓紧解决影响制约安全生产的各种历史性、深层次问题,建立长效机制。

12项治本之策出台一年多来,由国务院办公厅转发或相关部门联合制定下发的安全生产工作政策性、规范性文件将近37份,在高危行业安全费用提取、安全风险抵押、煤炭资源有偿使用、煤层气开发利用、工伤责任保险、农民工技能培训、煤炭专业人才培养、中央企业安全业绩考核等方面,出台了一系列政策措施;国务院、全国人大、中纪委、高法、高检及有关部门出台或修订了一系列法律法规和规章。各地政府在扶持企业安全技术改造和补还安全

欠账、鼓励煤矿关闭转产、运用工伤社会保险基金开展安全宣传和
事故预防、加强公共安全基础设施建设等方面,也制定和采取了一
些行之有效的政策办法。国务院决定在山西开展煤炭工业可持续
发展政策措施试点,在8省区开展了煤炭资源有偿使用制度改革
试点。

1.1.1.4 安全生产监管体制机制不断健全

目前国家层面上的安全管理职责格局是:安全监管总局对全
国安全生产实施综合监管,并负责煤矿安全监察和非煤矿山、危险
化学品、烟花爆竹等无主管部门行业领域的安全监管工作;国防科
工委、公安部、建设部、交通部、铁道部、民航总局和国资委等部门,
分别负责本系统、本领域的安全工作;质检总局负责锅炉压力容器
等4类特种设备的安全监督检查;卫生部负责职业病诊治工作;劳
动和社会保障部负责工伤保险管理,同时保留了儿童、妇女的劳动
保护工作职能;到2006年底,各省(区、市)和新疆生产建设兵团、
各市(地)以及92%的县(市),已建立专门的安全生产监管机构;
全国有9个省市、156个地市和1197个县,建立了安全生产执法
队伍。全国共有监管人员约5.5万人。"政府统一领导,部门依
法监督,企业全面负责,群众监督参与,社会广泛支持"的安全生
产工作格局,以及"国家监察、地方监管、企业负责"的煤矿安全生
产工作责任体系,已经形成并逐步完善。

在安全生产应急管理体系建设方面,成立了国家安全生产应
急救援指挥中心,全国有17个省(区、市)建立了专门机构。在目
前国家发布的25个应急专项预案中,安全生产预案为9个,占
36%;在80个部门预案中,安全生产预案为22个,占27.5%。各
省(区、市)都制订发布了安全生产应急预案。中央企业预案覆盖
率已经达到100%。正在抓紧建设26个矿山、20个危险化学品国
家级救援基地;消防、海上搜救、铁路、民航、电力、核工业等救援基
地和救护队伍建设进一步得到加强。"统一指挥、反应灵敏、协调
有序、运转高效"的安全生产应急救援工作机制正在形成。2006
年救援矿山事故2614起,1255人经抢救生还;海上搜救1620次,

成功救助 16753 人。

1.1.1.5 安全生产总体趋于好转

继 2003 年出现事故总量下降的"拐点"之后(下降 1.9%),2004 年、2005 年分别下降 0.2% 和 7.1%。2006 年在国民经济持续快速发展、能源原材料和交通运输市场需求旺盛、持续增长的情况下,安全生产状况继续趋稳趋好。事故总量有较大幅度下降。全年共发生各类事故 627158 起,同比下降 12.6%;死亡 112822 人,减少 14267 人,下降 11.2%。亿元 GDP 生产事故死亡率为 0.558%、下降 20.3%;工矿商贸十万就业人员事故死亡率为 3.33%、下降 13.5%。重特大和特别重大事故明显减少。3~9 人重大事故的起数和死亡人数分别下降 9.6% 和 7.6%;10 人以上事故分别下降 30.1% 和 49%,其中 30 人以上特别重大事故分别下降 58.8% 和 78%。没有发生百人以上事故。煤矿等重点行业领域安全生产状况有了改善。煤矿事故起数下降 10.9%,死亡减少 1192 人、下降 20.1%。煤矿百万吨死亡率 2.041%,下降 27.4%。道路交通事故死亡减少 9283 人、下降 9.4%,万车死亡率为 6.2%、下降 18.4%。铁路、建筑施工、金属和非金属矿山、火灾、水上交通、渔业船舶、农业机械等事故,也都有不同幅度的下降。大多数地区安全生产得到加强,安全形势相对好转。32 个省级统计单位中,有 31 个单位事故下降。河北、海南、新疆、辽宁、吉林、宁夏和贵州 7 省区事故死亡人数同比下降 15% 以上。

1.1.2 开展重大危险源辨识、评价及预警技术研究的意义

为改变矿山的安全状况,减少矿山伤亡事故,针对矿山安全的重大问题组织科技攻关,具有重大的经济、社会和政治意义。其目的旨在针对我国矿山生产这样一个特殊作业的实际情况,提出主要危险灾害模式辨识原理和方法,研究适合我国情况的矿山企业安全评价理论方法,提出各类矿山事故易发性及严重度的定量评价方法,开发矿山重大灾害预警技术,以改善我国矿山生产过程中的安全落后状况,提高对矿山灾害预防及控制效果。

　　国外工业发达国家对矿山安全非常重视,在矿山事故的检测、信息分析、危险源的辨识原理和方法、矿山企业的危险评价技术、事故的控制管理手段等方面投入了大量的资金和人力,初步形成了一套可行的方法,对控制和预防重大矿山事故的发生起到了重要的作用。

　　在矿山重大事故后果的研究中,美国、波兰、前苏联、德国等进行了定量研究,开发出了较成熟的方法与相应的软件,并且取得了系列化的成果,达到了可应用的程度[2,3]。

　　在事故易发性的评价理论和方法的研究中,澳大利亚、德国、匈牙利、美国、波兰、前苏联、日本等均进行了系统研究,其中澳大利亚、德国等国借用现有的概率评价方法,结合矿山生产实际对煤矿事故的易发性进行了研究,开发了定量分析方法[4]。近年来随着模糊数学理论的发展和完善,许多科研人员开始应用模糊评价方法对事故易发性进行评价,并且取得了可喜的成果,由此我们可以看到其蕴藏的巨大潜力。

　　在评价的基本原理和信息管理方面,国外广泛采用专家系统和数据库技术,开展人工智能技术和特殊的矿山企业间的"界面"信息量化与分析原理的研究,已开发出了可靠、适用的软件。

　　在重大灾害预警的研究方面,发达国家在高风险行业如财务、金融、火灾等行业的预警技术研究已经比较成熟,日本在 2007 年的 10 月份正式启用了全国地震预警系统。但国外对预警的研究主要局限在技术层面上,对预警的基本理论却缺乏系统的阐述。

　　政府对矿山事故的预防和控制一直比较重视,并且投入了很大的资金改造矿山企业设备、利用新的检测和监控手段,并且取得了不错的效果。但是相比之下对矿山危险源辨识和评价相对不足,对重大灾害的预警研究相对不足,管理手段落后。随着我国矿山企业向大型化、设备现代化发展和采用新的检测、监控手段,开发先进的矿山重大灾害致因及预测预报系统已成为矿山企业安全管理的当务之急。从政府部门对矿山企业灾害的宏观控制与企业的事故预防方面考虑,需要一套系统的、科学的、能反映矿山安全状态,准确有效地辨识评价各类重大危险源的方法、重大灾害的监测监控系统和安全预警系统。减少或杜绝事故的发生,确保矿山安全、高效、经济地生产,促进国民经济健康、快速发展。

1.2 国内外研究现状

1.2.1 重大危险源辨识的研究现状

20 世纪 70 年代以来,预防重大工业事故已成为各国社会、经济和技术发展的重点研究对象之一,引起国际社会的广泛重视。随之产生了"重大危害(major hazards)"、"重大危害设施(国内通常称为重大危险源)(major hazard installations)"等概念。为了预防重大工业事故的发生,降低事故造成的损失,必须建立有效的重大危险源控制系统[5]。重大危险源控制系统一般应包括重大危险源辨识、评价、安全监察和应急预案等部分。其中辨识与评价是整个控制系统的基础。要改变重大工业事故预防、管理和控制上的被动状况,扭转重大工业事故频繁、损失严重的被动局面,必须深入研究重大工业事故的发生原因、过程和规律,弄清重大工业事故的伤害机理,提出重大工业危险源的辨识标准和评价方法,并且提供科学实用的重大工业危险源辨识、评价工具软件。只有这样,重大工业事故的控制才能有科学的指导,才能收到防患于未然的效果[6]。

国外重大事故预防的实践经验表明:为了有效预防重大工业事故的发生,降低事故造成的损失,必须建立重大危险源控制系统[5]。英国是最早系统地研究重大危险源控制技术的国家。1974 年英国卫生与安全委员会设立了重大危险咨询委员会,负责研究重大危险源的辨识、评价技术和控制措施。欧共体在 1982 年颁布了《工业活动中重大事故危险法令》,简称《塞韦索法令》。为实施《塞韦索法令》,英国、荷兰、德国、法国、意大利、比利时等欧共体成员国都颁布了有关重大危险源控制规程,要求对工厂的重大危害设施进行辨识、评价,提出相应的事故预防和应急计划措施,并向主管当局提交详细描述重大危险源状况的安全报告。
1993 年第 80 届国际劳工大会通过《预防重大工业事故》公约和建
议书。该公约要求各成员国制定并实施重大危险源辨识、评价和
控制的国家政策,预防重大工业事故发生。为促进亚太地区的国
家建立重大危险源控制系统,ILO 于 1991 年 1 月在曼谷召开了重
大危险源控制区域性讨论会。1992 年 10 月在 ILO 支持下韩国召
开了预防重大工业事故研讨会。同样在 ILO 支持下,印度、印尼、
泰国、马来西亚和巴基斯坦等建立了国家重大危险源控制系统。
1996 年 9 月,澳大利亚国家职业安全委员会颁布了重大危险源控
制国家标准和实施重大危险源控制的规定。

　　20 世纪 90 年代初,我国开始重视对重大危险源的评价和控
制,"重大危险源评价和宏观控制技术研究"被列入国家"八五"科
技攻关项目。该课题提出了重大危险源控制思想和评价方法,为
我国开展重大危险源的普查、评价、分级监控和管理提供了良好的
技术依托。国家"九五"科技攻关课题"重大工业火灾、爆炸、毒物
泄漏事故预防技术"的四个专题之一即"矿山重大危险源辨识评
价技术"[7]。"十五"期间开展了《重大危险源安全规划与应急预
案编制技术》研究,国家科技攻关项目"矿山重大瓦斯煤尘爆炸事
故预防与监控技术"课题也将矿井瓦斯煤尘爆炸危险性预测评
价、瓦斯煤尘灾害及事故隐患的辨识和监测等内容列为研究目
标[8]。通过上述科技攻关和试点研究,逐步形成了一套适合我国
国情的重大事故预防体系思想和重大危险源辨识、评价、控制技
术。2000 年 9 月 17 日我国发布了重大危险源辨识国家标准并明
确提出危险源辨识是重大工业事故预防的有效手段。2005 年发
布的国家安全生产"十一五"规划(2006 ~ 2010)确定的主要任务
之一即实施重大危险源监控和重大事故隐患治理。

　　在重大危险源控制领域,我国虽然取得了一些进展,发展了一
些实用新技术,对促进企业安全管理、减少和防止伤亡事故起到了
良好的作用,为重大工业事故的预防和控制奠定了一定的基础。
但由于我国工业基础薄弱,生产设备老化日益严重,超期服役、超

负荷运行的生产系统大量存在,形成了我国工业生产中众多的事故隐患,而我国重大危险源控制的有关研究和应用起步较晚,尚未形成完整的系统,同欧洲及美、日等工业发达国家的差距较大[5]。目前,重大危险源数量大、分布广,且没有建立起完善的监控管理体系;对人民群众生命财产安全构成严重威胁的重大事故隐患尚未得到有效治理。

根据文献[9~14]可知,在瓦斯爆炸事故危险源辨识研究方面,南非的 D. M. 莫瑞斯结合实际的矿井瓦斯爆炸事故,提出了以瓦斯和火源这两个基本因素入手分析和辨识瓦斯爆炸事故危险源;美国的 W. W. 罗朗士针对瓦斯爆炸事故提出了辨识的分级标准,并给出了允许的危险等级及其相应的分级指标;英国的 A. W. 德维斯提出了从瓦斯爆炸的机理入手来分析和研究瓦斯爆炸事故的各种因素(即危险源);T. J. 托朴生等人提出了结合实际爆炸事故从生产点到生产系统来进行辨识研究;另外,K. P. 利恩、F. W. 温迪哥等人在此方面也作了一定的贡献。

根据文献[15~20]可知,在我国,江兵、白勤虎等人提出了从导致瓦斯爆炸事故的基本因素(即重大危险源)入手分析其各种因素的诱发因素(即触发型危险源)的方法来进行瓦斯爆炸事故危险源等矿山重大危险源辨识工作;福州大学的林香民等人则以大量瓦斯爆炸事故资料为准来进行瓦斯爆炸事故危险源的辨识分析,从而得出其危险源,即诱发因素;辽宁技术工程大学的单亚飞、贾德祥等人对瓦斯爆炸事故危险源的辨识仍然采用以大量瓦斯爆炸事故资料为准来进行辨识研究;另外,我国的申富宏、张志平、陈绍仁等在这方面也作了一定的研究。

在爆炸冲击波的伤害研究方面,Brode 在 1954 年从理论上推导了理想气体中产生的冲击波入射超压和正向入射冲量。Pietersen,Eisenberg 和 Hirsch 等人对冲击波的肺伤害,以及耳鼓膜的伤害进行了一定的研究,而 White 则对冲击波的头部撞击致死进行了较深入的研究[21]。在我国,宇德明博士对炸药爆炸所产生的冲击波的伤害进行了较深入的研究;第三军医大学野战外科研究所杨志焕等人对冲击波对人员伤害也进行了一定的研究。

而在井下瓦斯爆炸冲击波的伤害及冲击波在井下巷道中传播规律方面的研究，就国内外目前的研究，由于井下环境的复杂性和瓦斯爆炸事故的危险性，到目前为止还较为匮乏，理论尚不够成熟。

前苏联 C. K. 萨文科[22]，通过在 125mm 和 300mm 的管道模型试验，得出了空气冲击波通过巷道分岔和转弯处的衰减系数，还做了薄膜测压弹试验，得出了冲击波压力沿直巷道长度的衰减特性。指出空气冲击波波面上压力衰减强度基本上取决于巷道断面尺寸和巷道表面的粗糙性系数。

澳大利亚 A. R. 格林、I. 利伯和 R. W. 尤普福尔得，建立了瓦斯和煤尘爆炸过程的理论框架及计算机模型。南斯拉夫、波兰合作研究了波斯尼亚—墨塞哥维那矿井瓦斯煤尘的爆炸特性，他们在实验室和井下分别进行了试验，并计算出了爆炸的最大压力和压力的最大上升速度等[23]。

根据文献[24~29]可知，在我国，中国地质大学的熊永强等人在分析了煤与瓦斯突出影响因素的基础上，提出了煤与瓦斯突出预测的人工神经网络模型；国内外的许多专家学者进行了煤与瓦斯突出机理的研究，通过对国内外部分煤与瓦斯突出资料的分析，得出了地应力、瓦斯和煤三因素都是发动突出的动力，并提出了煤层突出前的模式，并据此探讨了预测突出的部位及强度的方法；中国矿业大学的李成武等人对鹤壁六矿煤与瓦斯突出敏感指标进行考察，提出了确定煤与瓦斯突出敏感指标及临界值的方法；根据煤与瓦斯突出后产生动力效应的象限，北京科技大学的程五一等人对煤与瓦斯突出的冲击波进行了研究，分析了它的形成并建立了模型；黑龙江科技学院的肖福坤运用突变学理论对煤与瓦斯突出的突出机理和突出条件进行了定性分析，通过建立煤与瓦斯突出的尖点模型，对突出的孕育过程和突出过程做了系统的理论分析，得出了瓦斯突出启动的突变机制和突变条件，从而为煤与瓦斯突出灾害预测与防治提供了新的理论依据；此外我国的成新龙等人也进行了煤与瓦斯突出的大量研究。

1.2.2 重大危险源评价技术研究现状

危险性评价即风险评价最初始于 20 世纪 30 年代,首先出现于保险行业。虽然当时的评价目的不同于目前对生产系统的危险性评价,但这一工作为以后的安全管理指明了方向。

全面、系统地研究企业、装置、设施的安全评价原理和方法始于 20 世纪 60 年代。1964 年,美国道(DOW)化学公司根据化工企业使用原料的物理、化学性质,生产中的特殊危险性,考虑到具体工艺过程中的一般性和特殊性之间的差别以及物量等因素的影响,以火灾、爆炸指数形式定量地评价化工系统的危险程度,形成了道火灾爆炸指数评价方法[18]。以后又分别于 1966 年、1972 年、1976 年、1980 年、1987 年发表了第二、三、四、五、六版,1994 年又发布了第七版,逐步使这种方法得以完善。该方法在评价工程中的合成原则为:

$$火灾爆炸指数 = MF(1 + SMH/100)(1 + GPH/100)(1 + SPM/100)$$

$$(1-1)$$

式中,MF 为物质指数;SMH 为特定物质危险指数;GPH 为一般工艺过程危险指数;SPM 为特殊工艺过程危险指数。其特点是以系统中的危险物质和危险能量为主要评价对象,除此之外对影响系统安全的其他因素只考虑到特殊工艺对危险物质的影响。

道火灾爆炸指数的提出,极大地推动了世界范围内化工行业以至于所有工业系统的安全评价技术的发展。英国帝国(ICI)化学公司蒙德(MOND)工厂则根据化学工业的特点,在道火灾爆炸指数法的基础上扩充了毒物危险性因素,并对系统中影响安全状态的其他部分因素,如有关安全设施等防护措施予以考虑,以补偿系数的形式引入到评价模型的结构之中。1974 年提出了蒙德公司火灾、爆炸、毒性指数评价方法。这一方法比同期的火灾爆炸指数评价法从原理上更加完善。该法的合成原则为:

$$系统总危险性指数 = B(1 + M/100)(1 + P/100)$$

$$[1 + (S + Q + L)/100 + T/400](1 + F \times U \times E \times A/1000)$$

$$(1\text{-}2)$$

式中,B 为物质指数值;M 为特殊物质危险指数;P 为一般工艺危险值;S 为特殊工艺危险指数值;Q 为能量危险值;L 为设备布置危险值;T 为毒性危险指数值;F 为火载荷系数;U 为单元毒性指数;E 为爆炸指数;A 为空气爆炸指数。

1976 年日本劳动省参照道火灾爆炸指数评价法、蒙德指数评价法的思想,开发出日本劳动省"化工厂六步骤安全评价法"。这种方法除对评价的程序、内容作了进一步的完善以外,其定量评价则是通过把装置分成工序,再分成单元,根据具体的情况给单元的危险指标赋以危险程度指数值,以其中的最大危险程度作为本工序的危险程度。在分析阶段引入了系统工程的有关技术,使分析过程比以前的方法更全面、更系统。日本的田教授开发的爆炸指数法,虽然也采用了指数法的思想,但评价结构、指标指数的量测基准不同于以上的各种方法。在指数法提出以后,前苏联也开发出其化工工程定量评价指数法。这种方法虽然指数的赋值和构模与道火灾爆炸指数法、蒙德公司指数评价法有所不同以外,在评价上无质的变化,仍然遵循了道化学公司以系统内危险物质和危险能量为评价对象的原则。

1981 年我国原劳动人事部首次在国内组织有关科研力量,开展安全评价的研究工作。根据指数法的思想,我国冶金工业部开发颁布了"冶金工厂危险程度分级"方法。把原来一直应用于化工企业安全评价的指数评价方法扩展到冶金工厂的危险性评价中。1992 年我国化工部化工劳动保护研究所在蒙德指数法的基础上把厂房因子、设备因子、管理因子、安全装置设备因子、环境因子等多种因素以修正系数的形式引入到评价模型之中,制订出化工厂危险程度分级方法。评价过程中该方法的合成原则为:

$$G = \left(\sum_{i=1}^{5} g_i^2 / 5 \right)^2 \qquad (1\text{-}3)$$

式中,G 为工厂固有危险指数;i 为工厂内依次最危险的五个单元的次序号;g_i 为第 i 个单元的危险指数值。

与蒙德公司的火灾、爆炸、毒性指数评价方法相比,该方法较多地纳入了除危险物质,危险能量以外对危险程度有影响的其他因子,且在因子的设置上能较大程度地反映客观系统的安全结构组成。然而该方法的实质仍然以危险能量为主要评价对象,对危险源系统中的安全保障子系统及环境因素均根据其物性、存在状态及数量等的等级赋予一定的指数,并以修正系数的形式予以考虑,由于因子的设置和量级划分上的原因,这种方法也具有指数法共有的评价结果灵敏度低、适用范围差的缺点。

随着生产系统的大型化和复杂程度的提高,重大恶性事故不断发生。人类迫切希望能对生产系统的危险性做到定量、科学的评价,以便于客观地了解系统的危险状态,及时处理系统中存在的隐患,把事故损失控制在最小限度。在这种情况下,系统安全思想和概率统计理论逐渐被引入到安全评价的方法研究之中。1975年美国的拉姆斯教授花费 300 万美元,采用概率风险方法对核电站的安全状态进行了概率分析评价。用于系统危险性评价的风险值可以表示为:

$$R = C \times P \tag{1-4}$$

式中,C 为系统灾变后果的严重程度;P 为系统灾变发生的概率。

与此同时,系统工程及相关学科的理论和方法也被广泛地应用于生产系统的安全评价之中。如系统工程中常用的分析方法事故树分析法(FTA),事件树(ETA),初步危险分析方法(PHA),故障类型及后果分析方法(FMEA),可操作性分析方法(HOS)等作为安全评价过程中具体的技术被开发和利用。目前概率风险评价技术被广泛应用于航空、航天、核能等领域。安全检查表方法作为一种简单易行的静态方法被广泛地应用于安全评价与系统安全管理之中。

系统思想和风险安全评价技术自 20 世纪 80 年代以来在世界范围内产生了广泛的影响。随着 1984 年印度博帕尔市农药厂毒物泄漏事故,1986 年前苏联切尔诺贝利核电站爆炸事故等恶性事故的发生,安全评价技术引起了各国环境、卫生、安全部门的高度重视。欧共体要求对正在进行的 1800 多个危险装置进行概率风险评价。荷兰的应用科学研究所也开发出用于安全评价的风险评价方法。英国商业风险联合会开发出了指数风险评价方法等。目前,安全评价工作在美国、英国、荷兰等工业化国家已逐渐作为一种产业而出现。

对矿山重大危险源辨识与评价,我们国家也积累了一些有借鉴意义的成果。在 1991 年国家"八五"科技攻关课题中,危险评价方法研究列为重点攻关项目。由劳动部劳动保护科学研究所等单位完成的"八五"国家科技攻关专题"易燃、易爆、有毒重大危险源辨识、评价技术研究",填补了我国跨行业重大危险源评价方法的空白,在事故严重度评价中建立了伤害模型库,采用了定量的计算方法,使我国工业危险评价方法的研究从定性评价进入定量评价阶段[30]。其成果对于 5 种常见的爆炸事故类型作为研究对象,但是对于煤尘爆炸所归属的粉尘甚至是气相爆炸问题并没有涉及,其评价方法也不可能移植到煤矿系统使用。

"九五"课题"矿山重大危险源辨识评价技术"中对瓦斯、火灾和顶板事故的研究相对较多,在瓦斯爆炸、火灾和顶板事故三方面提出事故易发性及后果严重度的具体评价技术,没有开发出煤尘爆炸的伤害模型,也没有评价体系。1999 年 8 月由煤科总院重庆分院承担的煤炭科学基金项目"瓦斯煤尘共存条件下爆炸危险性的研究",指出瓦斯与煤尘共存,改变了煤尘着火的环境气体组分条件,加入的瓦斯参与氧化反应,放出热量,使煤尘颗粒更易着火,反应更迅速,增加了煤尘着火爆炸的灵敏度和猛烈度,且使无爆炸性的煤尘参与爆炸等结论[31]。

"十五"课题"矿山重大瓦斯煤尘爆炸事故预防与监控技术"涉及到矿山重大危险源内容以瓦斯事故为主,涉及到煤尘爆炸也是研究瓦斯与煤尘共存条件下的爆炸。通过"十五"科技攻关项目的研究,提出了瓦斯煤尘爆炸危险性评价方法。课题验收报告中称,近年来,我国在煤尘着火机理及瓦斯煤尘爆炸机理研究方面,建立了粉尘云着火及燃烧过程简化模型,得出了粉尘空气混合物点火过程中慢速导燃烧模式到快速辐射燃烧模式的转变具有爆炸特征,试验系统中点火诱导期与高温固体颗粒燃料产物的质量分数和燃烧阵面中的热辐射有关,在爆炸极限范围内颗粒相浓度与颗粒点的温度越低火焰加速效果越明显,辐射热损失可能导致燃烧区域的重构,粉尘空气混合物火焰稳态结构发生明显变化等重要结论;通过研究得出了瓦斯煤尘共存条件下煤尘云着火特征参数计算方法,揭示了瓦斯爆炸过程中爆炸波和火焰的变化特征。在取得上述成果的基础上,建立了矿井瓦斯煤尘爆炸危险性评价模型,用事故树方法分析了掘进、采煤工作面瓦斯煤尘爆炸产生的影响因素及权重、可能发生事故的模式和避免爆炸事故发生所要采取的措施。确立了矿井采煤工作面、掘进工作面瓦斯煤尘爆炸危险性预测评价指标体系,并将指标分为爆炸易发性指标和爆炸后果严重性指标。前者包括自然因素、技术因素、管理因素和经济因素四方面指标,后者包括煤尘爆炸指数、沉积煤状况、隔抑爆方式、隔抑爆用水量、井下作业人员、以往事故损失及矿山救护能力等。开发出了瓦斯煤尘爆炸危险性预测评价技术和专家系统软件,并建立了瓦斯煤尘爆炸的危险性评价和防治专家系统。

1.2.3 瓦斯爆炸冲击波传播规律的研究

瓦斯爆炸事故伴随着煤炭开采一直存在,世界各国投入大量人力、物力、财力对瓦斯爆炸传播规律进行了研究。随着科学技术的不断进步和发展,瓦斯爆炸的原因、过程及其影响因素等方面的规律逐渐被认识。近20年来,经过几代工程技术人员的艰苦奋斗,取得了一大批科研成果。

国外一些工业化发达的国家对瓦斯爆炸研究较早,如美国、波兰、德国、日本、俄罗斯等国家较早对煤矿瓦斯爆炸事故进行过试验研究,集中体现在可燃气体和空气混合后的爆炸、传播特性方面的研究。美国国家职业与健康研究所匹兹堡研究中心(NIOSH)、雷克莱恩(Lake, Lynn)实验矿井,澳大利亚的 London Dare 安全研究中心,以及欧洲的一些研究机构相继建立了可燃气体和粉尘爆炸试验管道,并进行了试验研究。美国国家职业与健康研究所匹兹堡研究中心(NIOSH)研制出主动触发式抑制煤矿瓦斯爆炸装置,这种装置是利用爆炸所产生的火焰和压力去触发瓦斯爆炸抑制装置工作的,在试验矿井中得到比较好的效果[32]。澳大利亚的 A. R. 格林建立了瓦斯和煤尘爆炸过程的理论模型和数值模拟模型[33]。前苏联学者 C. K. 萨文科通过试验管道研究冲击波的传播规律,得出了冲击波通过巷道分岔和拐弯处的衰减系数,对冲击波通过复杂网络巷道的传播规律做了初步研究[34]。

我国对瓦斯爆炸的研究起步较晚,但我国是产煤大国,又是瓦斯爆炸事故发生最频繁的国家,所以煤矿安全技术的研究一直受到国家和行业的高度重视,并被列为国家和行业的科技攻关重点。在国家自然科学基金委员会等部门的大力支持下,我国在煤矿瓦斯爆炸过程中火焰和爆炸波传播规律的基础研究已经取得了显著的进展。近年来,我国吸取了以往研究工作的成功经验和教训,建立了相关的实验系统,建立了相关的基础理论和技术支持体系,能够比较科学地分析事故致因,克服对瓦斯爆炸发生、发展过程认识的模糊性。我国从 1981 年开始,把开发瓦斯、煤尘爆炸阻隔爆新方法这一计划列为全国煤矿安全领域中的重点项目,并在煤科总院重庆分院建了一条长 900m 的瓦斯、煤尘爆炸试验巷道。相继研制出悬挂式水袋和自动式岩粉棚[35]。煤科总院抚顺分院、中科院力学所、北京理工大学爆炸灾害预防与控制国家重点实验室、中国矿业大学瓦斯煤尘爆炸实验室、南京理工大学动力工程学院爆炸实验室也相应建立了气体和粉尘爆炸试验管道,通过理论分析和试验研究,取得了一些成果,研究成果大多数集中在管内气体爆炸传播特性及影响因素方面,具体介绍如下。

1.2.3.1　瓦斯爆炸火焰传播规律研究

瓦斯爆炸过程是一个复杂的物理化学现象,对瓦斯爆炸机理的研究需要涉及气体动力学、燃烧学、计算力学等学科。到目前为止,对其进行的研究仅限于定性阶段,还不能清楚阐明瓦斯爆炸传播全过程的本质。井下大部分的瓦斯爆炸事故属于可燃气体爆燃问题,即火焰以亚音速传播,冲击波以超音速传播,亚音速传播的火焰面前有前驱冲击波扰动,火焰在已被冲击波扰动的介质中传播,形成了前驱冲击波和火焰波的两波三区结构[36,37]。火焰在传播过程中碰到扰动源易发生褶皱,形成湍流,这样就增大了瓦斯燃烧火焰面积,也相应地增加了能量释放速率,使得火焰发生畸变、燃烧速度变快。较高的燃烧速度使得未燃瓦斯气体获得更高的位移速率,导致更强的火焰燃烧。如此下去,就建立起了气体流动和燃烧过程的正反馈耦合。湍流效应使得火焰加速是目前最合理的解释。火焰一直加速,当火焰面和冲击波阵面重合的时候就转变为爆轰,爆轰是可燃气体高速燃烧、高速释放能量的过程,其对矿井的破坏作用特别大,能够引起煤尘爆炸、引燃矿井下可燃物、释放大量有毒气体等。对瓦斯爆炸火焰传播产生影响的因素主要有点火源、壁面粗糙度、障碍物、巷道截面突变、巷道拐弯、巷道分岔等。

早在 20 世纪 80 年代,Wagner[38]、Williams[39]、Moen[40]、Oh[41]等人就对管道内火焰的不稳定性和加速现象进行了研究,认为火焰加速的主要机理是湍流,较小的障碍物扰动也能引起火焰的加速和管道内压力的急剧上升,火焰在有障碍物的管道内传播速度是无障碍物情况下的 24 倍。Phylaktou[42]在管道内放置单一障碍物,试验结果证明障碍物的阻塞比越大,火焰的传播速度与冲击波压力增大程度越大。Ristu[43]、Masri[44]、Dunn - Rankin[45]、卢捷[46]对管道内可燃气体爆炸冲击波传播特性进行了研究,定性地描述了障碍物对爆炸冲击波压力的影响。Furuka-wa[47]、Gulder[48]等人对预混丙烷 - 空气气体的火焰结构和传播特性进行了试验研究,Fairweather[49]针对预混甲烷 - 空气可燃气体的火焰在圆形管道内的传播过程进行了试验和理论研究,进一步证实障碍物对火焰的加速作用。

国内学者对管道内瓦斯爆炸传播规律影响因素研究较为广泛,中国矿业大学林柏泉[50~54]、何学秋[55]组织的瓦斯爆炸研究

333333333333333333

科研团队开展了大量的研究,较为系统地研究了管道内瓦斯爆炸传播规律及影响因素、火焰加速机理。实验证实随障碍物数量的增加,火焰传播速度迅速提高,衰减速度变慢,波及范围扩大,这种加速作用的机理归因于障碍物诱导的湍流区对燃烧过程的正反馈。谢波[56]通过实验研究证实障碍物阻塞比越大,管内火焰传播速度越明显。当布置多个障碍物时,火焰传播速度呈脉动增大的趋势。菅从光[57,58]、Singh[59]通过实验研究证实,管道截面突变(扩大、缩小)使火焰湍流度增加,并可诱导激波的产生。翟成[60]研究了管道分岔对火焰的加速作用,认为管道分岔为扰动源,诱导附加湍流,气流湍流度增大,火焰加速。当火焰通过管道拐弯处时[61,62],由于可燃气体受到扰动,火焰速度明显加速。高建康[63]通过实验研究证实,粗糙管内瓦斯爆炸过程中火焰速度峰值超压比在光滑管中有大幅提高,认为流动阻力和湍流效应这一对矛盾影响因素使得壁面粗糙度在某一特定值时,火焰传播速度最快。湍流效应使得火焰加速这种作用导致瓦斯爆炸传播过程中存在尺寸效应。文献[64~67]通过实验研究了火焰传播过程中火焰厚度和作用时间的变化规律,随着火焰速度的增加,火焰持续时间减小。徐景德[68]实验研究表明,在可比条件下,大断面巷道中同一浓度的瓦斯爆炸事故波及范围远大于小断面巷道,原因是大断面和小断面巷道采用同一支护形式,使巷道有效面积和粗糙度不能按比例缩减,从而导致传播过程中的紊流扩散效应的差异。

中国科技大学周凯元[69]通过对丙烷－空气混合气体爆炸的火焰在直管道中的加速过程进行实验研究得出,在管道的闭口端点火能够获得比开口端点火更大的火焰传播速度,在截面积较大的管道中火焰加速度大于小截面积的管道。点火能量的小幅度改变使火焰初期传播速度增大,而对最终达到的最大传播速度影响不大。

中科院力学研究所余立新[70]对半开口管道中氢气－空气混合气体爆炸火焰的加速过程进行实验研究,通过对不同阻塞比和当量比下火焰传播速度和冲击波超压进行研究得出,障碍物的存在使得火焰传播速度大大增加,当量比为 0.34 时,火焰传播速度增加 4 倍。随着当量比的增加,爆燃向爆轰转变。在爆燃状态下,冲击波的最大压力小于或略大于等容爆炸压力,而爆轰时的最大压力介于等容爆炸压力和 C – J 爆轰压力之间。

到目前为止,虽然对瓦斯爆炸火焰传播的湍流加速机理进行了大量的研究,但是还没有找到一个通用性的火焰速度与湍流参数之间的关系式。在瓦斯爆炸的过程中,初始火焰在一定的条件下会转变为湍流火焰,使得火焰传播速度加大,最终达到爆轰的临界状态,即爆燃转变为爆轰。这种转变主要通过两种机制实现[71~73],一是当雷诺数足够大时,在火焰前的未燃气体中形成湍流;二是冲击波与火焰的相互作用形成湍流。大量的实验表明,爆燃转变为爆轰的过程中,冲击波与火焰相互作用产生的湍流起主要作用,爆燃转变为爆轰的空间距离是一个变量,很难确定其与湍流参数的依赖关系[74,75]。国内外在可燃气体爆燃转爆轰的研究方面取得了一定的成果。

L. Kagan[76],R. Sorin[77]等人进行了爆燃转爆轰距离测试的研究,认为减少爆燃距离和转变的时间可以控制爆燃转爆轰。N. N. Smirnov[78]建立了以活化能方程为基础的两阶段反应数学模型,用数值计算的方法模拟了爆燃转爆轰的过程。S. B. Dorofeev[79]研究了管道内有障碍物和管道截面积变化情况下爆燃转爆轰的过程,认为爆燃转爆轰现象和混合物的组分和管道的几何尺寸有关。Ciccarelli[80]研究了混合气体初始温度对火焰加速和爆燃转爆轰的影响,对其转变的临界条件进行了修正。袁生学[81]对管道内爆燃转爆轰的热力学原理进行了研究,从热力学的角度说明转变的关键是火焰传播机制的转变,并且理论推导出燃烧产物压力和熵增随燃烧速度变化的规律。高泰荫[82]通过数值模拟对可燃混合气体爆燃转爆轰问题进行研究得出,提高点火温度和未燃气体的温度可以加快爆燃转爆轰的过程,缩短转变的时间和距离,但是增加未燃气体的温度会降低爆轰的强度,存在一个最佳的浓度值,使得爆轰强度最大。

1.2.3.2　瓦斯爆炸冲击波传播规律研究

瓦斯爆炸在空间上可以分为瓦斯燃烧区和一般空气区。在瓦斯燃烧区内是冲击波和燃烧波的耦合。在瓦斯燃烧区,火焰与冲击波是伴生的。冲击波传播速度大于火焰传播速度,使得火焰前未燃气体受到扰动,这样就使得气体燃烧速度加快,火焰的传播速度增加。冲击波和火焰传播有一定的关系。林柏泉[83]研究了火焰和冲击波的伴生关系,进一步证实了火焰和冲击波之间的正反馈作用。得出了爆炸波和火焰传播的数学关系式,即随着爆炸波和火焰的向前传播,爆炸波和火焰之间的时间差越来越小。王从银[84]通过实验研究证实,瓦斯爆炸传播压力 - 时间曲线大致可分为三个区:前驱压力波区、负压区和爆炸产物膨胀所产生的正压区。文献[56,57,63]通过实验证实瓦斯爆炸过程中湍流的诱导加速火焰的传播速度,进而增加冲击波强度,而加速的冲击波和火焰又增强湍流,这种正反馈作用使爆炸波和火焰不断加强。菅从光[85]通过实验证实,在瓦斯爆炸传播过程中爆炸波是两峰值结构,两峰值时间间距随爆炸波不断传播越来越小,当两峰值相遇时出现爆轰。黎体发[86]通过实验研究证实,火焰传播速度的大小直接影响着爆炸波的生成和加强程度。徐景德[87]通过实验研究表明,瓦斯爆炸传播规律过程中,火焰区长度远大于瓦斯积聚长度,大约是 3 ~ 6 倍。证明瓦斯爆炸传播存在明显的卷吸作用,即冲击波在传播的过程中携带经过地点的气体一同前进,使得瓦斯燃烧区域远大于原始瓦斯积聚区。

以上的研究成果表明,在瓦斯燃烧区内冲击波和火焰是相互耦合的,两者之间的相互影响需要进一步的研究。在一般空气区,当瓦斯燃烧完毕后燃烧波消失,只剩一般空气冲击波,最终恢复至正常大气参数。目前对瓦斯燃烧区进行的研究较多,而对于一般空气区冲击波的传播规律尚未进行系统的定量研究。

对一般空气区冲击波的传播规律的研究较少,前苏联学者C. K. 萨文科通过试验管道研究冲击波的传播规律,得出了冲击波通过巷道分岔和拐弯处的衰减系数,还做了薄膜侧压实验,得出了对冲击波压力在直线巷道中的衰减特性,对复杂网络巷道的冲击波传播规律做了初步研究[34]。澳大利亚的 A. R. 格林、I. 利伯都对冲击波传播规律进行过探讨。目前,对于直管道内冲击波的传播规律研究成果比较多。庞伟宾[88]通过实验研究得出了高能炸药爆炸空气冲击波在坑道内的走势预测公式,可以计算空气冲击波在坑道内传播速度的变化。杨国刚[89]、杨科之[90]通过数值模拟得出了空气冲击波沿直巷道的传播规律,具有较强的实用价值。王来[91]、覃彬[92]分别通过数值模拟研究了爆炸冲击波在90°、45°拐弯处的衰减系数。研究结果表明,爆炸冲击波在巷道拐弯处呈现出复杂的应力状态,冲击波在拐角处反射叠加,大约经过4倍长径比的距离才能发展成比较均匀的平面波,在这段冲击波反射叠加区,巷道外侧 Mach 反射点取得最大超压值,恢复到平面波后,冲击波随距离呈单调衰减规律。曲志明[93]理论推导出了瓦斯爆炸冲击波在巷道壁面发生正反射和斜反射的计算公式。并且利用了瓦斯爆炸冲击波、爆轰波强度公式对瓦斯爆炸冲击波和爆轰波的产生、发展、衰减进行了讨论研究[94]。

1.2.3.3 瓦斯爆炸传播的数值模拟研究

20 世纪 70 年代以来,随着计算机技术的快速发展,数值模拟方法得到广泛的应用。开展数值模拟研究可以节省大量的财力、物力和人力。尤其是在实验条件不够完善的情况下,数值模拟的数值解可以描述现象的内部细微过程,可以获得比实验数据更多、更全面的计算结果。目前瓦斯爆炸传播规律数值模拟已经取得了巨大的成就,有关理论已经成为空气动力学和爆炸力学的重要内容[95]。

20 世纪 90 年代,欧洲建立了气体爆炸的模型和试验研究工程(MERGE),主要有七个著名研究机构组成联合体进行气体爆炸模型的研究。英国 Century Dynamics 公司和荷兰的 TNO 开发了 AutoReaGas,CMR(Christian Michelsen Research AS)进行了大量的气体爆炸实验,开发了 FLACS(Flame Acceleration Simulator)软件包,该软件可以计算爆炸产生的火焰和复杂几何结构之间的相互作用,计算爆炸冲击波的超压和其他流场的参数[96]。近年来,随着计算流体力学的发展,国内外研究者采用数值模拟方法对气体爆炸进行了大量的研究,有助于完善和丰富瓦斯爆炸理论。Salzano[97]等用 AutoReaGas 数值模拟管道内有障碍物时不同阻塞比、不同浓度情况下的气体爆炸,数值模拟结果与实验结果较为吻合。Ulrich[98]对封闭管道内不同浓度的甲烷 - 空气、混合气体爆炸进行了数值模拟,模拟结果说明甲烷 - 空气的爆炸燃烧过程相对于乙烯 - 空气要慢,大多数情况下发展不成爆轰,与实验结果吻合较好。Catlin[99]模拟了封闭管道内甲烷 - 空气的爆炸过程,模拟结果说明相对火焰面而言,同向的冲击波和反向的稀疏波会加快火焰的燃烧速度,使得火焰面两侧的压力和温度都增加。Fairweather[100]等通过数值模拟研究得出"管道中气体爆炸超压主要是由于障碍物产生的湍流燃烧引起"的结论。Tuld[101]、Keun - shik chang[102]等对瓦斯爆炸传播过程中障碍物的激励效应进行数值模拟,数值模拟结果与实验结果较为吻合,并且得出冲击波在传播过程中,在障碍物附近存在明显的激励效应的结论。由于试验条件的限制,许多学者采用数值模拟的方法对瓦斯爆炸过程进行模拟,能够得出较为准确的结论。Michele[103]用 AutoReagas 对管道内气体爆炸进行了数值模拟,在不同截面积的连通器内获得的爆炸压力比在单一管道内的爆炸压力大得多,压力上升速度也明显加快,实验证实管道截面积变化对可燃气体产生扰动作用,加速了气体的燃烧。林柏泉[104]对瓦斯爆炸温度场进行数值模拟,得出了瓦斯爆炸温度场在火焰阵面附近区域比火焰阵面后区域变化陡峭并且温度较高,在障碍物附近温度达到最大值。徐景德[105,106]通过对瓦斯爆炸传播过程中障碍物激励效应进行数值模拟得出,冲击波在传播过程中,在障碍物附近存在明显的激励效应,激励效应的强度与爆炸状态及冲击波到达障碍物时的压力相关。吴兵[107]对瓦斯爆炸运动火焰生成压力波进行数值模拟,证实障碍物附近温度场变化明显,存在激励效应。余立新[108]、罗永刚[109]

通过数值模拟研究了管道内可燃气体爆炸火焰湍流加速过程,模拟了障碍物诱导湍流作用下的火焰和冲击波流场发展的过程,揭示了湍流和火焰相互加速的正反馈机理,分析了可燃气体爆燃转爆轰的过程,计算出了一维预混可燃气体爆炸火焰的温度场和冲击波的压力场。张玉周[110]对冲击波在障碍物附近的动力学过程进行了数值模拟,比较直观地刻画了冲击波沿巷道的传播及障碍物的激励效应,对于矿难救生系统的研究及设计有重要意义。

1.2.4 预警技术研究现状

1.2.4.1 预警理论概述

预警理论起源于西方工业发达国家,它的起源可以追溯到19世纪末期,目前在经济和军事领域运用得比较多。早在1888年,巴黎统计学大会上,就出现了以不同色彩作为经济状态评价的论文。20世纪初,西方经济统计学界开始了对建立景气指示系统的努力,尤其是频繁发生的经济危机更推动了这类研究的进行,当时,指示宏观景气的"晴雨计"风行一时。但是,真正对现代预警系统有直接影响的研究是从20世纪50年代开始的。1950年,美国经济学家穆尔从近千个统计指标的时间数列中选择了具有代表性的21个指标,构建了一个新的多指标综合信息系统——扩散指数(Diffusion Index)。扩散指数以宏观经济综合状态为测度对象,同时编制先行、同步、滞后三种指数,不再限定于经济运动的某一侧面,正因为如此,扩散指数的构成模式一直沿用至今。此后,预警理论不断发展和完善,新的理论和方法不断产生,例如:20世纪60年代美国经济统计学家希斯金的综合指数(Composite Index)理论、70年代美国经济学家摩尔的商业经济周期理论以及西方20多个工业国家组成的经济合作与发展组织(OECD)在1978年建立的先行指标系统等。美国商务部从20世纪60年代起就逐月发表以数据和图表两种形式提供宏观景气动向的信号,日本、加拿大、英国等国家也有相似的经济预警系统,我国从1989年起,也每月发表经济景气监测预警指数。从 20 世纪 80 年代开始,预警理论开始应用到管理领域,当时在美国兴起的企业危机管理震撼了管理界[111]。此后,预警理论与方法的研究经历了一个从定性为主到定性与定量相结合、从点预警向状态预警转变的过程。目前欧美发达国家在企业财务[112~116]、商业银行[117,118]、自然灾害[119~123]等很多风险比较大的领域成功地实施了预警管理,有效地防范和减少了危机和风险。高风险行业的预警系统研究基本上达到了能够实用的程度,建立了相应的预警指标体系和预警模型,国际上日本在自然灾害[地震、海啸、火山、恶劣天气(台风、降雨、降雪、洪水、泥沙)]预警系统建设方面走在了前列,其所取得的成绩和所积累的经验对世界各国,特别是发展中国家有着重要的指导作用和借鉴意义。2006 年 3 月,日本政府发布了《日本自然灾害预警系统与国际合作行动》的报告,对日本自然灾害预警系统的建设以及参与国际合作的状况做了全面、系统的披露。但就检索到的文献来看,国外在煤矿重大灾害预警方面几乎没有进行研究,这是由于诸如美国、澳大利亚等产煤大国的煤炭开采业安全生产的水平很高,在各自的国内属于很安全的行业。

我国从 20 世纪 90 年代才开始在学术界研究预警理论,并逐渐成为理论界研究的热点,目前主要还停留在理论研究阶段,而且研究内容也主要局限在预警指标体系、预警模型和预警管理。其中具有代表性的著作有:1990 年陈永昌教授的《经济周期与预警系统》、1993 年顾海兵教授的《未雨绸缪——宏观经济预警研究》、1999 年佘廉教授主编的预警管理丛书(包括技术创新风险管理、产品开发预警管理、企业营销预警管理等)、2004 年佘廉教授主编的灾害预警管理丛书(采掘业、水运交通灾害预警等)、2006 年文俊的《区域水资源可持续利用预警系统研究》、曹庆贵教授的《企业风险管理与监控预警技术》、2007 年葛晓立教授的《典型地区土壤污染演化与安全预警系统》和李毛的《煤矿地面系统预警管理:以煤矸石山灾害预警管理为例》。

预警理论在煤炭行业的应用起步较晚,20 世纪 80 年代末 90

年代初开始研究预警理论,90 年代中后期开始出现单项作业预警和经济预警,如 1996 年徐州矿务局开始使用矿井通风安全管理预警提示系统[124],王慧敏等 1998 年进行煤炭工业经济预警[125]等,2002 年兖州矿业集团在实时监测系统的基础上,提出了利用监测数据二次开发进行安全预警的设想,2004 年太原理工大学的王汉斌等人开始研究煤矿安全预警系统,2004 年辽宁工程技术大学的王洪德博士利用基于粗集—神经网络的理论对通风系统可靠性进行预警[126],2005 年开始本项目组成人员就已开始了煤矿安全预警系统的研究[127]。

1.2.4.2 预警模型的研究现状

由于国内外关于煤矿灾害预警的研究很少,所以到目前为止,据检索的文献来看,几乎没有见到关于煤矿瓦斯灾害预警的预警模型,但国内外在经济预警领域发展得相对比较成熟。目前预警模型的研究主要集中在以下几类模型:

A 单变量模型

该模型是运用单一变量、个别指标来预测企业危机的模型。即当模型中所涉及的几个指标趋于恶化时,通常是企业发生危机的先兆。最早的单变量模型是由美国的财务分析专家 William Beaver 于 1966 年提出的,他在对 1954 ~ 1964 年间出现失败迹象(出现破产、拖欠偿还债券、透支银行账户或无力支付优先股利四项中的任何一项)的 79 家企业进行分析后得出了如下结论:通过研究个别财务比率的长期走势可以预测企业所面临的危机状况。

我国学者对此模型也做出了不少可贵的探索,如陈静(1999)以 1998 年的 27 家 ST 和 27 家非 ST 公司,利用其 1995 ~ 1997 年的财务报表数据,进行了单变量分析,提出在流动比率、负债比率、总资产收益率、净资产收益率等 4 个指标中,前两者误判率最低。吴世农、卢贤义(2001)以 70 家 ST 和 70 家非 ST 上市公司为样本,应用单变量分析研究财务困境出现前 5 年内这两类公司 21 个财务指标各年的差异,最后确定 6 个预测指标。

单变量模型有两个基本特点:一是将若干项预警指标组合起

来组成预警指标体系,并将各指标值与企业所处行业的平均数据或本企业的历史平均数据进行比较,以此来确定企业所面临风险的大小;二是所选中的预警指标对风险管理者来说处于同等重要的地位。

　　B　多变量统计分析模型

　　这类模型采用多个指标作为自变量,同单变量模型相比,它们能够更全面地反映出企业的状况,从而具有更强的辨别能力和实用性。这类模型还有一个共同的特点,那就是都是根据企业已有的历史数据作为样本来建立等式,而且在选取样本时一般是先选取一定数量的失败企业作为"失败组",然后再选取与这些失败企业在行业和规模以及已生存年限上相匹配的相同数量的非失败企业作为"非失败组"进行比较判别。

　　根据建模时所使用的统计方法的不同,多变量统计分析模型又分为如下几种类型:

　　(1)多元回归分析模型。这类模型主要是运用现代统计学中回归分析的方法来建立预警指标变量与企业危机之间的因果关系。最早运用二元回归模型预警企业危机的学者是 Meyer 和 Pifer (1970),他们用二元回归分析模型来评价美国银行的失败风险。他们在研究了 1948～1965 年间失败的 30 家银行及与其相匹配的另外 30 家非失败银行后建立了模型,并且用由 9 对相匹配的银行组成的测试样本对模型进行了验证。1972 年,Edmister 专门针对小企业建立了危机预警的多元线性回归模型,但由于他一直未向外界公布该模型中 Z 值的最佳分界点,这使得该模型未被广泛用于小企业中。

　　(2)多元判别分析模型。该模型作为一种统计分析方法,可用于对研究对象所属的类别进行判别。由于企业可分为两类:"失败"企业与"非失败"企业,所以,当失败企业与非失败企业在预警指标上的差异比较显著时,可以运用判别分析法建立判别模型来对企业是否出现危机进行预警。这里的判别分析又可分三种具体的判别方法:一是距离判别。就是根据观测对象到"失败组"

与"非失败组"两个总体的距离的不同来判定其归属。这两个组的特征向量分别为该组中所有样本企业的预警指标的平均值,如果某个企业到"失败组"的距离比到"非失败组"的距离近,则可判定该企业属于失败企业。二是费歇尔(Fisher)判别。就是通过将多维数据投影到某个方向上,然后再选择合适的判别规则,将待判的样本进行分类判别,判别的临界点一般是两个总体在投影方向上的中点。三是贝叶斯(Bayesian)判别。前两种判别没有考虑总体出现的概率与错判之后所造成的损失,贝叶斯判别法则弥补了上述缺陷,即该方法所要满足的条件就是在该法则下,将某个样本误分类为其他类别的总平均损失达到最小。

(3)其他分析模型。如主成分分析、逻辑模型等,主成分分析也称为主分量分析,是由 Hotelling 于 1933 年首先提出来的,它是一种利用降维的思想,把多项指标转化为少数几个综合指标的多元统计分析方法。利用主成分分析法建立的模型中,较为典型的模型是 Diamand 模型。Diamand(1976)使用由 75 家失败公司与 75 家非失败公司组成的样本,运用主成分分析法来筛选比率指标,建立模型。最早将 Logit 模型运用到企业危机预警研究中的学者是 Martin(1977),他用该模型对美国的银行进行了评价。随后,Ohlson(1980)利用 1970~1976 年失败的 105 家美国破产企业与 2000 家生存企业组成的样本重新构建了 Logit 模型。

许多学者根据各国的具体情况,建立了不同的多变量统计分析模型。如美国纽约大学 Edward Altman 教授在 1968 年提出了 Z 记分法模型,后来在 1977 年 Altman、Haldeman 与 Narayanan 又在修正 Z 记分法的基础上建立了 Zeta 模型,由于该模型具有辨别能力强、使用成本低等特点,因此,它是目前在美国最受欢迎的预警模型;此外还有 Deakin 模型(1972),Blum 模型(1974),Taffler 模型(1974),Diamand 模型(1976),Logistic 模型(1977),Marais 模型(1979),Casey 模型(1985),Bayesian 模型(2001)等,这些模型在一定程度上为各国的财务、金融预警发挥了重要作用。我国对多变量预警模型的研究还属于起步阶段,目前也有少数学者在借鉴国外的预警方法来开发适合我国企业操作的危机预警模型。如 F 分数模式[128]，考虑企业未来发展潜力的预警模型（刘渝琳，1998），考虑现金流量的预警模型（戴新民等，2000），考虑"社会贡献率"的预警模型（张凤娜等，2001）等。

　　C　神经网络预警模型

　　该模型利用大量非线性并行处理关系来模拟众多的人脑神经元，用处理器间错综复杂但灵活的关系来模拟人脑神经元的突触行为。神经网络的发展始于 20 世纪 40 年代，McCulloch 和 Pitts（1943）建立了神经网络的第一个数学模型，目前较成熟的模型有三四十种之多，较为常用的有 BP 模型、Gaussian 模型、Hopfield 模型、ART 模型、SOM 模型、CPN 模型、LAM 模型、BAM 模型、TAM 模型等。将这些模型用于企业风险的预警则是 20 世纪 90 年代才发生的事，Lapedes 和 Fayber（1987）首次运用神经网络模型对银行的信用风险进行了预测和分析，Trippi 和 Turban 等学者（1992）运用神经网络分析法对美国银行的财务危机进行了分析。将该方法较早地用于公司财务危机预警的是 Coats 和 Altman 等人，他们分别运用神经网络分析法对美国公司和意大利公司的财务危机进行了预测。美国的 Susan L. Rose - Pehrsson[120] 在神经网络的基础上进行了改进，提出了随机神经网络模型用于火灾监测预警系统。在我国，黄小原（1995）、王春峰（1998）、杨保安（2001）等学者也在此领域进行了探索，杨保安参考有关财务评价准则并结合中信实业银行苏州分行的情况，选取 4 大类共 15 个财务指标，运用 BP 神经网络方法建立了一个可供银行用于进行授信评价的预警系统。辽宁工程技术大学的王洪德博士（2004）[126]则将粗集理论和神经网络相结合，提出了基于粗集—神经网络的通风系统可靠性预警模型。此外，国内外还有许多研究人员[129,130]基于某一问题建立了神经网络预警模型。

　　1.2.4.3　预警指标体系的研究

　　预警的关键是建立科学、系统、实用的预警指标体系。国内外许多学者根据其理论思考与实践经验构建了各自的指标体系，尤其是在财务预警[131~135]系统方面。在其他方面,如火灾预警[119,120,136]、地震预警[122,123]、地质灾害[137~142]、社会突发事件[143~146]等[147~151],也已经建立了相对比较成熟的预警系统。但在煤矿灾害预警方面,由于发达国家煤矿安全管理水平比较高,煤矿事故率比其他生产行业还低,如美国的煤矿事故率远低于其余20种行业的事故率,日本则将煤矿事故率的目标定为零等等,所以在这方面没有深入的研究。

在国内,单一作业预警系统的指标体系基本上都是按照煤矿安全规程和国家的有关规定建立的,如矿井通风预警系统选取主干通风路线上的风机类、巷道类等8类统计指标构成指标体系、瓦斯监测预警系统采取瓦斯浓度超限作为预警指标等。关于煤矿整体安全预警系统的指标体系只有太原理工大学的王汉斌等人(2004)提出了一种初步的预警指标体系,该体系中包含井下监测指标体系、地面监测指标体系、外在环境监测指标体系三部分。本课题组在参考文献[127]中也初步建立了煤矿安全预警的指标体系,而在其他的相关文献[152,153]中,没有发现有人建立瓦斯重大灾害预警的指标体系,仅见到关于煤与瓦斯突出预测的指标的研究。如澳大利亚利用直接测定煤层瓦斯含量的方法进行煤层突出预测[154],这一方法目前国内有些矿井已开始尝试。国内其他学者也提出了利用不同的指标进行突出预测,如孙继平等提出利用开采深度、煤层厚度等15项指标[155],郭德勇等提出用最大开采深度、煤层厚度等9项指标进行突出预测[156],其他学者也分别提出了不同的预测指标体系[157~159]。

1.2.4.4 预警机制和运行保障机制的研究

在煤矿瓦斯重大灾害预警系统的预警机制及运行保障机制方面,国内外仅在矿山危险源辨识及评价方面取得了一定的成果,但尚未达到成熟应用的阶段。就目前检索到的文献来看,仅见佘廉教授在其2004年出版的灾害预警管理丛书中作了探讨,提出了预警机制、矫正机制和免疫机制作为预警管理系统的预警机制,对预警机制还作了简要分析,此外,对预警系统的运行保障机制也仅作了简要的分析,对重大灾害的预警机制和运行保障机制尚缺乏深入研究。

1.3　本书的主要内容

本书以我国煤矿为背景,对矿山重大危险源辨识、评价及安全预警技术进行了系统的分析与研究。具体来说,主要包括以下内容:

(1)绪论。在对我国矿山事故及安全生产现状分析的基础上,论述了开展重大危险源辨识、评价及预警技术研究的意义。之后,详细介绍了国内外在重大危险源辨识、评价及预警技术研究的现状。

(2)矿山重大危险源辨识评价原理的基础研究。在介绍重大危险源的基础概念的基础上,提出了重大灾害系统的组成、分析了重大危险源的特性及辨识依据、辨识的标准和辨识的主要内容,以及重大危险源辨识中应注意的问题。介绍了重大危险源评价的基础研究。主要分析了评价的类型及程序、评价的要素及标准,介绍了重大危险源评价的方法,提出了重大危险源综合评价模型。

(3)矿山重大危险源辨识研究。首先在对瓦斯爆炸事故灾害系统进行分析的基础上,分析了瓦斯爆炸事故的特性,提出了瓦斯爆炸事故危险源辨识的"综合性实统双析法",确定了瓦斯爆炸事故危险源辨识的标准,指出了瓦斯爆炸事故危险源辨识的主要要素和辨识的主要步骤,对平煤六矿瓦斯爆炸事故危险源进行了实例辨识,提出了瓦斯爆炸事故危险源的分级。在分析矿井火灾事故特性的基础上,确定了矿井火灾事故危险源辨识的标准,指出了矿井火灾事故危险源辨识的主要要素和危险源辨识的主要步骤,并结合实例分析了火灾事故危险源辨识在现场的应用。确定了煤尘爆炸事故危险源辨识的总体思路、内容和方法,结合实例分析了煤尘爆炸事故危险源辨识的具体过程,并且利用故障树分析法进行了煤尘爆炸事故的微观辨识。在分析煤与瓦斯突出事故特性的基础上,提出了煤与瓦斯突出事故危险源辨识的标准与步骤,提出了煤与瓦斯突出事故危险源分类,结合焦煤集团九里山矿对煤与瓦斯突出事故第一类危险源和第二类危险源进行了辨识。

(4)矿山重大危险源事故危险性评价。首先对瓦斯爆炸事故的机理及其分类进行了详细的分析,建立了瓦斯爆炸事故伤害模型和瓦斯爆炸事故冲击波伤害和破坏模型;利用建立的伤害模型,确定了理想化条件下瓦斯爆炸冲击波死亡、重伤、轻伤和破坏距离;通过对瓦斯爆炸事故冲击波的破坏作用的研究和爆炸冲击波超压遇障碍物影响分析,确定了实际情况下瓦斯爆炸冲击波死亡、重伤和轻伤等伤害距离和破坏距离;最后利用确定的伤害模型对平煤十矿的瓦斯爆炸事故案例进行了应用分析。在火灾事故危险源危险性的评价研究中,首先确定了矿井火灾事故危险源致灾概率的求解方法,利用模糊故障树分析法对火灾事故进行了分析;基于 Fail – safe 原理,对人因致灾因素进行了评价,并利用灰色关联法对人因、管理致灾因素进行了评价;利用基于三角模糊数的模糊故障树对平煤六矿的火灾进行了实例分析,并计算出了矿井火灾事故发生概率。在对煤尘爆炸事故危险性评价概述的基础上,确定了煤尘爆炸的重大危险源评价模型和事故易发性的模型评价方法;确定了煤尘爆炸事故严重度模型;分析了固有危险性的非模型评价;进行了危险性系数评价;分析了煤尘爆炸的矿山重大危险源评价单元。对煤与瓦斯突出事故第二类危险源进行了分析与评价;利用多维灰评估方法对焦煤集团九里山矿煤与瓦斯突出事故的严重度进行了评价;通过对煤与瓦斯突出事故的危害性因素进行分析,对煤与瓦斯突出事故的危害性进行了评价。

(5)瓦斯爆炸事故危险源致灾概率量化研究。首先对瓦斯爆炸事故危险源致灾概率的求解方法进行分析比较,对不能量化的因素,通过对专家的打分进行三角模糊化处理确定其概率,利用模糊故障树分析法对平煤六矿的瓦斯爆炸危险源进行了实例分析,并对瓦斯爆炸危险源进行了分级。

(6)通过理论分析、实验模拟、数值模拟重点研究一般空气区瓦斯爆炸冲击波的传播规律。通过实验研究在管道拐弯情况下冲击波的传播规律,得出冲击波的衰减系数,进一步研究衰减系数与管道拐弯角度以及入射波强度的关系。研究在管道截面突变情况下冲击波的传播规律,得出冲击波的衰减系数,进一步研究衰减系数与管道截面积变化率以及入射波强度的关系。应用爆炸动力学和流体力学进行理论分析,推导出一般空气区瓦斯爆炸冲击波在管道拐弯、截面积突变情况下的传播规律。将实验结果和理论推导公式进行比较分析,进一步从理论上完善一般空气区瓦斯爆炸冲击波在管道拐弯、截面积突变情况下的传播规律。针对上述两种情况,通过 Fluent 软件模拟一般空气区瓦斯爆炸冲击波在管道拐弯、截面积突变情况下的传播规律。

(7)矿井火灾严重度评价。在简要分析矿井火灾时期烟气流场的意义的基础上,建立了巷道火灾烟气流动的数学模型,通过将三维流动模型简化为二维流动模型,从而确定了火灾烟流流动模型的控制方程。应用有限差分法对微分方程进行离散,从而可以实现对巷道火灾烟气流动二维场模型的求解。

(8)煤矿安全预警的原理及内容。首先介绍了煤矿安全预警的理论基础,主要包括系统非优理论、系统控制论和安全科学理论;然后分析了安全预警系统的组成,主要包括安全预警的管理对象、目标体系和基本内容;详细分析了安全预警机制及系统的目标;初步建立了煤矿安全预警管理体系,并提出了煤矿安全预警系统的要求。

(9)煤矿安全预警系统。首先建立了煤矿安全预警指标体系的原则,并在该原则的指导下,建立了煤矿安全预警的指标体系。利用层次分析法确定了煤矿安全预警指标体系中各层次指标的权重,避免了权重确定的主观性。充分借鉴国内外比较成熟的财务预警和风险预警模型,提出了适合煤矿需要的综合性安全预警模型。该模型基于可拓理论的物元模型,以综合关联度作为评价准则,从而避免了评价过程中的主观性,使评价结果更加客观。利用建立的煤矿安全预警指标体系和预警模型,对河南神火煤电股份有限公司新庄矿安全状况进行了预警分析。

参 考 文 献

[1] 张甫仁,景国勋,等.论矿山重大危险源辨识、评价及控制[J].中国煤炭:2001,27
(10):41~43.

[2] 周长春.连续危险源危险性评价原理与方法及其在煤矿瓦斯灾害中的应用[D].
北京:中国矿业大学,1995.

[3] 国家煤矿安全监察局人事司.全国煤矿特大事故案例选编[M].北京:煤炭工业
出版社,2000.5.

[4] Lama R D ed. International symposium – cum – workshop on management and control
of high gas emissions and outbursts in underground coal mines, Wollongong, Australia
March,1995.

[5] 吴宗之,高进东.重大危险源辨识与控制[M].北京:冶金工业出版社, 2001.6.

[6] 宇德明.重大危险源的评价及火灾爆炸事故严重度的若干研究[D].北京:北京
理工大学,1997.7.

[7] "九五"国家科技攻关计划"矿山重大危险源辨识与评价技术研究"课题验收意
见.

[8] "十五"国家科技攻关计划"矿山重大瓦斯煤尘爆炸事故预防与监控技术"课题
验收意见.

[9] Lynn K P,et al. Report of investigation at Moura no. 4 underground mine on Wednes-
day,16 July,1986(Queensland:Government Printer 1987),32 p. Rep. 75693(Moura)
5/87.

[10] Morris D M. Report on the circumstances attending the explosion in Sections 5 and
10,Boomlager No. 3,Hlobane collieries12 September,1983,which caused the death of
68 person. GME 524,18 p. Department of Mineral and Engery Affairs,Republic of
South Africa.

[11] Lowrance W W. Of acceptable risk:science and the determination of safety (Califor-
nia:Kaufman,1996),180.

[12] Dacies A W. Welsh explosions and the current hazard. The Mining Engineer, paper
No. 4868,Aprial 1982.

[13] Thompson T J,et al. Report of investgation,underground coal mine,#3,mine,ID NO
44 – 06594, Southmountain Coal Co. Inc, Norton, Wise Country, Viginia, U. S. ,
1993(Mine Safety and Health Administration, U. S. Department of Laber, 6 May,
1993), 46.

[14] Windrindge F W, et al. Report on an accident at Moura No. 2 underground mine on 7

August,1994(Queensland:Government Printer,1996),69.

[15] 江兵,等.煤矿危险源分类分级与预警[J].中国安全科学学报,1999,9(4):70～73.

[16] 白勤虎,等.生产系统的状态与危险源结构[J].中国安全科学学报,2000,10(5):71～74.

[17] 王省生,等.矿井灾害防治理论与技术[M].徐州:中国矿业大学出版社,1991.5.

[18] 杨志焕,王正国,等.冲击波对人员内脏损伤的危险性的估计[J].爆炸与冲击,1992,12(1):83～88.

[19] 申富宏,张志平.矿井瓦斯爆炸事故预防措施的探讨[J].矿业安全与环保,2000,27(6):35～36.

[20] 陈绍仁,等.采空区瓦斯爆炸原因探讨[J].山西煤炭,1998,18(4):47～50.

[21] Methods for the determination of possible damage to people and objects from releases of hazardous materials CPR 16E(Green Book),1st edition 1992,Netherlands.

[22] C K 萨文科,A A 古林,H A 马雷.北京:冶金工业出版社,1979.12.

[23] 居江林.瓦斯爆炸冲击波沿井巷传播规律的研究[D].淮南:淮南矿业学院,1997.

[24] 熊永强.基于人工神经网络的工作面煤与瓦斯突出预测方法[J].安全与环境学报,2002,9(4):27～29.

[25] 朱连山.煤与瓦斯突出机理浅析[J].矿业安全与环保,2002,29(2):23～25.

[26] 李成武.鹤壁六矿煤与瓦斯突出敏感指标及临界值的确定[J].煤矿安全,2002,10:36～38.

[27] 程五一.煤与瓦斯突出冲击波阵面传播规律的研究[J].煤炭学报,2004,29(1):57～60.

[28] 程五一.煤与瓦斯突出冲击波的形成及模型建立[J].煤矿安全,2000,9:23～25.

[29] 肖福坤.煤与瓦斯突出的突变学分析[J].黑龙江科技学院学报,2002,12(2):11～13.

[30] 吴宗之,高进东,魏利军.危险评价方法及其应用[M].北京:冶金工业出版社,2003.

[31] 何朝远.瓦斯煤尘共存条件爆炸危险性的研究通过技术评议[J].矿业安全与环保,1999,6:50.

[32] R A cortese,E S Weiss. Proceedings of the 24th Internal Conference of Safety in Mines Research Institutes,1991.

[33] 第21届国际采矿安全会议论文集[C].北京:煤炭工业出版社,1985.

[34] 李翼祺.爆炸力学[M].北京:科学出版社,1992.

[35] 李德元,李维新. 爆炸冲击中的数值模拟[J]. 爆炸与冲击,1984:85~88.

[36] Phylaktou h and G E Andrews. The Acceleration of Flame Propagation in Large - Scale Methan/Air Explosion[J]. Combustion and Flame, 1991:361~363.

[37] Even M W, Scheer M D, Schoen L J. A Study of High Velocity Flames Developed by Grids in Tubes[R]. Proceeding of 3th Symposium on Combustion, The combustion Instate, Pittsburgh, 1949:168~185.

[38] Wagner H G. Some experiments about flame acceleration[A]. in 'Fuel - Air Explosion', University of Waterloo Press, 1982:77~79.

[39] Williams F A. Laminar flame instability and turbulent flame propagation[A]. in 'Fuel - Air Explosion', University of Waterloo Press, 1982:102~105.

[40] Moen I O. The influence of turbulence on flame propagation in obstacle environments [A]. in 'Fuel - Air Explosion', University of Waterloo Press, 1982:138~140.

[41] Oh K H. A study on the obstacle - induced variation of the gas explosion characteristics[J]. Journal of loss prevention in the process industries,2001:52~56.

[42] Phylaktou H. The acceleration of flame propagation in a tube by an obstacle [J]. Combustion and Flame,1991:363~379.

[43] Ristu Dobashi. Experimental study on gas explosion behavior in enclosure[J]. Journal of Loss Prevention in the Process Industries, 1997, 10(2): 83~89.

[44] A Masri, et al. Experimental Thermal and Fluid Science[J], Combustion and Flame, 2000, 21:19~26.

[45] Dunn - Rankin D. Overpressures form nondetonating baffle accelerated turbulent flames in tubes[J]. Combustion and Flame, 2000:342~345.

[46] Lu Jie. Flame Propagation Characteristics of Propane - Air Mixture in Ducts with Obstacles[J]. Journal of Beijing Institute of Technology, 2004, 13(4):29~32.

[47] Furukawa J. Flame front configuration of turbulent premixed flames[J]. Combustion and Flame, 1998:293~301.

[48] Gulder O L. Flame front surface characteristics in turbulent premixed propane/air combustion[J]. Combustion and Flame, 2000:407~416.

[49] M Fairweather. Studies of premixed flame propagation in explosion tubes [J]. Combustion and Flame, 1998:504~518.

[50] 林柏泉,周世宁. 瓦斯爆炸过程中激波的诱导条件及其分析[J]. 实验力学, 1998,13(4):463~468.

[51] 林柏泉,张仁贵. 瓦斯爆炸过程中火焰传播规律及其加速机理的研究[J]. 煤炭学报,1999,24(1):56~59.

[52] 林柏泉,周世宁. 障碍物对瓦斯爆炸过程中火焰和爆炸波的影响[J]. 中国矿业大学学报,1999, 28(2):104~107.

[53]　林柏泉,菅从光.湍流的诱导及对瓦斯爆炸火焰传播的作用[J].中国矿业大学学报,2003,32(2):108~110.

[54]　Lin Baiquan,Zhou Shining. Shock Wave Generated in the Presence of Barriers in Gas Explosions[A]. Proceedings of the 8th U. S Mine Ventilation Symposium[C],June 11~17,1999,Rolla,Missouri,U. S.

[55]　何学秋,杨艺,王恩元.障碍物对瓦斯爆炸火焰结构及火焰传播影响的研究[J].煤炭学报,2004,29(2):186~189.

[56]　谢波,范宝春.挡板障碍物加速火焰传播及其超压变化的实验研究[J].煤炭学报,2002,27(6):627~631.

[57]　菅从光,林柏泉,周世宁.湍流的诱导及其对瓦斯爆炸过程中火焰和爆炸波的作用[J].实验力学,2004,1:39~44.

[58]　Jian Congguang, Study on Effects of Reflected Shock Wave on Flame Propagation in Gas Explosion[C], Proceedings of the 2004 International Symposium on Safety Science and Technology, 2004.10:365~368.

[59]　Singh. Gas explosions in inter - connected vessels:Pressure piling[J]. Trans Icheme, 1994, 72:28~31.

[60]　瞿成,菅从光,林柏泉.管道分叉对瓦斯爆炸火焰传播速度影响的研究[J].江苏煤炭,2004,1:46~47.

[61]　王汉良.弯管中气体爆轰波传播特性研究[D].合肥:中国科技大学,2005.6.

[62]　夏昌敬.可燃气体非稳定爆轰波通过90度弯曲管道中传播特性的实验研究[J].实验力学,2002,17(4):438~443.

[63]　高建康,菅从光,林柏泉.壁面粗糙度对瓦斯爆炸过程中火焰传播和爆炸波的作用[J].煤矿安全,2005,2:4~6.

[64]　林柏泉,陈伯辉.瓦斯爆炸过程中火焰厚度的实验室测定及其分析[J].中国矿业大学学报,2000,29(1):45~47.

[65]　林柏泉,桂晓宏.瓦斯爆炸过程中火焰厚度测定及其温度场数值模拟分析[J].实验力学,2002,17(2):227~233.

[66]　王从银,何学秋.瓦斯爆炸火焰厚度的实验研究[J].爆破器材,2001,30(2):28~32.

[67]　王从银,何学秋.瓦斯爆炸火焰厚度及其传播时间的传播特性[J].燃烧科学与技术,2001,8:27~30.

[68]　徐景德.矿井瓦斯爆炸传播的尺寸效应研究[J].中国安全科学学报,2001,11(6):36~40.

[69]　周凯元,李宗芬.丙烷-空气爆燃波的火焰面在直管道中的加速运动[J].爆炸与冲击,2000,20(2):137~142.

[70]　余立新,孙文超.半开口管道中的氢/空气火焰加速和压力发展过程[J].工程热

物理学报,2001,22(5):637~640.

[71] Lee J H, Knystautus R, and Freiman A. High Speed Turbulent Deflagrations and Transition to Detonation in H₂ – Air Mixtures[J], Combustion and Flame, 1984, 227~239.

[72] Moen I O, Lee J H, Hjertager B H. Transition to Detonation in a Flame Jet[J]. Combustion and Flame,1989.

[73] Moen I O, Lee J H. Hjertager B H. Pressure Development Clue to Turbulent Flame Propagation in Large – Scale Methane – Air Explosion[J]. Combustion and Flame, 1982:31~45.

[74] 赵衡阳.气体和粉尘爆炸原理[M].北京:北京理工大学出版社,1996.

[75] Lee J H. Gas Explosion[M].中国科学院力学研究所,1985.

[76] L Kagan. The Transition from deflagration to detonation in thin channels[J]. Combustion and Flame,2003, 134:389~397.

[77] R Sorin. Optimization of the deflagration to detonation transition: reduction of length and time of transition[J]. shock waves, 2005, 2(6):256~261.

[78] N N Smirnov, M V Tyurnikov. Experimental investigation of deflagration to detonation transition in hydrocarbon – air gaseous mixtures[J]. Combustion and Flame,1995, 100:661~668.

[79] S B Dorofeev, V P Sidorov. Deflagration to detonation transition in large confined volume of lean hydrogen – air mixtures[J]. Combustion and Flame,1998,114:397~419.

[80] Ciccarelli G,Boccio J L. Detonation Wave Propagation through a Single Orifice Plane in a Circular Tube[R]. Twenty – Seventh Symposium on Combustion, 1998:2233~2239.

[81] 袁生学,黄志澄.管内爆燃转爆轰的热力学原理[J].燃烧科学与技术,1998,4(4):403~409.

[82] 高泰荫,黄军涛.初始条件影响可燃气 DDT 特性的数值研究[J].爆炸与冲击(增刊),1999,26~31.

[83] 林柏泉.瓦斯爆炸动力学特征参数的测定及其分析[J].煤炭学报,2002,27(2):164~167.

[84] 王从银,何学秋.瓦斯爆炸阻隔爆装置失效原因的实验研究[J].中国安全科学学报,2001,11(2):60~64.

[85] 菅从光,林柏泉,翟成.瓦斯爆炸过程中爆炸波的结构变化规律[J].中国矿业大学学报,2003,32(4):363~366.

[86] 黎体发,张莉聪,徐景德.瓦斯爆炸火焰波与冲击波伴生关系的实验研究[J].矿业安全与环保,2005, 2:4~6.

[87]　徐景德,徐胜利,杨庚宇.矿井瓦斯爆炸传播的试验研究[J].煤炭科学学报,
　　　　2004,7:55～57.

[88]　庞伟宾,何翔.空气冲击波在坑道内走时规律的实验研究[J].爆炸与冲击,
　　　　2003,23(6):573～577.

[89]　杨国刚,丁信伟,王淑兰.管内可燃气云爆炸的实验研究与数值模拟[J].煤炭学
　　　　报,2004,29(5):572～576.

[90]　杨科之,杨秀敏.坑道内化爆冲击波的传播规律[J].爆炸与冲击,2003,23(1):
　　　　37～40.

[91]　王来,李廷春.直角拐弯通道中空气冲击波的传播及数值模拟[J].自然灾害学
　　　　报,2004,13(4):146～149.

[92]　覃彬,张奇.爆炸空气冲击波在巷道转弯处的传播特性.中国科技论文在线,
　　　　www. paper. edu. cn.

[93]　曲志明,孙强,黎锦贤.掘进巷道瓦斯爆炸冲击波与巷道壁面作用研究[J].煤矿
　　　　安全,2005,9:1～2.

[94]　曲志明,周心权,和瑞生.掘进巷道瓦斯爆炸衰减规律及特征参数分析[J].煤炭
　　　　学报,2006,31(3):324～328.

[95]　陈义良.燃烧原理[M].北京:科学出版社,1992.

[96]　王志荣,蒋军成.受限空间工业气体爆炸研究进展[J].工业安全与环保,2005,
　　　　3:43～46.

[97]　Salzano E,Marra F S,Lee J H. Numerical simulation of turbulent gas flames in tubes
　　　　[J]. Journal of Hazardous Materials, 2002,95(3):233～247.

[98]　Ulrich Bielert, Martin Sichel. Numerical simulation of premixed combustion processes
　　　　in closed tubes[J]. Combustion and Flame, 1998,114:397～419.

[99]　Catlin C A, M Fairweather. Predictions of turbulent, premixed flame propagation in
　　　　explosion tubes[J]. Combustion and Flame,1995,102:115～128.

[100]　M Fairweather. Studies of premixed flame propagation in explosion tubes [J]. Com-
　　　　bustion and Flame. 1998,114(3):397～411.

[101]　Tuld T. Numerical simultation of explosion phenomena in industrial environments
　　　　[J]. Journal of Hazardous Materrals,1996:36～38.

[102]　Keun - shik chang. Numerical investigation of inviscid shock wave dynamics in an
　　　　expansion tube[J]. Shock Waves, 1995:62～64.

[103]　Michele Maremonti. Numerical simulation of gas explosion in linked vessels[J]. Journal
　　　　of Loss Prevention in the Process Industries,1999,12(3):189～194.

[104]　林柏泉,桂晓宏.瓦斯爆炸过程中火焰厚度测定及其温度场数值模拟分析
　　　　[J].实验力学,2002,2:227～233.

[105]　徐景德,杨庚宇.瓦斯爆炸传播过程中障碍物激励效应的数值模拟[J].中国安

全科学学报,2003,13(11):42~44.

[106] 徐景德,杨庚宇.置障条件下的矿井瓦斯爆炸传播过程数值模拟研究[J].煤炭学报,2004,29(1):53~56.

[107] 吴兵,张莉聪,徐景德.瓦斯爆炸运动火焰生成压力波的数值模拟[J].中国矿业大学学报,2005,34(4):423~426.

[108] 余立新,孙文超.障碍物管道中湍流火焰发展的数值模拟[J].燃烧科学与技术,2003,9(1):11~15.

[109] 罗永刚.一维湍流预混火焰的数值模拟[J].能源研究与利用,2001,1:23~25.

[110] 张玉周,姚斌,叶军君.瓦斯爆炸冲击波传播过程的数值模拟[J].机电技术,2007,3:28~30.

[111] 许蔓舒.国际危机预警研究综述[J].国际论坛,2006,8(4):75~79.

[112] Matthieu Bussiere and Marcel Fratzscher. Towards a new early warning system of financial crises[J]. Journal of International Money and Finance,2006,25(6):953~973.

[113] Ana‐Maria Fuertes, Elena Kalotychou. Early warning systems for sovereign debt crises:The role of heterogeneity[J]. Computational Statistics & Data Analysis,2006, 51(2):1420~1441.

[114] Ana‐Maria Fuertes, Elena Kalotychou. Optimal design of early warning systems for sovereign debt crises[J]. International Journal of Forecasting, 2007, 23(1):85~100.

[115] Salwa Ammar, William Duncombe, Bernard Jump et al. A financial condition indicator system for school districts:a case study of New York[J]. Journal of Education Finance. 2005, 30(3):231~258.

[116] George Mavrotas,Yannis Caloghirou, Jacques Koune. A model on cash flow forecasting and early warning for multi‐project programme:application to the operational programme for the information society in Greece[J]. International Journal of Project Management,2005,23(2):121~133.

[117] W L Tung, C Queka,P Cheng. GenSo‐EWS:a novel neural‐fuzzy based early warning system for predicting bank failures[J]. Neural Networks,2004,17:567~587.

[118] G S Ng, C Quek,H Jiang. FCMAC‐EWS:A bank failure early warning system based on a novel localized pattern learning and semantically associative fuzzy neural network[J]. Expert Systems with Applications, 2006,31(4):673~683.

[119] William J de Groot,Johann G Goldammer, Tom Keenan, et al. Developing a global early warning system for wildland fire[J]. Forest Ecology and Management, 2006, 234(S1):101~110.

[120] Susan L Rose - Pehrsson, Sean J Hart, Thomas T Street, et al. Early warning fire de-
       tection system using a probabilistic neural network[J]. Fire Technology, 2003, 39
       (2):147 ~ 171.

[121] Borcherding Jost. Ten years of practical experience with the Dreissena - Monitor, a
       biological early warning system for continuous water quality monitoring[J]. Hydro-
       biologia, 2006, 556(1):417 ~ 426.

[122] Iervolino Iunio, Convertito Vincenzo, Giorgio Massimiliano. Real - time risk analysis
       for hybrid earthquake early warning systems[J]. Journal of Earthquake Engineering,
       2006, 10(6):867 ~ 885.

[123] Guido Cervone, Menas Kafatos, Domenico Napoletani. An early warning system for
       coastal earthquakes[J]. Advances in Space Research, 2006, 37(4):636 ~ 642.

[124] 肖全兴. 矿井通风安全管理预警系统的研究[J]. 矿业安全与环保, 1999,
       (3):4 ~ 7.

[125] 王慧敏. ARCH 预警系统的研究[J]. 预测, 1998, 17(4):55 ~ 56.

[126] 王洪德. 基于粗集—神经网络的通风系统可靠性理论与方法研究[D](PhD).
       辽宁阜新:辽宁工程技术大学, 2004.

[127] 吴立云. 煤矿安全预警系统研究[D]. 河南焦作:河南理工大学, 2006.

[128] 周首华. 论财务危机的预警分析——F 分数模式[J]. 会计研究, 1996, (8):
       8 ~ 11.

[129] Sung Woo Shin, Kilic Suleyman Biljin. Using PCA - based neural network commit-
       tee model for early warning of bank failure[J]. Lecture Notes in Computer Science,
       2006, 4221:289 ~ 292.

[130] 牛强, 周勇, 王志晓. 基于自组织神经网络的煤矿安全预警系统[J]. 计算机
       工程与设计, 2006, 27(10):1752 ~ 1754.

[131] Oh Kyong Joo, Kim Tae Yoon, Kim Chiho. An early warning system for detection of
       financial crisis using financial market volatility[J]. Expert Systems, 2006, 23(2):
       83 ~ 98.

[132] 高雷, 王升. 财务风险预警的功效系数法实例研究[J]. 南京财经大学学报,
       2005, 1:93 ~ 97.

[133] 刘红霞. 企业财务危机预警方法及系统的构建研究[D](PhD). 北京:中央财经
       大学, 2004.

[134] 田高良. 上市公司财务危机实时预警系统研究[D](PhD). 西安:西安交通大
       学, 2003.

[135] 李晋川. 对金融体系构建金融安全预警系统的探讨[J]. 决策咨询通讯, 2005,
       16(3):31 ~ 33.

[136] Lee Hung - Ho, Misra Manish. Early warning of ship fires using Bayesian probability

estimation model[A]. Proceedings of the American Control Conference[C], 2005, 1637~1641.

[137] 宫清华,黄光庆,郭敏. 地质灾害预报预警的研究现状及发展趋势[J]. 世界地质,2006,25(3):296~302.

[138] 王宝山,黄志伟,谢本贤. 金属矿地下开采采场灾害预警系统的研究[J]. 湖南科技大学学报,2006,21(4):5~9.

[139] 郭百平,宝力特,武称意. 日本的泥沙灾害监测预警体系及其启示[J]. 中国水土保持科学,2006,4(3):79~82.

[140] 李爱兵. 基于GIS的金属矿山地质灾害预警系统研究与开发[J]. 矿业研究与开发,2006,(10):131~135.

[141] Singh Ramesh P. Early warning of natural hazards using space technology[J]. Advances in Space Research, 2006,37(4):635.

[142] Thomson M C,Doblas-Reyes F J,Mason S J. Malaria early warnings based on seasonal climate forecasts from multi-model ensembles[J]. Nature, 2006, 439 (7076):576~579.

[143] Calles Jennifer,Gottler Randy, Evans Matthew. Early warning surveillance of drinking water by photoionization/mass spectrometry[J]. Journal of American Water Works Association,2005,97(1):62~73.

[144] 王超,佘廉. 社会重大突发事件的预警管理模式研究[J]. 武汉理工大学学报,2005,18(1):26~29.

[145] Cynthia A. Philips. Time series analysis of famine early warning systems in Mali [D]. USA: Michigan State University,2002. (PhD).

[146] Jose-Manuel Zaldivar, Jordi Bosch, Fernanda Strozzi. Early warning detection of runaway initiation using non-linear approaches[J]. Communications in Nonlinear Science and Numerical Simulation,2005,10:299~311.

[147] Liu Xiaoqing,Kane Gautam,Bambroo Monu. An intelligent early warning system for software quality improvement and project management[J]. Journal of Systems and Software, 2006, 79(11):1552~1564.

[148] Lee J H, Song C H, Kim B C. Application of a muli-channel system for continuous monitoring and an early warning system[J]. Water Science and Technology,2006,53 (5):341~346.

[149] 范振平,林柏梁,李俊卫. 铁路局安全预警系统的研究[J]. 交通运输系统工程与信息,2006,6(6):149~152.

[150] 于海鸿,孙吉贵,李泽海,等. 基于GIS的粮食管理预警决策支持系统[J]. 吉林大学学报,2006,24(4):396~401.

[151] 童玉芬. 人口安全预警系统的初步研究[J]. 人口研究,2005,29(3):58~62.

[152]　罗云,宫运华,宫宝霖,等.安全风险预警技术研究[J].安全,2005,(2):26～29.

[153]　颜晓.煤矿安全预警系统方案设计[J].煤矿现代化,2002,(6):23～24.

[154]　胡千庭,邹银辉,文光才,等.瓦斯含量法预测突出危险新技术[J].煤炭学报,2007,32(3):276～280.

[155]　孙继平,李迎春,付兴建.煤与瓦斯突出预报数据关联性[J].湖南科技大学学报(自然科学版),2006,21(4):1～4.

[156]　郭德勇,范金志,马世志,王仪斌.煤与瓦斯突出预测层次分析——模糊综合评判方法[J].北京科技大学学报,2007,29(7):660～664.

[157]　由伟,刘亚秀,李永等.用人工神经网络预测煤与瓦斯突出[J].煤炭学报,2007,32(3):285～287.

[158]　孙叶,谭成轩,孙炜锋,等.煤瓦斯突出研究方法探索[J].地质力学学报,2007,13(1):7～14.

[159]　代凤红,张振文,高永利,等.基于模糊综合评判理论的瓦斯突出危险性预测[J].辽宁工程技术大学学报,2006,25(supp):79～81.

[160]　杨玉中,冯长根,吴立云.基于可拓理论的煤矿安全预警模型研究[J].中国安全科学学报,2008,18(1):1～6.

2 矿山重大危险源辨识评价原理的基础研究

2.1 基础概念

作为一门新兴的学科,到目前为止,人们对危险源、重大危险源的辨识、评价原理与辨识、评价系统理论的研究及其相结合来研究还是十分有限的。究竟什么是危险源、重大危险源、危险源的分类等,尚无确切的界定[1]。因此,在进行辨识与评价研究之前,有必要对相关的概念进行阐述、说明,并作以限定。

2.1.1 安全、危险、事故隐患、事故与灾害

自人类出现以来,就一直在为生存与发展而不懈奋斗着,安全问题也就成为一种特殊事物客观地表现出来[2]。与危险源密切相关的三种状态是安全、危险和事故。传统的安全观认为安全和危险是两个互不相容的绝对的概念,即简单地说,安全就是没有危险,即危险无限趋于零时的状态。系统安全科学的安全观认为:安全是一种模糊数学的概念,按模糊数学的说法即是当危险降低到某一程度,即认为这种危险是安全的[3,4]。美国安全工程师学会(American Society of Safety Engineer, ASSE)认为:安全是指导致损伤的危险度是能够允许的,威胁和损害概率低的通常术语[5]。

根据马克思辩证的观点,任何事物都是相对的、发展的,并非静止和永恒的,是一种不断发展和完善的。安全应该是指生产系统的运行状态在当时的生产水平和科学文化技术状态下,其对人类的生命、财产以及人类生存的环境可能带来的损害程度被认为是可以接受和允许的限度以下。

因此,可以说安全是主观认识不断发展和变化的概念,它蕴含着人类的认识过程和接受能力,在不同的时期,人们对安全的观点

和认识就会不同。

　　危险又称风险,是一种状态的描述,指在人类生产活动中,生产系统具有超出人的控制之外的,可能给人类的生命、财产和环境造成损失,引起事故发生的一种可能性的状态。

　　事故隐患是指作用场所、设备或设施的不安全状态,人的不安全行为和管理上的缺陷。我国劳动部1995年发布的《重大事故隐患管理规定》中,把重大事故隐患定义为:可能导致重大人身伤亡或重大经济损失的事故隐患。

　　事故是产生于系统处于生产系统内部和外部某些因素的激发,继而连续或同时发生一系列的事件,直至生产系统失去控制和生产损失[6]。事故可以定义为:事故是生产系统的一种状态的描述,是违背人们的意愿的,是由于某些因素的激发,使一系列事件按一定的逻辑顺序发展,直至超出人们所控制之外并造成生产系统过程中断,给人类的生命、财产和环境带来损失的状态,是生产系统一种动态发展过程的结果。

　　从理论上讲,安全与事故是系统相对确定的一种状态,而危险则是处于安全与事故之间的一种状态,是在安全状态存在的条件和基础遭到破坏后,系统从安全状态转化为事故前的一种不稳定和动态的过程,是一种不确定的状态。

　　从严格意义上讲,灾害是人类对自然资源开发的"孪生儿",是区域发展中的必然现象。灾害是由于危险源(致灾因子)所造成的事故带来的人员伤亡、财产损失和环境的破坏严重度的一个指标量度。

2.1.2　危险源、固有型危险源、触发型危险源和重大危险源

　　为了对危险源进行辨识、评价及控制就有必要对危险源进行认识。文献[7]认为:危险源是指存在着导致伤害、疾病和财物损失的可能性的情况或环境潜在的或固有的特性的因素。又如文献[8]认为危险源是指对人类自身、财产、环境有损害潜能的固有的物理、化学属性及危险物质,操作环境及意外的致灾事件等。这些

观点基本体现了危险源的本质,但仍然不全面和准确。

根据系统论的观点,危险源是指存在于生产系统中的可能意外释放的能量(能源或能量载体)或危险物质、场所,以及能够导致能量或危险物质失去控制的各种诱发因素,其所导致的事件能够对人、物造成损坏或伤害的各种因素(包括人文因素和自然因素)和场所。这种观点体现了危险源的客观性及其可控性。

为了对重大危险源进行定义,有必要对危险源的分类进行讨论。根据安全科学的事故致因理论和能量意外释放理论,结合危险源(致灾因子)在事故的发生和发展过程中的作用和对事故灾情的严重程度方面的贡献作用大小,将其划分为两大类。在此,把生产过程中客观存在的可能发生的意外释放的各种能量物质或设施设备、场所,称之为固有型危险源(或实体型危险源[9])即第一类危险源。第二类危险源是诱发第一类危险源,即固有危险源失去控制,使危险物质的能量意外释放的各种因素,称之为触发型危险源(或虚体型危险源[9])。

顾名思义,固有危险源就是本质性的危险源,即事故发生的根源,是导致事故发生的能量主体,是造成事故的客观物质,是事故的本质和前提,是系统危险之所在和事故的内在因素;触发型危险源是诱因,是诱发系统事故的条件,它们是依附于固有危险源而存在的。

固有型危险源固然是事故发生的本质东西,涉及到本质安全化问题,其控制更多地依赖于技术、工艺水平。触发型危险源是引发固有型危险源能量失控的外在因素,是固有型危险源发生作用的辅助因素,只有当许多触发型危险源同时具备的情况下方能诱发固有型危险源的发作,即事故的发生。

根据文献[2,10]对重大危险源的定义:重大危险源是指工业活动中客观存在的危险物质或能量超过临界值的设备、设施。故此根据上述对重大危险源的定义,结合前面对危险源的分类,并根据矿山事故发生的可能情况,矿山重大危险源即是指在矿山企业生产过程中,不以其他危险源的存在而客观存在的危险物质或可能发生的意外释放的各种能量超过临界值的设备、设施或场所。但结合矿山企业生产的实际和事故发生的具体情况,上述定义方法在实际应用上较困难。

综上所述,将矿山重大危险源定义为:在矿山企业生产过程中,在危险因素中其导致事故发生时,不以其他危险源的存在而存在的危险物质或可能发生意外释放的各种能量超过临界值的设备、设施或场所,或为生产中可能客观存在的生产活动或事件。这样的定义,就可以极为方便的将机电、运输以及爆破事故各分为各的类,而避免了将运输归为机电类,或爆破无法进行归类的现象。

2.1.3　火灾

人类用火的历史也是一部同火灾作斗争的历史。目前,火灾造成的危害已成为全世界各国人民普遍瞩目的灾难性的问题。深层次探究发生火灾的根本原因:一是人们在主观上对消防安全重要性的认识不足、重视不够、管理不严、自防自救能力差引起的。综观火灾的特点及原因,从现象来看是复杂多样的,但透过现象看本质,用火灾经济学的基本原理来分析,不外乎是由三个因素相互作用造成的,即人的不安全行为;物的不安全状态;技术手段的缺陷。如果构成这三个因素,并相互作用,那么就必然会造成火灾。但是人的行为、物的状态、技术手段的状况都是可以控制的,可以通过学习教育使人具备安全意识和安全行为;可以通过人对物进行控制,使物处于安全状态;可以通过人的努力促进技术手段的完备。由此可见,只要领导重视,措施落实,通过人的主观努力,火灾是完全可以预防和减少的。

火灾中一切物理、化学现象都源于燃烧,它所涉及的燃烧学是一门介于物理学和化学之间的科学。我们所定义的燃烧实际上就是一种活跃的氧化作用。除了某些特殊的材料外,燃烧必须具备三个条件:

(1)可燃物体的存在;

(2)助燃剂(氧)的存在;

(3)热能量的交换。

在新鲜空气中,氧的体积分数为20.8%。但在火灾中,由于燃烧本身的消耗,空气中氧含量急剧下降。此现象意味着两个结果:

(1)人窒息,危及生命;

(2)使燃烧自动中止。

当然,氧气含量的变化,实质上标志着各种燃烧物的混合产生。例如,当氧气下降到5%以下时,就会产生大量CO,同时氧和"烟子"也会成比例地增长。我们对火灾的定义是指在时间和空间上失去控制的灾害性的燃烧。我们对矿井火灾中由于燃烧而出现的物理、化学现象作了一些理论探索。

2.1.4 辨识、风险、风险评价

危险源辨识可以简单地说是对危险源进行认识的一种过程,即分清什么是危险源,什么不是危险源。确切地说危险源辨识就是人们为了确保生产系统的安全,避免事故的发生对生产系统中存在的可能导致事故发生的一切因素和规律,进行认识并判断其对诱发事故发生的可能性有多大,其引发事故后可能造成的损害有多大的研究,它是对危险源系统进行判断是否存在某类危险因素或危险隐患。它是进行危险评价、预防和控制工伤事故和职业危害的必要手段。危险评价的目的是为了评价危险的可能性及其后果的严重程度,以寻求最低的事故率、最少的损失和最优的安全投资效益。为了对危险源进行有效的控制和评价,因此有必要对危险评价有一定程度的认识和了解,即进行辨识。

目前我国大多数专家的观点认为:安全评价也称危险评价或风险评价,以实现系统的安全为目的,按照科学的程序和方法,对系统中的危险因素、发生事故的可能性及损失与伤害程度进行调查研究与分析论证,对系统存在的危险性进行定性和定量分析,得出系统发生危险的可能性及其后果严重度的评价,通过评价寻求最低的事故率、最少的损失和最优的安全投资效益,从而为评估系统的总体安全性及制订基本的预防和防护措施提供科学的依据。

　　根据美国经济学家、芝加哥学派创始人 F. H. 奈特的观点认为:所谓风险是可测定的不确定性。从概念上讲,风险是一件事或一系列不同强度事件发生的概率和事件后果的这两个因素的函数[7],可用公式表示为:

$$R = P \times L \qquad (2\text{-}1)$$

式中,R 为系统的风险值;P 为事件发生的概率;L 为事件发生的后果值。

　　由公式(2-1),可以利用危险源风险损失的树状图 2-1 直观地来表示。

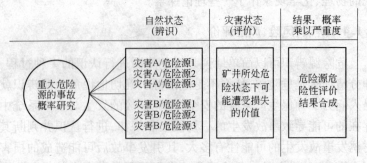

图 2-1　危险源风险损失的树状图

　　由此,风险评价就是对危险源系统运行过程中存在的危险因素的危险程度的评价和判断,并据此对系统安全水平进行改进和提高,同时对危险源系统的事故进行控制和预防提供科学的决策依据,并使生产系统在需要的安全水平下以最低的费用运行提供保证。

2.2　矿山重大危险源辨识的基础研究

2.2.1　重大灾害系统的组成

　　任何一个生产系统同时也是一个灾害发生系统,亦即任何一个实际灾害均赋存于其生产系统之上。故此,对矿井重大危险源的辨识,应从系统论的观点来分析,同时,只有在对矿井事故的灾害系统有了相当的了解和认识之后,才能够对矿井重大危险源进行正确的辨识和评价研究。

矿井事故灾害系统是矿井生产系统的一个特殊系统,它是由井下孕灾环境、事故危险源、承灾体(井下设施设备、巷道和井下工作人员)和灾情四个子系统组成。

(1)孕灾环境。从狭义上说,孕灾环境是致灾因子的环境系统(主要指空间),从广义上看,孕灾环境应该是孕育灾害的"温床",从这个意义上说,孕灾环境包括空间,也应该包括时间和人文社会背景。任何空间灾害事件都有一定的特定时空和人文物质条件。

(2)事故危险源(危险因素或致灾因子)。矿井事故危险源指的是导致矿井事故发生的各种因素和条件,它是进行矿井事故灾害系统研究和辨识工作的一个最为主要的要素。

(3)承灾体。承灾体是指危险源导致事故时作用的对象,即是指蒙受灾害的实体。只有当危险源在一定的条件下,作用于承灾体时方可造成损失,才能形成灾害。在矿山事故灾害系统中它主要是指井下巷道、设施设备和井下工作人员等。

(4)灾情。承灾体在遭受到危险源诱发的事故的破坏动力作用后,造成生命与物质财富的损失情况称为灾情。灾情的轻重与危险源的强度有关,又与孕灾环境和承灾体的性质有关。它是评价受灾严重程度的最终依据,是对矿山事故重大危险源进行评价的依据,也是在受灾后人们极为关心的问题。然而,人们忽视了导致事故的危险源,危险源应该在任何时候都是人们关心的重点。

通常人们对矿山事故最为关心的是灾情,对导致灾情的根源,即危险源却未给予足够的重视和研究,故此,我国矿山灾害事故时有发生,有时候甚至是连续发生事故。所以说,人们不仅应该关心灾情,而更应该关心危险源,特别是重大危险源。由危险源灾害系统结构可知,要对危险源,特别是重大危险源进行认识和了解,就必须从危险源灾害系统入手来分析研究,特别是从孕灾环境和承灾体入手研究。

2.2.2　重大危险源的特性及辨识依据

重大危险源辨识主要包括:重大危险源的特性;重大危险源辨识的依据;重大危险源辨识的标准;重大危险源辨识的主要内容;重大危险源辨识过程中的几点注意等五部分内容。

(1)重大危险源的特性:主要是根据所要进行辨识的对象的特性,即可能引发的事故类型以及引发事故后的伤害破坏特性来进行分析和研究。

(2)重大危险源辨识的依据主要包括:1)大量事故的统计资料;2)具体工矿企业的生产实际情况;3)利用专家的经验和智慧;4)可靠的理论知识。

2.2.3　重大危险源辨识的标准

重大危险源辨识的标准主要包括:

(1)某物质为重大危险源的量允许超过的数量标准:如果危险物质达不到一定的数量,则无论其威力有多大,也不能够视为重大危险源;

(2)引起该危险源事故的相互作用的因素(触发型危险源)的多少:对于这些危险物质发生事故而言,引起该事故的因素的多寡,也是对判断其是否为重大危险源主要因素之一;

(3)发生事故的次数:某类危险物质的事故次数不仅能够说明该危险物质的难控制性,同时也能够说明危险性;

(4)发生事故时的伤亡情况:伤亡情况是说明事故严重性的最好指标,也是判断其是否为重大危险源的最好指标;

(5)造成的经济损失:判断事故的严重程度最终指标是看事故所造成的经济损失有多大,这是矿山企业最为关心的;

(6)事故后处理和恢复生产的难易程度等:事故发生后,对事故的处理和恢复生产的间断时间,都是衡量事故所带来的影响及灾情的直接指标,也是衡量其经济损失的有力指标。

国家标准 GB 18218—2000 中给出了生产场所和贮存区重大危险源物质名称及临界量,如表 2-1 ~ 表 2-4 所示。

表 2-1 爆炸性物质名称及临界量

序 号	物 质 名 称	临界量/t	
		生产场所	贮存区
1	雷(酸)汞	0.1	1
2	硝化丙三醇	0.1	1
3	二硝基重氮酚	0.1	1
4	二乙二醇二硝酸酯	0.1	1
5	脒基亚硝氨基脒基四氮烯	0.1	1
6	迭氮(化)钡	0.1	1
7	迭氮(化)铅	0.1	1
8	三硝基间苯二酚铅	0.1	1
9	六硝基二苯胺	5	50
10	2,4,6 - 三硝基苯酚	5	50
11	2,4,6 - 三硝基苯甲硝胺	5	50
12	2,4,6 - 三硝基苯胺	5	50
13	三硝基苯甲醚	5	50
14	2,4,6 - 三硝基苯甲酸	5	50
15	二硝基(苯)酚	5	50
16	环三次甲基三硝胺	5	50
17	2,4,6 - 三硝基甲苯	5	50
18	季戊四醇四硝酸酯	5	50
19	硝化纤维素	10	100
20	硝酸铵	25	250
21	1,3,5 - 三硝基苯	5	50
22	2,4,6 - 三硝基氯(化)苯	5	50
23	2,4,6 - 三硝基间苯二酚	5	50
24	环四次甲基四硝胺	5	50
25	六硝基 - 1,2 - 二苯乙烯	5	50
26	硝酸乙酯	5	5

表 2-2　易燃物质名称及临界量

序号	类　别	物　质　名　称	临界量/t	
			生产场所	贮存区
1		乙烷	2	20
2		正戊烷	2	20
3		石脑油	2	20
4		环戊烷	2	20
5		甲醇	2	20
6		乙醇	2	20
7	闪点小于	乙醚	2	20
8	28℃的液体	甲酸甲酯	2	20
9		甲酸乙酯	2	20
10		乙酸甲酯	2	20
11		汽油	2	20
12		丙酮	2	20
13		丙烯	2	20
14		煤油	10	100
15		松节油	10	100
16		2-丁烯-1-醇	10	100
17		3-甲基-1-丁醇	10	100
18		二(正)丁醚	10	100
19	28℃≤闪点	乙酸正丁酯	10	100
20	<60℃的液体	硝酸正戊酯	10	100
21		2,4-戊二酮	10	100
22		环己胺		100
23		乙酸	10	100
24		樟脑油	10	100
25		甲酸	10	100
26		乙炔	1	10
27		氢	1	10
28		甲烷	1	10
29		乙烯	1	10
30	爆炸下限	1,3-丁二烯	1	10
31	≤10%气体	环氧乙烷	1	10
32		一氧化碳和氢气混合物	1	10
33		石油气	1	10
34		天然气	1	10

表2-3 活性化学物质名称及临界量

序号	物 质 名 称	临界量/t	
		生产场所	贮存区
1	氯酸钾	2	20
2	氯酸钠	2	20
3	过氧化钾	2	20
4	过氧化钠	2	20
5	过氧化乙酸叔丁酯(浓度≥70%)	1	10
6	过氧化异丁酸叔丁酯(浓度≥80%)	1	10
7	过氧化顺式丁烯二酸叔丁酯(浓度≥80%)	1	10
8	过氧化异丙基碳酸叔丁酯(浓度≥80%)	1	10
9	过氧化二碳酸二苯甲酯(盐度≥90%)	1	10
10	2,2-双-(过氧化叔丁基)丁烷(浓度≥70%)	1	10
11	1,1-双-(过氧化叔丁基)环己烷(浓度≥80%)	1	10
12	过氧化二碳酸二仲丁酯(浓度≥80%)	1	10
13	2,2-过氧化二氢丙烷(浓度≥30%)	1	10
14	过氧化二碳酸二正丙酯(浓度≥80%)	1	10
15	3,3,6,6,9,9-六甲基-1,2,4,5-四氧环壬烷	1	10
16	过氧化甲乙酮(浓度≥60%)	1	10
17	过氧化异丁基甲基甲酮(浓度≥60%)	1	10
18	过乙酸(浓度≥60%)	1	10
19	过氧化(二)异丁酰(浓度≥50%)	1	10
20	过氧化二碳酸二乙酯(浓度≥30%)	1	10
21	过氧化新戊酸叔丁酯(浓度≥77%)	1	10

表2-4 有毒物质名称及临界量

序 号	物 质 名 称	临界量/t	
		生产场所	贮存区
1	氨	40	100
2	氯	10	25
3	碳酰氯	0.30	0.75
4	一氧化碳	2	5
5	二氧化硫	40	100
6	三氧化硫	30	75

序　号	物 质 名 称	临界量/t	
		生产场所	贮存区
7	硫化氢	2	5
8	羰基硫	2	5
9	氟化氢	2	5
10	氯化氢	20	50
11	砷化氢	0.4	1
12	锑化氢	0.4	1
13	磷化氢	0.4	1
14	硒化氢	0.4	1
15	六氟化硒	0.4	1
16	六氟化碲	0.4	1
17	氰化氢	8	20
18	氯化氰	8	20
19	乙撑亚胺	8	20
20	二硫化碳	40	100
21	氮氧化物	20	50
22	氟	8	20
23	二氟化氧	0.4	1
24	三氟化氯	8	20
25	三氟化硼	8	20
26	三氯化磷	8	20
27	氧氯化磷	8	20
28	二氯化硫	0.4	1
29	溴	40	100
30	硫酸(二)甲酯	20	50
31	氯甲酸甲酯	8	20
32	八氟异丁烯	0.30	0.75
33	氯乙烯	20	50
34	2－氯－1,3－丁二烯	20	50
35	三氯乙烯	20	50
36	六氟丙烯	20	50
37	3－氯丙烯	20	50

序 号	物 质 名 称	临界量/t	
		生产场所	贮存区
38	甲苯-2,4-二异氰酸酯	40	100
39	异氰酸甲酯	0.30	0.75
40	丙烯腈	40	100
41	乙腈	40	100
42	丙酮氰醇	40	100
43	2-丙烯-1-醇	40	100
44	丙烯醛	40	100
45	3-氨基丙烯	40	100
46	苯	20	50
47	甲基苯	40	100
48	二甲苯	40	100
49	甲醛	20	50
50	烷基铅类	20	50
51	羰基镍	0.4	1
52	乙硼烷	0.4	1
53	戊硼烷	0.4	1
54	3-氯-1,2-环氧丙烷	20	50
55	四氯化碳	20	50
56	氯甲烷	20	50
57	溴甲烷	20	50
58	氯甲基甲醚	20	50
59	一甲胺	20	50
60	二甲胺	20	50
61	N,N-二甲基甲酰胺	20	50

2.2.4 重大危险源辨识的主要内容

重大危险源辨识的主要内容包括:

(1)重大危险源物质存在的状态:即要明确重大危险源物质在此情况下诱发事故的可能性有多大;

(2)重大危险源物质的触发型危险源的状态,在重大危险源

物质存在的情况下,重大危险源物质发生某类事故的触发型危险源存在情况,其现行条件下诱发该类事故的危险性有多大;

(3)重大危险源与其发生某类事故的触发型危险源结合的可能性有多大。

2.2.5　重大危险源辨识中应注意的问题

重大危险源辨识过程中应注意以下几点:

(1)重大危险源及其触发型危险源的分布情况,为了能够有序、准确地进行危险源辨识,应从重大危险源物质在生产场所的分布情况,辅助以事故统计资料来进行辨识;

(2)伤害方式和伤害途径。

2.3　重大危险源评价原理的基础研究

重大危险源评价的目的是为了能够评价出重大危险源发生事故的可能性有多大,及其发生事故后的严重程度有多大,以寻求最低的事故率、最少的损失和最优的安全技术投资效益,从而为评估系统总体的安全性以及制定基本的预防、防护措施和进行安全投资提供科学、合理、可靠的依据。

2.3.1　评价的类型及程序

重大危险源评价主要包括:(1)评价的类型;(2)评价的内容及程序(步骤);(3)评价的要素;(4)评价的基本原则;(5)评价的标准;(6)评价方法及其方法的确定;(7)重大危险源评价的综合模型的建立。

2.3.1.1　评价的类型

评价的类型主要可以分为定性和定量评价两种。定性评价主要是以专家赋值或以指数(系数)来表达事故发生的可能性和严重度,评价和分级可根据可能性和严重度分别来进行评价也可以合成来进行评价;定量评价方法是以系统事故风险率来表达事故危险性的大小,也称概率风险评价方法,该方法主要是以概率值来进行评价[8]。

2.3.1.2 评价的内容及程序

重大危险源评价内容按其评价的步骤可以分为:

(1)危险源灾害事故的伤害机理的研究;

(2)危险源灾害事故的伤害模型的建立;

(3)危险源灾害系统的事故严重度的计算;

(4)危险源灾变概率的模糊化处理和计算;

(5)危险源灾害系统的危险(风险)值计算;

(6)危险源灾害系统危险等级的划分。

其评价程序如图 2-2 所示,其中将危险源辨识与控制的内容也包括在其中,这样更能够清晰的说明评价研究的程序和思路。

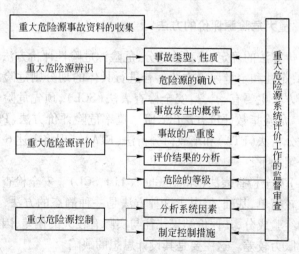

图 2-2 矿山重大危险源评价程序图

2.3.2 评价的要素及标准

2.3.2.1 评价的主要要素

重大危险源评价的主要要素有五条,分别为:(1)重大危险源的危险性及其数量;(2)工作人员的素质;(3)生产系统生产工艺条件危险性;(4)生产环境因素;(5)生产系统的抗灾和救灾能力。

2.3.2.2　评价的标准

评价的标准主要包括：(1)评价结果要能够客观正确地反映重大危险源系统发生灾变可能性的大小；(2)危险源评价的结果必须正确反映危险源灾变发生时可能造成的损失，即严重度有多大；(3)评价结果应能够反映出危险事故所属等级，即进行重大危险源事故分级。

2.3.2.3　评价的原则

评价的原则主要包括：(1)科学性原则；(2)系统性原则；(3)可行性原则；(4)客观性原则；(5)适用性原则；(6)最大危险性原则；(7)可比性原则；(8)损失合成原则；(9)分解性原则；(10)综合性原则。

2.3.3　重大危险源评价的方法

评价方法的确定：按其性质分，危险源危险性评价方法可分为两大类：定性和定量评价方法。若进行具体的划分则危险源评价的常用方法主要有[2,3,9]：安全检查表法(SCL)、预先危险分析法(PHA)、危险指数评价方法(F&EI)、概率危险评价方法(PBHA)、事件树分析法(ETA)和事故树分析法(FTA)。现将上述6种方法简要介绍如下：

(1)安全检查表法(Safety Check List,SCL)。安全检查表法是一种比较简单、基础，但由于这种方法是一种静态的方法，且含有相当的经验成分，其评价结果往往与实际有较大的偏差，因而其结果的说服力较差。这主要是其设计思想的缺陷。

(2)预先危险分析法(Preliminary Hazard Analysis,PHA)。预先危险分析法仅只是一种用在系统设计或开发之初的一种评价方法，对研究的运行中的系统来进行评价是不适合的。由于其评价的危险因素是来自系统设计初的考虑，可以不难想象该方法是一种缺乏说服力的方法，其含有的经验成分是不言而喻的。

(3)危险指数评价方法(Fire and Explosion Index,F&EI)。该方法采用了可以定量计算的指数来进行对灾变事故的概率以及后果严重度进行计算和评价,这在危险评价工作中是一次突破。但由于该方法未能与系统论的观点结合,仅只考虑了系统的各个危险因素,但未对其进行权重的处理,各因素之间均以加或乘的方式来处理,这样就造成了"一视同仁"的平均主义,使得评价的结果与实际相差较远。

(4)概率危险评价方法(PBHA)。该方法主要是通过分析系统的各个单元的设计和操作性能来计算整个系统的事故发生的概率,以其来反映系统的危险度。该方法有其独特的一面,它可以与事件树或事故树评价方法相结合,或与模糊数学相结合来进行评价,这样易于延伸和扩展,能够对客观系统灾变结构或致灾因素清楚的情况,做出较准确、清晰的评价,因此说,该方法具有较大的发展前途。在本文的方法选用中,将以该方法为基础,提出一种新颖的方法,并与事故树方法相结合,提出事故伤害模型评价方法来讨论危险源的危险性评价工作。

(5)事件树分析法(Event Tree Analysis, ETA)。事件树分析是以系统工程决策论为基础的,按照事故的发展顺序,分阶段、分步骤地对事故进行成功和失败分析,直到最终结果为止的方法。该方法依赖于系统内部的客观规律,而受主观控制的因素和影响较小,是一种可取的方法。但其必须与概率论的方法相结合来进行运用。

(6)事故树分析法(Fault Tree Analysis, FTA)。该方法又称故障树分析法,它是判断研究复杂系统有力的分析方法,它不仅能够提供定性的结论,还会提供满意的定量的解答[9]。由于该方法具有演绎机能,是从因果链去考虑各种事件的组合输出,这样就可以对每个事件按其对顶上事件的贡献(重要性)进行分级,再与概率论的观点相结合,确定出各事件的概率,以此确定出顶上事件的发生概率。同时,该方法还能通过对事故的最小割集和最小径集的求解,为事故的预防提供准确、可靠的科学依据。

综上所述,各种评价方法都有其优点和缺点,本书提出从危险源灾变系统的伤害机理入手,建立其伤害模型,对发生事故后的严重度来进行评价,并结合概率评价方法与事故树评价方法,将人因管理因素融于概率部分来进行讨论,并将其结果运用于火灾事故等重大危险源的危险性评价的最后评价和分级中,即采用重大危险源发生事故的可能性和重大危险源事故发生后的严重度两个指标来进行评价和对重大危险源进行分级应用。

2.3.4　重大危险源综合评价模型

根据安全工程学的一般原理,通过对文献[6,11]所建立的层次结构图的比较和分析研究,提出从事故严重度和事故发生概率两个指标来进行评价的综合评价模型,其综合评价模型如图 2-3 所示。

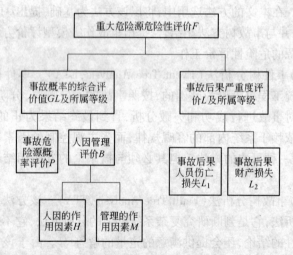

图 2-3　重大危险源评价模型层次图

$$GL = P \times B = P \times (1 - H) \times (1 - M) \qquad (2-2)$$

$$L = L_1 + L_2 \qquad (2-3)$$

式中,GL 为表示事故概率的综合评价值;P 为事件发生的概率;L 为事件发生的后果严重度值;H 为人所抵消掉的致灾概率值;$(1 - H)$ 为人的致灾概率值;M 为管理所抵消掉的致灾概率值;$(1 - M)$

为管理的致灾概率值;L_1 为人员伤亡损失;L_2 为巷道遭到破坏所带来的财产损失。

H 和 M 以及 $(1-H)$ 和 $(1-M)$ 的具体计算步骤和过程将在后面进行详细的阐述。

综合评价模型为:

$$F = GL \times L \tag{2-4}$$

在计算后果严重度值 L 的表达式中人员伤亡损失 L_1 时,我们利用公式:

$$L_1 = k \times D_e \tag{2-5}$$

式中,k 为死亡 1 人的综合财产损失;D_e 为死亡人员的数目。

又根据对平煤五、六、八、十、十二矿井下工作面上的工种和人员分布情况约 0.15 人/m,故取死亡距离内人员密度为 0.15 人/m。以前计算主要是根据文献[10,12]得出死亡 1 人相当于损失 20 万元,故:

$$L_1 = 0.15 \times 20 \times R = 3R \tag{2-6}$$

式中,R 为死亡距离。

在计算 L_2 时,根据平煤十矿的专家组的综合意见,对于巷道和其他井下设施设备的破坏性,将其综合视为对巷道的破坏,而将其他的财产损失值考虑到每米巷道的价值中去。近似取每米巷道遭到破坏所带来的财产损失为:5 万元/m。故:

$$L_2 = 5R \tag{2-7}$$

事件发生的后果严重度值为:

$$L = L_1 + L_2 = 8R \tag{2-8}$$

综合公式(2-3)、公式(2-7)我们得到综合评价模型:

$$F = GL \times 8R \tag{2-9}$$

死亡距离值 R 的确定:

$$R = 655.1(AQ/10^6)^{0.5} \tag{2-10}$$

$$AQ = 4.751 \times 10^{-3} \times 36/3.14 \times P_0 [44(T_0 + 273)]^{0.5} \tag{2-11}$$

式中,AQ 为烟气释放量;P_0 为巷道内初始压力;T_0 为火源初始温度。

结合文献[10]对重大危险源事故严重度的分级标准,给出矿井火灾事故重大危险源严重度分级建议标准(如表2-5所示)。

表2-5　重大危险源严重度分级表

危险源级别	A 级	B 级	C 级	D 级	E 级	F 级
严重度值/万元	>75	50~75	30~50	15~30	5~15	<5

2.4　本章小结

本章主要对重大危险源辨识及评价的基本原理进行了阐述。

首先介绍了重大危险源的基础概念,主要包括安全、危险、事故隐患、事故与灾害、危险源及危险源的分类、火灾、辨识、风险及风险评价等。

然后介绍了重大危险源辨识的基础研究。主要提出了重大灾害系统的组成、分析了重大危险源的特性及辨识依据、辨识的标准和辨识的主要内容,以及重大危险源辨识中应注意的问题。

最后介绍了重大危险源评价的基础研究。主要分析了评价的类型及程序、评价的要素及标准,介绍了重大危险源评价的方法,提出了重大危险源综合评价模型。

参 考 文 献

[1]　江兵,等.煤矿危险源分类分级与预警[J].中国安全科学学报,1999,9(4):70~73.

[2]　吴宗之.工业危险源辨识与评价[M].北京:气象出版社,2000.4.

[3]　陆庆武.事故预测、预防技术[M].北京:机械工业出版社,1990.

[4]　白勤虎,等.生产系统的状态与危险源结构[J].中国安全科学学报,2000,10(5):71~74.

[5]　胡尚池.物质危险源及其辨识的探讨[J].中国安全科学学报,1993(3):75~78.

[6]　Center for chemical process safety of the American institute of chemical engineers, Guidelines for hazard evaluation procures,Second Edition with worked example,1992.

[7]　宇德明.重大危险源评价及火灾爆炸事故严重度的若干研究[D].北京:北京理

工大学,1996.

[8]　李世奎.中国农业灾害风险评价与对策研究[M].北京:气象出版社,1999.

[9]　吴宗之,高近东,等.危险源评价方法及其应用[M].北京:冶金工业出版社,
　　　2001.6.

[10]　李新东,等.矿山安全系统工程[M].北京:煤炭工业出版社,1995.6.

[11]　Lynn K P,et al.　Report of investigation at Moura No. 4 underground mine on Wednes-
　　　day,16 July,1986(Queensland:Government Printer 1987),32 p. Rep. 75693(Mou-
　　　ra)5/87.

[12]　居江林.瓦斯爆炸冲击波沿井巷传播规律的研究[D].淮南:淮南矿业学院,
　　　1997.

3 矿山重大危险源辨识研究

3.1 瓦斯爆炸事故危险源辨识研究

煤矿瓦斯爆炸事故是煤矿特有的、后果极其严重的一种井下生产事故。近年来,随着人们对安全生产的重视和安全投资的增加,井下瓦斯爆炸事故危险源的辨识工作也随之展开。在正确的瓦斯爆炸事故危险源辨识的基础上,进行瓦斯爆炸事故危险源的评价和防治技术,对煤矿安全生产和对其经济效益的提高,都有着十分重要的意义。

3.1.1 瓦斯爆炸事故灾害系统

任何一个生产系统同时也是一个灾害发生系统,亦即任何一个实际灾害均赋存于其生产系统之上。故此,对瓦斯爆炸事故危险源的辨识,应从系统论的观点来分析,同时,只有在对瓦斯爆炸事故的灾害系统有了相当的了解和认识之后,才能够对瓦斯爆炸事故危险源进行正确的辨识和评价研究。

瓦斯爆炸事故灾害系统是矿井生产系统的一个特殊系统,它是由井下孕灾环境、瓦斯爆炸事故危险源、承灾体(井下设施设备、巷道和井下工作人员)和灾情四个子系统组成。

通常人们对瓦斯爆炸事故最为关心的是灾情,对导致灾情的根源,即危险源却未给予足够的重视和研究,故此,我国瓦斯爆炸灾害事故时有发生,有时候甚至是连续发生爆炸事故。所以说,人们不仅应该关心灾情,而且更应该关心危险源,特别是重大危险源。应该对危险源有足够的认识和了解,才能够预防事故的发生和事故所带来的不必要的损失。由危险源灾害系统结构可知,要对危险源,特别是重大危险源进行认识和了解,就必须从危险源灾害系统入手来分析研究,特别是从孕灾环境和承灾体入手研究。
图3-1形象地表示了瓦斯爆炸事故危险源灾害系统。

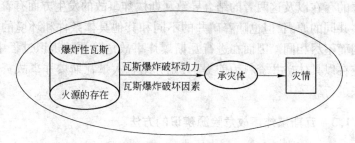

图3-1　瓦斯爆炸事故危险源灾害系统示意图

3.1.2　瓦斯爆炸事故的特性

瓦斯爆炸事故必须具备的两个因素是爆炸性瓦斯和火源的存在(另外,足够的含氧量对于矿井爆炸事故来说这一条件是满足的,在此将不予考虑),而瓦斯和火源均属于实体型危险源(固有型危险源),即矿山重大危险源。研究和了解瓦斯和火源的特性,将为辨识瓦斯爆炸事故危险源提供可靠的依据和合理的分析方法。

根据大量瓦斯爆炸事故资料、重大危险源的特性,结合平煤六矿的生产实际,综合认为瓦斯爆炸事故中瓦斯和火源具有以下一些主要的特性:

(1)任意性和不确定性:指爆炸性的瓦斯和火源出现的时间和地点具有任意性和不确定性;

(2)非瞬时性:指的是爆炸性的瓦斯的出现往往不是短暂的和瞬时的,而据大量瓦斯爆炸事故和爆炸发生的可能性来看,往往是在相对较长的一个时间段内存在的;

(3)非唯一性:指的是爆炸性瓦斯和火源的存在是导致瓦斯爆炸事故的必备因素,而这两者缺一不可;

(4)可控性(可防性):在此研究的瓦斯爆炸事故危险源它们都具有可以控制的特性,如果所研究的危险源是无法控制和防范的,则便失去了研究的必要性和可能性。

(5)普遍性和具体性:指在瓦斯爆炸事故中爆炸性瓦斯和火源的存在以及这两者的结合导致瓦斯爆炸事故的发生方面有着许多共同的原因,但也随着矿井的不同和其他具体条件和环境的不同而不尽相同。因而在进行瓦斯爆炸事故危险源的辨识过程中,应在以具体矿井资料为前提下,充分结合大量瓦斯爆炸事故资料来进行。

3.1.3　瓦斯爆炸事故危险源辨识的方法

针对瓦斯爆炸事故的实际情况,在此提出瓦斯爆炸事故危险源辨识的方法:"综合性实统双析法"。在这里,"实"即指的是针对具体矿井深入的分析,我们将以平煤六矿为准,结合瓦斯爆炸事故危险源辨识内容来对其中的每一部分、每一环节进行综合全面的研究;"统"即是指从爆炸事故基本因素入手,在对具体矿井的实际情况研究的同时,也必须结合全国的事故统计资料来进行深入、全面、合理、可靠的辨识;双析指的是不可只分析实际情况而忽视统计资料的应用,或者只对统计资料的分析而忽视具体矿井的实际情况,二者是同步进行,或缺了任何一方面,则所得结论都是不可靠的,或者说不能够进行大面积的应用。该方法比较全面综合,但必须有较多的工作人员参与进行辨识,而且对矿井的具体建立的模型必须全面,不可忽视了某一环节,同时,所采用的统计资料也必须真实可靠。综合性指的是在运用实统的同时,还借助于危险源特性表来进行综合性的辨识。同时,在辨识的过程中,对某些可能的情况还要依据专家的个人经验来处理,这是辨识过程中重要的一部分。

3.1.4　瓦斯爆炸事故危险源辨识的标准

根据前面的讨论可知,瓦斯爆炸事故危险源属于矿山重大危险源,其辨识及划分标准有很多,在此,依据全国大量的统计资料,来确定其划分标准。其划分标准总的可以分为定性和定量标准。

在参考有关的评价标准,可以采用以下定性和定量辨识标准来进行辨识以及分级。

(1)危险源物质的量,即瓦斯的量超过允许的数量标准。如果危险源物质的数量比较少,远远达不到发生事故的界限,那么,这种危险源物质无论它的危险性有多大,它也不是重大危险源。从理论上说,危险物质达不到一定的数量,则不是重大危险源。

根据文献[1,2]和大量瓦斯爆炸事故的统计资料,瓦斯为重大危险源的临界数量或条件为:1)矿井在历史上发生过较为严重的瓦斯事故(包括与瓦斯有很大关系的爆炸事故);2)在生产时期,采区、采掘工作面回风巷风流中的浓度超过 1.5% 时的瓦斯;3)在生产时期,采掘工作面风流中的浓度超过 1.0% 时的瓦斯;4)专用排风巷中的浓度超过 2.5% 时的瓦斯;5)在采掘工作面内,体积大于 $0.5m^3$ 的空间,局部积聚浓度达到 2.0% 时的瓦斯;6)进行维修的巷道中浓度超过 1.5% 时的瓦斯。

(2)引起瓦斯爆炸事故的相互作用的因素(触发型危险源)的多少。对于发生瓦斯爆炸事故而言,引起爆炸事故因素的多寡,对判断其是否为重大危险源以及进行触发型危险源的辨识工作也是很主要的因素之一。

(3)发生事故的次数。发生瓦斯爆炸事故的次数不仅能够说明瓦斯爆炸事故的难控制性,同时也能够说明瓦斯爆炸事故的危险性。

(4)发生事故时的伤亡情况。伤亡情况是说明事故严重性的最好指标,也是判断其是否为重大危险源的最好指标。同时,事故发生时人们最为关心的也就是人员伤亡的情况。

(5)造成的经济损失。判断事故的严重程度最终指标是看事故所造成的经济损失有多大,这是矿山企业最为关心的。

(6)事故后处理和恢复生产的难易程度等。事故发生后,对事故的处理和恢复生产的间断时间,都是衡量事故所带来的影响及灾情的直接指标,也是衡量其经济损失的有力指标。

上述指标,有些不仅是瓦斯爆炸事故危险源辨识过程中应该考虑的因素,也是瓦斯爆炸事故危险源评价过程中必须考虑的因素。

3.1.5　瓦斯爆炸事故危险源辨识的主要要素

在瓦斯爆炸事故危险源辨识过程中,应本着"科学、认真、负责的态度",应以"纵向到底、横向到边、全面彻底、不留空缺"为原则,对井下生产系统中存在的一切导致瓦斯爆炸事故危险因素进行辨识分析。又根据瓦斯爆炸事故危险源的定义可知,瓦斯爆炸事故危险源指的是能够导致存在于矿井生产系统中的危险物质——瓦斯,发生瓦斯爆炸事故的一切危险因素和条件等,所以,辨识过程也必须从这些方面入手来进行分析和辨识。

根据瓦斯爆炸事故的特性,依据导致瓦斯爆炸事故最基本的两个要素:爆炸性瓦斯和火源的存在,本文提出瓦斯爆炸事故危险源辨识的主要要素,结合辨识主要步骤有:

(1)各类生产场所:应从进风井开始着手分析到回风井止,该分析过程应包括立、斜井段、井底车场、各类进风巷、采煤工作面、掘进工作面、运输线路、甩车场、各类回风巷、采空区、供电室等井下各类生产场所和生产辅助场所。

(2)生产流程:从进风到割煤、放炮(炮采)、出煤、运煤等各类井下生产流程。

(3)通风系统:对于矿井这类特殊的生产系统,通风系统是一个必不可少的重要因素。它主要包括从通风机、井下通风设备设施、各类通风系统巷道和井下测风、监测设施设备等。

(4)各类设施设备:电缆、运输设备(包括运物、运人设备)、提升设备、变电设备、采掘设备设施、通风构筑物、矿灯、井下照明灯、事故的应急设施设备和措施等井下所用的物资设备。

(5)人因管理:井上井下工作人员的各种因素(包括生理和心理因素)、管理因素。由于人因管理因素是一个辨识较为困难,且很难以用准确数字来进行衡量的一个因素,故此,本项目研究中将其视为一个单独的因素来进行辨识并给以量化研究,因为这样并不影响瓦斯爆炸事故发生概率的准确定量化计算。

辨识内容主要可以从上述内容中来进行详细的展开,并加以阐述得出具体的瓦斯爆炸事故危险源,即上述各项因素中能够导致爆炸性瓦斯和火源的存在的一切因素。当然,要对上述内容进行详细的阐述,并得出合理、可靠的瓦斯爆炸事故危险源,就必须以具体矿井的瓦斯爆炸事故隐患资料,尤其是结合大量瓦斯爆炸事故的统计资料(这里指的是全国的瓦斯爆炸事故统计资料),并运用合理、可靠、正确的辨识方法,来辨识出具体矿井,同时也适合于其他大量矿井的瓦斯爆炸事故危险源。当然,对于具体的矿井瓦斯爆炸事故危险源是不尽相同的,也需要视其具体的情况来给予具体的考虑和分析。

其具体的辨识分析过程和应用,将在瓦斯爆炸事故辨识的应用中进行具体的分析和应用。

3.1.6 瓦斯爆炸事故危险源辨识的主要步骤

瓦斯爆炸事故危险源辨识的主要步骤,即辨识的具体过程,按其辨识的内容(辨识的主要要素)可以分为以下几点:

(1)井下生产系统中各重点岗位、场所中可能存在的导致瓦斯爆炸事故的危险因素,包括各重要岗位可能存在的潜在危险因素;

(2)井下爆炸性瓦斯和火源可能存在的场所,可能发生的时间,以及爆炸性瓦斯的分布情况和存在量的情况及其变化;

(3)瓦斯爆炸事故危险源的危险性、特点及其从相对稳定的状态向事故发展的激发状态的条件和可能性等;

(4)生产系统中当瓦斯爆炸事故发生时,可能造成的损失及其严重的后果和事故波及的范围影响的时间的大概估算和预测;

(5)井下重要的设施设备在运行过程中出现的致灾可能性;

(6)井下工作人员在生产过程中可能带来的危险因素,即危险源辨识过程中的人因管理因素的分析。

3.1.7　瓦斯爆炸事故危险源辨识

根据前面所提出的瓦斯爆炸事故危险源辨识标准、原则、方法以及辨识的主要要素和主要步骤,瓦斯爆炸事故危险源应从两个方面入手:一个就是要具有危险物质(瓦斯),再者就是引起危险物质发生事故的能量(火源)。下面,将根据上述辨识方法和辨识过程,结合平煤集团公司六矿的生产实际及其大量的瓦斯事故隐患资料,并结合全国大量瓦斯爆炸事故资料,对平煤集团公司六矿目前的瓦斯爆炸事故危险源进行综合性的实际辨识和应用。

3.1.7.1　瓦斯爆炸事故瓦斯存在与积聚危险源辨识

通过大量的瓦斯爆炸事故中瓦斯积聚的事故案例,可知瓦斯积聚的原因有很多,在对大量事故的分析研究的基础上,对瓦斯积聚的辨识应从瓦斯积聚的场所和瓦斯积聚的原因这两个方面入手分析和研究,但在最后的辨识结果研究过程中尽可能地综合这两个方面的因素来进行分析,以避免同一种积聚因素的多次分类的现象,从而得出合理可靠的平煤六矿的瓦斯爆炸事故爆炸性瓦斯积聚危险源。根据本文前面所提出的爆炸事故危险源辨识的主要要素和主要步骤,对于爆炸性瓦斯的存在与积聚的危险源辨识的主要内容有:

(1)瓦斯可能存在与积聚的场所辨识:根据平煤六矿的井下实际,其可能存在的主要场所包括:丁$_{6-22160}$ 采面、机巷和风巷;丁$_{6-22110}$ 采面、机巷和风巷;丁$_{6-14200}$ 采面、机巷和风巷;丁$_{6-21010}$ 机巷、风巷和备用风巷;丁$_{6-14170}$ 机巷、风巷;丁$_{6-22100}$ 采面、机巷和风巷、中切眼;丁$_{6-22240}$ 风巷、机巷;丁$_{6-21050}$ 采面、机巷和风巷;丁$_{6-22200}$ 风巷、机巷;丁$_{6-22260}$ 机巷、风巷;丁$_{6-22150}$ 机巷、风巷;戊$_{8-22050}$ 机巷、风巷和采面、开切眼;戊$_{8-22070}$ 风巷、切眼、采面、机巷;戊$_{8-22060}$ 机巷、风巷;戊$_{8-22040}$ 机巷;戊$_{8-22090}$ 风巷等以及其井下大量的相关的采空区、运输巷道、盲巷、井底车场以及各类进风巷和回风巷等。

(2)通风系统可能造成瓦斯的积聚辨识:对于矿井这类特殊

的生产系统,通风系统是一个必不可少的重要因素。它主要包括通风机、井下其他通风设备设施、各类通风系统巷道和井下测风、监测设施设备等。

(3)人因管理可能造成瓦斯的积聚辨识:井上井下工作人员的各种因素(包括生理和心理因素)、管理因素。此部分内容将在人因管理中加以详细的阐述。

3.1.7.2 瓦斯爆炸事故瓦斯存在与积聚危险源综合辨识

瓦斯爆炸事故中爆炸性瓦斯积聚危险源的综合辨识主要是从瓦斯积聚的原因辨识,结合前面所进行瓦斯爆炸场所、通风系统和人因管理等辨识出的危险源,来进行综合性瓦斯积聚危险源分类。综合大量的瓦斯爆炸事故中的瓦斯积聚原因的探讨和平煤六矿的生产实际,认为平煤六矿井下瓦斯积聚的主要原因可以分为以下几大类:自然突变原因、通风设施设备原因、通风系统(不含设施设备)原因、瓦检人员原因、综合性因素等。其中,上述各类原因是对许多危险源的一种综合,而并不是具体的危险源,其辨识过程还需进行具体实际的辨识与分析。

综合性因素主要有:没有及时处理积聚瓦斯;没有按时检查;瓦斯漏检情况。对于没有按时检查与瓦斯漏检情况,在某种程度上又可以将其分为人为原因和非人为原因等,但再继续的讨论也没有太大的意义,也不便于进行归类,故此,将其视为基本事件来看。对于没有及时处理积聚瓦斯,可分为:报警断电仪失灵;报警断电装置位置不当;瓦斯积聚时处理不得力;采空区瓦斯涌出等。综合大量瓦斯爆炸事故中瓦斯积聚的原因,我们再补充瓦斯积聚的综合性原因:地质变化瓦斯涌出。

对于瓦斯积聚的通风系统的原因主要有:串联通风;巷道堵塞造成风量不足;风速过低;贯通时未能及时通风;通风系统不合理;通风系统不完善;通风系统不稳定;风流短路;局扇循环风等。

对于瓦斯积聚的通风设施设备的原因主要有:风机故障;通风设施漏风;局扇循环风;通风设施损坏;通风设施不合格;风机安装不合格;局部风机机型不当或陈旧;报警断电仪失灵或故障;随意

开停风机;放炮造成瓦斯积聚(炮采);无计划停电导致停风;排放
瓦斯过程不当等。

对于瓦斯积聚的瓦斯检查人员的原因主要有:瓦斯检测员脱
岗;瓦斯检测不及时;瓦斯漏检;瓦斯积聚时处理不当;盲巷未能及
时密封。

综上所述,可以用矿井瓦斯积聚因素表(见表3-1)来更为形
象直观的表示。

表3-1　矿井瓦斯积聚因素综合分析表

积聚代号	积聚原因	积聚代号	积聚原因
X_1	地质变化瓦斯涌出	X_{15}	落顶不及时
X_2	微(无)风作业	X_{16}	串联通风
X_3	采空区瓦斯涌出	X_{17}	风流短路
X_4	巷道贯通未能及时通风	X_{18}	供风能力不足
X_5	报警断电仪失灵或故障	X_{19}	通风系统不完善
X_6	瓦斯积聚时处理不当	X_{20}	局扇循环风
X_7	密闭不严造成瓦斯涌出	X_{21}	通风系统不稳定
X_8	排放瓦斯过程不当	X_{22}	局扇机型不当
X_9	放炮造成瓦斯积聚(炮采)	X_{23}	通风设施漏风(含损坏)
X_{10}	盲巷未能及时密封	X_{24}	风机故障或停电
X_{11}	冒顶造成瓦斯积聚	X_{25}	通风设施使用不当(含风筒拐死角)
X_{12}	通风断面不够(含巷道堵塞)		
X_{13}	风筒送风距离不够,造成风量不足	X_{26}	其他原因无法检查瓦斯
		X_{27}	瓦斯检测员脱岗
X_{14}	风机及主要风门无人看守	X_{28}	其他原因

3.1.7.3 瓦斯爆炸事故火源存在的危险源辨识

对瓦斯爆炸事故来说,火源的存在是一个很重要的因素,没有火源无论瓦斯处于何种危险状态,瓦斯爆炸事故将不可能发生,同时火源也是很难控制和管理的。

根据大量的瓦斯爆炸事故中火源出现的情况和大量井下火灾火源出现的事故,在对大量事故的分析研究的基础上,对瓦斯爆炸事故火源危险源的辨识应从火源出现的场所和火源出现的原因这两个方面入手分析和研究,但在最后的辨识结果研究过程中尽可能地综合这两个方面的因素来进行分析,以避免同一种火源因素的多次分类的现象,从而得出合理可靠的平煤六矿的瓦斯爆炸事故火源危险源。根据前面所提出的爆炸事故危险源辨识的主要要素和主要步骤,对于火源危险源辨识的主要内容有:

(1)瓦斯可能存在与积聚的场所辨识:这部分内容同前面瓦斯积聚危险源中该部分内容相同。

(2)生产流程可能出现火源的辨识:综采工作面割煤、炮采工作面放炮(炮采)、采煤工作面煤炭运输等各类井下生产流程。

(3)各类设施设备可能出现火源的辨识:井下各类电线电缆、运输设备(包括运物、运人设备)、提升设备、变电设备、采掘设备设施、通风构筑物、矿灯、井下照明灯、事故的应急设施设备等井下所用的物资设备。

(4)人因管理可能造成火源危险源辨识:井上井下工作人员的各种因素(包括生理和心理因素)、管理因素。此部分内容将在人因管理中加以详细的阐述。

3.1.7.4 瓦斯爆炸事故火源危险源综合辨识

瓦斯爆炸事故火源危险源综合辨识同瓦斯积聚综合辨识一样,仍然主要是以火源出现的原因来进行综合辨识,结合前面所进行火源可能出现场所、生产流程、井下各类生产设施设备和人因管理等辨识出的危险源,来进行综合性火源危险源分类。

在对大量的瓦斯爆炸事故、井下火灾事故和平煤六矿生产的实际情况进行了综合研究与分析后,认为井下火源的存在不外乎以下几个方面的情况:综合性火源、电气类火源、放炮火源、摩擦撞击火源等。同时,对于有着共同因素的危险源应将其合并,只在一类中出现,这样既简化了事故树的建立,同时,又将使得归类更为明显。下面将对上述几类井下火源进行详细的讨论。

(1)综合性火源。通过大量的爆炸与火灾事故和对六矿井下大量隐患和事故资料所进行的分析,认为井下综合性火源主要有吸烟所带来的明火源、人为拆卸照明灯具所带来的火源、煤炭自燃火源以及带电检修等。

(2)电气火源。电气火源是井下极其复杂的一类火源,通过大量的火灾与爆炸事故并综合井下电气设备和设施可能出现的问题的分析可知:井下电气火源主要包括以下几类:电焊和气焊火源;变压器电机、开关内短路;电压高绝缘击穿短路;电缆线其他原因短路;电缆受机械损伤;带电检修;电机车火花;设备失爆;局扇原因所致;接线盒失爆或接线盒抽线;电缆接线不良等。

(3)放炮火源(炮采)。放炮火源指的是在放炮过程中各种可能的原因产生的火源,在这里,主要有以下几个方面的因素:抵抗线不足;装药连线不当;分段放炮;放炮器出火;炸药质量不合格(包括炸药变质);封泥不足等。

(4)摩擦撞击火源。摩擦撞击火源指的是各类井下物质、设施、设备相互撞击摩擦所产生的火花;采煤机滚筒摩擦火花;运输设施设备产生的火花;电机车火花等。

(5)其他原因火源。另外,对于产生火源的真实原因不完全清楚,是一种较为模糊的原因,在此,将其归为其他原因火源。这样处理比较符合实际情况,也比较合理可行。

由于是针对一个矿井的瓦斯爆炸事故危险源进行讨论,故此不可能以大量事故案例中导致瓦斯爆炸的危险源来进行讨论,而是以一个矿中可能导致瓦斯爆炸事故的事故隐患来代替而进行讨论。根据上述对瓦斯存在、积聚与火源存在的综合辨识,结合事故树的构造知识[3],可以构造出瓦斯爆炸的综合事故模型图,如图3-2所示。矿井火源因素的综合分析如表3-2所示。

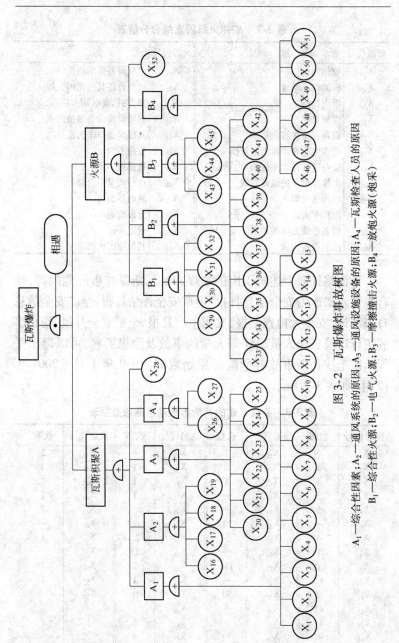

图 3-2 瓦斯爆炸事故树图

A_1—综合性因素；A_2—通风系统的原因；A_3—通风设施设备的原因；A_4—瓦斯检查人员的原因；B_1—综合性火源；B_2—电气火源；B_3—摩擦撞击火源；B_4—放炮火源（炮采）

表 3-2　矿井火源因素综合分析表

火源代号	原　因	火源代号	原　因
X_{29}	吸烟明火	X_{41}	电气设备露明线头
X_{30}	拆卸灯具所致	X_{42}	电气设备其他原因失爆
X_{31}	带电检修	X_{43}	凿岩机、煤电钻火花
X_{32}	煤炭自燃	X_{44}	运输设施设备摩擦出火
X_{33}	设备开关接线盒短路	X_{45}	其他摩擦撞击火花
X_{34}	电缆电压高绝缘击穿短路	X_{46}	装药不当
X_{35}	设备进线松动失爆(含电话)	X_{47}	抵抗线不足
X_{36}	电缆或设备进线露芯线	X_{48}	炸药质量不合格
X_{37}	电焊或气焊	X_{49}	放炮器出火
X_{38}	电机车火花	X_{50}	分段放炮
X_{39}	设备进线或电缆鸡爪子或羊尾巴	X_{51}	封泥不足
X_{40}	照明设备出火	X_{52}	其他原因火源

　　下面将针对上述辨识出的平煤六矿瓦斯爆炸事故危险源,结合平煤六矿矿内安全信息日报、全矿安全评估日报、全矿安全信息日报统计、安全大检查汇报、文明生产月报、全矿安全月报、伤亡事故统计以及三违人员统计等大量的事故及隐患资料,可以得出平煤六矿上述瓦斯事故各危险源原始数据(1999 年 1 月～2001 年 12 月)如表 3-3 所示。

表 3-3　平煤六矿的瓦斯事故隐患原始数据表

隐患代号	次数	隐患代号	次数	隐患代号	次数	隐患代号	次数
X_1	—	X_{15}	1	X_{29}	—	X_{43}	2
X_2	3	X_{16}	2	X_{30}	1	X_{44}	2
X_3	4	X_{17}	8	X_{31}	1	X_{45}	2
X_4	3	X_{18}	1	X_{32}	1	X_{46}	2
X_5	5	X_{19}	1	X_{33}	5	X_{47}	3
X_6	—	X_{20}	21	X_{34}	1	X_{48}	
X_7	4	X_{21}	—	X_{35}	26	X_{49}	1
X_8	1	X_{22}	—	X_{36}	15	X_{50}	
X_9	1	X_{23}	156	X_{37}	2	X_{51}	3
X_{10}	11	X_{24}	—	X_{38}	—	X_{52}	1
X_{11}	2	X_{25}	32	X_{39}	16	X_{53}	—
X_{12}	41	X_{26}	6	X_{40}	1	⋮	⋮
X_{13}	14	X_{27}	8	X_{41}	6		
X_{14}	97	X_{28}	12	X_{42}	3		

对于辨识出的一些瓦斯爆炸事故危险源其所有的相关资料没有这方面的记载,我们结合专家评估的办法来对发生概率的大小进行确定,本次专家调查主要是针对平煤六矿而进行的,调查的专家主要是平煤六矿的主要负责人。由于在六矿所有的资料中没有X_1、X_6、X_{18}、X_{19}、X_{21}、X_{22}、X_{24}、X_{29}、X_{48}、X_{50}、X_{53}的相关资料,专家组综合的结果如表3-4所示。

表3-4　平煤六矿瓦斯事故专家调查数据表

隐患代号	专家1	专家2	专家3	隐患代号	专家1	专家2	专家3
X_1	0.012	0.01	0.009	X_{24}	0.002	0.002	0.005
X_6	0.015	0.02	0.018	X_{29}	0.009	0.008	0.009
X_{18}	0.08	0.10	0.09	X_{48}	0.08	0.06	0.06
X_{19}	0.10	0.10	0.09	X_{50}	0.02	0.01	0.01
X_{21}	0.09	0.10	0.09	X_{53}	0.08	0.06	0.05
X_{22}	0.09	0.10	0.09				

3.1.7.5　瓦斯爆炸事故人因管理辨识

A　瓦斯爆炸事故人因管理辨识的基础研究

由于瓦斯爆炸事故人因管理因素是一个辨识较为困难,且很难以准确数字来进行衡量的一个因素。通过平煤六矿的事故资料和各种事故隐患资料,结合人机理论和安全系统工程相关的理论知识,并根据文献[3~5],综合认为人因危险源可以分为:人员生理负荷超限;健康和心理状况突然异常;先天性生理缺陷等。

(1)人因危险源主要包括:人员生理负荷超限;健康和心理状况突异;生理缺陷。

1)人员生理负荷超限:①体力负荷超限;②视力负荷超限;③听力负荷超限;④其他负荷超限。

2)健康和心理状况突异:①心理异常;②身体异常;③冒险心理。

3)生理缺陷:①先天性生理缺陷;②事故因素造成的生理缺陷。

(2)管理危险源主要包括:指挥失误;操作失误;救护措施不力;管理不力等。

1)指挥失误:①指挥救灾失误;②井下工作指挥失误;③井上调度室指挥失误。

2)操作失误:①不懂原理的误操作;②精力不集中而导致的误操作;③违章操作;④素质差,技术水平低,反应迟钝而导致的误操作;⑤其他原因的误操作。

3)救护措施不力:①灾变事故发生时,未能及时下井进行抢救;②井下救灾不力;③对井下灾变判断不准,而导致救灾措施不当;④救灾人员不够而导致事故的扩大;⑤救灾人员的经验不足,而导致新的事故或人员伤亡。

4)管理不力:①安全奖惩制度不严;②工人安全培训教育不够;③干部安全意识淡漠;④重生产而轻视安全之观念;⑤安全责任不明确;⑥技术管理混乱;⑦安全监督管理不力;⑧安全投入不足,装备不完善;⑨其他原因管理不力而导致事故。

B　瓦斯爆炸事故人因危险源辨识

辨识不仅是为了能够知道危险源的情况,同时也是为了能够对其有一个可以定量化的数据来进行评价,即其危险性到底有多大。但由于上述辨识出的各种危险源基本因素很难定量衡量,故此,本书将依据上述辨识出的危险源为依据,并根据文献[6,7]对人因评价的研究,将其修正并提出适用于瓦斯爆炸事故的人因危险源辨识研究以及瓦斯爆炸事故发生概率的定量化研究。

这里的人因致灾因素是指井下工作人员素质情况,人因因素是瓦斯爆炸事故等重大危险源研究和控制的一个重点内容,对于井下事故的个人因素和岗位因素而言,他们对于事故的作用都很大,但也存在差别,故此应将其进行分别的考虑。

要对井下人员人因致灾因素进行评价,首先必须对井下不同的岗位进行分析,确认出最易导致事故的工作岗位,并收集这些人员群体和个人的数据。其中,群体数据包括单元危险岗位 m、各个危险岗位的人数 n 和各个岗位上的操作人数 N。个体数据包括:

是否考核合格、工龄、平均实际工作时间、无事故工作时间等。

    a   人因致灾因素的辨识和定量化标准

根据文献[4~7]对人因评价的研究,提出适用于本研究的人因致灾研究计算公式,将井下工作人员的可靠性记为 R_U,而将岗位人员的可靠性记为 R_g,单个人的可靠性记为 R_S,其中单个人的可靠性 R_S 包括人员合格性 R_1,熟练稳定性 R_2、负荷因子 R_3、生理心理条件 R_4 的乘积,即:

$$R_S = \prod_{i=1}^{4} R_i \qquad (3-1)$$

式中,人员的合格性 R_1 表示为:

$$R_1 = \begin{cases} 0, \text{工作人员考核不合格或未经考核} \\ 1, \text{考核合格} \end{cases} \qquad (3-2)$$

根据文献[3,6,7]的研究和矿井生产的情况,在此从三违和工伤方面入手来讨论其稳定性,人员的操作熟练、稳定性 R_2 表示为:

$$R_2 = Z_p \times (1 - Q_s) \times (1 - Q_q) \qquad (3-3)$$

式中,Z_p 为月平均安全检查评定结果(以 1 分为满分),主要包括安全检查,Q_s 为年平均三违率,Q_q 为年平均工伤率。

岗位操作人员的负荷因子 R_3 表示为:

$$R_3 = \begin{cases} 1 + k_3 \left[\left(\dfrac{1}{1 - q_g} \right)^2 - 1 \right] \\ 1, q_g = 0 \end{cases} \qquad (3-4)$$

式中,k_3 为比例系数,如果缺员率不大于 5% ,则 $k_3 = 1$,否则取 $k_3 = 1.2$;q_g 为缺岗率。

岗位操作人员的生理心理条件 R_4 表示为:

$$R_4 = \prod_{i=1}^{2} L_i \qquad (3-5)$$

式中,L_i 为人员的健康状况(从有病到无病取值范围为 0.8 ~ 1);L_2 为人员的其他生理情况(取值范围为 0.8 ~ 1)。

b　人因致灾因素中人员素质的可靠性计算

在井下一个岗位上可能有许多人,因此,在这一特定岗位上的人的可靠性应是这些人员的平均值,即:

$$R_g = \sum_{i=0}^{N} \frac{R_{Si}}{N} \tag{3-6}$$

式中,N 为该岗位上所有工作人员的数目;R_{Si} 为第 i 个人的可靠性。

根据串并联原理可知,井下相同的工作岗位人员可靠性应取其平均值关系,而不同的工作岗位应视为并联关系,故此,可以得出整个井下所有重点岗位为一个单元的人员素质可靠性 R_U[6,7]:

$$R_U = 1 - \prod_{i=0}^{m}(1 - R_{gi}) \tag{3-7}$$

式中,m 为一个单元内的岗位数;R_{gi} 为第 i 个岗位人员素质的平均可靠性值。

C　瓦斯爆炸事故管理危险源辨识

由于前面所辨识出的管理因素危险源,与人因因素危险源一样都很难以定量化处理,下面将以前面辨识出的危险源为依据,管理辨识评价将主要通过矿井瓦斯爆炸事故责任的分析和矿井工作责任制的规定与划分来进行处理和研究,瓦斯爆炸事故管理因素如表3-5所示。

表3-5　瓦斯爆炸事故管理因素评价项目表

序号	管理因素评价项目	序号	管理因素评价项目
1	安全生产责任制	5	瓦斯爆炸事故危险源评价与整改
2	安全生产规章制度	6	瓦斯爆炸事故危险源防范措施
3	安全教育情况	7	井下瓦斯爆炸事故应急措施计划
4	安全技术措施计划	8	瓦斯爆炸事故研究分析情况

下面对矿井安全管理致灾因素评价各项目分别进行详细的讨论。

(1)安全生产责任制,取值范围为(0~1),如表3-6所示。

表3-6 矿井安全生产责任制评价项目表

序号	评价内容及标准	序号	评价内容及标准
1.1	矿长、总工对安全生产工作负全面领导责任	1.5	井下区队长对本职范围内的安全生产负具体领导责任
1.2	分管安全工作的副矿长、副总对安全生产负主要领导责任	1.6	生产工人对本岗位安全事故负直接责任
1.3	分管其他工作的副矿长、副总对安全生产负直接领导责任	1.7	安检员对井下事故负监督责任
1.4	通风科及安检科科长、副科长对安全生产工作负领导责任	1.8	瓦检员对井下瓦斯事故负直接责任

（2）安全生产规章制度，取值范围(0~1)，如表3-7所示。

表3-7 矿井安全生产规章制度评价项目表

序号	评价内容及标准	序号	评价内容及标准
2.1	安全生产奖惩制度	2.7	人员下井前的安全检查制度
2.2	安全值班制度	2.8	运输提升设备管理制度
2.3	井下各种安全技术操作规程	2.9	井下安全标志管理制度
2.4	井下特种作业设备管理制度	2.10	井下巡回安检制度
2.5	井下危险作业管理审批制度	2.11	矿级领导是否进行定期的井下安检
2.6	备用通风设备完好检查制度	2.12	重点岗位是否进行不定期的安检

（3）安全教育情况，取值范围(0~1)，如表3-8所示。

表3-8 矿井安全教育评价项目表

序号	评价内容及标准	序号	评价内容及标准
3.1	新工人上岗前的安全教育	3.6	各区、科长所进行的安全教育
3.2	对复工工人进行再安全教育	3.7	班组长所进行的安全教育
3.3	采用新工艺、新设备、新技术后对工人进行安全技术教育	3.8	全员所进行的安全教育
3.4	对瓦检员、救护队队员等特殊工种人员的专业培训	3.9	井下瓦斯爆炸事故发生后的逃生教育
3.5	对调换新工种工人进行安全技术教育		

（4）安全技术措施计划，取值范围（0~1），如表3-9所示。

表 3-9　矿井安全技术措施计划评价项目表

序号	评价内容及标准	序号	评价内容及标准
4.1	矿在编制生产、技术、财务计划时，必须同时编制安全技术措施计划	4.3	按规定提取安全技术措施费用和专款
4.2	安全技术措施计划有明确的期限和负责人	4.4	矿年度计划应有安全目标值

（5）瓦斯爆炸事故危险源评价与整改，取值范围（0~1），如表 3-10 所示。

表 3-10　瓦斯爆炸事故危险源评价与修改项目表

序号	评价内容及标准	序号	评价内容及标准
5.1	是否进行瓦斯爆炸事故危险源辨识评价	5.4	瓦斯爆炸危险源是否采取了控制措施
5.2	有无危险源分级管理制度	5.5	对爆炸事故隐患是否按要求整改
5.3	瓦斯、火源是否被列为重大危险源		

（6）瓦斯爆炸事故危险源防范措施，取值范围（0~1），如表 3-11 所示。

表 3-11　瓦斯爆炸事故危险源评价项目表

序号	评价内容及标准	序号	评价内容及标准
6.1	是否严格控制瓦斯	6.6	对高瓦斯地段是否采取瓦斯排放
6.2	瓦斯超限是否采取措施	6.7	重要通风设施设备是否完好
6.3	对于井下各种火源出现的控制	6.8	有无进行防范重大危险源教育
6.4	电气设备有无防爆措施	6.9	有无完整的瓦斯监测记录
6.5	突出矿井是否采取监控措施	6.10	瓦斯超限有无进行深入分析

（7）瓦斯爆炸事故应急措施与应急计划,取值范围(0~1),如表3-12所示。

表 3-12　瓦斯爆炸事故应急措施与应急计划评价项目表

序号	评价内容及标准	序号	评价内容及标准
7.1	有应急指挥和组织机构	7.3	有必需的应急医护人员
7.2	井下有完善的应急处理程序和措施	7.4	调度室必须有矿级领导以应急

（8）瓦斯爆炸事故研究分析情况,取值范围(0~1),如表3-13所示。

表 3-13　瓦斯爆炸事故研究分析情况评价项目表

序号	评价内容及标准	序号	评价内容及标准
8.1	有完整系统的事故记录	8.4	有事故后调整方案
8.2	有完整的事故调查、分析研究报告	8.5	杜绝类似事故再发生措施
8.3	有年度、月度事故统计资料、分析表		

则管理的综合评价值为:

$$M = \prod_{i=0}^{n} G_i \tag{3-8}$$

式中,M 为每一个评价项目的评价结果值,即管理所抵消掉的致灾概率值;n 为评价的总项目数;G_i 为各管理项目的评价结果值。

D　平煤六矿人因致灾因素致灾概率的计算

由于井下工种繁多,而且每一个工作岗位上都有数十人甚至数百人,所以无法对其每一个人都进行研究分析,在此,以其不同岗位的各种有关数据的评价值代入按照上述计算法则进行处理,得出岗位人员可靠性和评价值,继而得出整个矿井人因评价值。

下面,将对平煤六矿的相关数据(依据平煤六矿矿内安全信息日报、全矿安全评估日报、全矿安全信息日报统计、安全大检查汇报、文明生产月报、全矿安全月报、工伤事故统计以及三违人员统计等大量的事故及隐患资料)和对六矿专家组调查所得出的结果,按照不同的工种进行分类给出。其中三违率为三违总人次数与人员的总数的比值,轻伤率为轻伤总人次数与人员的总数的比值。

表 3-14　平煤六矿各工种综合月平均得分结果表

(1999 年 1 月~2001 年 12 月 24 日)

工　种	采煤	通风	掘进	开拓	放炮	防尘	机电	运输	监测	维修
综合得分	83.87	85.57	83.9	86.47	90.75	85.2	87.1	87.65	86.24	86.13

表 3-15　平煤六矿各工种年平均三违率结果表

(1999 年 1 月~2001 年 12 月 24 日)

工　种	采煤	通风	掘进	开拓	放炮	防尘	机电	运输	监测	维修
平均三违率/%	18.47	10.5	18.25	9.95	4.8	6.08	5.84	5.12	4.0	5.58

由于平常井下工伤事故较多,且工伤事故所带来的损失很小,在此将以轻伤率来作为统一工伤率标准,以死亡一人相当于轻伤 6 人,重伤 1 人相当于轻伤 3 人为标准[8,9](以下数据为 1999 年 1 月~2001 年 12 月)。

表 3-16　平煤六矿各工种年平均工伤率结果表

(1999 年 1 月~2001 年 12 月 24 日)

工　种	采煤	通风	掘进	开拓	放炮	防尘	机电	运输	监测	维修
平均轻伤率/%	5.12	2.1	4.96	4.32	3.01	2.35	3.67	2.32	1.67	3.33

下面将根据上述数据,结合六矿专家组的意见来对计算人因致灾概率所需的数据作以近似处理。对计算作以下说明:

(1)R_1:所有的工作人员全都是经过考核合格才能够上岗且也都持有上岗证,不过除了一些特殊的情况,极个别的复岗工人有些例外,故此,在此取各岗位的 $R_1 = 0.98$;

(2)R_2:人员的操作熟练、稳定性可根据综合评定、年平均三违率和年平均工伤率来表示有:

表 3-17 平煤六矿各工种操作熟练、稳定性表

(1999 年 1 月 ~ 2001 年 12 月)

工 种	采煤	通风	掘进	开拓	放炮	防尘	机电	运输	监测	维修
操作熟练、稳定性	0.649	0.750	0.652	0.745	0.838	0.781	0.790	0.812	0.814	0.786

（3）R_3：下面给出各工种的缺岗率 q_g 数据。

表 3-18 平煤六矿各工种年平均缺岗率表

(1999 年 1 月 ~ 2001 年 12 月)

工 种	采煤	通风	掘进	开拓	放炮	防尘	机电	运输	监测	维修
缺岗率/%	2.3	6.5	4.2	4.2	5.1	4.0	5.6	1.2	6.2	7.1

则由上述表中各数据，根据公式（3-4），可得出各工种的负荷因子系数值如表 3-19 所示。

表 3-19 平煤六矿各工种年平均负荷因子表

(1999 年 1 月 ~ 2001 年 12 月)

工 种	采煤	通风	掘进	开拓	放炮	防尘	机电	运输	监测	维修
负荷因子	1.048	1.173	1.090	1.090	1.132	1.085	1.147	1.024	1.164	1.190

（4）R_4：L_1、L_2 主要是根据六矿专家组的意见来进行处理，对于所有的工种均分别取 0.95，0.95。

下面将进行人因致灾概率值的计算：

根据前面所述，R_U 为井下整个矿井人员的可靠性；H 为人抵消掉的致灾概率值，即人员的可靠性；$1 - H = 1 - R_U$ 为人因的致灾概率值；由此可见，R_U 和 H 是一致的。故此：

$$1 - H = 1 - R_U \tag{3-9}$$

其中，由于井下各种岗位上的人员数目较多，为了研究的可能性和实用性，在此，本书对每一个岗位人员的可靠性，将对每一个工作岗位从整体出发来研究其人因的致灾概率。

E 平煤六矿管理致灾因素致灾概率的计算

下面将从平煤六矿安全生产条例、安全生产管理措施，以及平煤集团公司关于重大安全隐患责任追究条例的规定（试行）和安全月活动总评表(征求意见稿)等来对六矿的管理因素进行评定。其各项目中的小项目的评定结果是根据规则的制定情况和执行的情况来综合打分。表 3-20 是由平煤六矿专家组所给出的评分结果。

表 3-20　平煤六矿管理因素数据表

序号	评分	序号	评分	序号	评分	序号	评分	序号	评分	序号	评分
1.1	1	2.3	0.986	3.1	1	4.2	1	6.3	0.962	7.3	1
1.2	1	2.4	1	3.2	1	4.3	1	6.4	1	7.4	1
1.3	1	2.5	0.992	3.3	1	4.4	1	6.5	1	8.1	1
1.4	1	2.6	1	3.4	0.972	5.1	0.956	6.6	0.982	8.2	1
1.5	1	2.7	0.988	3.5	0.972	5.2	0.956	6.7	0.948	8.3	1
1.6	1	2.8	1	3.6	1	5.3	1	6.8	1	8.4	1
1.7	1	2.9	1	3.7	1	5.4	1	6.9	1	8.5	1
1.8	1	2.10	1	3.8	1	5.5	0.974	6.10	0.958		
2.1	1	2.11	1	3.9	0	6.1	1	7.1	1		
2.2	1	2.12	1	4.1	1	6.2	0.968	7.2	0.980		

根据上面的数据表,则矿可以得出各评分项目的评分值如:

$$P_{j2} = P_{j2.1} \times P_{j2.2} \times P_{j2.3} \times P_{j2.4} \times P_{j2.5} \times P_{j2.6} \times P_{j2.7} \times$$
$$P_{j2.8} \times P_{j2.9} \times P_{j2.10} \times P_{j2.11} \times P_{j2.12}$$
$$= 1 \times 1 \times 0.986 \times 1 \times 1 \times 0.992 \times 0.988 \times 1 \times 1 \times 1 \times 1 \times 1$$
$$= 0.966$$

同理可得出其他评价项目的评分值,其值如表 3-21 所示。

表 3-21　平煤六矿管理因素数据表

序号	评分	序号	评分	序号	评分	序号	评分
1	1.000	3	0.945	5	0.890	7	0.980
2	0.966	4	1.000	6	0.830	8	1.000

则管理因素所抵消掉的致灾概率的综合评分结果可以利用下面的公式来进行计算,即:

$$M = \prod_{i=1}^{n} G_i \tag{3-10}$$

则管理的致灾概率值为：

$$M = \prod_{i=1}^{n}(1 - G_i) \tag{3-11}$$

$$1 - M = 1 - \prod_{i=1}^{n}(1 - G_i) \tag{3-12}$$

式中，G_i 为每一个评价项目的评价结果值，即管理所抵消掉的致灾概率值；n 为评价的总项目数；M 为各管理因素的评价结果值；$1 - M$ 为管理因素的致灾概率值。

3.1.8 瓦斯爆炸事故危险源的分级

3.1.8.1 瓦斯爆炸事故重大危险源的分级

通过对大量瓦斯爆炸事故案例的研究与分析，并结合目前先进的基础计算理论，得出如下的几种分级方法：危险计算分级法；指标分级法；综合分级法；损失分级法；人员伤害分级法；预测分级法、概率分级法和严重度分级法等多种分级方法。综合各种分级法的优缺点和实用范围，本书将采用概率分级法和严重度分级法，所以仅对概率分级法和严重度分级法进行详细和深入地讨论。

（1）概率分级法。这里主要是以瓦斯爆炸事故发生的综合性概率 R（在此，包括人因管理因素在内，有关人因管理致灾概率的讨论将在人因管理部分中进行阐述）来进行分级，该方法将在瓦斯爆炸概率求解部分进行详细的讨论。下面，将根据文献[10]的分级标准方法，给出重大危险源的概率分级建议标准，如表 3-22 所示。

表 3-22　重大危险源概率分级表

重大危险源级别	A 级	B 级	C 级	D 级	E 级	F 级
概率值	> 0.05	0.04 ~ 0.05	0.03 ~ 0.04	0.02 ~ 0.03	0.01 ~ 0.02	≤ 0.01

其具体的分级，将在第 5 章中利用所计算的结果来进行分析与分级，并给以详细的分析和讨论。

（2）严重度分级法。该方法主要是一种合成分级法，设瓦斯爆炸事故可能出现的后果为 C(在此,主要以人员的伤亡所带来的损失和财产损失在内),以此进行分级。其中,对人员伤亡情况的财产进行折合计算,在这里主要是根据文献[11]死亡 1 人相当于损失 20 万元,重伤 1 人相当于损失 10 万元,轻伤 1 人相当于损失 3.5 万元。由此可见,人员的伤亡较之其他的财产损失大得多,其中,在直接经济损失的计算中,人们往往没有将人员的伤亡算成直接经济损失,而是算成间接损失。在此,将人员的伤亡视为直接损失。最后,依据上述计算过程所计算出的综合财产损失结果来进行瓦斯爆炸事故危险源分级。

故此,后果指标可以用数学表达式表示为:

$$L = k_1 \times \sum_{j=1}^{M} De + k_2 \times \sum_{j=1}^{M} Wu + k_3 \times \sum_{j=1}^{M} Ij \qquad (3-13)$$

式中,L 为以人员伤亡为准所确定出的直接经济损失;k_1 为死亡 1 人的综合财产损失;k_2 为重伤 1 人的综合财产损失;k_3 为轻伤 1 人的综合财产损失;M 为爆炸事故的伤亡人员数目;De 为死亡人员的数目;Wu 为重伤人员的人数;Ij 为轻伤人员的人数。

下面,将根据文献[12]对重大危险源事故严重度的分级标准,结合我们对人员伤亡的折合财产损失,提出瓦斯爆炸事故重大危险源严重度分级建议标准如表 3-23 所示。

表 3-23   重大危险源风险分级表

危险源级别	A 级	B 级	C 级	D 级	E 级	F 级
严重度值/万元	>1500	1250 ~ 1500	1000 ~ 1250	750 ~ 1000	500 ~ 750	<500

其具体的分级,将在第 4 章中利用所计算的结果来进行分析与分级,并给以详细的分析和讨论。

3.1.8.2　瓦斯爆炸事故触发型危险源(除重大危险源外)的分级

对于瓦斯爆炸事故触发性危险源的分级,主要方法有事故隐患分级法、事故伤亡分级法、结构重要度分级法、概率重要度分级法以及概率风险系数分级法等。事故隐患分级法是根据整个矿井生产系统所包括的生产工艺、各种生产实施设备、生产场所等所存在的各种事故隐患数据来进行分级;事故伤亡分级法是利用矿井井下生产的各种伤亡数据来对其各种造成伤亡事故的危险源进行分级。根据安全系统工程的基础知识,对于结构重要度分级法只是一种定性的分级方法,显然缺乏从量上的说明力度。而概率重要度分析是研究顶上事件发生的概率受各基本事件发生概率变化的影响程度。当求出各基本事件的概率重要系数后,就可知道在诸多基本事件中,降低哪个基本事件的发生概率,就可以迅速地有效地降低顶上事件的发生概率。但概率重要度并不能够从本质上反映各基本事件在控制顶上事件发生的有效作用。因此,决定采用综合合成重要度法来进行分级计算,即概率风险系数分级法。从本质上说,该方法是以安全系统工程中对事故树的概率重要度和临界重要度的综合合成分析的计算方法。因为从所关心的顶上事件的发生概率受其各基本事件发生概率的影响程度和顶上事件相对于各基本事件的概率的变化率的相对比值,即风险系数来衡量其重要性,并以此值作为分级的依据。其具体的计算公式如下:

$$I_m(i) = \frac{\partial \ln g_T}{\partial \ln q_i} \tag{3-14}$$

式中,$I_m(i)$ 为重大危险源对第 i 触发型危险源发生概率的风险系数;g_T 为顶上事件的发生概率函数;q_i 为第 i 基本事件发生的概率函数。

根据偏导数的公式变化,可以将上式改写为:

$$\frac{\dfrac{\Delta g_T}{g_T}}{\dfrac{\Delta g_i}{g_i}} = \frac{g_i}{g_T} \times \frac{\Delta g_T}{g_T} = \frac{g_i}{g_T} \times I_g(i) \tag{3-15}$$

$$I_g(i) = \frac{\partial g_T}{\partial q_i} \tag{3-16}$$

故：

$$I_m(i) = q_i \times I_g(i)/g_T \tag{3-17}$$

式中，$I_g(i)$ 为第 i 基本事件的概率重要度；g_T 为顶上事件的发生概率函数；q_i 为第 i 基本事件发生的概率函数；$I_m(i)$ 为重大危险源对第 i 触发型危险源发生概率的风险系数。

由于触发型危险源是最基本的危险源，对其分级无需划分得非常细，因此，根据文献[8,10]有关危险源的分级标准，我们提出相应的分级建议标准如表 3-24 所示。

表 3-24　瓦斯爆炸触发型危险源概率风险系数分级表

危险源级别	A 级	B 级	C 级
概率风险系数值	>0.25	0.1 ~ 0.25	<0.1

其具体的概率计算与分级过程，将在下一章中进行详细的分析和讨论，利用所计算的结果来进行分析与分级，并对其结果给出详细合理的分析和研究。

3.2　矿井火灾事故的危险源辨识研究

矿井火灾事故是煤矿特有的且后果极其严重的一种井下生产事故，近年来，随着人们对安全生产的重视和安全投资的增加，井下火灾事故危险源的辨识工作也随之展开。在正确的火灾事故危险源辨识的基础上，进行火灾事故危险源的评价和防治技术，对煤矿安全生产和对其经济效益的提高，都有着十分重要的意义。

目前国内外在矿井火灾事故危险源辨识研究方面，还没有针对矿井火灾事故提出其相应的辨识标准、原则、依据和方法等，在辨识分析过程中，只是片面地以大量事故为准来进行分析和辨识，或者单从事故基本因素入手分析矿井火灾事故危险源，而并未能够将这两者结合，同时也未能够将具体矿井的实际情况考虑进去。因此，本文将从矿井火灾事故最基本的两个因素

（可燃物和火源）入手，结合平煤六矿的火灾事故隐患资料，并根据全国大量火灾事故资料为准对矿井火灾事故危险源进行辨识。

下面按照第 2 章中提出的矿山重大危险源辨识原理，参照近年来我国矿山火灾事故资料，结合平顶山六矿的具体情况对矿井火灾事故的辨识工作进行探索。

3.2.1 矿井火灾事故的特性

火灾事故必须具备的两个因素是可燃物和火源的存在，而可燃物和火源均属于实体型危险源（固有型危险源），即矿山重大危险源。研究和了解可燃物和火源的特性，将为辨识矿井火灾事故危险源提供可靠的依据和合理的分析方法。

根据大量火灾事故资料、重大危险源的特性，结合平煤六矿的生产实际，综合认为火灾事故中可燃物和火源具有以下一些主要的特性：

（1）任意性和不确定性：指可燃物和火源出现的时间和地点具有任意性和不确定性；

（2）非瞬时性：指的是可燃物的出现往往不是短暂的和瞬时的，而据大量火灾发生的可能性来看，往往是在相对较长的一个时间段内存在的；

（3）非唯一性：指的是可燃物和火源的存在是导致矿井火灾事故的必备因素，而这两者缺一不可；

（4）可控性（可防性）：在此研究的矿井火灾事故危险源它们都具有可以控制的特性，如果所研究的危险源是无法控制和防范的，则便失去了研究的必要性和可能性。

（5）普遍性和具体性：指在矿井火灾事故中可燃物和火源的存在以及这两者的结合导致火灾事故的发生方面有着许多共同的原因，但也随着矿井的不同和其他具体条件和环境的不同而不尽相同。因而在进行矿井火灾事故危险源的辨识过程中，应

在以具体矿井资料为前提下,充分结合大量矿井火灾事故资料
来进行。

3.2.2 矿井火灾事故危险源辨识的标准

矿井火灾事故危险源属于矿山重大危险源,其辨识及划分
标准有很多。在此,依据全国大量的统计资料,来确定其划分标
准,其划分标准总的可以分为定性和定量标准。再参考有关的
评价标准,可以采用以下定性和定量辨识标准来进行辨识以及
分级。

(1)危险源物质的量,即可燃物的量超过允许的数量标准。
如果危险源物质的数量比较少,远远达不到发生事故的界限,那
么,这种危险源物质无论它的危险性有多大,它也不是重大危险
源。从理论上说,危险物质达不到一定的数量,则不是重大危
险源。

例如,根据文献[1]和大量火灾事故的统计资料,可燃物中瓦
斯为重大危险源的临界数量或条件为:1)矿井在历史上发生过较
为严重的瓦斯事故(包括与瓦斯有很大关系的爆炸事故);2)在生
产时期,采区、采掘工作面回风巷风流中的浓度超过 1.5% 时的瓦
斯;3)在生产时期,采掘工作面风流中的浓度超过 1.0% 时的瓦
斯;4)专用排风巷中的浓度超过 2.5% 时的瓦斯;5)在采掘工作面
内,体积大于 $0.5m^3$ 的空间,局部积聚浓度达到 2.0% 时的瓦斯;
6)进行维修的巷道中浓度超过 1.5% 时的瓦斯。

(2)引起火灾事故的相互作用的因素(触发型危险源)的多
少。对于发生火灾事故而言,引起火灾事故因素的多寡,对判断其
是否为重大危险源以及进行触发型危险源的辨识工作也是很主要
的因素之一。

(3)发生事故的次数。发生火灾事故的次数不仅能够说明火
灾事故的难控制性,同时也能够说明矿井火灾事故的危险性。

(4)发生事故时的伤亡情况。伤亡情况是说明事故严重性的

最好指标,也是判断其是否为重大危险源的最好指标。同时,事故发生时人们最为关心的也就是人员伤亡的情况。

(5)造成的经济损失。判断事故的严重程度最终指标是看事故所造成的经济损失有多大,这是矿山企业最为关心的。

(6)事故后处理和恢复生产的难易程度等。事故发生后,对事故的处理和恢复生产的间断时间,都是衡量事故所带来的影响及灾情的直接指标,也是衡量其经济损失的有力指标。

上述指标,有些不仅是火灾事故危险源辨识过程中应该考虑的因素,也是矿井火灾事故危险源评价过程中必须考虑的因素。

3.2.3 矿井火灾事故危险源辨识的主要要素

根据火灾事故危险源的定义可知,火灾事故危险源指的是能够导致存在于矿井生产系统中的危险物质——可燃物、发生火灾事故的一切危险因素和条件等,所以,辨识过程也必须从这些方面入手来进行分析和辨识。

根据火灾事故的特性,依据导致火灾事故最基本的两个要素:可燃物和火源的存在,本书提出火灾事故危险源辨识的主要要素,结合辨识主要步骤有:

(1)各类生产场所:应从进风井开始着手分析到回风井止,该分析过程应包括立斜井段、井底车场、各类进风巷、采煤工作面、掘进工作面、运输线路、甩车场、各类回风巷、采空区、供电室等井下各类生产场所和生产辅助场所。

(2)生产流程:从进风到割煤、放炮(炮采)、出煤、运煤等各类井下生产流程。

(3)通风系统:对于矿井这类特殊的生产系统,通风系统是一个必不可少的重要因素。它主要包括从通风机、井下通风设备设施、各类通风系统巷道和井下测风、监测设施设备等。

(4)各类设施设备:电缆、运输设备(包括运物、运人设备)、提升设备、变电设备、采掘设备设施、通风构筑物、矿灯、井下照明灯、事故的应急设施设备和措施等井下所用的物资设备。

(5)人因管理:井上井下工作人员的各种因素(包括生理和心理因素)、管理因素。由于人因管理因素是一个辨识较为困难且很难以准确数字来进行衡量的一个因素,故此,本研究将其视为一个单独的因素来进行辨识并给以量化研究,因为这样并不影响火灾事故发生概率的准确定量化计算。

辨识内容主要可以从上述内容中来进行详细的展开,并加以阐述得出具体的火灾事故危险源,即上述各项因素中能够导致可燃物和火源存在的一切因素。当然,要对上述内容进行详细的阐述,并得出合理、可靠的火灾事故危险源,就必须以具体矿井的火灾事故隐患资料,尤其是结合大量火灾事故的统计资料(这里,指的是全国的火灾事故统计资料),并运用合理、可靠、正确的辨识方法,来辨识出具体矿井,同时也适合于其他大量矿井的火灾事故危险源。当然,对于具体的矿井火灾事故危险源是不尽相同的,也需要视其具体的情况来给予具体的考虑和分析。

3.2.4 矿井火灾事故危险源辨识的主要步骤

火灾事故危险源辨识的主要步骤,即辨识的具体过程,按其辨识的内容(辨识的主要要素)可以分为以下几点:

(1)井下生产系统中各重点岗位、场所中可能存在的导致火灾事故的危险因素,包括各重要岗位可能存在的潜在危险因素;

(2)井下可燃物和火源可能存在的场所、可能发生的时间,以及可燃物的分布情况和存在量的情况及其变化;

(3)火灾事故危险源的危险性、特点及其从相对稳定的状态向事故发展的激发状态的条件和可能性等;

(4)生产系统中当火灾事故发生时,可能造成的损失及其严重的后果和事故波及范围影响的时间的大概估算和预测;

(5)井下重要的设施设备在运行过程中出现的致灾可能性;

(6)井下工作人员在生产过程中可能带来的危险因素,即危险源辨识过程中的人因管理因素的分析。

3.2.5 火灾事故危险源辨识应用

根据前面所提出的火灾事故危险源辨识标准、原则、方法以及辨识的主要要素和主要步骤,火灾事故危险源应从两个方面入手:一个就是要具有危险物质(可燃物),再者就是引起危险物质发生事故的能量(火源)[13]。下面将根据上述辨识方法和辨识过程,结合平煤集团公司六矿的生产实际及其大量的火灾事故隐患资料,并结合全国大量火灾事故资料,对平煤集团公司六矿目前的火灾事故危险源进行综合性的实际辨识和应用。

3.2.5.1 火灾事故引燃火源危险源辨识

对于火灾事故来说,引燃火源是一个很重要的因素,没有火源无论可燃物处于何种危险状态,火灾事故都将不可能发生,同时火源也是很难控制和管理的危险源。

根据大量的火灾事故中火源出现的情况和大量井下火灾火源出现的事故,在对大量事故的分析研究的基础上,对火灾事故火源危险源的辨识应从火源出现的场所和火源出现的原因这两个方面入手分析和研究,但在最后的辨识结果研究过程中尽可能地综合这两个方面的因素来进行分析,以避免同一种火源因素的多次分类的现象,从而得出合理可靠的平煤六矿的火灾事故火源危险源。根据前面所提出的火灾事故危险源辨识的主要要素和主要步骤,对于火源危险源辨识的主要内容参见前面所述。

火源危险源综合辨识同可燃物辨识一样,仍然主要是以火源出现的原因来进行综合辨识,结合前面所进行火源可能出现场所、生产流程、井下各类生产设施设备和人因管理等辨识出的危险源,来进行综合性火源危险源分类。

在对大量火灾事故、井下火灾事故和平煤六矿生产的实际情况进行了综合研究与分析后,认为井下火源的存在不外乎有以下几个方面的情况:电气类火源、放炮火源、摩擦撞击火源、煤炭自燃、吸烟明火等。同时,对于有着共同因素的危险源应将其合并,只在一类中出现,这样既简化了事故树的建立,同时,又使得归类更为明显。下面将对上述几类井下火源进行详细的讨论。

(1)电气火源。电气火源是井下极其复杂的一类火源,通过大量的火灾与爆炸事故并综合井下电气设备和设施可能出现的问题的分析可知:井下电气火源主要包括以下几类:电焊和气焊火源;变压器电机、开关内短路;电压高绝缘击穿短路;电缆线其他原因短路;电缆受机械损伤;带电检修;电机车火花;设备失爆;局扇原因所致;接线盒失爆或接线盒抽线;电缆接线不良等。

(2)放炮火源(炮采)。放炮火源指的是在放炮过程中各种可能的原因产生的火源,在这里,主要有以下几个方面的因素:抵抗线不足;装药连线不当;分段放炮;放炮器出火;炸药质量不合格(包括炸药变质);封泥不足等。

(3)摩擦撞击火源。摩擦撞击火源指的是各类井下物质、设施、设备相互撞击摩擦所产生的火花;采煤机滚筒摩擦火花;运输设施设备产生的火花;电机车火花等。

(4)煤炭自燃火源。对于产生火源真实原因不完全清楚的,其原因非常复杂,是一种较为模糊的原因,在此,将不对其原因作详细的描述。

(5)吸烟明火。通过大量的火灾事故和对六矿井下大量隐患和事故资料所进行的分析,认为井下吸烟所引起的事故是绝对不能忽视的。

矿井火源分析如表3-25所示。

3.2.5.2　火灾事故可燃物危险源辨识

通过大量的火灾事故案例,可知可燃物有很多,在对大量事故的分析研究的基础上,根据本研究前面所提出的火灾事故危险源

表 3-25 矿井火源因素综合分析表

代号	基本事件	代号	基本事件
X_1	拆卸灯具所致	X_{29}	瓦斯积聚时处理不当
X_2	带电检修	X_{30}	密闭不严造成瓦斯涌出
X_3	设备开关接线盒短路	X_{31}	排放瓦斯过程不当
X_4	电缆电压高绝缘击穿电路	X_{32}	放炮造成瓦斯积聚
X_5	设备进线松动失爆	X_{33}	盲巷未能及时密封
X_6	电缆或设备进线露芯线	X_{34}	冒顶造成瓦斯积聚
X_7	电焊或气焊	X_{35}	通风面积不够
X_8	电机车火花	X_{36}	风筒送风距离不够造成掘进风量不足
X_9	设备进线或电缆鸡爪子或羊尾巴	X_{37}	风机及主要风门无人看守
X_{10}	照明设备出火	X_{38}	落顶不及时
X_{11}	电气设备露明线头	X_{39}	串联通风
X_{12}	电气设备其他原因失爆	X_{40}	风流短路
X_{13}	装药不当	X_{41}	供风能力不足
X_{14}	抵抗线不足	X_{42}	通风系统不完善
X_{15}	炸药质量不合格	X_{43}	局扇循环风
X_{16}	放炮器出火	X_{44}	通风系统不稳定
X_{17}	分段放炮	X_{45}	扇风机型不当
X_{18}	封泥不足	X_{46}	通风设施漏风
X_{19}	凿岩机、煤电站火花	X_{47}	风机故障或停电
X_{20}	运输设备摩擦出火	X_{48}	通风设施使用不当
X_{21}	其他摩擦撞击火花	X_{49}	其他原因无法检查瓦斯
X_{22}	煤炭自燃	X_{50}	瓦斯检测员脱岗
X_{23}	吸烟明火	X_{51}	其他原因
X_{24}	地质变化瓦斯涌出	X_{52}	遗煤
X_{25}	微(无)风作业	X_{53}	皮带
X_{26}	采空区瓦斯涌出	X_{54}	木支架
X_{27}	巷道贯通未能及时通风	X_{55}	未及时处理
X_{28}	报警断电仪失灵或故障		

辨识的主要要素和主要步骤,对于可燃物危险源辨识的主要内容有:

(1)瓦斯是井下可燃物因素中最重要的,瓦斯可能存在与积聚的场所辨识。通风系统可能造成瓦斯的积聚辨识以及人因管理可能造成瓦斯的积聚辨识参见瓦斯爆炸危险源辨识部分。

瓦斯积聚的原因辨识,结合前面所进行瓦斯爆炸场所、通风系统和人因管理等辨识出的危险源,来进行综合性瓦斯积聚危险源分类。综合大量的瓦斯爆炸事故中的瓦斯积聚原因的探讨和平煤六矿的生产实际,认为平煤六矿井下瓦斯积聚的主要原因可以分为以下几大类:自然突变原因、通风设施设备原因、通风系统(不含设施设备)原因、瓦检人员原因、综合性因素等。其中,上述各类原因是对许多危险源的一种综合,而并不是具体的危险源,其辨识过程还需进行具体实际的辨识与分析。

瓦斯积聚的其他原因的辨识参见瓦斯爆炸危险源辨识部分。

(2)可燃物中另外所包含的因素是皮带、木支架、遗煤。这三个要素也是井下可燃物的重要组成部分,在此不再赘述。

综上所述,可以用矿井可燃物因素表 3-25 来进行更为形象直观的表示。

(3)矿山企业领导人以及井下的工作人员素质对矿山安全生产有着密不可分的关系,火灾危险源因素中诸如吸烟明火、瓦检人员脱岗等好多因素都是人为造成的,故人因管理致灾因素是矿井火灾危险源辨识中不可缺少的组成部分。由于此种危险源的不确定性以及模糊性,故很难用确切的数据来表达其危险性到底有多大。为了简化火灾危险源评价部分中火灾事故树,建造事故树过程中不单独把它列作危险因素来考虑。在火灾危险源评价中将应用灰色系统理论对矿井人因致灾因素作详细的分析。

3.3　煤尘爆炸事故的危险源辨识研究

3.3.1　统计图表分析与危险源辨识

统计是一种数量上认识事物的方法。事故统计是运用科学的统计分析方法,对大量的事故资料和数据进行加工、整理、综合、分析,从而揭示事故发生的规律,为防止事故的发生指明方向。利用统计图表中的绝对指标、相对指标和平均指标,可以研究各种事故现象的规模、速度和比例关系。统计图表分析方法利用过去的、现在的资料进行统计,对现状进行评估并对未来做出推断。统计图表分析是事故分析的重要工具[85]。

统计图表的形式和结构多样,在安全工程领域,常用的有比重图、趋势图、控制图、主次图和分布图等。

事故具有偶然性,事故的发生是随机的。但偶然性寓于必然性中。事故的随机性表明它服从统计规律,因而可用数理统计方法进行分析预测,找出事故发生、发展的规律,从而为预防事故和危险源辨识提供依据。

危险源辨识的下一步是危险源评价,通过大量事故案例的统计分析可以得到诸多危险因素的统计概率,为事故的易发性评价提供量化的基础数据。

在本部分中我们通过诸多渠道全面收集整理并分析了新中国成立至今全国各地发生的有煤尘参与的煤矿爆炸事故。

3.3.2 辨识的总体思路、内容和方法

3.3.2.1 思路、内容

危险源辨识可以理解为从企业的施工生产活动中识别出可能造成人员伤害、财产损失和环境破坏的因素,并判定其可能导致的事故类别和导致事故发生的直接原因的过程。换言之,危险源辨识的主要任务一方面是识别危险、危害因素,另一方面又要判定可能导致的事故类别。

与任何重大危险源辨识的主要任务一样,面向煤尘爆炸的矿山(煤矿)重大危险源辨识的主要任务也有两个方面:(1)辨识可能导致的事故类型和后果;(2)围绕对应的事故类型辨识导致其发生的直接和间接原因,或者说,即识别可能引发事故的材料、系统、生产过程的特征。

　　但与一般工业重大危险源辨识相比较而言,矿山重大危险源辨识有其特殊性。按照两类危险源理论,危险源既有其质的规定性,也有其量的要求;既有危险的客观存在性,又要有触发条件。

　　从质的客观的方面讲,由于煤炭开采企业本身对地质条件的依赖性较大,而不同区域甚至同一区域的不同地点的煤矿再甚至于同一矿井的不同生产部位其地质条件都有可能产生很大的不同,因此危险源的分布具有很强的天然地域分别。具体到面向煤尘爆炸的危险源辨识,这里的地质条件可以理解为影响煤尘爆炸性的诸多因素,如煤的挥发分、水分、灰分、瓦斯涌出状况、固定碳成分。那么同样是煤炭生产单位,可能有的煤矿所在的煤田的煤炭几乎没有爆炸性,有的则有强爆炸性。面向煤尘爆炸的重大危险源辨识的首要任务之一即从宏观上找出这种可能有第一类危险源分布的区域,为全国的煤尘爆炸控制和预防提供有强针对性的参考数据。

　　对国家来说,要掌握哪些省份、煤田或地区是煤尘爆炸重大危险源的重点分布区域;而对具体的某一煤矿而言,则要通过辨识掌握哪些生产区域可能有煤尘爆炸的危险性。

　　实际上,在划定危险区域后,我们还要进一步量化一些宏观危险源指标,譬如,煤尘爆炸指数的精细划分,不再简单地认为爆炸指数大于 10% 的都有爆炸性,而是要给予定量分级。这些指标对做好全国的煤尘爆炸防治工作具有重要的意义。

　　从第二类危险源来看,即使面向煤尘爆炸的矿山重大危险源中第一类危险源划定清楚,对围绕煤尘爆炸的第二类危险源的辨识也存在一个宏观辨识与微观辨识的问题。我国的煤矿生产力发展不平衡、不集中,即使现在,我们国家有世界一流的煤炭企业如神华、济三矿等,也有为数众多甚至以完全原始的手段从事煤炭开采的乡镇和个体小矿。那么在同样的地质条件下,煤尘爆炸的辨识任务在不同生产力水平的煤炭企业中其具体内容也是不同的。因此辨识要分为宏观辨识和微观辨识,宏观辨识的研究对象以全中国范围内有煤炭生产的所有地方为范围,而微观辨识则以具体的某个评价单元为对象,如回采工作面、掘进工作面等。

3.3.2.2 辨识方法的选择

从根本上说,煤矿的危险源分布范围广,形式复杂多变,具有隐蔽性和偶然性,对其辨识主要靠有经验的人员及事故统计资料[14](对照直观经验与案例统计),但系统安全分析手段也同样不可缺少。系统安全分析是从安全角度进行的系统分析,通过揭示系统中可能导致系统故障或事故的各种因素及其相互关联来辨识系统中的危险源。该法经常被用来辨识可能带来严重事故后果的危险源。系统越复杂,越需要利用系统安全分析方法来辨识危险源。

系统安全分析中的各种辨识方法都有各自的适用范围或局限性,辨识危险源过程中使用一种方法往往还不能全面地识别其所存在的危险源,可以考虑综合地运用两种或两种以上方法。

目前常用的系统安全分析方法有:预先危害分析(PHA),故障类型和影响分析(FMEA),危险性和可操作性研究(HAZOP),事件树分析(ETA),故障树(事故树)分析(FTA)。上述方法从行业适用性、阶段实用性以及定性定量等方面综合考虑,以事故树辨识方法应用于煤矿系统为推荐方法[15]。

事故树方法可以发现事故发生的基本原因(人、环境和部件等方面)以及相互关系,从而(可定性和定量)地得出系统失败的可能方式和防止事故发生的可能措施(途径)。对于宏观辨识,拟采用案例统计分析法。

3.3.2.3 辨识流程

面向煤尘爆炸的矿山重大危险源辨识程序层次结构流程如图3-3所示。

3.3.3 煤尘爆炸事故危险源辨识

3.3.3.1 煤尘爆炸事故类型辨识

(1)定性辨识。通过实际调研和事故案例分析,煤尘爆炸事故可作如图3-4所示的分类。

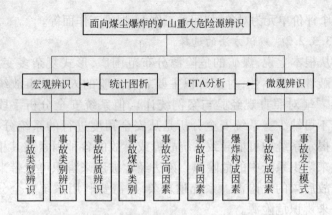

图 3-3 面向煤尘爆炸的矿山重大危险源辨识层次

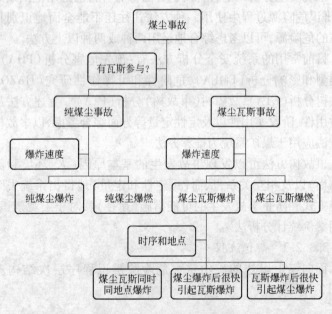

图 3-4 煤尘爆炸事故类型

（2）定量辨识。新中国成立以来至 2005 年 12 月,共统计官方和媒体等全部公认煤尘爆炸案例 103 起,其中纯煤尘事故 54 起,煤尘瓦斯事故 49 起。各类型事故所占比例如表 3-26.所示,表中的"煤尘瓦斯"表示先有煤尘爆炸事故,后又引发瓦斯爆炸。而"瓦斯煤尘爆炸"则指瓦斯与煤尘同时爆炸,也包括先有瓦斯爆炸后又引发煤尘爆炸的情况。

考虑到事故统计指标的完整性和事故影响因素的重大性,这里取各类煤尘爆炸事故发生的起数和造成的死亡人数做对比。从表 3-26 可以清楚看出,煤矿发生的涉及煤尘爆炸的事故,以纯煤尘爆炸和瓦斯煤尘爆炸事故为主要类型,其中纯煤尘爆炸起数最多,而瓦斯煤尘爆炸造成的死亡人数最多。

表 3-26   各种煤尘爆炸事故的频数和后果分布

事　故	纯煤尘事故			煤尘瓦斯事故	
种　类	纯煤尘爆燃	纯煤尘爆炸	瓦斯煤尘爆燃	煤尘瓦斯爆炸	瓦斯煤尘爆炸
起　数	2	52	2	1	46
死亡人数	4	2095	39	12	2463

3.3.3.2　煤尘爆炸事故类别辨识

103 起案例中,一起死亡人数缺失,一起没有造成人员死亡,有效统计案例 101 起,具体的事故数据如表 3-27 所示。

表 3-27   事故的死亡人数分布

事故类别	百人以上事故	特别重大事故	特大事故	重大事故	伤亡事故
死亡规模	$[100, +\infty)$	$[30,100)$	$[10,30)$	$[3,10)$	$[1,3)$
发生起数	12	36	35	12	6
死亡人数	2146	1754	637	67	9
起数比例/%	11.88	35.64	34.65	11.88	5.94
死亡比例/%	46.52	38.02	13.81	1.45	0.2

从表 3-27 可以得出这样的结论,在煤尘爆炸事故中,重大恶性事故不但发生数量多,而且实际造成的死亡等损失更大。需要补充说明的是,根据事故案例的统计结果,12 起百人以上事故中,其中国有重点煤矿发生 8 起,国有地方煤矿发生 3 起,乡镇煤矿发生 1 起。另外,与煤矿其他四大灾害不同的是,煤尘爆炸所造成的死亡大部分发生在国有特别是国有重点煤矿中。

3.3.3.3　煤矿类别、事故性质辨识

从目前的事故案例统计情况看,任何类别的煤矿企业都可能遭遇煤尘爆炸事故,事故涉及到的煤矿从中国乃至世界最先进的国有重点煤矿(兖州矿业集团济宁三号,2003 年年产千万吨)到采用很原始的方法开采的年产仅有万余吨的乡镇、个体煤矿都有。具体的煤矿性质分布、事故性质分布分别如图 3-5 和表 3-28 所示。

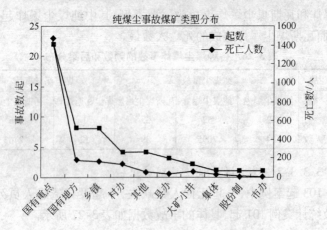

图 3-5　发生事故的煤矿性质分布

表 3-28　事故性质的频数与死亡人数分布

事故性质	起　　数	比例/%	死亡人数	比例/%
人为破坏事故	2	3.7	76	3.62
责任事故	38	70.37	1067	50.83
重大责任事故	5	9.26	910	43.35
其　　他	9	16.67	46	2.19
合　　计	54		2099	

从图 3-5 可以看出,就纯煤尘爆炸事故而言,国有重点煤矿的形势最为严重,其次是国有地方煤矿和乡镇煤矿,而且国有重点煤矿在事故起数和造成的死亡数量来看都远远超过其他类别的煤矿。

就事故性质而言,仍以纯煤尘爆炸事故为例,截至 2005 年 12 月共发生此类事故 54 起,造成 2099 人死亡,由于统计原始数据的

不完整性,这里有 9 起(占总起数的 1/6)事故造成 46 人死亡(占 2%)的案例没有办法确定事故性质,但由于其所占比例不大,对统计结果的影响不大。

从表 3-28 可以看出,绝大部分的煤尘爆炸事故都是责任事故和重大责任事故,这里边有两起人为破坏事故,都是乡镇小煤矿为争夺资源而故意放炮企图炸毁对方巷道而引发的。而所谓责任事故,换言之,就是本来可以避免的而非人力不可抗拒的自然灾害。因此围绕煤尘爆炸事故的第一类危险源也许我们没有办法消除,因为我们不可能因为某些煤炭有煤尘爆炸危险性而不开采有煤尘爆炸危险性的煤炭资源,但是对于第二类危险源却可以消除。这么多事故之所以是责任事故,与这类危险源的大量存在关系相关。

3.3.3.4 煤尘爆炸空间属性辨识

A 省域属性辨识

从 1949 年~2005 年全国煤尘爆炸统计资料看(如表 3-29),

表 3-29 煤尘爆炸事故的省域分布

省 区	煤尘瓦斯爆炸起数	死亡人数	纯煤尘爆炸起数	死亡人数
四 川	1	124	2	15
江 西	1	16	1	6
黑龙江	4	68	8	310
吉 林	4	167	1	79
河 北	6	155	4	52
山 西	7	490	4	761
辽 宁	4	55	3	43
山 东	2	81	17	493
内蒙古	4	156	2	20
贵 州	2	246	1	3
陕 西	2	149	0	0
江 苏	2	122	6	187
湖 南	2	79	1	35
新 疆	1	12	3	33
河 南	7	594	1	62
合 计	49	2514	54	2099

发生过煤尘爆炸事故的省份共有 15 个,分别是山东、黑龙江、江苏、河北、山西、辽宁、新疆、内蒙古、四川、贵州、河南、湖南、吉林、江西和陕西。但从事故发生频度看,这些地方煤尘爆炸的严重性有明显区别,在这里进行统计时,由于详细划分的必要性不大,不再细分事故类型,而是把事故类型简化考虑为两种:纯煤尘事故(包括煤尘爆燃)和煤尘瓦斯(包括煤尘瓦斯爆燃)事故。

根据事故发生频度与事故严重度的关系,对于发生过特别恶性煤尘爆炸事故的省份,如 1954 年山西大同矿务局老白洞煤矿"5.9"煤尘爆炸事故造成 684 人死亡,223 人受伤,要加强重点防范,另一方面对于事故频发的省份也要加强重点防范,如山东等省份就是煤尘爆炸事故频发,如果不加强控制,根据事故法则,更为重大的事故的发生将是迟早的事情。

为简化起见,这里仅就纯煤尘爆炸的省级危险区域因素作进一步的辨识。

对于纯煤尘爆炸事故,从事故发生频度看(见图 3-6),显然,山东、黑龙江、江苏、河北和山西等是煤尘爆炸事故高发省份。

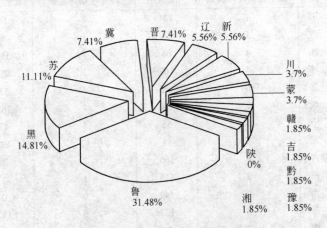

图 3-6　煤尘爆炸事故的省域频度权重分布

从事故严重度看(这里仅以死亡人数作为代表性指标,见图3-7),则从已经发生的事故造成的死亡人数来说,显然,山西、山东、

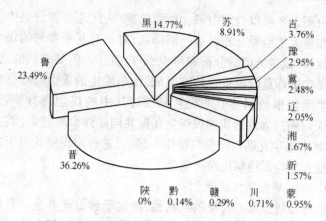

图 3-7　煤尘爆炸事故的省域死亡人数权重分布

黑龙江、江苏等省份应该是重点危险省份。

那么这与上边的频度排名之间就产生了矛盾,产生了失真,譬如,山西发生煤尘爆炸事故的死亡人数之所以多,关键在于仅1954 年一次爆炸就死亡 684 人,但这不足以说明那里的煤尘爆炸形势比山东更严峻。解决的办法,笔者以为可以在这里以事故发生频度与事故死亡人数之乘积作为一个综合指标,以最终确定究竟哪些省份是重点危险源分布区域。对应的结果如图 3-8 所示。

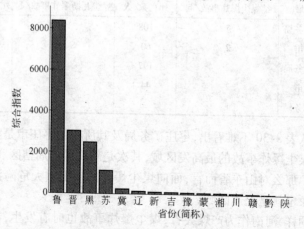

图 3-8　煤尘爆炸综合指标省域权重对照

由图 3-8 可以判定山东、山西、黑龙江、江苏等省份是中国煤尘爆炸重大危险源分布区域。同样地,对于有瓦斯参与的煤尘爆炸事故,可以做类似的分析和辨识,不再赘述。但要强调的是,同样是煤尘爆炸危险源重点监控区域,山东发生的煤尘爆炸事故以纯煤尘爆炸事故居多(共发生 19 起,其中纯煤尘爆炸事故 17起),而河南的表现形式则以煤尘瓦斯共同爆炸事故居多(共发生 8 起,其中煤尘瓦斯共同参与爆炸 7 起)。这种辨识结论对于指导矿山重大危险源控制也很有意义。

B 地、局级属性辨识

危险源辨识服务对象的层次性,决定了辨识任务也具有层次性,譬如当系统局限于某一省份的煤尘爆炸事故问题时,不可能因为某个省份是重大危险源分布区域而对其所辖下的所有地区或矿务局都实行一律的管理措施,这里边还有进一步辨识的工作要做,以便做到有的放矢、合理调配资源。

这里按照综合指数辨识出的煤尘爆炸重大危险源重点分布省份山东省为例。根据案例统计,山东省内煤尘爆炸的分布情况如表 3-30 所示。

表 3-30 山东省内煤尘爆炸区域分布

区 域	纯煤尘爆炸事故/起	死亡数/人	煤尘瓦斯爆炸事故/起	死亡数/人
枣庄矿务局	7	108	0	0
枣庄市	2	60	1	33
新汶矿务局	2	197	1	48
临沂市	2	44	0	0
兖州矿务局	1	2	0	0

从表 3-30 不难看出,枣庄矿务局及其所在的枣庄市是整个山东省煤尘爆炸事故的最高发区域,其次是新汶矿务局辖区、临沂市辖区。那么对山东省而言,面向煤尘爆炸的矿山重大危险源监控的对象也就是上述区域。

同样,河南作为产煤大省,煤尘爆炸事故也时有发生,在河南有不少大的矿务局如鹤煤、焦煤、郑煤、永煤和平煤集团等和为数众多的分布在各个市辖区的乡镇等小煤矿,但是煤尘爆炸事故的统计案例清楚地表明:新中国成立以来河南省发生的煤尘爆炸事故基本上全部发生在平顶山地区,特别是平煤集团旗下的矿井,而且事故类型主要以煤尘瓦斯共同爆炸为主。而黑龙江省发生的煤尘爆炸事故则以纯煤尘爆炸事故为主,一半以上的事故发生在七台河地区,其他依次是鸡西、鹤岗等。

对其他煤尘爆炸事故高发省份,这样的辨识工作也是同样必要的,不再重复论述。

C 作业场所属性辨识

这里的辨识将以全部发生的54起纯煤尘爆炸事故为研究对象,事故案例中有6起事故在井下的具体发生地点无法证实,一起是人为破坏事故引起煤尘爆炸,这些案例都不予统计,其他47起案例为研究对象(其中有一件事故调查报告中无法确定是采面还是掘面也不列入统计,实际统计46起,有效案例比重达85%)。煤尘爆炸的作业场所分布情况见表3-31。

表3-31 煤尘爆炸事故的作业场所分布

地 点	采面	掘进工作面	采面中间道	采面下顺槽	采面材料巷
事故数/起	14	14	1	1	1
比例/%	30.43	30.43	2.17	2.17	2.17
地 点	绞车道	采区大巷	皮带巷	运输大巷	采区下山
事故数/起	3	2	3	2	1
比例/%	6.52	4.35	6.52	4.35	2.17
地 点	维修硐室	井底车场	翻罐笼处	溜煤眼	
事故数/起	1	1	1	1	
比例/%	2.17	2.17	2.17	2.17	

井下煤尘爆炸事故60%以上发生在采掘工作面,因此防止煤尘爆炸事故的重点,就矿井而言,在于采掘工作面。运输煤炭的线路,如绞车道、皮带巷、采区大巷、运输大巷等也是煤尘爆炸事故多发区域。

3.3.3.5　煤尘爆炸时间属性辨识

A　年份属性

图 3-9 是全国煤尘爆炸事故（包括有瓦斯参与的煤尘爆炸事故）年度频度分布。从该图中可以看出,煤尘爆炸事故高发阶段对应的正是我国五次事故高峰期。这五个高峰期分别是 1958 "大跃进"前后、"文革"中后期、1980 年前后、1992 年至 1993 年第一轮工业改革时期和从 1999 年下半年开始的第五次事故高峰。这也正是煤炭开采企业的安全工作受全社会工业安全状况制约的表现。从一定意义上讲,全社会安全生产状况的改善与煤矿安全形势是相辅相成的。换言之,全国安全生产环境也可以说是第二类宏观的危险源。

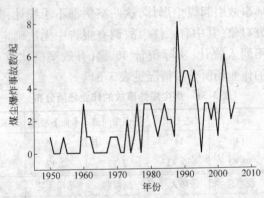

图 3-9　1949～2005 年全国煤尘爆炸事故年度频度

B　月份属性

在列入统计的 103 起煤尘爆炸事故案例中,除有 3 起发生的具体月份不详外,其他 100 起事故的月份分布如图 3-10 所示,有效统计案例占 97%。

从图 3-10 可以看出,每年从元旦前的 11 月和 12 月开始,事故发生频度突然加大,至春节前后即阳历 2 月份左右事故的发生达到顶峰,而这一事故高潮会一直持续到来年 3 月份、4 月份,过了 4 月份,事故开始大幅度减少。

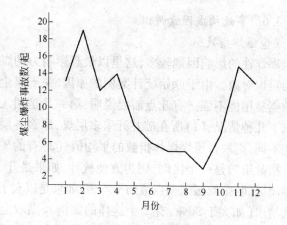

图 3-10 煤尘爆炸事故的月份分布

C 时刻属性

事故案例共 103 起,其中有 13 起具体发生时间缺失,90 起有效,有效率达 87%。从图 3-11 可以得出这样的结论:一天内,8~9 时、11~12 时、16~17 时和 23~24 时是事故频发时段,这其中有三个时段是交接班时段,实际上,即使从造成死亡人数最多的恶性事故看,也都发生在这些时段。关于这方面的研究,文献[16~18]等也有相关论述,具体原因不在这里详细讨论。

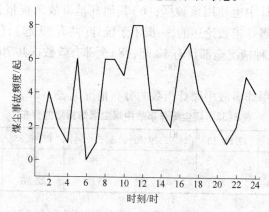

图 3-11 煤尘爆炸事故 24h 频度分布

3.3.3.6　事故构成因素辨识

A　煤尘爆炸指数

煤尘爆炸性的影响因素较多,这里以最具影响力的煤尘爆炸指数作为辨识对象。由于原始统计案例的原因,关于煤尘爆炸指数的源数据易用性不强。有几点需要说明,第一凡是列入统计的指数有以下几种情况:(1)所在矿井开采多层煤,那么各层煤爆炸指数可能不同,则取各层煤爆炸指数的平均值;(2)有的矿井关于煤尘爆炸指数给的是一个区间,则为方便统计,如果是开、闭区间或半开半闭区间,则取区间端点值的平均值,如果是以大于某个数值的形式给出(如大于 30%,有 2 个这样的案例),则取全部案例中出现的次最高指数作为其右区间端点,本案例出现的两个最高指标为 70% 和 55.59%,则取 55.59%;(3)有的矿井在调查中只是提到有爆炸性(有 5 个这样的案例),根据我国煤尘爆炸性的情况,取本案例统计中发生过煤尘爆炸的最小值,该值是 17.85%;(4)有的案例中只提到煤尘有强爆炸性(2 个案例),没有具体指数,我们同样取本案例中出现的次最高指标 55.59%;(5)有的事故调查报告中因发生事故的煤矿的煤尘爆炸指数直接引用邻矿同煤层爆炸指数或者最近的地质钻孔的数据(有 3 个这样的案例),则在本统计中也使用该数据;(6)其他凡是事故调查报告中没有关于煤尘爆炸指数论述的,一概不予统计(共有 33 起);(7)第(2)(3)(4)三种情况全部仅有 12 起;(8)全部有效数据共 70 起,有效率达 68%。

煤尘爆炸事故中爆炸指数的分布情况见表 3-32。

表 3-32　煤尘爆炸事故中煤尘爆炸指数的分布

爆炸指数/%	[17.85,20]	[28.93,29.50]	[30,39.64]	[40,48.85]	[55,55.59]
事故频度/起	9	3	39	16	3
所占比例/%	12.86	4.29	55.71	22.86	4.29

由表 3-32 可以很清楚看到,煤尘爆炸指数在 30% 以上的煤矿发生的爆炸事故占绝大部分,特别是在爆炸指数在 30% 到 40%

之间的煤尘出现在爆炸事故中的统计概率竟高达 55.71%。我国一般规定爆炸指数大于 10% 即认为有爆炸危险性,而大于 15% 则被认为有强爆炸性,这与实际事故的发生情况有一定的出入,建议考虑重新划定煤尘爆炸指数危险性分级标准。

B 矿井瓦斯因素

正如在煤尘爆炸影响因素中所述及的,煤尘爆炸的发生与瓦斯量有正相关效应,但就像高瓦斯矿井未必更多发生瓦斯爆炸事故一样,统计分析的结果显示煤尘爆炸事故的发生频度与矿井是否是高瓦斯矿井并没有必然的直观联系。

统计案例涉及的煤矿,有 39 例瓦斯情况不明,占总数的 38%,有效样本量仍然超过 2/3,其余 64 例的瓦斯等级情况见图 3-12。

由图 3-12 可以看出,尽管煤尘爆炸危险性会随着瓦斯浓度的提高而增大,但由于煤矿通防工作等原因,正像低瓦斯矿井未必不发生、少发生瓦斯爆炸一样,在低瓦斯矿井中,发生煤尘爆炸的统计概率要大于 50%。

煤尘爆炸矿井瓦斯等级分布

图 3-12 煤尘爆炸矿井瓦斯等级分布

C 引爆火源辨识

根据事故情况,这里把煤尘爆炸事故的引火源分为如下几种:(1)明火,包括火柴、吸烟、煤炭自燃等;(2)电气火花,包括短路、失爆等;(3)放炮火焰;(4)火工品爆炸,主要是雷管、炸药爆炸等;(5)摩擦撞击火花,譬如跑车发生后产生电火花、割煤机截齿与坚硬岩石摩擦产生火花等。具体分布参见表 3-33。

表 3-33　煤尘爆炸事故中引爆火源分布

引爆火源	放炮火焰	电气火花	火工品爆炸	摩擦撞击	明火
纯煤尘爆炸/起	28	9	4	3	2
比例/%	60.87	19.57	8.7	6.52	4.35
煤尘瓦斯爆炸/起	15	22	2	1	9
比例/%	30.61	44.9	4.08	2.04	18.37
合计/起	43	31	6	4	11
比例/%	45.26	32.63	6.32	4.21	11.58

　　在纯煤尘爆炸事故案例中有 8 起没有关于引爆火源的说明,不做统计,有效样本量占 85%。由表 3-33 可以看出,在纯煤尘爆炸事故中,60% 以上的事故是由放炮火焰引起的,其次是电气火花。尽管在有瓦斯参与的煤尘爆炸事故中电气火花所占比例增高而放炮火焰导致的爆炸有所减少,但从全部煤尘爆炸事故来看,放炮火焰仍然是导致爆炸的第一因素,而电气火花则位列第二,其他的依次是明火、火工品爆炸和摩擦撞击。

　　需要补充的是,从事故案例还可以得出结论:放炮导致火焰进而引发煤尘爆炸的情况几乎全部是由于"三违"造成的。"三违"是典型的第二类危险源。

　　D　悬浮煤尘因素

　　根据参与爆炸煤尘的四种来源,煤尘爆炸事故可以有如图 3-13 所示的四种模式:(1)原生积尘受到振动冲击等产生瞬间次生浮尘并达到爆炸浓度,此时遇到引火源则可能发生爆炸。(2)原生积尘和浮尘本身已经具备,当出现引火源时发生爆炸。(3)具备原生积尘和低浓度原生浮尘,在某种条件激发下再度产生高浓度次生浮尘达到爆炸浓度,刚好此时有引火源,则爆炸发生。(4)既没有原生积尘也没有原生浮尘,只是在引火源出现的瞬间也激发出能达到爆炸浓度的次生浮尘。一般这种模式出现的煤尘爆炸往往都是局部性的。

　　需要说明的是,上面讨论的次生浮尘,多数是与爆炸引火源同时出现,譬如某工作面没有积尘,也没有浮尘,如果一次装药、分次

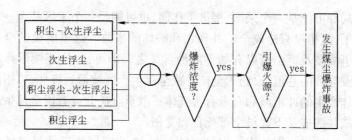

图 3-13 煤尘爆炸发生的模式

放炮并且出现没有使用水炮泥或者炮泥不合要求等,则在出现大量次生浮尘的同时,爆炸火源也不缺乏,那么煤尘爆炸事故就可能发生。另外,譬如绞车跑车导致煤尘爆炸,往往是绞车道积尘多,在跑车瞬间,激起大量次生浮尘;加上绞车与轨道等的摩擦撞击会产生电火花,由此煤尘爆炸也会发生。当然这里讨论的煤尘都是指有爆炸危险性的。

统计案例中涉及的纯煤尘爆炸事故,关于煤尘的有 15 个案例缺乏原始材料,故仅取剩余有效的 39 例加以统计,煤尘瓦斯事故中有两例缺乏相应数据,故取剩余 47 例加以统计分析。统计情况如表 3-34 所示。

表 3-34 不同的煤尘爆炸模式分布

爆炸模式	积尘浮尘	积尘－次生浮尘	积尘浮尘－次生浮尘	次生浮尘
纯煤尘爆炸/起	20	15	3	1
比例/%	51.28	38.46	7.69	2.56
煤尘瓦斯爆炸/起	20	26	1	0
比例/%	42.55	55.32	2.13	0
合　计	40	41	4	1
合计比例/%	46.51	47.67	4.65	1.16

从表 3-34 可以看出,在煤尘爆炸中参与爆炸的煤尘绝大部分来自积尘和原生浮尘,因此防止煤尘爆炸事故的发生,关键之一即做好原生浮尘和积尘的治理工作。

E　事故波及范围

为简化起见,事故波及范围划分为局部和全矿井。这里所谓的局部可能是一个采面、掘进工作面,也可能是一个采区甚至一个水平,泛指没有造成全矿井伤亡和破坏的事故。这里所说的全矿井事故波及范围可以有如下两种含义之一即可:一指连续爆炸冲击波导致的巷道、设施等全矿井或全部生产区域遭到破坏;二指因爆炸产生的冲击波和有毒有害气体扩散至全矿井或者说全部生产区域并造成井下人员全部死亡和受伤。

在纯煤尘爆炸事故中(54 起),有 17 起因原始事故材料的缘故没有办法确定事故的爆炸范围;在煤尘瓦斯爆炸案例中(49起),有 13 起没有办法确定事故的爆炸范围。具体的统计情况如表 3-35 所示。

表 3-35　煤尘爆炸事故的范围分布

事故范围分布	纯煤尘爆炸事故	煤尘瓦斯爆炸事故	合　计
局部事故/起	32	30	62
全矿井事故/起	5	6	11

由表 3-35 可以看出,煤尘爆炸事故涉及局部的要占绝大多数,而殃及全矿井的爆炸事故则只占少数,但这类事故造成的死亡人数等损失却也很可怕,1954 年山西大同老白洞煤矿煤尘爆炸事故造成全矿井的毁灭,造成 684 人死亡,223 人受伤。

F　连续爆炸情况

这里所谓的连续爆炸即在原始爆炸地点以外至少有一个或一个以上地点也发生引爆,这与波及范围不是同等概念。

在全部 54 起纯煤尘爆炸事故中,有 20 起缺乏对应原始数据,其他 34 起数据的情况如图 3-14 所示。

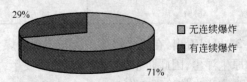

图 3-14　煤尘事故的连续爆炸分布

由图 3-14 可知,在纯煤尘爆炸事故中,出现连续爆炸的案例

仅占总数的 1/3,而 70% 以上的事故案例中,没有出现连续爆炸的
情况。

3.3.3.7　其他宏观因素

在事故案例调研中可以发现,很多煤尘爆炸事故原本是不
会造成特别大的伤亡事故的,事故之所以扩大,有以下几个方面
的原因,这些原因都可以归结为管理失误和人失误即第二类危
险源。

(1)一些事故刚好发生在交接班时,造成伤亡人数扩大,建议
在劳动组织管理上改进。

(2)煤尘爆炸事故有较强的传播性,因此按照煤矿安全规程
设立符合要求的隔爆设施很必要。从事故分析中发现,很多发生
事故的煤矿井下没有保质保量地建立井下隔爆设施,造成连续爆
炸,甚至全矿井的毁灭性后果。

(3)煤尘爆炸事故绝大多数人员伤亡是由于中毒和窒息,但
是,统计中有相当多的煤矿甚至是国有重点煤矿要么没有足够的
自救器,要么制度执行不严格,很多工人没有佩戴自救器就下井工
作,事故发生后造成死亡扩大。

(4)人员素质问题。这里涉及到好几个方面。就井下一线工
人而言,包括国有重点煤矿,大多数都是农民工、合同工、轮换工、
季节工等,本身文化素质、安全意识就差,加上很多煤矿就没有认
真执行工人培训工作,其危险性可想而知。就煤矿管理人员而言,
占中国三成以上的小煤矿其矿上所谓的矿长和安全管理人员对采
矿知识特别是煤矿安全管理知识,所知甚少;国有重点煤矿的情况
应该是好一些,但是由于种种原因重生产轻安全的现象普遍存在。
2005 年 11 月 27 日七台河矿难中的矿长和总工居然对国家安全
生产监督管理总局新近下发的两个关于煤矿安全生产的重要文件
一无所知,甚至对于自己所管理的煤矿有严重煤尘爆炸危险性这
一点也没有注意到,以至于煤矿安全生产监督管理总局局长痛斥
他们连小煤矿矿主都不如。一些井下的如科长、段长、井长之类的
中层管理人员甚至于常常自己带头违章指挥、作业,上梁不正,一

些人甚至认为不违章就没有办法生产更无法完成生产指标。综观新中国成立以来的煤尘爆炸事故,关于抢救中指挥失误、盲目指挥造成事故扩大的也不在少数。人员素质的提高绝不仅仅在一线工人,做好管理层人员的素质提高也至关重要。

3.3.3.8　宏观辨识中的小概率事件

通过辨识,可以找出导致事故的大概率事件,或者重点防御对象,但是对于出现过的小概率事件也要有足够的重视[19]。在数理统计中,有一条重要的统计规律:假设某事件在一次试验中发生的概率为 $p(p>0)$,则在 n 次试验中至少发生一次的概率为:

$$p_n = 1 - (1-p)^n \qquad (3-18)$$

当 n 越来越大时,无论概率 p 多么小,总有:

$$\lim_{n\to+\infty} p_n = \lim_{n\to+\infty} 1 - (1-p)^n = 1 \qquad (3-19)$$

换言之,只要事故发生的可能性存在,不管概率多小,这个事故迟早会发生的。因此对于这一类小概率危险源也要通过各种渠道加强防范。

3.3.4　煤尘爆炸事故树微观辨识

3.3.4.1　FTA 的基本程序及采面煤尘爆炸 FTA 的编制

事故树(Fault Tree,缩写 FT)有的文献中也称为故障树[20],是一种描述事故因果关系的有方向的"树",是系统安全工程中最重要、最有效的分析方法[21]。它能对各种对象系统的危险性进行辨识和评价,既适用于定性分析,又能进行定量分析,具有简明、形象化的特点。FTA 不仅能分析出事故的直接原因,而且能深入提示事故的潜在原因。FTA 作为危险源辨识与评价的一种先进的科学方法已得到国内外的公认并被广泛采用。

从 1978 年起,我国开始了 FTA 的研究和运用工作。80 年代中期 FTA 开始被应用于煤矿领域[21];实践证明 FTA 适合我国国情,应该在我国得到普遍推广使用[22]。

事故树分析的基本程序如图 3-15 所示。

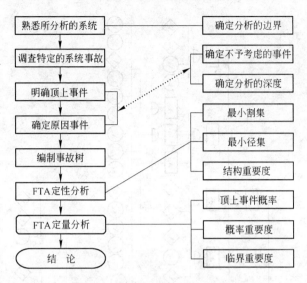

图 3-15 事故树分析的基本程序

在煤矿生产过程中,煤尘爆炸常发生于采煤和掘进工作面,结合评价单元的划分原则,煤尘爆炸的事故树分析只考虑这两个地点的情况,采煤工作面的煤尘爆炸事故树见图 3-16 所示,该事故树综合考虑了机采面和炮采面的情况,具体的基本事件给予了细致的划分。图 3-16 中各代号所代表的顶上事件、中间事件和基本事件见表 3-36 所示。

这里进行的事故树分析从分析边界的确定,到不考虑因素和分析深度的确定都以已有的事故案例统计分析的结果为准。

煤尘爆炸事故,实际上煤尘爆炸的首要因素是煤尘有爆炸性,但在这里默认所研究的对象系统中的煤尘都是有爆炸性的,如果没有爆炸性,就失去了讨论的必要性。

3.3.4.2 采面煤尘爆炸事故树分析方法

A 定性分析

事故树定性分析就是对事故树中各事件不考虑发生概率多少,只考虑发生和不发生两种情况。通过定性分析可以知道哪一个或哪几个基本事件发生,顶上事件就一定发生,哪一个事件发生

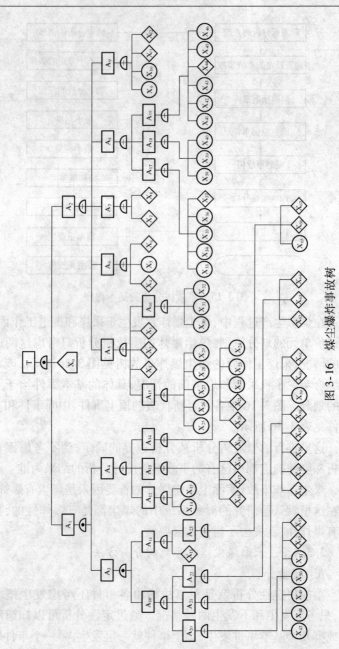

图 3-16 煤尘爆炸事故树

表 3-36 采面煤尘爆炸事故树事件表

代号	事 件	代号	事 件
T	采面煤尘爆炸事故	X_{22}	检尘工舞弊
A_1	采面煤尘达到爆炸浓度	X_{23}	检尘仪器失准
A_2	引爆火源	X_{24}	检尘工素质低
A_3	采面产生大量煤尘	X_{25}	拆卸矿灯等违章操作
A_4	除尘失效	X_{26}	带电检修设备
A_5	电气火源	X_{27}	绝缘损坏击穿等
A_6	摩擦撞击火花	X_{28}	明接头、鸡爪子、羊尾巴等
A_7	火工品火源	X_{29}	误操作
A_8	爆破火源	X_{30}	开关未合闸上盖
A_9	明 火	X_{31}	非防爆设备
A_{10}	采运防尘不力	X_{32}	防爆设备不合格
A_{11}	煤体干燥	X_{33}	炮眼密度大
A_{12}	通风不良	X_{34}	炮烟太深或太浅
A_{13}	除尘不力	X_{35}	炮眼封泥不合格
A_{14}	除尘检测失效	X_{36}	未用水炮皮
A_{15}	短路火花	X_{37}	最小抵抗线不足
A_{16}	防爆失效火花	X_{38}	雷管使用不当
A_{17}	炮眼因素	X_{39}	不合格雷管
A_{18}	火器因素	X_{40}	不合格炸药
A_{19}	爆破操作因素	X_{41}	明 炮
A_{20}	炮采工作面煤尘	X_{42}	糊 炮
A_{21}	机采工作面煤尘	X_{43}	连珠炮(产生火焰)
A_{22}	采面运装煤(尘)	X_{44}	抽 炮
A_{23}	煤层注水效果差	X_{45}	反向爆破
X_0	氧气(正常事件)	X_{46}	装药量过大
X_1	静 电	X_{47}	连珠炮(产尘)
X_2	漏 电	X_{48}	无进行水封爆破或水炮泥
X_3	电气因素导致过热	X_{49}	水封爆破或水炮泥使用不当
X_4	运输设备摩擦产生火花	X_{50}	炮眼装药量过大
X_5	截齿与夹石等接触火花	X_{51}	无湿式打眼
X_6	其他硬物相互碰撞火花	X_{52}	湿式打眼失效
X_7	雷管爆炸	X_{53}	工作面落尘大
X_8	炸药爆炸	X_{54}	采煤机截齿选择或排列不当
X_9	焊 弧	X_{55}	采煤机无防尘罩
X_{10}	吸 烟	X_{56}	采煤机无内外喷雾
X_{11}	煤炭自燃	X_{57}	采煤机喷雾降尘效果差
X_{12}	其他明火	X_{58}	采煤机牵引速度不当
X_{13}	煤层未注水	X_{59}	采煤机无除尘器
X_{14}	采面风速大	X_{60}	采煤机除尘器失效
X_{15}	采面风速小	X_{61}	机采面积尘多
X_{16}	无风流净化设施	X_{62}	运装转载过程无喷雾
X_{17}	有风流净化设施但未用	X_{63}	转载点喷雾没有使用
X_{18}	风流净化设施效果差	X_{64}	转载点喷雾效果差
X_{19}	风流净化设施损坏	X_{65}	煤质问题(如疏水性强)
X_{20}	无检尘制度	X_{66}	注水工艺参数不当
X_{21}	有检尘制度但执行不好	X_{67}	未严格认真执行注水工艺

对顶上事件影响大，哪一个影响小，从而可以采取经济有效的措施，防止事故发生。

事故树定性分析包括求解最小割（径），计算各基本事件的结构重要度，在此基础上确定安全防灾对策。

最小割集表示系统的危险性，每个最小割集都是顶上事件发生的一种可能渠道，其数目越多，系统发生事故的途径就越多，因而就越危险。

相反，事故树中，最小径集越多，顶上事件不发生的途径就越多，系统也就越安全。由最小径集可选择顶上事件的最佳控制方案。

结构重要度分析，就是不考虑基本事件发生的概率是多少，仅从事故树结构上分析各基本事件的发生对事件发生的影响程度。事故树是由众多基本事件构成的，这些基本事件对顶上事件均产生影响，但影响程度是不同的，在制定安全防范措施时必须有个先后次序，轻重缓急，以便使系统达到经济、有效、安全的目的。结构重要度分析虽然是一种定性分析方法，但在目前缺乏定量分析数据的情况下，这种分析显得很重要。

B　定量分析

事故树定量分析的目的在于计算顶上事件的发生概率，以它来评价系统的安全可靠性。根据所得结果与预定的目标值进行比较，如超出目标值，就应采取相应的安全对策措施，使之降至目标值以下；如果顶上事件的发生概率及其造成的损失为社会接受，则不必投入更多的人力、物力。要计算顶上事件的发生概率，首要条件是获得基本事件发生概率。

事故树定量分析包括顶上事件发生概率计算、概率重要度及临界重要度计算。

a　事故树顶上事件发生概率

顶上事件的发生概率计算通常有以下五种：

（1）逐级向上推算法；

（2）直接用事故树的结构函数式计算顶上事件发生概率；

(3)利用最小割集计算顶上事件的发生概率;

(4)利用最小径集计算顶上事件的发生概率;

(5)近似计算方法。

其中利用最小径集计算顶上事件发生概率的方法如下:

用最小径集表示事故树等效图时,顶上事件与最小径集是用与门连接的,而各个最小径集与基本事件是用或门连接的,当事故树最小径集数为 P,各最小径集彼此无重复事件且相互独立时,则顶上事件发生的概率 $Q(T)$ 可用公式(3-20)表示。

$$Q(T) = \prod_{j=1}^{P} \prod_{x_i \in P_j} q_i = \prod_{j=1}^{P} \left[1 - \prod_{x_i \in P_j} (1 - q_i) \right] \quad (3-20)$$

式中, q_i 为基本事件 i 的发生概率; P 为最小径集个数; $\prod_{x_i \in P_j} (1 - q_i)$ 表示第 j 个最小径集中所有基本事件都不发生的概率积。

b 概率重要度

概率重要度分析是考察各基本事件的发生概率的变化对顶上事件发生概率的影响程度。顶上事件的发生概率是一个多重线性函数 g,对自变量 q_i 求一次偏导,即可得该基本事件的概率重要系数 $I_g(i)$,如公式(3-21)所示。

$$I_g(i) = \frac{\partial Q(T)}{\partial q_i} \quad (3-21)$$

式中, $I_g(i)$ 为基本事件 i 的概率重要度; $Q(T)$ 为顶上事件发生概率; q_i 为基本事件 i 的发生概率。

求出各基本事件的概率重要度后,可以知道每一基本事件如降低其发生概率,可以如何有效地降低顶上事件的发生概率。由公式(3-21)可以看出,一个基本事件的概率重要度的大小不取决于其本身概率的大小,而取决于它所在最小割(径)集中其他基本事件的概率大小。

c 临界重要度分析

结构重要度是从事故树图的结构来分析基本事件的重要性,

不能全面地说明各基本事件的危险重要程度。而概率重要度是反映各基本事件概率的增减对顶上事件发生概率影响的敏感度。临界重要度是从概率和结构双重角度来衡量各基本事件重要性的一个评价指标。

临界重要度用基本事件发生概率的变化率对顶上事件发生概率的变化率的比，来确定基本事件的重要程度，可用公式(3-22)表示：

$$I_c(i) = I_g(i) \cdot \frac{q_i}{Q(T)} \qquad (3-22)$$

式中，q_i 为基本事件 i 的发生概率；$I_c(i)$ 为第 i 个基本事件的临界重要度；$I_g(i)$ 为基本事件 i 的概率重要度；$Q(T)$ 为顶上事件发生概率。

3.3.4.3 基于模糊集合论的事故树定量分析

事故树的定量分析重要任务之一即估计系统顶上事件的发生概率，但这一任务的完成是以基本事件发生概率的精确值已知为基础的，因而求取基本事件发生概率是一个十分重要的工作。

基于模糊集合论的事故树分析就是将模糊集理论引入事故树分析方法中，将基本事件发生的概率描述为一模糊数，然后通过模糊数的运算来估计顶上事件的模糊发生概率。

传统的事故树分析是以布尔代数为基础，要求事件发生的概率为精确值。事实上，由于事件发生环境的复杂性以及失效概率数据的不精确性，会直接影响底事件失效的分析结果。因而常常会因底事件概率的不精确，或无法获知底事件的发生概率，而影响分析结果，甚至无法进行定量分析，基于上述原因，将模糊数学中的模糊集合理论与传统的事故树分析方法相结合，以模糊数来表示底事件的发生概率，从而克服了传统故障树分析方法的不足之处，更符合生产现场的实际情况，从而能得到更加科学、准确的分析结果。

模糊集理论是扎德(L．A．Zadch)于1965年提出的，用来处理现象不精确和模糊的问题。设 U 为对象组成的论域，则在论域

U 的一个模糊集 $\widetilde{A}$ 定义为一个隶属函数：

$$u_{\widetilde{A}}(x):U \to [0,1], x \in U \tag{3-23}$$

该隶属函数把 U 中的元素映射到 $[0,1]$ 中的实数，记为 $\widetilde{A} = \int_{x \in U} u_{\widetilde{A}}(x)/x$，其中，$u_{\widetilde{A}}(x)$ 也记作 $\widetilde{A}(x)$，称为论域 U 中元素 x 隶属于模糊集 $\widetilde{A}$ 的程度，简称为 x 的隶属度。

A　模糊数

模糊数用于处理如"接近 0.7"、"高可靠度"、"低故障率"等模糊信息，因为事故树中基本事件概率为 $[0,1]$ 中的实数，故取论域 U 为 $[0,1]$，用 $\widetilde{q}$ 表示"大约为 m"的模糊数，$u_{\widetilde{A}}(x)$ 为 $\widetilde{q}$ 的隶属函数。模糊数 $\widetilde{q}$ 的隶属函数有多种形式，如三角模糊数、梯形模糊数、LR 型模糊数和正态模糊数等。

B　语言变量

专家判断法是确定事故树基本事件发生概率的常用方法之一，由于专家不可能精确估算基本事件的发生概率，而且当事件的描述不明确时，专家倾向于采用自然语言，如"可能性小，可能性大"的语言来描述事件的概率。

语言变量值是其值为用自然语言形式表达的单词或句子的变量。语言变量非常适于常规定量表达中的那些太复杂或定义不太完善因而不能合理加以描述的现象，例如"低"是一个语言变量，可用模糊集来定义语言变量，它提供了一种近似的表示方法。

本书中使用语言值集合｛非常低（VL），低（L），比较低（FL），中等（M），比较高（FH），高（H），非常高（VH）｝来表示"基本事件概率"的语言评价，语言值可用模糊数近似表示，语言值集合｛VL，L，FL，M，FH，H，VH｝的近似模糊数如图 3-17 所示[23,24]。

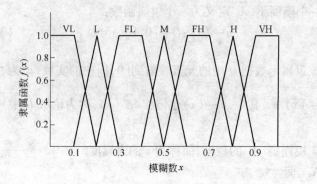

图 3-17　代表自然语言的模糊数

　　由图 3-17 可以看出,表示语言值的模糊集之间没有明显的交界,而是相互重叠,比如事件可能性为 0.48,它在"比较低"的隶属度为 0.2,而在"中等"的隶属度为 0.8。根据语言值相应隶属函数的重心定义语言值集合的线性有序关系"≤"如下:VL≤L≤FL≤M≤FH≤H≤VH,因此构成线性有序集 $P = \{$VL,L,FL,M,FH,H,VH$\}$。

　　把自然语言转化为模糊数,根据图 3-17 的自然语言的模糊数表现形式,给出其中"很小(VL)"、"小(L)"、"比较小(FL)"和"中等(M)"的隶属函数表达式即公式(3-24)、公式(3-25)、公式(3-26)和公式(3-27)。

$$f_{VL}(x) = \left\{ \begin{array}{ll} 1 & (0 < x \leqslant 0.1) \\ \dfrac{0.2 - x}{0.1} & (0.1 < x \leqslant 0.2) \\ 0 & (其他) \end{array} \right\} \qquad (3\text{-}24)$$

$$f_{L}(x) = \left\{ \begin{array}{ll} \dfrac{x - 0.1}{0.1} & (0.1 < x \leqslant 0.2) \\ \dfrac{0.3 - x}{0.1} & (0.2 < x \leqslant 0.3) \\ 0 & (其他) \end{array} \right\} \qquad (3\text{-}25)$$

$$f_{FL}(x) = \begin{cases} \dfrac{x-0.2}{0.1} & (0.2 < x \le 0.3) \\ 1 & (0.3 < x \le 0.4) \\ \dfrac{0.5-x}{0.1} & (0.4 < x \le 0.5) \\ 0 & (其他) \end{cases} \tag{3-26}$$

$$f_{M}(x) = \begin{cases} \dfrac{x-0.4}{0.1} & (0.4 < x \le 0.5) \\ \dfrac{0.6-x}{0.1} & (0.5 < x \le 0.6) \\ 0 & (其他) \end{cases} \tag{3-27}$$

C 模糊事故树分析

在本书的模糊故障树分析中,对于可以通过可靠性手册、经验数据、统计数据等途径获得发生概率的基本事件,根据故障率、概率分布函数参数和其他参数获得基本事件的发生概率(精确值),而对于没有统计数据的基本事件则通过专家的判断获得基本事件的模糊发生概率,可采用各种模糊数及语言值评价。

模糊事故树分析的主要步骤 采用模糊 FTA 的主要步骤如下:

(1)选择顶事件并构造事故树。

(2)将事故树中的基本事件分为有统计数据的基本事件和没有统计数据的基本事件。

(3)通过可靠性手册、经验数据等途径获得有统计数据的基本事件的精确概率。

(4)通过专家的评判获得没有统计数据的基本事件的发生概率,可采用各种模糊数及语言值评价。

(5)按照一定的规则,将步骤(3)、步骤(4)获得的精确概率、非梯形模糊数和语言值转化为统一的梯形模糊数。

(6)获得事故树的最小割(径)集,并利用与或模糊算子获得顶事件发生概率。

(7)分析模糊 FTA 结果,提出分析意见。

模糊数的归一化　通过各种途径获得的故障事件的发生概率有多种形式，包括精确发生概率值、语言值及各种模糊数，因此，为了便于事故树分析，应将它们归一为一种形式。由于梯形模糊数为线性分布隶属函数，其代数运算较为简单，而且其他形式模糊数转化为梯形模糊数比较容易且直观。

（1）精确概率值。对于精确概率值 p，可将其转化为梯形模糊数 $\tilde{q} = (p, p, p, p)$。

（2）三角模糊数。对于精确概率值 $\tilde{q} = (a, m, b)$，可将其转化为梯形模糊数 $\tilde{q} = (a, m, m, b)$。

（3）语言值。对于语言值，可根据对应的隶属函数转化为相应的梯形模糊数。考虑到概率值的实际统计意义[25]和国外参考数据（人的失误率为 10^{-2}，物的故障率为 10^{-4}）以及实际评价单元的现实状况，梯形模糊数概率的数量级可以做相应的调整[26]。

梯形模糊数的代数运算　假设梯形模糊数 $\tilde{q}_1$ 和 $\tilde{q}_2$ 分别由 (a_1, b_1, c_1, d_1) 和 (a_2, b_2, c_2, d_2) 表示，则其代数运算法则如下[24]：

（1）加法 $\oplus$：

$$
\begin{aligned}
\tilde{q}_1 \oplus \tilde{q}_2 &= (a_1, b_1, c_1, d_1) \oplus (a_2, b_2, c_2, d_2) \\
&= (a_1 + a_2, b_1 + b_2, c_1 + c_2, d_1 + d_2)
\end{aligned} \quad (3\text{-}28)
$$

（2）减法 $\ominus$：

$$
\begin{aligned}
\ominus \tilde{q}_1 &= \ominus(a_1, b_1, c_1, d_1) \\
&= (-d_1, -c_1, -b_1, -a_1)
\end{aligned} \quad (3\text{-}29)
$$

$$
\begin{aligned}
\tilde{q}_1 \ominus \tilde{q}_2 &= (a_1, b_1, c_1, d_1) \ominus (a_2, b_2, c_2, d_2) \\
&= (a_1 - d_2, b_1 - c_2, c_1 - b_2, d_1 - a_2)
\end{aligned} \quad (3\text{-}30)
$$

$$
1 \ominus \tilde{q}_1 = (1 - d_1, 1 - c_1, 1 - b_1, 1 - a_1) \quad (3\text{-}31)
$$

（3）乘法 $\otimes$：

$$\tilde{q}_1 \otimes \tilde{q}_2 = (a_1, b_1, c_1, d_1) \otimes (a_2, b_2, c_2, d_2)$$
$$= (a_1 a_2, b_1 b_2, c_1 c_2, d_1 d_2) \qquad (3\text{-}32)$$

$$C \otimes \tilde{q}_1 = C \otimes (a_1, b_1, c_1, d_1) = (Ca_1, Cb_1, Cc_1, Cd_1) \quad (3\text{-}33)$$

事故树分析的模糊算子

"与"门模糊算子

传统事故树分析所用的"与"门算子为[24]:

$$q_{\text{and}} = \prod_{i=1}^{n} q_i \qquad (3\text{-}34)$$

式中，q_i 为基本事件发生的精确概率。

如果事件 i 发生的概率为一模糊数 $\tilde{q}_i$，则"与"门模糊算子可记为：

$$\tilde{q}_{\text{and}} = (a_{\text{and}}, b_{\text{and}}, c_{\text{and}}, d_{\text{and}}) = \tilde{q}_1 \otimes \tilde{q}_2 \otimes \cdots \otimes \tilde{q}_n$$
$$= \left(\prod_{i=1}^{n} a_i, \prod_{i=1}^{n} b_i, \prod_{i=1}^{n} c_i, \prod_{i=1}^{n} d_i \right) \qquad (3\text{-}35)$$

"或"门模糊算子

传统的事故树分析所用的"或"门算子为：

$$q_{\text{or}} = 1 - \prod_{i=1}^{n} (1 - q_i) \qquad (3\text{-}36)$$

式中，q_i 为基本事件发生的精确概率。

如果事件 i 发生的概率为一模糊数 $\tilde{q}_i$，则"或"门模糊算子可记为

$$\tilde{q}_{\text{or}} = (a_{\text{or}}, b_{\text{or}}, c_{\text{or}}, d_{\text{or}})$$
$$= \left(\left(1 - \prod_{i=1}^{n} (1 - a_i)\right), \left(1 - \prod_{i=1}^{n} (1 - b_i)\right), \right.$$
$$\left. \left(1 - \prod_{i=1}^{n} (1 - c_i)\right), \left(1 - \prod_{i=1}^{n} (1 - d_i)\right) \right) \qquad (3\text{-}37)$$

3.4　煤与瓦斯突出事故危险源辨识研究

煤与瓦斯突出事故危险源辨识就是对造成煤与瓦斯突出事故的因素和规律进行研究,以及研究各因素对煤与瓦斯突出的影响大小,来对煤与瓦斯突出危险源分级。煤与瓦斯突出属于矿山重大危险源范畴,造成煤与瓦斯突出的主要因素有三个[27~32]:瓦斯压力、地应力和煤(岩)的物理力学性质。因此对煤与瓦斯突出危险源的辨识主要从这三个方面入手。

3.4.1　煤与瓦斯突出事故特性

煤与瓦斯突出是煤矿中一种极其复杂的动力现象,是威胁煤矿安全生产的严重自然灾害之一。根据大量煤与瓦斯突出事故资料和重大危险源的特性,结合焦作煤业集团九里山矿的生产实际,综合认为煤与瓦斯突出具有以下一些主要的特性:

(1)突出空洞的位置和形状是各式各样的,大部分空洞位于巷道上方及上隅角,但也有位于巷道下隅角的。突出空洞的形状为口小腹大的梨形或椭圆形,有时呈很复杂的奇异形状。空洞中心线与水平面之夹角可以小于或大于自然安息角,但很少为水平方向的。

(2)煤与瓦斯突出的一种重要特征是喷出的煤具有分选现象,即在靠近空洞和巷道下部为块煤,其次为碎煤,离突出空洞较远和煤堆上部的是粉煤,有时粉煤能被抛出很远。

(3)煤的抛出距离取决于突出强度,可以由数米到百米,突出的煤可以堆满全断面,造成巷道堵塞。煤的堆积坡度通常小于自然安息角。

(4)煤与瓦斯突出的煤量,可以由数百吨到上千吨,按强度可把煤与瓦斯突出分成小型煤与瓦斯突出,强度小于10t;中型煤与瓦斯突出,强度10~99t;次大型煤与瓦斯突出,强度100~499t;大型煤与瓦斯突出,强度500~999t;特大型煤与瓦斯突出,强度等于或大于1000t。

(5)煤与瓦斯突出时喷出的瓦斯量,取决于煤层瓦斯含量和突出的煤量等,特大型煤与瓦斯突出时,短时间能涌出数十万至数百万立方米的瓦斯,吨煤瓦斯涌出量高达 $100 \sim 800 m^3$,超过煤层瓦斯含量 $5 \sim 30$ 倍。瓦斯一般顺风流运行,而在特大型煤与瓦斯突出时,瓦斯 – 粉煤流呈风暴形式,瓦斯可逆风流运行并充满数千米长的巷道。

(6)煤与瓦斯突出的动力效应常表现为推翻矿车,搬动巨石,破坏木支架,造成冲击气浪以及声响等。

(7)煤与瓦斯突出一般都有预兆,分为有声预兆和无声预兆。

1)有声预兆:俗称响煤炮,通常在煤体深处的闷雷声、噼啪声、劈裂声、嘈杂声、沙沙声等。

2)无声预兆:煤变软,光泽变暗,掉渣和小块剥落,煤面轻微颤动,支架压力增加,瓦斯涌出量增高或忽大忽小,煤面温度或气温降低等。

3.4.2 煤与瓦斯突出事故危险源辨识的标准与步骤

3.4.2.1 煤与瓦斯突出事故危险源辨识的标准

煤与瓦斯突出事故危险源辨识及划分标准有很多,在此,依据全国大量的统计资料,来确定其划分标准。其划分标准总的可以分为定性和定量标准。参考有关的评价标准,可以采用以下定性和定量辨识标准来进行辨识以及分级。

(1)煤与瓦斯突出的基本要素。瓦斯压力、地应力和煤(岩)的物理力学性质是跟煤与瓦斯突出有关的最主要的因素。人为的采掘活动是煤与瓦斯突出最主要的触发因素。

(2)引起煤与瓦斯突出事故的相互作用的因素(触发型危险源)的多少。对于发生煤与瓦斯突出事故而言,引起突出事故因素的多寡,对判断其是否为重大危险源以及进行触发型危险源的辨识工作也是很主要的因素之一。

(3)发生事故的次数。发生煤与瓦斯突出事故的次数不仅能够说明煤与瓦斯突出事故的难控制性,同时也能够说明煤与瓦斯突出事故的危险性。

(4)发生事故时的伤亡情况。伤亡情况是说明事故严重性的最好指标,也是判断其是否为重大危险源的最好指标。同时,事故发生时人们最为关心的也就是人员伤亡的情况。

(5)造成的经济损失。判断事故的严重程度最终指标是看事故所造成的经济损失有多大,这是矿山企业最为关心的。

(6)事故后处理和恢复生产的难易程度等。事故发生后,对事故的处理和恢复生产的间断时间,都是衡量事故所带来的影响及灾情的直接指标,也是衡量其经济损失的有力指标。

上述指标,有些不仅是煤与瓦斯突出事故危险源辨识过程中应该考虑的因素,也是煤与瓦斯突出事故危险源评价过程中必须考虑的因素。

3.4.2.2　煤与瓦斯突出事故危险源辨识的主要步骤

煤与瓦斯突出事故危险源辨识的主要步骤,即辨识的具体过程,按其辨识的内容(辨识的主要要素)可以分为以下几点:

(1)井下生产系统中各重点岗位、场所中可能存在的导致煤与瓦斯突出事故的危险因素,包括各重要岗位可能存在的潜在危险因素;

(2)井下可能发生煤与瓦斯突出的场所,可能发生的时间;

(3)煤与瓦斯突出事故危险源的危险性、特点及其从相对稳定的状态向事故发展的激发状态的条件和可能性等;

(4)生产系统中当煤与瓦斯突出事故发生时,可能造成的损失及其严重的后果,事故波及的范围影响的时间的大概估算和预测;

(5)井下重要的设施设备在运行过程中出现的致灾可能性;

(6)井下工作人员在生产过程中可能带来的危险因素,即危险源辨识过程中的人因管理因素的分析。

3.4.3　煤与瓦斯突出事故危险源分类

在煤与瓦斯突出事故危险源辨识过程中,应本着"科学、认真、负责的态度",应以"纵向到底、横向到边、全面彻底、不留空缺"为原则,对井下生产系统中存在的一切导致煤与瓦斯突出事故危险因素进行辨识分析。

东北大学陈宝智教授提出了两类危险源理论[33],第一类危险源:根据能量释放论,事故是能量或危险物质的意外释放。作用于人体的过量的能量或干扰人体与外界能量交换的物质是造成人身伤亡的直接原因。于是把系统中存在的可能发生意外释放的能量或危险物质称为第一类危险源。第二类危险源:在生产、生活中,为利用能量,让能量按照人们的意图在系统中流动、转换和做功,必须采取措施约束、限制能量。导致限制能量措施失衡或破坏的各种不安全因素称为第二类危险源。西安科技大学的田水承教授在两类危险源理论的基础上提出了第三类危险源的概念:由于安全管理决策、组织失误(组织程序、组织文化、规则)、人员不安全行为、失误造成系统失衡的这种不安全因素称为第三类危险源。

两类危险源理论认为[33],任何事故的发生可归结于第一类危险源与第二类危险源共同作用的结果,第一类危险源是事故的能量主体,决定事故后果的严重程度,在本书中就是指瓦斯压力、地应力和煤(岩)的物理力学性质。第二类危险源是第一类危险源造成事故的必要条件,也就是煤与瓦斯突出的诱发因素。第三类危险源是潜藏在第一类危险源、第二类危险源背后的组织因素。评价危险源的危险性时,通过评价第一类危险源来确定事故后果的严重程度,通过评价第二类危险源出现情况来评价事故发生的可能性。由于第三类危险源人因管理因素已经在本课题的其他组成部分"矿山瓦斯爆炸重大危险源辨识与评价"与"矿山火灾重大危险源辨识与评价"中进行了细致的辨识与评价研究[11,34]。因此,此处就不再对此进行讨论。

(1)一类危险源辨识原则与方法。由于能量、能量载体和有毒有害物质的广泛存在,特别是能量几乎无处不在。因此一类危险源辨识的基本出发点是去辨识能量、有毒有害物质集中的区域和它们以外释放能量的多少、强度和范围。对于重要的生产区域和装置还需要了解系统内能量流动,有害物质的传递过程。潜在问题分析、反应矩阵、危险与可操作性研究、故障模式与影响分析等方法可以找出系统中存在的一类危险源的总体及其分布,特定事故数理模型的建立可以得到能量、有毒有害物质释放的强度、范围。

(2)二类危险源辨识原则与方法。二类危险源是使一类危险源产生或使之作用于人员、财物及环境的原因。它涉及人员失误、设备故障、系统受到的干扰等多种危险源。由于二类危险源种类繁多,并且它在一类危险源存在的前提下产生,隐藏深,相互关系复杂。因此辨识二类危险源比辨识一类危险源困难。利用潜在问题分析、危险与可操作性研究、故障模式影响分析、作业安全分析与危险树等方法可得到二类危险源的概况及与部件故障和系统扰动有关的危险源。故障分析树、事件树分析、因果分析等方法是对事故发生概率及事故后果定量的分析方法。

3.4.4 煤与瓦斯突出事故第一类危险源辨识

根据前面所提出的煤与瓦斯突出事故危险源辨识标准、原则、方法以及辨识的主要要素和主要步骤,煤与瓦斯突出事故危险源应从三个方面入手:瓦斯压力、地应力和煤(岩)的物理力学性质。下面,将根据上述辨识方法和辨识过程,结合全国大量煤与瓦斯突出事故资料和焦作煤业集团九里山矿的生产实际,对九里山矿目前的煤与瓦斯突出事故危险源进行综合性的实际辨识和应用。第一类危险源:根据能量释放论,事故是能量或危险物质的意外释放,作用于人体的过量的能量或干扰人体与外界能量交换的物质是造成人身伤亡的直接原因。任何事故的发生可归结于第一类危险源与第二类危险源共同作用的结果,第一类危险源是事故的能量主体,决定事故后果的严重程度,在书中就是指瓦斯压力、地应力和煤(岩)的物理力学性质。

3.4.4.1 煤与瓦斯突出事故中对瓦斯的辨识

以游离状态和吸附状态存在于煤裂隙和孔隙中的瓦斯,对于煤体有三方面的作用[29]。一是全面压缩煤的骨架,促使在煤体中产生潜能;二是吸附在微孔表面的瓦斯分子,对微孔起楔子作用,因而降低煤的强度;三是具有很大的瓦斯压力梯度,从而造成作用于压力降低方向的力。

因此无论游离态瓦斯还是吸附瓦斯,都参与突出的发展。突出时,依靠潜能的释放,使煤体破碎并发生移动,瓦斯的解析使破碎和移动进一步加强。并由瓦斯流不断地把碎煤抛出,使突出空洞始终保持一个较大的地应力梯度和瓦斯压力梯度,致使煤的破碎不断向深部发展。因此,突出过程的继续发展或终止,在某种程度上取决于突出通道是否畅通,即破碎煤被瓦斯搬走的程度。煤与瓦斯突出发展的另一个充要条件是:有足够的瓦斯流把碎煤抛出,并且突出孔道要畅通,以便在空洞壁形成较大的地应力梯度和瓦斯压力梯度,从而使煤的破碎向深部扩展。

煤层瓦斯压力是指煤层孔隙中所含游离瓦斯呈现的压力,即瓦斯作用于孔隙壁的压力。通过大量的煤与瓦斯突出事故中瓦斯作用的分析,对瓦斯作用的辨识应从瓦斯压力存在的场所,影响瓦斯含量和瓦斯压力变化的原因这三个方面入手分析和研究。根据前面所提出的煤与瓦斯突出事故危险源辨识的主要要素和主要步骤,对于瓦斯的存在与含量压力变化的危险源辨识的主要内容有:

(1)突出危险瓦斯存在场所的辨识[29]。根据大量的资料得知,瓦斯压力异常地点,一般均处在地质构造带。根据统计资料表明[29],煤层平巷突出次数最多,约占总数的45%左右,石门揭穿煤层的突出次数虽然不多,只占总数的5.2%,而其强度最大,平均强度586.1t(为平均总强度的6.55倍),且80%以上的特大型突出均发生在石门揭煤时。

(2)影响瓦斯压力变化的因素[27,30,31,35]。

1)煤的变质程度的影响。众所周知,决定煤层瓦斯压力的内在因素是煤的变质程度。我国各大矿区的煤层瓦斯压力测定结果证实了这一点,从褐煤、长焰煤、气煤、肥煤、焦煤到无烟煤,瓦斯含量逐渐增大。

2)采掘对于瓦斯压力有决定性的影响。对于瓦斯压力变化采掘的原因主要有:开采工艺的影响,比如炮采对煤与瓦斯突出影响最大。未深孔松动放炮,未高压注水,未水力冲孔,未超前钻孔,未开卸压槽,未卸压爆破等。

3)高的瓦斯压力与地质构造有关。可以认为,瓦斯压力取决于该处地应力的大小。在浅部,由于构造应力的松弛作用及瓦斯风化带的影响,一般瓦斯压力小于静水压力($0.01H$,H为垂深,单位为 MPa,下同)[29]。随着深度的增加,已经没有瓦斯风化带的影响,地应力则随深度增加线性增加,瓦斯压力就可能超过静水压力。在地质构造带,由于强大的构造应力作用,可使煤体中大部分大空隙及裂隙变窄,甚至闭合,一方面堵塞了瓦斯流动的通道,一方面使其中瓦斯继续受压缩,从而造成了局部瓦斯压力增高地带,煤层中瓦斯压力可达到 $0.013 \sim 0.015H$,甚至接近于自重应力 $0.025H$。同时,当地应力随采掘过程发生变化时,瓦斯压力也随之变化。瓦斯压力下降是伴随应力降低过程进行的,并且在瓦斯排放带的范围与卸压带也是一致的。瓦斯压力降低的程度取决于地应力降低的程度。在开采不同层间距离上的保护层后由于应力降低程度不同,瓦斯压力降低程度也不同。

4)瓦斯压力与深度有关。大多数煤层的瓦斯压力随深度增加呈线性正比关系,在地质条件正常,瓦斯风化带深度相同的情况下,处在同一深度的煤层瓦斯压力基本相同。

5)其他原因。瓦斯压力的变化还与温度有关,温度升高,瓦斯气体膨胀,压力增大。

6)突出条件。同一煤层,其瓦斯压力越高,突出危险性越大。发生突出的瓦斯压力最小值可以用以下统计公式估算[36]:

$$p_{\min} = A(0.1 + BVf) \tag{3-38}$$

式中,$p_{\min}$为煤层发生突出瓦斯压力最小值,MPa;f为软煤分层的坚固性系数;V为软煤分层的挥发分含量,%;A、B为统计常数,根据我国 26 个矿井的始突深度位置的统计资料,$A=5$,$B=0.017$。

发生千吨(特大型)突出的瓦斯压力最小值 $p_{\min.kt}$ 可以用以下统计公式估算[36]:

当 $0 < Vf \leqslant 5$ 时，$p_{\min.\,\mathrm{kt}} = 0.028(Vf)^2 - 0.126Vf + 1.02$ (3-39)

当 $0 < Vf < 8$ 时，$p_{\min.\,\mathrm{kt}} = 0.411(Vf)^3 - 7.37(Vf)^2 + 44.7Vf - 89.5$

$$(3-40)$$

式中符号意义同上，从式(3-38)、式(3-39)、式(3-40)中可知，煤层越软(f越小)，煤化程度越高(V越小)，$p_{\min}$越小。

(3)影响瓦斯含量的因素[27,29~31,35]。

1)煤的变质程度。瓦斯含量是从褐煤到长焰煤呈降低的趋势，而长焰煤至烟煤是逐步升高的趋势，到无烟煤阶段达到最大值。从无烟煤到超无烟煤显著下降，瓦斯含量很少，到石墨时为零。

2)煤层特征的影响。厚度越大瓦斯含量越高；厚度变化大结构复杂的煤层瓦斯含量高；煤层分岔处容易集中瓦斯；当煤层受到构造应力时，可使煤的原生结构构造受到破坏，形成构造煤，破坏程度由弱到强，瓦斯含量逐渐增高；煤层埋藏深度；煤层透气性。

3)围岩透气性影响。围岩指煤层顶底板岩石，它对保存瓦斯具有决定作用。围岩透气性很差，煤层中的原始瓦斯含量很难通过围岩向外运移、逸散，对煤层瓦斯可起保护作用；反之，如煤层围岩透气性好，有利于煤层瓦斯通过围岩向外运移、逸散，煤层中的原始瓦斯含量就难以得到很好的保存。

4)地质构造的影响。对于煤层顶底板岩石透气性小的煤田或矿井，煤层中的瓦斯含量很大程度上取决于地质构造。在地质构造作用下，煤最容易产生运动和变化，从而影响到煤中瓦斯的保存和排放。往往一个地区的构造分区也是这一地区的瓦斯分区。地质构造对瓦斯的最终分布常常起着主导作用。常见的地质构造影响分为：①断层影响；②褶皱影响；③煤层倾角的影响。

5)地下水活动的影响。地下水与瓦斯共存于煤系及围岩之中，它们的共性是均为流体，运移和赋存都与煤(岩)层的孔隙、裂隙通道有关。由于地下水的运移，一方面驱动着裂隙和孔隙中瓦斯的运移，另一方面又带动了溶解于水中的瓦斯一起流动。因此，地下水的活动有利于瓦斯的逸散。同时，水吸附在煤、岩裂隙和孔隙的表面,也减弱了煤对瓦斯的吸附能力。地下水和瓦斯占有的空间是互补的,这种相逆的关系,表现为水大地带瓦斯小、水小瓦斯大。因此,水气运移和分布特征,可以作为认识矿床水文地质条件和瓦斯地质条件的共同规律而应用。

6)临近采动的影响。临近的采动破坏了原有的瓦斯保存条件,使瓦斯向临近的空间涌出从而使瓦斯含量减少。

突出煤层的瓦斯含量、开采时的瓦斯涌出量一般都在 $10m^3/t$ 以上,突出都是发生在高瓦斯矿井[30,31]。

3.4.4.2 煤与瓦斯突出事故地应力的辨识

由于地壳运动及地球引力作用,在岩体内部产生的应力称为地应力。地应力在空间的分布称为地应力场,地应力场是个自然场,是由自重应力场、构造应力场和温度应力场所组成。一般来说,地应力在突出中的作用有三:一是促使瓦斯压力增高,形成高压瓦斯源;二是促使煤体产生破坏和位移,使煤由静态向动态转化;三是影响煤体内部结构,从而影响煤的吸附特性与透气性,它控制着瓦斯的储存和运移。因此地应力是激发突出的重要原因之一,它往往起发动突出的作用。地应力的上述作用,在煤与瓦斯突出问题上反映出如下几个方面特点[30]:

(1)地层重力是铅直向下的,通常每百米厚的岩层约使每平方厘米面积增加 25kg 重力;同时,煤、岩层的垂直压缩可在水平方向上产生派生力,其大小约为垂直力的 $0.25 \sim 1$ 倍,且岩层塑性越大水平派生力越大。地层重力作用于瓦斯体,除使瓦斯压力增加外还起一定的封闭作用。

(2)由采掘活动所产生的矿山压力形成采矿应力。采掘活动造成新的空间,其原来煤、岩体所承受的地层重力由平均分布改为由四周岩石承担,故其压力比原来增加 $2 \sim 3$ 倍,甚至 6 倍,这就改变了原来的地应力分布状态,使原来的应力平衡遭到破坏,导致采掘前方应力集中,从而对突出起着诱导作用。

(3)构造应力作用对煤与瓦斯突出的影响往往被认为是极为重要的因素。褶曲的轴部附近及其转折点、断层的交会点、煤层产状骤然变化处以及断层破碎带等,常是突出点的密集地区,也是大型突出容易发生的地段。如辽宁北票矿区,80%的突出位于构造破坏带,其中在断层附近突出的占44.5%。

从上述分析可以看出,具有较高的地应力是发生煤与瓦斯突出的第一个必要条件。当应力状态突然改变时,围岩或煤层才能释放足够的弹性变形潜能,使煤体产生突然破坏而激发突出。可以认为发生突出的充要条件是:煤层和围岩具有较高的地应力和瓦斯压力,并且在近工作面地带煤层的应力状态发生突然变化,从而使得潜能有可能突然释放。

通过大量的煤与瓦斯突出事故中地应力作用的分析,对地应力作用的辨识应从地应力存在的场所和地应力变化的原因这两个方面入手分析和研究。根据前面所提出的煤与瓦斯突出事故危险源辨识的主要要素和主要步骤,对于地应力的存在与地应力变化的危险源辨识的主要内容有:

(1)引起地应力变化场所、原因的辨识。采掘工作面的类型对突出因素(地应力、瓦斯压力、瓦斯含量以及力学强度等)的边界条件及其在煤内空间上与时间上的分布产生重大影响,因此各类工作面的动力现象具有不同特点。一般引起地应力变化场所和变化原因如下:

1)石门揭煤。发生在石门的突出有四种类型:放炮揭开煤层时的突出;延期突出;过煤门时的突出;自行冲破岩柱的突出。其中以放炮揭开煤层时的突出所占比例最大,因为它对突出发生的条件来讲最有利。

2)煤层平巷掘进。与石门突出相比,煤巷突出不仅平均强度降低,而且典型突出在动力现象中所占比例大为减少。其主要原因是,从地应力方面看,由于煤巷工作面前方地应力较低,在一般情况下,煤内所积累的弹性应变能使石门大为降低;从瓦斯方面来看,煤巷工作面前方煤体内的瓦斯压力值和瓦斯压力梯度远比石门揭煤前煤内瓦斯压力低。一方面煤层平巷瓦斯预排量较大,另一方面煤层平巷基本属于二维流动,所以瓦斯压力及其梯度均较小,从而煤内所积累瓦斯能一般较石门条件下低得多。

3)上山掘进。上山掘进中,倾出所在占的比重明显增多,在急倾斜煤层尤甚,这说明煤的自重在动力现象中起重要作用。

4)下山掘进。下山掘进发生的动力现象只有两种:突出与压出。

5)工作面采煤。后退式回采工作面,在回采前由于顺槽的掘进使煤层瓦斯得到一定程度的排放,地应力也得到相应程度的降低,所以很少发生突出现象。采用全部陷落顶板管理方法,低压显现比较活跃、周期来压、放顶不及时以及悬顶过大等都可能引起地应力的变化。在回采工作面一般情况下发生压出,压出的强度也不大。虽然回采工作面压出平均强度不大,但是由于采煤工作面人员较多,对人身安全及生产的影响是很大的。

(2)其他引起地应力变化因素辨识。除了上述几种常见的地应力变化的场所及原因外,还有如下几种:支柱断裂;未超前支护;未掩护挡板;冒落;空顶距离的影响;棚间距离;煤层加载顶板下沉;巷道由硬煤进入软煤;巷道进入地质破坏带;深度(开采或开拓向深水平);岩体容重;侧压系数(开采,开拓进入软或松散煤层);巷道类型;岩体膨胀系数;煤层厚度;煤层倾角;离主石门距离;地质构造等。

3.4.4.3　煤与瓦斯突出事故煤的物理力学性质辨识

煤(岩)结构和力学性质,与发生突出的关系很大,因为煤(岩)的强度性质(抵抗破坏的能力)、瓦斯解析和放散能力、透气性能等,都对煤与瓦斯突出的发动与发展起着重要作用。一般来说,煤(岩)越硬、裂隙越小,所需的破坏功越大,要求的地应力和瓦斯压力越高;反之亦然。因此,在地应力和瓦斯压力为一定值时,软煤分层易被破坏,突出往往只沿软煤层发展。尽管在软煤分层中,裂隙丛生,但裂隙的连通性差,因而煤体透气性差,易于在软煤分层引起大的瓦斯压力梯度,又促进了突出的发生。同时,根据断裂力学的观点,煤层中薄弱地点(如裂隙交汇处、裂隙端部等)最易引起应力集中,所以煤体的破坏将从这里开始,而后再沿整个软煤分层发展。

煤的物理力学性质和影响它的主要因素有以下几个。

A 煤体的宏观破坏类型

从宏观上观察煤体,根据破坏的不同程度一般分为Ⅰ类—未破坏煤、Ⅱ类—碎块煤、Ⅲ类—透镜状煤、Ⅳ类—土粒状煤、Ⅴ类—土状煤。前苏联科学院地质研究所 1958 年根据煤的原生和次生节理性质变化,对煤体微裂隙、断口、光泽等特征的研究,把煤分成上述五种破坏类型。研究表明,随着破坏类型的增大,煤的空隙率增大。在煤已卸压的情况下,Ⅴ类煤中空隙容积较Ⅰ类煤大 10 倍,且由于破坏程度高的煤中裂隙宽度小,所以煤的破坏程度越高,其透气性越小。测定表明Ⅴ类煤的透气性系数仅为Ⅰ类煤的 1/20。这样破坏程度高的煤透气性小,能保存更高的瓦斯压力,加上煤的强度低等原因,所以这些都给煤与瓦斯突出提供了条件。

表 3-37 煤的构造结构类型[29]

煤的类型		构造结构	简 要 特 征
类别	名称		
Ⅰ	未破坏煤	层状弱裂隙	煤层理明显。在煤体中煤呈整体且在力的作用下稳定,不散落。沿层理和裂隙可掰成碎块
Ⅱ	碎块煤	角砾状	层理、裂隙不明显。煤体由各种形状的煤块组成。煤体边缘呈多角形。煤块间可见粒状或土状细煤粉。煤体中的煤在力作用下稳定性弱,但散落有困难
Ⅲ	透镜状煤	透镜状	层理、裂隙不明显。煤由一些透镜体组成。透镜体表面呈光滑沟槽和有擦痕。力作用于煤时,有时会变细煤屑
Ⅳ	土粒状煤	土粒状	层理、裂隙不明显。煤体大部由小煤粒组成,煤粒间有土状煤。煤压结成型,往往难于用手掰开,煤体中煤稳定性弱,且有散落倾向
Ⅴ	土状煤	土状	层理和裂隙不明显。由煤粉组成。不稳定,极易散落。很容易用手捏碎

B 煤的强度

煤是孔隙裂隙体,制备规则煤样进行强度试验非常困难,特别是突出危险煤一般结构严重破坏,根本无法制成规则煤样。一次当前采用煤的坚固性系数作为煤的强度。测定方法为常用的落锤破碎法,所测结果属于一种假定指标称为 f 值。

一般认为煤的坚固系数 $f < 0.5$,煤层具有突出危险性的可能。我国不同破坏类型煤的坚固性系数如表 3-38[37] 所示。

表 3-38　不同破坏类型煤的性质

参　数	单位	破　坏　类　型				
		I	II	III	IV	V
煤的坚固性系数 f		0.69~2.02	0.25~1.33	0.13~0.52	0.1~0.33	0.1
煤的黏结力 C	MPa	2.43	1.70	1.03	0.72	0.5
煤的内摩擦角 ϕ	(°)	38.8	37.5	34.6	33.3	33.3
瓦斯放散初速度 ΔP	mmHg	0.5~2.8	0.5~8	1~19.3	3.8~21.7	16.72~21
煤的渗透空隙	cm³/g	0.012060	0.01305	0.02155	0.03136	0.0825

注:1mmHg = 133.322Pa。

C　煤的透气性

煤是一种多孔物质,煤的孔隙性直接关系到煤的吸附、解析以及瓦斯在煤中的流动性,同时也是关系到突出的重要因素。

将煤体中的孔分为以下几类[37]:

吸附孔包括小于 50nm 的全部孔体积。这类孔具有很大的表面能。占全部表面积的 94%~99%,能吸附大量瓦斯。空隙又可分为:

(1)微孔,孔径小于 10nm 的孔;

(2)过渡孔,孔径介于 10~50nm 之间的孔;

(3)渗透孔,包括大于 50nm 以上的全部孔,由于孔径大,表面吸附能力很小,这类孔主要是瓦斯放散的通路。

3.4.5　煤与瓦斯突出事故第二类危险源辨识

在生产、生活中,为利用能量,让能量按照人们的意图在系统中流动、转换和做功,必须采取措施约束、限制能量。导致限制能量措施失衡或破坏的各种不安全因素称为第二类危险源。第二类危险源是第一类危险源造成事故的必要条件,也就是煤与瓦斯突出的诱发因素。

3.4.5.1 引起煤与瓦斯突出地应力瓦斯压力突变因素辨识

煤与瓦斯突出是煤矿动力现象之一,基于对当前突出的理论认识,煤层中地应力和瓦斯压力是突出的主要动力,煤层是破碎和抛出的对象。采掘工艺是突出发生的外部诱导因素。根据资料[29]分析99%的突出发生在采掘作业过程中,如表3-39所示,其中以爆破诱导突出次数最多,占总次数的62.7%,采煤机采煤是第二大诱发突出的因素,占总次数的16.4%,依次为风镐落煤8.9%,平镐落煤6.8%,打钻2.1%,支护1.7%,情况不明3.9%,在其他情况下比如周期来压、遇断层等也会对突出有激发作用,但在无作业状态下几乎没有突出的发生。

表3-39 采掘方面因素综合分析表

代 号	作业方式	代 号	作业方式
1	爆 破	4	周期来压
2	采 掘	5	地质构造
3	支架故障	6	无作业

3.4.5.2 引起煤与瓦斯突出的突山煤体突变因素辨识

煤层倾角及变化、煤层厚度变化、煤体强度变化及煤变质程度在前面第一类危险源辨识过程中已经做过介绍,在这里不再阐述。

3.4.5.3 较高地应力、瓦斯压力和充足瓦斯量的原因

(1)未采取防突措施。煤与瓦斯突出是煤矿动力现象之一,基于对当前突出的理论认识,煤层中地应力和瓦斯压力是突出的主要动力,煤层是破碎和抛出的对象。采掘工艺是突出发生的外部诱导因素。基于这种认识,制定防突措施可以归结为以下几个基本原则:

1)部分卸掉煤层区域或采掘工作面前方煤体的应力,使煤体卸压并将集中应力区推移至煤体深部;

2)部分排除煤层区域或采掘工作面前方煤体中的瓦斯,降低

瓦斯压力,减少前方工作面煤体中的瓦斯压力梯度;

3)增大工作面附近煤体的承载能力,提高煤体稳定性,如超前支护等;

4)改变煤的性质,使其不易于突出,如煤层注水后,煤体弹性变小,塑性增大,煤的瓦斯放散初速度降低,使突出不易发生;

5)改变采掘工艺条件,使采掘工作面前方煤体应力和瓦斯压力状态平缓变化,达到工作面本身自我卸压和排放瓦斯。

上述前两个原则(卸压和排放瓦斯)是减小发生突出的原能力,是釜底抽薪的办法,因此,它是国内外绝大多数防治突出的主要依据。如开采保护层、预抽瓦斯、超前钻孔、水力冲孔、松动爆破等。上述第三个原则是增大煤体对发生突出的阻力,实践证明,通过增大煤体稳定性的办法来防治小型突出,特别是倾出类型的突出是有效的,但对大型突出起不到防止目的。上述第五个原则制定防突措施是最理想的,因为它只是改变采掘工艺,而不用专门的防止突出措施。但实践证明,改变采掘工艺往往只是减少突出的频度,而不能完全杜绝突出,有些工艺(如间歇作业)大大减缓了掘进进度。

所以根据上述分析加上我国矿井的实际情况,一般的防突措施主要有:开采保护层、预先抽防瓦斯、浅孔注水、深孔松动爆破、水力冲孔、超前钻孔、开卸压槽、超前支护等。但是由于煤矿管理者的疏忽或者利益驱使,为了快速地掘进开采而没有采取防突措施,从而导致了突出的发生。

综上所述,更直观的表示,如表3-40所示。

表3-40　　未采取防突措施综合分析表

代号	未防突名称	代号	未防突名称
1	未开采保护层	5	未水力冲孔
2	未预抽瓦斯	6	未超前钻孔
3	未浅孔注水	7	未开卸压槽
4	未深孔松动爆破	8	未超前支护

（2）地质条件、围岩条件和煤的性质方面的原因在上面已经有所论述，这里就不再重复。

3.5 本章小结

本章对煤矿主要的重大危险源（瓦斯爆炸、火灾、煤尘爆炸、煤与瓦斯突出）的辨识进行了系统、深入的分析和研究。

首先对瓦斯爆炸事故灾害系统进行分析的基础上，分析了瓦斯爆炸事故的特性，提出了瓦斯爆炸事故危险源辨识的"综合性实统双析法"，确定了瓦斯爆炸事故危险源辨识的标准，指出了瓦斯爆炸事故危险源辨识的主要要素和辨识的主要步骤，对平煤六矿瓦斯爆炸事故危险源进行了实例辨识，提出了瓦斯爆炸事故危险源的分级。

在分析矿井火灾事故特性的基础上，确定了矿井火灾事故危险源辨识的标准，指出了矿井火灾事故危险源辨识的主要要素和危险源辨识的主要步骤，并结合实例分析了火灾事故危险源辨识在现场的应用。

在介绍统计图表分析方法的基础上，确定了煤尘爆炸事故危险源辨识的总体思路、内容和方法，结合实例分析了煤尘爆炸事故危险源辨识的具体过程，并且利用故障树分析法进行了煤尘爆炸事故的微观辨识。

最后，在分析煤与瓦斯突出事故特性的基础上，提出了煤与瓦斯突出事故危险源辨识的标准与步骤，提出了煤与瓦斯突出事故危险源分类，结合焦煤集团九里山矿对煤与瓦斯突出事故第一类危险源和第二类危险源进行了辨识。

参 考 文 献

[1] 国家煤矿安全监察局.煤矿安全规程[M].北京:煤炭工业出版社,2001.11.

[2] 何学秋,等.安全工程学[M].徐州:中国矿业大学出版社,2000.6.

[3] 李新东,等.矿山安全系统工程[M].北京:煤炭工业出版社,1995.6.

[4] Jing Guoxun, Zhang Furen, et al. The Clustering Analysis of the Mine Intrinsic Fire [J]. Grey System, 2001. 6.

[5] 景国勋, 冯长根, 杜文, 等. 井下运输系统环境状况的灰色聚类分析[J]. 煤炭学报, 2000, 25(2): 181~185.

[6] 吴宗之, 高进东, 等. 危险评价方法及其应用[M]. 北京: 冶金工业出版社, 2001. 6.

[7] 吴宗之, 高进东. 重大危险源辨识与控制[M]. 北京: 冶金工业出版社, 2001. 6.

[8] 张甫仁, 景国勋, 等. 论矿山重大危险源辨识、评价及控制[J]. 中国煤炭, 2001, 27(10): 41~43.

[9] 胡尚池. 物质危险源及其辨识的探讨[J]. 中国安全科学学报, 1993, 3: 75~78.

[10] Lama RD ed. International symposium – cum – workshop on management and control of high gas emissions and outbursts in underground coal mines, Wollongong, Australia March, 1995.

[11] 宇德明. 重大危险源评价及火灾爆炸事故严重度的若干研究[D]. 北京: 北京理工大学, 1996.

[12] 吴宗之. 工业危险源辨识与评价[M]. 北京: 气象出版社, 2000. 4.

[13] W E Baker, M J Tang. Gas, dust and hybrid explosions[M]. Elsevire, 1991.

[14] 何精梅, 白勤虎, 江兵. 煤矿危险源分类分级与预警[J]. 中国安全科学学报, 1999, 9(4): 70~74.

[15] 国家安全生产监督管理局. 安全评价[M]. 北京: 煤炭工业出版社, 2002.

[16] 景国勋. 图析法运用于平顶山一矿安全管理的体会[J]. 工业安全与防尘, 1994, 10: 22~25.

[17] 景国勋. 安全系统工程在煤矿安全中的应用[J]. 中国安全科学学报, 1996, 6(3): 20~25.

[18] 龙如银. 某矿伤亡事故的综合分析[J]. 煤矿安全, 1996, 12: 33~35.

[19] 崔全会. 简论安全管理的警示职能[J]. 中国安全科学学报, 1999, 9(4): 18~20.

[20] 罗云, 樊运晓, 马晓春. 风险分析与安全评价[M]. 北京: 化学工业出版社, 2004.

[21] 王恩元, 柏发松. 事故树分析软件的编制及其应用[J]. 煤矿安全, 1996, 11: 16~19.

[22] 刘铁民, 张兴凯, 刘功智. 安全评价方法应用指南[M]. 北京: 化学工业出版社, 2005.

[23] A V Gheorghe, R Mock, W Kroger. Risk Assessment of Regional Systems[J]. Reliability Engineering and System Safety, 2000, 70: 141~156.

[24] 武庄, 石柱, 何新贵. 基于模糊集合论的故障树分析方法及其应用[J]. 系统工程与电子技术, 2000, 22(9): 72~76.

[25] 国家安全生产监督管理总局. 安全评价(第三版)[M]. 北京: 煤炭工业出版

社,2005.

[26]　史润水,张芝华.事故树定量分析与安全指标的数学模型的建立[J].中国安全
　　　科学学报,1997,7(2):14~17.

[27]　张铁岗.矿井瓦斯综合治理技术[M].北京:煤炭工业出版社,2001,
　　　3,110~120.

[28]　朱连山.煤与瓦斯突出机理浅析[J].矿业安全与环保,2002,29(2):23~25.

[29]　于不凡.煤矿瓦斯灾害防治及利用技术手册[M].北京:煤炭工业出版社,2000,
　　　407~577.

[30]　王大曾.瓦斯地质[M].北京:煤炭工业出版社,1992.3.

[31]　俞启香.矿井瓦斯防治[M].北京:中国矿业大学出版社,1992.2.

[32]　邸志乾.矿井灾害处理与分析[M].北京:中国矿业大学出版社,1991.7.

[33]　陈宝智.危险源辨识、控制及评价[M].成都:四川科学技术出版社,1996.

[34]　张甫仁.矿山瓦斯爆炸重大危险源辨识及评价技术研究[D].焦作:焦作工学
　　　院,2002.

[35]　张许良,彭苏萍,等.煤与瓦斯突出敏感地质指标研究[J].煤田地质与勘探,
　　　2003,31(2):7~10.

[36]　俞启香.煤层发生煤与瓦斯突出瓦斯压力最小值的研究[A].现代采矿技术国
　　　际会议论文集(采矿工程)[C],山东矿业学院,1988.

[37]　程五一.深水平煤层突出危险性区域预测理论及其技术的研究[D].北京:北京
　　　科技大学,2000.

4 矿山重大危险源事故危险性评价

4.1 瓦斯爆炸事故危险性评价

4.1.1 瓦斯爆炸事故的机理及其分类

对瓦斯爆炸事故规律的探寻和研究不仅在于有效地掌握这类爆炸事故引起的破坏效应,以及对人体的伤害作用,而且还在于可以作为对这类爆炸事故的预防和控制提供科学可靠的依据。作为矿山爆炸中一类典型的爆炸事故,瓦斯爆炸早已引起了许多学者的重视,并已建立了相应的理论分析系统。但是,瓦斯爆炸的高速动力性及其井下的复杂环境的限制,给分析和研究带来了较大的困难。迄今为止,瓦斯爆炸事故的伤害机理及其伤害模型尚在研究之中,还有待进一步的探讨。

根据文献[1~5]中对爆炸的定义和限定,矿井瓦斯爆炸事故是大量瓦斯在矿井巷道中于极短时间内迅速释放能量的一种威慑力较大、作用时间极短、后果极其严重的一种事故。它的发生甚至还会引起煤尘爆炸、矿井火灾等二次事故,从而加重灾害,造成巨大的损失。

瓦斯爆炸必须具备三个条件[6]:(1)一定浓度的瓦斯;(2)一定温度的引燃火源;(3)足够的氧气。

能使火焰锋面传播到爆炸性混合气体占据的全部容积的瓦斯的最低浓度称为爆炸下限,能使火焰锋面传播到爆炸性混合气体占据的全部容积的瓦斯的最高浓度称为爆炸上限。能最易(即在最小着火能量下)激发着火(爆炸),并且爆炸中能释放出最大能量的浓度称为最佳爆炸浓度,也即在最佳爆炸浓度下有最大的动力效应——最大的火焰锋面速度、最强的冲击波、最高的火焰锋面温度和最高的冲击波波峰压力。

发生最初着火（爆炸）的瓦斯浓度见表4-1所示。

表4-1 瓦斯爆炸浓度

着火源	爆炸下限/%	最佳爆炸浓度/%	爆炸上限/%
正常条件下的弱火源	5	（最低着火能量0.28MJ）	15
强火源	2	8.5~10	75

瓦斯爆炸的第二个条件是高温火源的存在。

弱火源不能形成冲击波，也不能使沉积煤尘转变为浮游状态；相反，强火源会产生冲击波，并把沉积煤尘转变为浮游状态。因此强火源引起的爆炸，往往既有瓦斯参加也有煤尘参加。

实际上，火源作用的强度标志是它们的温度。火源温度与瓦斯混合气体最低着火温度的比值有重要的意义，危险温度至少应当是最低着火温度的两倍。任何一个火源，只有当其作用延续时间超过感应期时才是危险的。

瓦斯爆炸的第三个条件是有足够的氧气。

在大气压力下瓦斯混合气体的爆炸范围可用如图4-1所示的

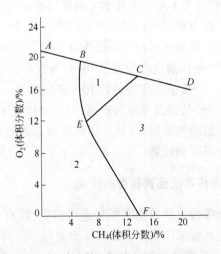

图4-1 瓦斯空气混合气体爆炸界限与其中氧和瓦斯浓度的关系

爆炸三角形 BCE 确定。图中的 A 点表示通常的空气即含氧 20.93%,含氮和二氧化碳79.07%;瓦斯空气混合气体用 AD 线表示(AD 线在 $CH_4 = 100\%$ 与横坐标相交);B、C 点分别表示爆炸下限与上限;BE 为混合气体爆炸下限线。在爆炸三角形 BCE 的范围内的混合气体均有爆炸性,BEF 线左边2区为非爆炸区,BEF 线右边3区为补充氧气后可能爆炸区。

　　瓦斯爆炸范围随混合气体氧浓度的降低而缩小,当氧含量降低时,瓦斯爆炸下限缓缓地增高(BE 线),而爆炸上限则迅速下降(CE 线),E 点为爆炸临界点,即在氧含量低于12%时,混合气体即失去爆炸性。

　　矿井瓦斯爆炸事故就其本质而言,其属于化学爆炸中的一种,是一定浓度的瓦斯和空气中的氧气相互作用,在一定温度的作用下产生的剧烈氧化反应,并且是一种链式反应。同时,瓦斯爆炸事故也属于气体爆炸的一种,因而说,气体爆炸的某些特性也适合于瓦斯爆炸事故的研究。其综合反应的化学方程式为:

$$aCH_4 + bO_2 = cCO_2 + dCO + eH_2O \qquad (4-1)$$

式中,反应方程式并不是完全化学上的反应方程式,只是一种形象直观的表达。此方程式考虑了其所有的反应产物。

　　根据爆炸传播速度可将瓦斯爆炸分为以下三类[1~5]:

　　(1)爆燃——传播速度为每秒10cm至数米;

　　(2)爆炸——传播速度为每秒10m至数百米;

　　(3)爆轰——传播速度超过声速,可达每秒数千米。

　　根据最大危险性原则,在此以爆炸事故最严重的情况爆轰事故为准来进行研究和计算。

4.1.2　瓦斯爆炸事故伤害模型的研究

　　要对瓦斯爆炸事故的伤害模型进行研究,就有必要对瓦斯爆炸事故的灾变系统结构和瓦斯爆炸模型进行一定的研究。

4.1.2.1　瓦斯爆炸事故的危害因素

　　根据危险源评价基本原则中的最大危险性原则,应只考虑其伤害作用最大的几种危险作用。矿井瓦斯爆炸事故的危害因素有爆炸噪声、爆炸尘土以及火焰锋面、冲击波以及爆炸产生的有毒有害气体,但主要表现在后三个方面:

(1)火焰锋面。火焰锋面是瓦斯爆炸时沿着巷道运动的化学反应带和烧热的气体的总称。其速度从数米每秒到最大的速度为2500m/s[7,8]。火焰锋面可以使人的衣服被扯下,造成大面积皮肤的深度烧伤、呼吸器官甚至食道和胃的黏膜的烫伤;烧毁电缆与电气设备,甚至可能引起二次性的火灾。

(2)冲击波。冲击波的伤害可以分为正向冲击波的伤害和反向冲击波的伤害作用。在正向冲击波传播时,其波峰的压力可在数10kPa到2MPa的范围内变化。当正向冲击波叠加反向冲击波时,可形成高达10MPa的压力。其将对矿井井下工作人员、巷道、设施、设备、通风系统等造成严重的伤害和破坏。它是瓦斯爆炸事故对井下设施和设备以及井下巷道破坏最为严重的因素,对在爆源附近的工作人员的伤害也是极其严重的,人员所造成的身体的外伤基本上都是由于冲击波和火焰锋面的两个因素的作用。

(3)有毒有害气体。发生爆炸后,井巷大气成分的变化会相当大,氧浓度下降,CO、CO_2等有毒有害气体的含量急剧上升。CO对人体的伤害作用相当大,它是不完全燃烧的产物,其毒性相当大,当其浓度达到0.5%时仅几分钟人员就将有死亡的危险。虽然CO_2的毒性没有CO那么强,但当其高浓度(大于5%)时,其作用犹如毒气,它溶于血液内能造成死亡性中毒。

结合本书的主要研究内容,只对爆炸冲击波所造成的伤害情况进行较为深入的讨论和研究,对于其他将不作深入的研究。

4.1.2.2 建立瓦斯爆炸事故伤害及破坏模型的基本原则

任何评价工作都必须遵循一定的原则,在建立瓦斯爆炸事故的伤害及破坏模型过程中,以前面所述的10项危险源评价基本原则作为瓦斯爆炸事故的基本原则。

4.1.2.3 瓦斯爆炸事故伤害和破坏模型建立的基本假设

瓦斯爆炸事故是非常复杂的过程,到目前为止,人们对矿山瓦斯爆炸事故的发生过程,破坏规律和伤害度的认识还十分有限,对有些问题的认识还在发展之中。同时,井下环境具有复杂性和瓦斯爆炸事故的短暂性、严重性、难观察性。故此,为了建立既合理可靠,又简单实用的瓦斯爆炸事故的伤害模型,必须对矿山瓦斯爆炸事故做一些适当的假设,在假设过程中,应按爆炸冲击波伤害和爆炸产物伤害来进行假设。根据目前对爆炸冲击波的伤害情况的研究和文献[9]所作的假设,本书提出适合于瓦斯爆炸伤害假设,主要包括:

(1)直线性假设。如果考虑井下巷道延伸的不规则性,将会给计算带来极大的困难,因而假设巷道的延伸是直线性的,只是在最后的计算结果中,根据巷道的弯道和支道对冲击波传递的影响,加以修正,即乘以一个修正系数。

(2)爆源面性假设。指的是爆炸物质——瓦斯的集中性,由于巷道延伸的线形性,在起爆点瓦斯比较集中,而在瓦斯爆炸传播的过程中,瓦斯又将沿途巷道的瓦斯引燃爆炸。为了简化问题,同时又不致产生较大的偏差,故此,可以将瓦斯的集中性假设为集中在爆源点的一个面上。

(3)一致性假设。指的是巷道的支护形式、断面等的一致,其延伸的方向均一致。

(4)死亡区假设。指的是在距爆源某一距离为长度,巷道宽度为宽的矩形面积内,将造成人员的全部死亡,而在该区域之外的人员,将不会造成人员的死亡。当然,这一假设并不完全符合实际,同时考虑到,死亡区外可能有人死亡,而死亡区内可能有人不死亡,两者可以抵消一部分,这样既简化了瓦斯爆炸的计算,同时又不至于带来显著的偏差,因为瓦斯爆炸的破坏效应随距离急剧衰减,该假设是近似成立的[9]。上述假设主要是针对瓦斯爆炸事故的冲击波伤害模型而言的。同时,在本项目所建立的瓦斯爆炸伤害模型中,对重伤区、轻伤区和财产损失区,都将作类似的处理。

(5)重伤区假设。设在距爆源的某一距离为长度,巷道宽度为宽的矩形面积内,该面积内的所有人员全部重伤,而在该区域之外的人员,将不会造成人员受重伤。该假设也主要针对爆炸冲击波的伤害模型而言的。

(6)轻伤区假设。指的是在距爆源的某一距离为长度,巷道宽度为宽的矩形面积内,该面积内的所有人员全部受轻伤,而在该区域之外的人员,将不会造成人员受伤。该假设也主要针对爆炸冲击波的伤害模型而言的。

(7)等密度假设。指的是人员和财产的分布情况是均匀的、等密度的。尽管在瓦斯爆炸源的不同距离内的人员和财产分布情况随时间和距离的不同而不同,但为了简化计算,同时又不至于产生较大的误差,可以这样简化。

(8)财产损伤区假设。指的是在距爆源的某一距离长度为长,巷道宽度为宽的矩形面积内,该面积内的所有财产全部损坏,而在该区域之外的财产,将不会造成任何损失。该假设完全是针对爆炸冲击波的伤害模型而言的。

(9)爆炸的严重性假设。指的是由于瓦斯爆炸的种类不同而产生的损害情况也不同,在这里,仅只考虑其最严重的爆炸情况来考虑其损害情况。在本项目的瓦斯爆炸事故的讨论中,将以爆轰这一情况来讨论瓦斯爆炸事故的伤害情况。

(10)风流稳定性假设。指在爆炸过程中,通风系统虽然受到爆炸冲击和巷道变形的影响,巷道中的风流风向已可能不是原来的风向,大小也会发生变化,但此时的通风系统一般仍然在工作,其所做功仍然可以认为没有变化,其对爆炸事故的伤害作用的影响仍然没有变化。即是说,不是假设爆炸事故发生后,巷道中的风流仍然像爆炸前一样,而是环境因素中的风流对爆炸事故的影响不变,是稳定的。

(11)爆炸反应程度一致性假设。该假设指的是在爆炸反应过程中,瓦斯爆炸反应中的主要气体 CH_4 与 O_2 的反应程度的一致性,即在反应过程中单位 CH_4 与 O_2 所产生的 CO_2 与 CO 的量一样。这样,可以从爆炸前将参与爆炸反应的瓦斯质量来进行预测事故的伤害严重度。

4.1.3 瓦斯爆炸事故冲击波伤害和破坏模型

4.1.3.1 瓦斯爆炸事故冲击波伤害和破坏模型总体思路及关键参数

根据前述的伤害模型的建立原则和所作的假设,再根据冲击波伤害机理,提出瓦斯爆炸冲击波的伤害准则,即伤害效应,最后提出瓦斯爆炸事故冲击波伤害模型。影响瓦斯爆炸事故冲击波的伤害效应的关键参数有巷道面积、燃料质量、财产密度、人员密度等。

4.1.3.2 瓦斯爆炸事故冲击波伤害和破坏准则

目前常见的冲击波伤害准则有:超压准则、冲量准则和超压 - 冲量准则[9~14]。下面对其分别阐述如下:

A 超压准则

超压准则认为:只有当冲击波超压到达或超过一定的值时,才会对目标造成一定的伤害作用。

超压准则的适用范围为:

$$\omega T_+ > 40 \tag{4-2}$$

式中,ω 为目标相应角频率,$1/s$;T_+ 为冲击波正相持续时间,s。

下面给出瓦斯爆炸事故冲击波超压与人员伤害资料[9,10,15,16]见表4-2所示。瓦斯爆炸事故冲击波超压与井下设施破坏程度与超压的关系[16,17],见表4-3所示。

表4-2 超压与人员伤害的关系

超压值/MPa	伤害等级	伤害情况
0.02 ~ 0.03	轻微	轻微挫伤
0.03 ~ 0.05	中等	中等损伤,耳鼓膜损伤,骨折,听觉器官损伤
0.05 ~ 0.1	严重	内脏器官严重损伤,可引起死亡
大于 0.1	极严重	大部分人员死亡

表 4-3   井下设备设施破坏程度与超压的关系

超压/MPa	结构类型	破坏特征
0.1~0.13	直径 14~16cm 木梁	因弯曲而破坏
0.14~0.21	厚 24~36cm 砖墙	充分破坏
0.15~0.35	风管	因支撑折断而变形
0.35~0.42	电线	折断
0.4~0.6	重 1t 的风机、绞车	脱离基础、位移、翻倒,遭破坏
0.4~0.75	侧面朝爆心的车厢	脱轨、车厢和厢架变形
0.49~0.56	厚 24~37cm 混泥土墙	强烈变形,形成大裂缝而脱落
1.4~1.7	尾部朝爆心的车厢	脱轨、车厢和厢架变形
1.4~2.5	提升机械	翻倒、部分变形、零件破坏
2.8~3.5	厚 25cm 钢筋混泥土墙	强烈变形,形成大裂缝而脱落

超压准则应用比较广泛,但其有它自身的缺点,该准则忽视超压持续的时间这一主要因素。试验研究和理论分析都表明,同样的超压值,如果持续时间不同,其伤害效应也不相同[18]。

B   冲量准则

由于伤害效应不但取决于冲击波超压,而且与超压持续时间直接相关,于是有人建议以冲量作为衡量冲击波伤害效应的参数,这就是冲量准则。冲量准则的定义为:

$$i_s = \int_0^{T_+} P_s(t)\,\mathrm{d}t \tag{4-3}$$

式中,i_s 为冲量,Pa·s;P_s 为超压,Pa。

冲量准则认为,只有当作用于目标的冲击波冲量 i_s 达到某一临界值时,才会引起目标相应等级的伤害。由于该准则在考虑超压的同时,将超压作用时间以及其波形也考虑了,较之超压准则全面些。但该准则同样也存在一个缺点,就是它忽视了要对目标构成破坏作用,如果其超压不能够到达某一临界值,无论其超压作用时间与冲量多大,目标也不会受到伤害。冲量准则的适用范围为:

$$\omega T_+ < 0.4 \tag{4-4}$$

式中 ω 和 T_+ 同前述。

　　C　超压 – 冲量准则

　　超压 – 冲量准则是美国 20 世纪 70 年代研究形成的伤害模型。该准则认为伤害效应由超压 P_s 与冲量 i_s 共同决定。它们的不同组合如果满足如下条件可以产生相同的伤害效应。

$$(P_s - P_{cr}) \times (i_s - i_{cr}) = C \qquad (4-5)$$

式中，P_{cr} 为目标伤害的临界超压值；i_{cr} 为临界冲量值；C 为常数，与目标性质和伤害等级有关。

　　超压 – 冲量准则平面图如图 4-2 所示。在超压 – 冲量平面图上，超压 – 冲量计算公式代表一条等伤害曲线。由图可知，越靠近平面的右上方，其坐标点 (P_s, i_s) 所代表的冲击波的伤害作用越大。

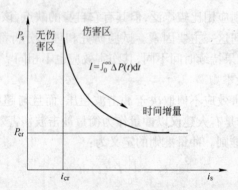

图 4-2　冲击波伤害的超压 – 冲量准则平面图

4.1.3.3　瓦斯爆炸事故冲击波伤害和破坏准则的选择

　　A　瓦斯爆炸事故冲击波伤害准则的选择

　　(1) 根据冲击波的传播规律[11,19]，以及从瓦斯爆炸冲击波峰值超压随时间的变化规律可以清晰地看出，在较近距离内的冲击波的峰值超压的衰减程度较快，而在较远的地方冲击波的峰值超压的衰减程度比较缓慢。

　　(2) 根据目前工程上对伤害准则的选择原则，对于大能量的爆炸距离较远距离目标破坏的计算一般以超压破坏准则为准，对于近距离的计算则是以超压－冲量准则为准,而对于小能量的爆炸近距离的目标破坏计算一般以冲量准则来考虑[11]。在工程上,特别是在矿山井下巷道的爆炸事故中,由于井下环境和条件的复杂性,对于距爆源较远的目标的破坏作用主要以峰值超压为准来进行衡量和计算[11]。但对于近距离的伤害如果进行同样的简化则会产生较大的偏差。

(3)同时,由于对瓦斯爆炸事故的评价不仅是为了能够对矿井的危险值有一个了解,同时也为在事故发生时设置安全距离提供一个可靠的参数和依据,所得出的安全距离如果小于实际中的安全距离,那么在事故发生时对救灾工作将产生巨大的影响和更多的人员伤亡。

考虑到这些因素和曾对问题的简化,因而对于近距离的伤害以超压－冲量准则为准来进行计算是合理的、可行的,故此,将以该准则来进行计算;但对于远距离的伤害只要井下瓦斯爆炸冲击波达到了对目标构成危害的超压时,其将对目标造成危害。故超压准则在井下瓦斯爆炸事故远距离的伤害是适用的,这样进行的计算也是合理的。

B 瓦斯爆炸事故冲击波破坏准则的选择

根据表4-2中的井下设备设施破坏程度与超压的关系可以知道,井下设备设施较多,而且其破坏超压的变化很大,本着准确和简化的目的出发,可以将冲击波对井下的设备设施的作用对象以对巷道的破坏为基准来进行破坏损失的计算。另外,根据前面的论述,对于瓦斯爆炸冲击波的破坏作用采用的是基于简化计算和其可行性出发,选择超压准则对井下巷道破坏作用的计算是比较合理和可行的。

C 瓦斯爆炸事故冲击波伤害模型的建立

由于井下巷道瓦斯爆炸事故冲击波的伤害机理同炸药爆炸事故冲击波伤害机理一样,都是在超压与冲量到达超压－冲量准则的要求,就将对目标构成威胁。为了能够对爆炸事故伤害机理有所了解,在此,将分析井巷中瓦斯爆炸事故冲击波伤害模型。

在研究伤害模型时,先对冲击波所造成的伤害三区进行适当的假设。伤害三区指的是前面所讨论的死亡区、重伤区和轻伤区。冲击波对人的撞击伤害是指爆炸产生的冲击波直接作用于人体而引起的人员伤亡。其伤害程度除了与前述的伤害准则选择中的超压与冲量有关外,还与环境压力、人的体重、年龄、冲击波作用的相对方位等有关。经研究表明,对人体而言,肺是最易受到冲击波直接伤害致死的致命器官,耳则是最易受到冲击波直接伤害的非致命器官[11]。另外,White,Baker,Kulesz 等人的研究以及宇德明博士认为以人体头部撞击致死的死亡距离作为预测死亡距离较之肺伤害与耳伤害致死的距离更可靠,也更能够为安全救护提供可靠的依据。以人体头部直接致死在这里的死亡距离将以冲击波作用下所造成的头部撞击 50% 致死距离比较合理可靠。但以 50% 耳鼓膜破裂造成伤害的距离为重伤区和 1% 耳鼓膜破裂造成伤害的距离为轻伤区是不够合理的。其具体的理由将在以后对其进行较为详细的讨论。

D　理想条件下瓦斯爆炸事故冲击波伤害模型

下面将对瓦斯的最基本的爆炸机理,即理想情况下的瓦斯爆炸的伤害机理进行研究,通过理想情况下的瓦斯爆炸的伤害机理和伤害模型的建立,再对瓦斯爆炸事故冲击波伤害模型的建立进行初步的探讨和研究。

由于井下瓦斯爆炸在实际情况中是一种面性爆炸而不是一种爆炸物积聚于一点的爆炸,通过对大量的瓦斯爆炸事故案例的分析研究,由于井下巷道瓦斯爆炸时其反应的瓦斯不仅有局部积聚的瓦斯,还有在井下巷道中的瓦斯,因而要将炸药爆炸空气冲击波的计算公式运用于瓦斯爆炸冲击波的计算时必须要对该公式进行修正,以得出井下巷道中瓦斯爆炸近似计算公式。

E　瓦斯爆炸事故冲击波的传播规律的研究

依据文献[11,20]爆轰波面示意图,可以得出相应井下巷道瓦斯爆炸模型如图4-3所示。冲击波由前沿冲击波和紧跟在其后的化学反应区所组成,它们以相同的爆轰速度在瓦斯积聚区传播,

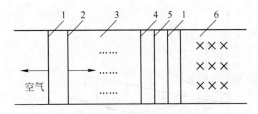

图 4-3 瓦斯爆炸模型图

1—前沿冲击波;2—膨胀波;3—爆轰产物;4—反应终了面;
5—化学反应区;6—瓦斯与空气混合气体

在化学反应末端面处化学反应完成,形成爆轰产物。爆轰产物强烈膨胀,在前沿空气中形成冲击波,同时向爆轰产物反射回膨胀波。冲击波是一个强间断面,通过这个强间断面冲击压缩,压力、密度、温度等量急剧增加,但是不发生化学反应,没能量补充,因而冲击波在传播过程中衰减,最后成为声波。

另外,瓦斯爆炸冲击波的作用可以分为瓦斯爆炸事故冲击波的伤害作用和瓦斯爆炸事故冲击波的破坏作用。其中:伤害作用主要指的是对人员的伤害作用而造成的人员伤亡以及由此带来的财产损失,而破坏作用主要指的是对井下巷道及其井下设施和设备的破坏作用而造成的财产损失。

根据爆炸的基本原理和井下瓦斯爆炸和冲击波在井下巷道中传播环境的特殊性,井下瓦斯爆炸时,爆炸冲击波的形成应如图4-4所示。最初具有压力波形(图4-4a),尔后高压冲击波追赶先行的低压冲击波变成波形(图4-4b),最后在前进方向形成具有尖峰状的压力分布(图4-4c),距离爆心很远并充分发育的爆炸冲击波波形与爆心压力变化关系如图4-5所示。

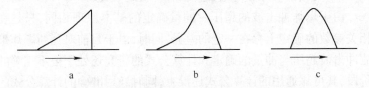

图 4-4 瓦斯爆炸冲击波的形成示意图

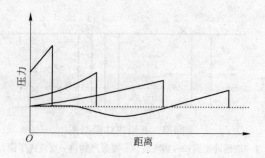

图 4-5　瓦斯爆炸冲击波压力 – 距离的衰减曲线图

　　根据爆炸的基本原理,冲击波压力取决于爆炸所释放的能量和离爆心的距离。实践证明,爆炸后破坏最严重的地方不是在爆心而是在尖峰压力的地方,一般距爆心 100m 以外,多在 200 ~ 300m 处。同时,由图 4-4 和图 4-5 可以知道,爆炸冲击波的超压峰值往往不是出现在爆心处,而是出现在距爆心相当的距离处。

　　由于在井下巷道的瓦斯爆炸与在自由空间的爆炸有较大的差别,其冲击波的传播形式也有较大的差别。同时由于井下环境的复杂性和研究瓦斯爆炸需考虑的因素随井下巷道结构、通风系统状况、瓦斯的积聚情况而不同,故在目前对瓦斯爆炸冲击波的研究还处于很不完善的阶段,其可靠通用的计算公式还没有,同时通用准确的计算公式的建立也是相当困难的。

　　在此,将根据在井下巷道爆破中和目前对瓦斯在巷道中爆炸的有关冲击波的经验计算公式,通过加入一定的参数或将自由空间爆炸的冲击波的有关计算公式作等效的能量转换,作为井下巷道中瓦斯爆炸的相关近似公式。

　　F　瓦斯爆炸事故冲击波超压 – 冲量的确定

　　由于爆炸冲击波的超压 – 冲量确定的基本原理相同,只是在相关参数的确定上存在一定的差异,同时,由于目前对瓦斯爆炸事故冲击波超压与冲量的确定和计算公式的研究还处于很不完善的阶段,其可靠通用的计算公式还没有,同时通用准确的计算公式的建立也是相当困难的。故此,将借助于其他相关爆炸事故冲击波的研究来确定瓦斯爆炸事故冲击波超压与冲量。由于对不同伤害距离的计算所选用的准则不同,故此,将分别讨论其适用的计算公式,即是说对于死亡距离的计算的超压、冲量的计算式与重伤、轻伤距离的计算式将依据选择标准来选用相应的计算公式。

4.1.4 理想化瓦斯爆炸冲击波伤害距离的确定

4.1.4.1 理想化瓦斯爆炸冲击波死亡距离的确定

所谓理想化的条件,即是假设井下局部积聚的瓦斯量占有参与爆炸反应的瓦斯总质量相当大的比重,或者认为爆炸瓦斯全部为积聚瓦斯,同时,不考虑井下巷道的分岔、转弯和巷道延伸的曲线性以及障碍物对冲击波的影响等。

由于对死亡距离的计算依据的是超压 – 冲量准则,根据目前超压 – 冲量的相关计算公式来讨论和选择适合于井下瓦斯爆炸的计算公式。瓦斯爆炸是属于气体爆炸中的一种,根据现代对气体爆炸的研究理论,将结合有关蒸汽云爆炸事故的伤害模型为基础来讨论矿山瓦斯爆炸事故的伤害模型。

气体爆炸事故冲击波参数为[9,13,14,21,22]:

$$\ln(P_s/P_0) = -0.9126 - 1.5058\ln(R') +$$
$$0.1675\ln^2(R') - 0.0320\ln^3(R') \qquad (4-6)$$
$$\ln(i_s/E_0^{1/3}) = -1.5666 - 0.8978\ln(R') -$$
$$0.0096\ln^2(R') - 0.0323\ln^3(R') \qquad (4-7)$$

式中,P_s 为冲击波正向最大超压;P_0 为大气压力;i_s 为冲击波正向冲量;E_0 为爆源总能量。R' 为无量纲距离。其中:

$$E_0 = W \times Q_c \qquad (4-8)$$
$$R' = R/(E_0/P_0)^{1/3} \qquad (4-9)$$

式中,W 为气体中对爆炸冲击波有实际贡献的燃料质量;Q_c 为燃料的燃烧热;R 为目标到气体中心的距离,即到爆源中心的距离。

理想化的爆炸模型计算是通过积聚性较好的瓦斯爆炸的伤害情况来研究瓦斯爆炸冲击波伤害模型的。

A　死亡距离计算中超压与冲量间的关系式

关系式(1)：据 White 等人对人体头部和整个身体撞击致死的撞击速度给出了伤害标准[9,14,18,23,24]。Pietersen 则根据 White 的致死速度给出了相应的超压 – 冲量关系曲线图，并给出了相应的伤害概率单位计算公式。其中致死距离一般以其 50% 致死为标准。这主要是考虑到死亡区的人员死亡和死亡区外的人员死亡。

头部撞击致死概率公式[14,23]：

$$P_r = 5.0 - 8.49\ln[2.43 \times 10^3/P_s + 4 \times 10^8/(P_s \times i_s)]$$
(4-10)

式中，P_r 为概率单位，取整数，如 50% 时 $P_r = 5$；P_s 和 i_s 同前述。

关系式(2)：依据前面所述的死亡距离的说明，死亡距离以头部撞击致死距离为准。根据 White、Baker、Cox、Westine、Kulesz 和 Strehlow 等人对空气冲击波对人的头部撞击致死的研究所得出的头部撞击 50% 撞击致死曲线图，宇德明博士对这两条曲线进行拟合，而得到如下关系的头部撞击致死的 P_s 与 i_s 的关系为[9]：

$$P_s = 77.2 \times \bar{i_s}^{-0.9942}$$
(4-11)

式中，P_s 为冲击波入射超压，kPa；$\bar{i_s} = i_s/m^{1/3}$（kPa·s/kg$^{1/3}$）；i_s 为冲击波正相入射冲量，Pa·s；m 为人体的质量，在此取 $m = 70$kg。

另外，由于是以头部撞击 50% 致死距离为死亡距离，在上述关系式中，是以人体站立时为最严重的情况下所得出的超压与冲量间的关系。在此将不再对人体的站立姿势与障碍物的情况作深入的讨论。

B　井下瓦斯爆炸的当量质量的修正

由于井下瓦斯爆炸的爆炸环境不同于在空气中的无约束爆炸，在井下巷道中爆炸，空气冲击波只是沿着巷道的风向传播，相当于在以巷道截面积为面积的不规则的柱体中传播，而不是四面八方的传播，因而这种情况下的冲击波超压，相对同样距离上无限空间的爆炸冲击波要大得多。下面将从能量的相似律和能量的守恒律来考虑在井下巷道中的瓦斯点源爆炸的当量质量 ω。由于冲击波在井下传播将会受到井下巷道壁的摩擦而损失相当的能量。为了简化问题,在此所求的当量质量是通过对井巷假设为刚性体,即冲击波在巷道上的反射为100%。

井下巷道中的瓦斯爆炸不同于在自由面中的爆炸。由于在空气中自由爆炸时,冲击波是四面八方传播的,而在矿井巷道中爆炸时,则只是沿着巷道的方向传播。因而在巷道中的爆炸冲击波超压,比同样距离上无限空间爆炸时冲击波要大得多。

假设在井巷中积聚瓦斯的TNT当量质量为ω,井巷的平均截面积为S,而在空中爆炸时相应的TNT当量质量为ω',距爆心距离R处的球面积为$4\pi R^2$,根据能量相似律,当超压相等时有[1]:

$$\frac{\omega}{2S} = \frac{\omega'}{4\pi R^2} \qquad (4-12)$$

则:

$$\omega' = \frac{2\pi R^2}{S}\omega \qquad (4-13)$$

C 瓦斯量V_{CH_4}转化为TNT炸药量ω的计算公式

由于对井下瓦斯爆炸的反应程度还不是太清楚,在此将结合对二者之间的转换关系来对瓦斯进行当量转换。根据文献[21]的论述,瓦斯量转化为TNT炸药量ω的计算公式,根据瓦斯爆炸在标准状态下与在爆轰状态下的差别,通过修正为适合于本文爆轰时的计算公式:

$$\omega = \frac{n\xi Q_c \rho V_{CH_4}}{Q_T} = 1.049 V_{CH_4} \quad (kg) \qquad (4-14)$$

式中,TNT转化率$n = 0.2$;爆炸系数$\xi = 0.6$;TNT在爆轰时发热量$Q_T = 4520 kJ/kg$;瓦斯在爆轰时发热量$Q_c = 55.164\ MJ/kg$;瓦斯的密度$\rho = 0.716 kg/m^3$;V_{CH_4}为参与爆炸的瓦斯体积量,m^3。

根据文献[9]有,$1 m^3$的瓦斯转化为TNT当量质量的数值为1.0582kg,这两个数值相当,因此,上面的转化计算公式是正确的、可靠的。

联立公式(4-6)~公式(4-10)、公式(4-13)、公式(4-14),并

得出有关 R 的多项式方程,下面将分别结合文献[25]中 Matlab 的相关知识,并利用 Matlab 软件来进行方程的解算,则可得出理想情况下的井下巷道中瓦斯爆炸事故的死亡距离值 R_1,其结果见表 4-4。

表 4-4　死亡距离计算结果(1)

S/m^2 \ V/m^3	5	6	7	8	9	10	15
5	25.7	24	22.5	21.4	20.3	19.3	16.5
10	33.8	31.5	29.6	28.1	26.9	25.8	21.9
25	47.7	44.6	42.1	40	38.3	36.7	31.5
50	61.3	57.4	54.3	51.7	49.6	47.5	41
75	70.7	66.4	62.8	59.9	57.4	55.3	47.7
100	78.2	73.4	69.5	66.3	63.7	61.2	53
125	84.4	79.4	75.2	71.7	68.9	66.4	57.5
150	89.9	84.4	80.1	76.5	73.4	70.7	61.3
500	134	126.2	120.1	114.8	110.5	106.7	93.7
1000	167.3	157.8	150.3	144	138.6	140	117.4
1500	189.9	179.3	170.9	163.7	157.8	152.7	134

联立公式(4-6)、公式(4-7)、公式(4-8)、公式(4-9)、公式(4-11)、公式(4-13)、公式(4-14),则同理可得出理想情况下的井下巷道中瓦斯爆炸事故的死亡距离值 R_2,其结果见表 4-5。

从第二个的前几项结果来看,第二个计算结果较之第一个计算式的结果相对要小,根据最大危险性原则,将以第一个计算结果为准。同时,这也说明了这两个超压与冲量修正公式的正确性。

根据表 4-4 的计算结果值,下面将分别结合文献[25]中 Matlab 的相关知识,以 V、S 的不同,利用图像与数据处理软件 Matlab 来进行数据处理,并绘制其各值相对应的数学图形。

表 4-5 死亡距离计算结果(2)

S/m^2 V/m^3	5	6	10
5	23.4	21.7	17.6
10	30.6	28.5	23.3
25	43.2	40.4	33.3
50	55.4	52	43.1
75	64	60	50
100	70.7	66.4	55.5
125	76.3	71.7	60
150	81.2	76.3	64
500	121	114.1	96.4
1000	151	142.5	121
1500	171.5	162	137.5

根据计算过程和结果可知, R 为 V 与 S 的某种函数关系, 假设其关系式为:

$$R = a \times V^b \times S^c \tag{4-15}$$

由于目前对多元曲线回归分析的理论还很不成熟, 故此, 无法直接根据回归理论来进行曲线回归处理而得出 R 与 V 和 S 的关系, 即 $R = f(V,S)$ 的关系。因而, 本书将对公式(4-15)两边进行取对数, 再根据多元线性回归分析的数学模型, 利用图像与数据处理软件 Matlab 来进行回归分析得出相应的数学函数关系式并绘制其各值相对应的数学图形。

其可用函数表示为:

$$R = 25.359 \times V^{0.3669} \times S^{-0.3586} \tag{4-16}$$

其相应的数学图形如图 4-6 所示。

从上述计算结果可以看出, 死亡距离 R 随着积聚的瓦斯体积 V 的增大而变大, 随着巷道面积 S 的增大而减小, 这基本与实际的情况吻合。对计算结果表进行分析可以发现, 死亡距离 R 随着巷道面积 S 的增大而减小, 且减小的程度基本与实际情况相吻合。但死亡距离随着积聚的瓦斯的体积的增大而增大的程度, 与实际的情况有着一定的差异。通过对矿山井下生产的实际情况的深入

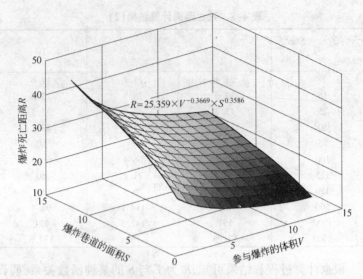

图 4-6 瓦斯爆炸事故死亡距离函数及其关系图

分析,并对井下瓦斯爆炸时瓦斯积聚的情况的分析,这主要是由于原计算公式是从蒸气云爆炸中得出的,蒸气云的积聚程度相对井下瓦斯的积聚情况要好得多,而井下瓦斯爆炸时的瓦斯积聚情况则不像蒸气云那样集中,井下瓦斯爆炸时,积聚的瓦斯主要为局部瓦斯积聚占参与爆炸的瓦斯的体积分数相对较低,即是说爆炸瓦斯为沿着某一段巷道而相对浓度较高的瓦斯。故此,可以说,爆炸瓦斯是沿着巷道分布的,而不是集中在一个地方的。对于参与爆炸反应的瓦斯体积 V 值较大的情况而言,可以认为它是沿着巷道分布的小量的瓦斯的积聚参与爆炸反应。这样,按照小量瓦斯的计算距离的叠加,所得出的距离相对于大量瓦斯集中情况下的距离要大得多,也与实际情况较为吻合。故此,要得出相对合理的计算公式,还需要对其参与爆炸反应的瓦斯体积加以修正,以得出与实际情况较为吻合的计算公式。

　　另外,从上述数据并结合瓦斯爆炸所造成的人员伤亡数据来看,瓦斯爆炸所产生的冲击波的伤害较为严重,但如果根据上述计算数据,则可以认为所产生的结果应当不至于像实际情况中所产生的情况那样严重,故此,在瓦斯爆炸中所造成人员伤亡的过程中还存在其他较为严重的因素(除了需对参与爆炸的瓦斯体积进行修正以外)。通过对大量的瓦斯爆炸事故的研究与分析发现,在较为严重的瓦斯爆炸事故中,爆炸事故不是仅由一次性瓦斯爆炸所造成的,往往是发生连续性的瓦斯爆炸所造成的,是冲击波的连续性叠加所造成的损失。

下面再对瓦斯体积修正来进行讨论。

在参与爆炸反应的瓦斯体积计算中,由于瓦斯爆炸是瞬时性的,故此,一般是在瓦斯爆炸反应浓度下,某段巷道中每分钟的需风量乘以爆炸反应浓度所得出的量为准。在此,根据最大危险性原则,将以瓦斯爆炸反应最为剧烈的浓度 9% 为准来进行计算。由此,可以发现,在井下一次性爆炸的瓦斯的体积一般都不会超过 $200m^3$(除如果在爆炸过程中,煤层中的瓦斯又涌出参与反应,而发生连续性的瓦斯爆炸外)。

另外,从死亡距离的计算结果表 4-4 可以看出,死亡距离相对而言还是比较小的,在这样较短的距离内,通常可以认为该段巷道是一段直巷道,而不考虑其分岔和巷道断面以及巷道角度的变化所带来的影响。

4.1.4.2 理想化瓦斯爆炸冲击波重伤和轻伤距离的确定

A 思路与方法

对于重伤与轻伤距离的计算,通过对井下瓦斯爆炸事故的大量研究,可以从两个方面入手来对井下瓦斯爆炸冲击波所造成的重伤与轻伤距离进行计算。依据伤害准则的选取,即对重伤和轻伤距离的计算时选取超压准则,通过气体或蒸气云爆炸所得出的有关超压的计算公式来进行计算。

B 理想化条件下井下瓦斯爆炸冲击波超压的确定

目前对炸药爆炸冲击波超压与冲量的研究已经比较深入,尤其是在空中和地面爆炸冲击波的研究。由于将研究的是瓦斯爆炸冲击波,而瓦斯爆炸是相当于在空中的面爆炸,而其他有关超压计算公式基本上都是以点源性的物质的爆炸来进行推导出来的,对于井下瓦斯爆炸事故的冲击波的计算仍然有一定的偏差,虽然可以对其进行修正而得出有关瓦斯爆炸的计算公式,但为了保持前后的计算公式一致性和整体性,故此,将根据蒸气云爆炸超压的计算公式来对在井下巷道中的瓦斯爆炸冲击波进行计算。同时,其各项参数将受井下环境影响,如井下巷道的断面变化(变小与变大)、巷道分岔变化以及巷道中障碍物与巷道的弯度等的影响,所谓理想化的,即是不考虑在巷道中存在上述条件的影响,巷道中瓦斯的积聚情况良好,即是瓦斯爆炸是一种面性爆炸。同时,由于在瓦斯体积转化为 TNT 炸药质量时,已对瓦斯的分布状态予以一定的考虑。故此,可以利用蒸气云爆炸公式来对瓦斯爆炸时的超压进行计算[9,13,14,21,22]。

$$\ln(P_s/P_0) = -0.9126 - 1.5058\ln(R')$$
$$+ 0.1675\ln^2(R') - 0.0320\ln^3(R')$$

式中,P_s 为冲击波正向最大超压;P_0 为大气压力;E_0 为爆源总能量;R' 为无量纲距离。其中

$$E_0 = W \times Q_c$$
$$R' = R/(E_0/P_0)^{1/3}$$

式中,W 为气体中对爆炸冲击波有实际贡献的燃料质量;Q_c 为燃料的燃烧热;R 为目标到气体中心的距离,即到爆源中心的距离。

井下瓦斯爆炸的当量质量的修正公式与瓦斯量 V_{CH_4} 转化为 TNT 炸药量 ω 的计算公式同死亡距离的计算修正公式即公式(4-13)和公式(4-14)。

上述公式的超压计算是针对于爆炸发生在巷道中间时,即冲击波可以向两端进行传播,但若是在盲巷中发生爆炸,则 S 应取其 1/2 为准来进行计算。

死亡超压值的确定,根据文献[17,26]只要超压达到 0.3MPa,即可认为达到了死亡的临界值。对重伤距离和轻伤距离的计算是远距离的计算,而此时的冲击波已经相对较弱,尤其是对轻伤距离的计算。同时根据文献[15,27]可知,冲击波单次作用

于人体所造成轻伤、中度和重伤所需的超压值分别为 65kPa、114kPa 和 182kPa,连续 20 次和 60 次作用于人体的时候,所需的冲击波超压值分别为 65.0kPa、44.82kPa 和 39.64kPa。由此可见如果以文献[9]对于耳鼓膜 50% 破裂和 1% 破裂所需的超压分别为 44kPa 和 17kPa 的冲击波造成人员重伤和轻伤的判断依据有些过于保守。根据井下瓦斯爆炸事故的冲击波作用应该是属于连续性作用,故此,将以文献[22,52]所指出连续 20 次作用造成重伤和轻伤值 69kPa 和 37kPa 为准来进行计算。

联立公式(4-6)、公式(4-8)、公式(4-9)、公式(4-13)、公式(4-14)并结合重伤超压值可计算得如下计算结果表(见表4-6)。

表 4-6 重伤距离计算结果表

V/m^3 \ S/m^2	5	6	7	8	9	10	15
5	106.8	89	76.3	66.7	59.3	53.4	35.6
10	213.6	178	152.6	133.4	118.6	106.8	71.2
25	534	445	318.5	333.5	296.5	267	178
50	1068	890	637	667	593	534	356
75	1602	1335	955.5	1000.5	889.5	801	534
100	2136	1780	1525.7	1335	1186.7	1068	712

由此,可以利用 Matlab 对上述数据进行处理,可以得出其计算图形并推导出重伤距离计算公式,其计算公式为:

$$R = 106.8 \times (V/S) \qquad (4\text{-}17)$$

其相应的函数关系如图4-7所示。

由此,可以利用 Matlab 对上述数据进行处理,可以得出其计算图形并推导出轻伤距离计算公式,其计算公式为:

$$R = 355.4 \times (V/S) \qquad (4\text{-}18)$$

其相应的函数关系如图4-8所示。

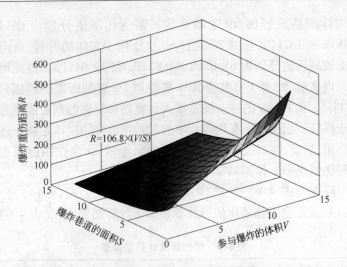

图 4-7　瓦斯爆炸事故重伤距离函数及其关系图

表 4-7　轻伤距离计算结果表

V/m^3 ＼ S/m^2	5	6	7	8	9	10	15
5	355.4	296.2	253.8	222.2	197.5	177.7	118.5
10	710.9	592.4	507.6	444.4	395	355.4	237
25	1777	1481	1269	1111	790	710.8	474
50	3554	2962	2538	2222	1580	1421.6	948
75	5331	4443	3807	3333	3160	2843.2	1896
100	7108	5923.3	5077.1	4442.5	3948.9	3554	2369.3

4.1.5　瓦斯爆炸事故冲击波的破坏作用的研究

　　在本研究的破坏距离计算中包括对人员伤亡情况的讨论时，忽视了一个因素，那就是在爆源处爆炸波对岩石的作用所造成的岩石应力波。由于在定点爆破中爆炸有效能量有 78% 以上都直接作用于岩石[28]，而瓦斯爆炸冲击波能量中只有极少一部分能量作用于岩石上，其造成的破坏距离当然是无法与进行爆破时的岩石应力波进行比较的，它对所计算的人员伤亡还不致产生较大的影响。但对于破坏距离可能会产生一定的影响，结合表 4-2，综

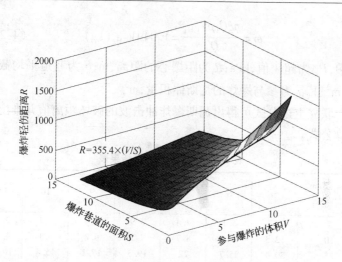

图 4-8 瓦斯爆炸事故轻伤距离函数及其关系图

合认为井下巷道的破坏超压值以 0.4MPa 为准来进行计算。对于巷道和其他井下设施设备的破坏性,将其综合视为对巷道的破坏,而将其他的财产损失值考虑到每米巷道的价值中去。在此每米巷道遭到破坏所带来的财产损失主要是根据平煤十矿的专家组的综合意见,近似取每米巷道遭到破坏所带来的财产损失为:5 万元/m。

根据前面对伤害和破坏准则的选择,以超压准则为准,其相应的超压计算公式以经过修正后井下瓦斯爆炸冲击波超压计算的公式为准,即以公式(4-7) ~ 公式(4-9)、公式(4-13)、公式(4-14)这五个公式为准即:

$$\ln(P_s/P_0) = -0.9126 - 1.5058\ln(R')$$
$$+ 0.1675\ln^2(R') - 0.0320\ln^3(R') \tag{4-19}$$

$$E_0 = W \times Q_c \tag{4-20}$$

$$R' = R/(E_0/P_0)^{1/3} \tag{4-21}$$

$$\omega' = \frac{2\pi R^2}{S}\omega \tag{4-22}$$

$$\omega = \frac{n\xi Q_c \rho V_{\text{CH}_4}}{Q_T} = 1.049 V_{\text{CH}_4}\,(\text{kg}) \qquad (4\text{-}23)$$

式中，P_s 为超压值，kPa；R 为距爆心的距离，m；S 为巷道平均截面积，m^2；V_{CH_4} 为参与爆炸的瓦斯体积量，m^3。

联立上述公式可得出瓦斯爆炸冲击波的破坏距离值并推出其计算公式。

表 4-8   破坏距离计算结果表

S/m^2 V/m^3	5	6	7	8	9	10	15
5	6.2	5.1	4.4	3.9	3.4	3.1	2.1
10	12.3	10.3	8.7	7.7	6.8	6.1	4.1
25	30.9	25.7	22	19.3	17.1	15.4	10.3
50	61.7	51.3	44.1	38.6	34.2	30.7	20.6
75	92.6	77.1	66.1	57.8	51.4	46.3	30.9
100	123.4	102.5	88.2	77.7	68.4	61.4	41.2

由此，可以利用 Matlab 对上述数据进行处理，可以得出其计算图形并推导出重伤距离计算公式，其相应的函数关系如图 4-9 所示。

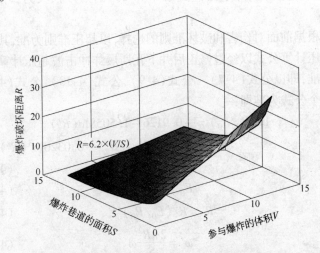

图 4-9   瓦斯爆炸事故破坏距离函数及其关系图

其计算公式为：

$$R = 6.2 \times (V/S) \qquad (4\text{-}24)$$

式中，R 为理想化情况下的巷道破坏距离值。

另外，又根据文献[29]中所给出的爆炸冲击波的冲量与等效距离的关系图、冲击波的超压峰值与距离的关系图，可以得出爆炸冲击波的冲量破坏效应的计算公式：

$$R_L = \frac{0.39670 \times K \times Q^{1/3}}{(1 + \dfrac{1.0082 \times 10^7}{Q^2})^{1/3}} \qquad (4\text{-}25)$$

式中，R_L 为由 K 值表示的爆炸效应，即破坏临界点与爆心的距离，m；Q 为 TNT 的量，kg；K 为爆炸区内建筑物完全破坏系数，K 值越小破坏程度越高。根据井下巷道的构筑特征和其抗破坏性，根据文献[29]的相关内容，在此取 $K = 12$ 较为合适。

因此，将其代入上式可得：

$$R_L = \frac{0.39670 \times 12 \times Q^{1/3}}{(1 + \dfrac{1.0082 \times 10^7}{Q^2})^{1/3}} = \frac{4.76 \times Q^{1/3}}{(1 + \dfrac{1.0082 \times 10^7}{Q^2})^{1/3}} \qquad (4\text{-}26)$$

又根据前面对瓦斯与 TNT 炸药的转换关系式：

$$\omega' = \frac{2\pi R^2}{S}\omega$$

$$\omega = \frac{n\xi Q_c \rho V_{CH_4}}{Q_T} = 1.049 V_{CH_4}$$

故有：

$$R = \frac{4.76 \times Q^{1/3}}{(1 + \dfrac{1.0082 \times 10^7}{Q^2})^{1/3}} = \frac{8.924 \times (V \times R^2/S)^{1/3}}{[1 + \dfrac{1.0082 \times 10^7}{(6.59 \times R^2 \times V/S)^2}]^{1/3}}$$

$$(4\text{-}27)$$

上式即为瓦斯爆炸冲击波在理想情况下的破坏距离的又一计算公式。

4.1.6 爆炸冲击波超压遇障碍物影响(衰减)分析

井下爆炸冲击波的超压随着距离的增大而衰减,同时遇到巷道断面变化(巷道断面变大、缩小)和巷道分岔变化和转弯等会存在较大的衰减。故此,下面将对冲击波的衰减或增加情况作以讨论,其增加与衰减统称其为衰减情况,增加即负衰减其值大于1,衰减其值小于1。

对于各衰减点的衰减系数的大小,以衰减系数 ζ 来表示。对于文献[9,21]中的计算公式未能够考虑到巷道断面变大和变小的衰减系数与1的关系,故此应当将衰减系数的计算公式修改为如下形式:

$$\zeta = \frac{\Omega}{m_i} \text{或} \zeta = \frac{1}{m_i K} \tag{4-28}$$

式中,m_i 为巷道分岔超压衰减系数;Ω 为巷道断面变小超压衰减系数(增加系数);K 为巷道断面变大超压衰减系数。

根据流体力学的知识,可以知道超压的衰减系数就是在冲击波通过该段巷道后前后的超压值的比值。用数学公式表示为:

$$\Omega = \frac{\Delta P_{前}}{\Delta P_{后}} \tag{4-29}$$

式中,Ω 为超压衰减系数(增加系数);$\Delta P_{前}$ 为在通过巷道断面发生变化前冲击波超压值;$\Delta P_{后}$ 为在通过巷道断面发生变化后冲击波超压值。其中对于 $\Delta P_{后}$ 需作几点说明,它包括冲击波经过下述巷道衰减后的超压值:

(1)分支巷道存在转角,即角度衰减情况的转弯巷道;

(2)可以存在分支的巷道的主巷和分支巷道;

(3)也可以是巷道断面存在变大或缩小情况的巷道;

(4)也可以是几种情况在一段巷道同时具有上述几种情况的巷道。

对于巷道断面变大或缩小情况下的衰减(对于缩小情况应该是增大,但为了统一也称其为衰减)系数,可以根据流体力学和热力学知识来进行研究,如图 4-10 所示。

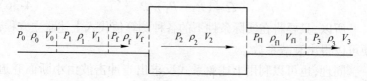

图 4-10 巷道断面变化情况下的衰减分析图

对于上述参数需作以下说明:

对于参数下标为 0 的各项参数是井下巷道中大气的各项参数;参数下标为 1 的为衰减前的各项冲击波参数;对于参数下标为 f 的为分界面处的各项参数;参数下标为 2 的各项参数为衰减后的冲击波参数;参数下标为 f1 的各项参数为衰减(增大)分界面处的冲击波参数;对于下标为 3 的各项参数为衰减(增大)后的冲击波各项参数。

根据流体力学的连续性原理,对于在接触表面上有[30]:

$$P_f = P_1 \tag{4-30}$$

$$V_f = V_1 \tag{4-31}$$

下面将根据冲击波波阵面上可以并存的动力学条件能推出:

$$\frac{\rho_1}{\rho_0} = \frac{P_1(\lambda+1) + P_0(\lambda-1)}{P_1(\lambda-1) + P_0(\lambda+1)} \tag{4-32}$$

$$V_1 = \sqrt{(P_1 - P_0)\left(\frac{1}{\rho_0} - \frac{1}{\rho_1}\right)} \tag{4-33}$$

再根据流体力学上的伯努利积分有[30]:

$$V_f = \sqrt{\frac{2\lambda}{\lambda-1} \times \frac{P_2}{\rho_2} - \frac{P_f}{\rho_f}} \tag{4-34}$$

再根据热力学上的绝热过程的绝热条件有:

$$\frac{P_2}{P_f} = \left(\frac{\rho_2}{\rho_f}\right)^\lambda \tag{4-35}$$

式中,λ 为绝热指数,在此取 1.4。

衰减系数 Ω 可以用下式表示：

$$\Omega = (P_2 - P_1)/P_1 \qquad (4-36)$$

所以，只要将在实际条件下的各种测算值代入上述联立方程，便可以得出衰减系数。

同理，也可以利用上述关系式反求出当冲击波由小断面巷道向大断面巷道流动时的冲击波的衰减（增大）系数。

但由于上述公式的最终求解仍然会牵涉到井下冲击波的实际测算值，由于试验条件的限制，在此，将借鉴文献[9,21,31]中所提出的衰减系数值。

根据空气冲击波的增大系数在由大断面巷道变为小断面巷道时，变化在 0.5～0.8 之间[11,21~31]。增大系数仅仅取决于冲击波的参数，而与巷道尺寸无关。其系数如图 4-11 所示。

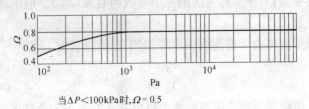

当 $\Delta P < 100\text{kPa}$ 时，$\Omega = 0.5$

图 4-11　巷道断面变小超压衰减系数

气体由小断面巷道向大断面巷道流动时，是一个绝热过程，其衰减系数在此将采用：

$$k = \frac{\Delta P_1}{\Delta P_0} = \left(\frac{S}{S_0}\right)^{0.8} \qquad (4-37)$$

式中，S_0 为小断面巷道，m^2；S 为大断面巷道，m^2；k 为衰减系数；S/S_0 为巷道断面比。衰减系数如图 4-12 所示。

在此，将对由于巷道断面的变化和由于巷道的弯曲情况的变化而引起的各种距离的计算情况作如下的分析和假设。通过对各种原因所引起的衰减情况进行具体分析，对于巷道断面变化、弯曲等原因所引起的各种距离值的变化情况，应对其距离值直接进行修正。下面将给出冲击波衰减情况系数，如表 4-9 所示。

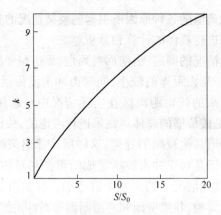

图 4-12　巷道断面扩大超压衰减系数

表 4-9　冲击波衰减情况系数表[31]

分岔和转弯	衰减系数	分岔和转弯	衰减系数
90° K δ K	$K_{kp}=4.4$ $\delta_{kp}=2.4$	90° θ	$\theta_{90}=1.3$
δ 45° K	$K_{45}=2.2$ $\delta_{45}=1.8$	45° θ	$\theta_{135}=1.7$
δ 90° K	$K_{90}=2.9$ $\delta_{90}=1.6$	90° θ θ	$\theta_{\pi90}=2.05$
δ 135° K	$K_{135}=5.9$ $\delta_{135}=1.35$	45° θ θ	$\theta_{\pi45}=7.0$ $\theta_{\pi135}=1.3$
45° θ	θ_{45} $=1.15$		

其各种距离值随各种原因所引起的衰减情况的具体计算将编制评价软件来进行具体的计算和分析。

其他衰减情况的确定：由前面对死亡、重伤和轻伤距离的计算可以知道，由于死亡距离值较小，同时由冲击波传播的原理可知，对于所计算出来的死亡距离区在实际情况中是超压值较大的地方，而本书中是按传播的总体规则来进行考虑的，故此对于死亡距离不再进行巷道其他衰减的处理，这样所计算出来的结果更为符合实际情况。但是对于冲击波所造成的重伤和轻伤距离，是远距离的，还需对其他情况下的衰减予以考虑。其他情况主要是指巷道中存在的障碍物，巷道壁面和巷道断面等对冲击波的衰减情况。由于对巷道考虑时是按照圆形巷道来进行处理的，而井下的巷道或是一个半圆弧形，或者梯形或上半部分是一个圆弧形，下半部分却是柱体形的；同时，巷道壁面也会存在摩擦情况而对冲击波的能量产生较大的衰减，故此，也会对冲击波产生较大的衰减。

4.1.7 实际情况下瓦斯爆炸冲击波各种伤害和破坏距离的确定

对于理想情况下的各种距离的计算是比较简单的，可在实际情况下，其计算过程是相当复杂的过程，其超压随距离和巷道的各种变化情况也将出现较大的变化，即巷道转弯、交叉、断面变化（增大、缩小）等所引起的衰减，其具体衰减系数见下一节，同时，其值也会随距离的增大而出现衰减。

下面，将讨论死亡、重伤与轻伤距离在实际情况下的计算步骤和方法：在此假设井下的生产系统已经确定，即巷道的变化情况已给定，假设其巷道简图如图4-13所示。

首先根据伤亡距离计算公式确定出大概的伤亡距离值，考虑各点存在衰减情况，以此来确定冲击波大概能够传播的距离并以此距离来确定冲击波传播的主支路（分为上下两个主支路）所能够到达的最远节点，再选定爆炸冲击波传播的主支路并以此节点确定各主支路存在的分支路数目和各分支路各衰减点的衰减系数值和长度。将上述各数据分别存入主支路数据库文件和分支路数据库文件。

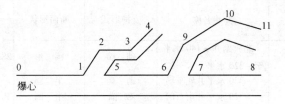

图 4-13 井下生产巷道布置简图

对于死亡距离的计算,根据死亡距离计算公式计算出大概的死亡距离值 R',然后以此值与主支路第一个节点的距离值 R_1 进行比较,如果 $R' > R_1$,则对距离 $(R' - R_1)$ 进行衰减,同理再进行第二步衰减;如果当在进行某步衰减时已有 $(R' - \sum_{i=1}^{n} R_i (i = 1, 2, \cdots)) < R_i (i = 2, 3, \cdots)$,则这时候所算出的距离值 $\sum_{i=1}^{n} R_i (i = 1, 2, \cdots)$ 就为主支路死亡距离值 R_z。同理进行各分支路的死亡距离值 $R_{fi} (i = 1, 2, \cdots)$ 计算,最后将上述各值相加,即得爆炸事故死亡距离值。

同理进行重伤、轻伤和破坏距离的计算。

4.1.8 瓦斯爆炸事故冲击波危险性评价应用实例

根据前面所阐述的方法,下面将结合平煤十矿 1996 年 5 月 21 日的瓦斯爆炸事故实际资料来进行应用。根据文献[32,33]和平煤十矿通风系统图,各巷道点间的巷道面积和巷道长度等如表 4-10 所示。

表 4-10 平煤十矿灾区矿井巷道参数表

测定段 A – B	井巷名称	支护形式	断面形状	巷道尺寸	
				S/m^2	L/m
1 – 3	北翼副井口至 – 320 水平	砌碹	圆形	28.26	453

测定段 A－B	井巷名称	支护形式	断面形状	巷道尺寸	
				S/m^2	L/m
2－3	北翼副井－140 水平 至－320 水平	砌 碹	圆 形	28.26	188
3－5	－320 水平井底车场	砌 碹	半 圆	—	220
5－6	－320 水平井南石门	砌、锚	半 圆	9.91	160
6－7	－320 水平井南石门、 车场	锚 喷	半 圆	9.37	270
7－9	通风排水下山	锚 喷	半 圆	9.37	140
9－202	通风排水下山	锚 喷	半 圆	9.46	693
202－203	己二辅助轨道下山	工字钢、砌	上半圆下梯形	4.90	330
203－204	己二运输机下山	工字钢	梯 形	7.31	160
204′－204″	己15－22170 采面机 巷	工字钢	梯 形	4.56	245
204″－204‴	己15－22170 采面	单体支柱		4.31	120
204″－228″	己15－22170 采面回 风巷	工字钢	梯 形	4.49	210
204″－204‴		单体支柱		4.31	62
204″－228‴		工字钢	梯 形	4.52	250
204－205	己二运输机下山	工字钢	梯 形	6.51	145
205－206	己二运输机下山	工字钢	梯 形	5.57	72
206－207	己15－22140 采面机 巷	工字钢	梯 形	4.51	345
207－208	己15－22140 采面	单体支柱		—	147
208－209	己15－22140 采面回 风巷	工字钢	梯 形	4.43	430
209－210	己二轨道下山下段	锚 喷	半 圆	5.9	300
228′－209	己二轨道下山上段	锚 喷	半 圆	5.9	282
229－228′		锚 喷	半 圆	5.9	114
209‴－209‴′	己15－22080 采面机 巷	工字钢	梯 形	4.42	412
209‴－212″	己15－21080 采面	单体支柱		—	128
212″－212	己15－22080 采面风 巷	工字钢	梯 形	4.13	426
210－211	己二轨道下山段至上 段绕道	U 钢	半 圆	6.30	154
211－212	己二轨道下山上段	U 钢	半 圆	6.96	104

续表 4-10

测定段 A – B	井巷名称	支护形式	断面形状	S/m^2	L/m
212 – 213	己二轨道下山上段	工字钢	梯形	7.22	225
213 – 214	己二轨道下山上段	工字钢	梯形	6.70	100
214 – 215	并联总回风	锚喷	半圆	11.83	630
215 – 216	己二风井、风洞	砌碹	圆	9.62	99
11 – 226	西翼运输大巷	砌碹	半圆	9.25	860
202 – 201	己二下部车场	砌碹	半圆	9.04	100
202 – 232	己二下部水仓	砌碹	半圆	8.65	150
231 – 232	己15 – 22210采面下部车场	工字钢	梯形	6.36	145
230 – 231	己15 – 22210采面车场绕道	工、锚	上半圆下梯形	8.45	134
231 – 231″	己15 – 22210采面机巷	工字钢	梯形	4.61	385
231″ – 229″″	己15 – 22210采面	单体支柱		3.5	158
229″″ – 229‴	己15 – 22210采面风巷	工字钢	梯形	4.39	478
229‴ – 203		工字钢	梯形	4.39	76
229‴ – 229″				4.15	81
229″ – 229				4.15	36
229″ – 204′		工字钢	梯形	4.84	102
222 – 211	变电所	U、工	上半圆下梯形	4.80	110
204 – 229	己15 – 22170采面下车场	锚喷	半圆		152
230 – 201		工字钢	梯形	8.99	291
203 – 230′		工字钢	梯形	4.39	55
204 – 230′		锚喷	半圆	6.51	206
221 – 213	老变电所			—	—
232 – 229	己二轨道下山	锚喷	半圆	7.93	—
8′ – 201	己二北部皮带	锚喷	半圆	9.57	751
6 – 8′		工字钢	梯形	9.08	183

　　首先根据伤亡距离计算公式确定出大概的伤亡距离值,并考虑到衰减情况,以此来确定冲击波大概能够传播的距离,并以此距离来确定冲击波传播的主支路(分为上下两个主支路)所能够到

达的最远节点,并以此节点确定各主支路存在的分支路数目,并确定各节点的衰减系数值。

4.1.8.1 参与爆炸的瓦斯体积的确定

为了能够准确地判断和计算爆炸事故伤害和破坏作业距离,就必须先对参与爆炸的瓦斯体积进行确定。通常确定参与爆炸体积有分钟风量法[23]和体积法两种。

分钟风量法是以爆炸点每分钟所需的风量乘以瓦斯浓度而得到参与爆炸的瓦斯体积,即:

$$V = Q \times 60 \times \rho$$

式中,V 为参与爆炸的瓦斯体积,m^3;Q 为巷道断面上的风量,m^3/s;ρ 为风流中瓦斯的体积浓度,在此根据最大危险性原则,取9%。

体积法,即是以爆炸点巷道体积乘以瓦斯浓度而得到参与爆炸的瓦斯体积,即:

$$V = V_h \times \rho$$

式中,V 为参与爆炸的瓦斯体积,m^3;V_h 为爆炸发生巷道的体积,m^3;ρ 为风流中瓦斯的体积浓度,在此根据最大危险性原则,取9%。

在此,以分钟风量法为准来进行计算。根据文献[33],对于爆炸点采面 22210 处所需风量为 13.53m^3/s,故此可得参与爆炸的瓦斯体积为:

$$V = 13.53 \times 60 \times 9\% = 73.062 m^3$$

4.1.8.2 选定主支路

为了能够正确地选定主支路,就必须对距离爆心较近处的风门进行讨论,看其能否被冲毁,根据平煤十矿 5.21 爆炸事故发生己二采区的通风系统图可知,需对229‴、229″和232 处的风门讨论看其能否被冲毁。为了简化计算,在此以文献[2]中所给瓦斯爆炸冲击波盲巷超压计算公式转变非盲巷中的超压计算公式并考虑到其存在的衰减情况,可以得出229‴、229″和232 处的超压值分别为:0.221MPa、0.152MPa、0.097MPa。在此,根据井下设备设施破坏程度与超压的关系表,取风门被破坏的超压近似为:0.14MPa。

故此,可以认为229″″和229″处的风门被冲毁。则冲击波行经上下主支路可以分别选定,上支路为:231″、231、230、201、8′、6、5、1;下支路为:229″″″、229″″、229″、229、228、209、210、211、212、213、214、215。

4.1.8.3 分支路确定

根据简化原则和可行性原则,对于每一条主支路上的分支路将仅考虑在较近处的几条分支路,在较近分支路上的分支路将给予考虑,在较远分支路上的分支路将对其不再给予考虑,这样既可以简化计算同时又使结果不会产生较大的偏差。

上主支路在 231 和 201 处两条分支路,但由于 232 处风门不能够被冲毁,故此这条分支路将到 232 处终止。201 处分支路又可分为经 202、203′、203、204′,由图远近可以看出下主支路到 204′处的超压高于上主支路分支路到此处的超压值,故冲击波会沿204′、204、205、206、207、208、209,在此处又分为两条支路,其一是经 209、209′、210、211、…、215,另一条是经 209、209″″、209″″″、212″、212′、212、…、215 这样下去,在经 214 处时又有分支,但由于冲击波到此处时也非常小,在此不对其进行考虑。

下主支路在 229″″处有两处分支路,一处是经 229″″、229″、204′、204″、204″″、204″″″、228″″、228、209、210、…、215;另一处是经 229″″、203′,在此处又分为经 204′、204″、204″″、204″″″、228″″、228、209、210、…、215分支,另一处是经 203′、204、205、206、207、208、…分支同上主支路在此处的分支情况。

对于两条支路在某点后重合的情况,应当将其合并为一,即超压在此点处相加,以后以此值来进行衰减。

然后,以此冲击波行经路径,求出各巷道衰减点处的衰减系数值,并求出上述各衰减点间的长度等。

另外,根据文献[14]冲击波经木垛墙后的压力衰减到原来的1/1.7,而井下风门与木垛墙在结构上相似,在此,也取冲毁一处风门其衰减值为 1.7。

另外对于在计算各种伤亡人数时将会涉及到井下工作人员密

度,根据前文所作的一致性假设,同时依据井下的实际情况,对于几个工作面上(己 15 - 22210、己 15 - 22140、己 15 - 22170、己 15 - 22160、己 15 - 22150、己 15 - 22080)人员较多,密度较大,而对于其他地方人员较少,密度较小。根据一致性原则和可靠性原则,对于当时的人员分布情况由于爆炸事故发生在开切眼中部,其人员密度较大。又根据对平煤五、六、八、十、十二矿井下工作面上的工种和人员分布情况约 0. 15 人/m,故取死亡距离内人员密度为 0. 15 人/m。而重伤和轻伤距离较大,偏离工作面较远,近似取人员密度为 0. 02 人/m。

根据平煤十矿 1996 年 5. 21 瓦斯大爆炸事故的爆炸地点,根据冲击波的衰减情况和冲击波的传播规律,由此确定出的爆炸冲击波的传播路线和各巷道存在衰减节点及其衰减系数值和节点间距离值,结合当时爆炸工作面所需的通风量所确定出的参与爆炸的瓦斯量,通过所编制的计算机程序得出其当时瓦斯爆炸冲击波伤亡和破坏情况分别为:

死亡距离值:156. 2m;重伤距离值:1488. 6m;轻伤距离值:2345. 9m;死亡人数值:23 人;重伤人数值:7 人;轻伤人数值:17人。又根据文献[20]有平煤十矿 1996 年 5. 21 特大瓦斯爆炸事故统计资料有:事故共死亡 84 人,伤 86 人,其中己 15 - 22210 采煤工作面上的工作人员 21 人全部遇难,且几乎均为冲击波致死,其他地方均为有毒有害气体致死,而对于重伤和轻伤的具体原因和各类原因所造成的受伤人数未给予报告。为了能够对瓦斯爆炸事故严重度进行分级研究,将以上面所计算出的冲击波所致死的人员为准来讨论整个事故所造成的人员伤害情况。又据统计资料表明,在发生的瓦斯、煤尘爆炸事故中,死于 CO(有毒有害气体)的人数占总死亡人数的 70% 以上[34],则整个爆炸事故伤亡人员数目应为:

$$N_{sw} = 23/(1 - 0. 7) = 77 \text{ 人}$$

整个事故计算受伤人数应为:

$$Q_s = (7 + 17)/(1 - 0. 7) = 80 \text{ 人}$$

其中计算重伤人数为：

$$N_{zs} = 7/0.3 = 23 \ 人$$

计算轻伤人数为：

$$N_{qs} = 17/0.3 = 57 \ 人$$

从上面的计算结果看，相应的死亡、受伤人数基本上与实际情况相吻合。

4.1.8.4 瓦斯爆炸事故重大危险源严重度分级

根据前面的计算方法所计算的结果，结合人员伤亡折合的直接财产损失值，可以得出平煤十矿 1996 年 5.21 特大瓦斯爆炸事故计算严重度值，即爆炸损失 L 为：$L = L_1 + L_2$，其中 L_1 为人员伤亡损失，在此，L_1 应为各类伤亡人数与各类伤亡所带来的损失值的乘积。又据统计资料表明，在发生的瓦斯、煤尘爆炸事故中，死于 CO（有毒有害气体）的人数占总死亡人数的 70% 以上[34]。故此，结合第 3 章所计算的结果有：整个爆炸事故计算死亡人数 $N_{sw} = 77$ 人，重伤人数为：$N_{zs} = 23$ 人，轻伤人数为 $N_{qs} = 57$ 人。则总的人员伤亡损失 $L_1 = 1958.1$ 万元；财产损失 L_2 为：$L_2 = 285.4$ 万元；则总的财产损失值 $L = L_1 + L_2 = 2243.2$ 万元。计算机程序所计算的结果为 2250.4445 万元，这里的偏差主要是在计算人数上取整所带来的，其实质结果是一样的。根据瓦斯爆炸事故严重度分级结果表可知，平煤十矿瓦斯爆炸事故应属于 A 级，且超 A 级最低限 757.298 万元，由此可见本次瓦斯爆炸严重度较高，应对其瓦斯爆炸事故的控制给予非常高的重视。

4.2 矿井火灾事故危险性评价

在对矿井火灾事故危险源辨识后，对火灾事故危险性评价是最关键的部分，也是众多专家学者潜心研究的重点。对矿井火灾事故危险性评价进行详细地描述，拟在对危险源的危险特性进行研究的基础上，探明其危险结构，研究其危险特性，以获得这类危险源的安全评价方法。

可燃物和火源是导致火灾事故的两个最基本的因素，而人因管理因素是许多事故更为直接和更为主要的因素,但又是最容易被人们忽视的一个因素。因此,本书将从事故概率和人因管理入手来分析,并结合二者以合成新的致灾概率值。

4.2.1 矿井火灾事故危险源致灾概率的求解方法选择

在对危险源的危险性进行评价时,其评价模型不仅要能够反映出危险源灾变后果的严重程度,更应该反映出危险源系统的灾变可能性的大小。一种好的危险评价模型必须科学地反映灾害发生的危险性程度,在危险性程度中包括灾变事故后果和灾变事故的可能性大小[35]。如果不能够反映出危险源发生灾变的可能性的大小,对被评价对象进行评价的结果也就不可能与实际的情况相符合。这样,不仅对危险源诱发事故后其后果的严重性进行评价和估量,而且还必须对其诱发事故的概率进行计算。

事故树分析法在安全系统分析中是一种非常重要的分析方法[36]。但在其危险性的概率计算中,虽然传统的事故树分析法可以利用概率理论来有效地处理具有大量统计数据的故障事件,但由于构成事故树的各个事件都是由客观不定性因素表示的,使得传统的事故树分析方法很难以对目前复杂的系统中不确切的因素用数学模型或公式来分析和计算事故发生概率,这便成了传统的事故树分析中不可忽视的弱点。

在概率可靠性理论研究中引入了模糊数学的思想和方法,使得经典概率模糊化。这不仅提高了概率表示客观对象灾变频率的可能性和适用范围,并且为用概率客观真实地描述一般工业环境下评价对象灾变的危险性提供了理论基础。对于那些得不到底事件发生概率的事件,可以利用模糊数学理论,认为这些底事件的发生概率是一个模糊数,再利用模糊数学的模糊可能性和模糊概率的转化来实现对其底事件的概率化。

由于事故树是一种运用逻辑推理的方法建立起来的从结果到原因的分析过程树,它展现的是一种结构清晰明了的致灾过程图,无论其在定性分析还是定量的计算过程中都具有其相当的优点,只不过在其计算过程中具有其自身的弱点。但由于将模糊数学理论融于其中,这样将使得在基本事件难以用精确概率值表达时,可以采用多种模糊数来进行相应的分析与计算。对危险源的危险性评价不仅要对其提供定量的评价结果,同时,还必须依据评价的结果或评价过程中的某数据以提出危险源的控制措施或方法,而事故树就具有其功能,从事故树就可以得出致灾途径和解决事故发生的方法。因此,本书将采用模糊理论的事故树分析法来解决火灾事故发生的概率。

4.2.2 模糊故障树

4.2.2.1 三角模糊数

如果一个模糊数的隶属函数由线形函数组成,表示为:

$$\mu_{\tilde{A}}(x) = \begin{cases} (x - m + l)/l, & l \leqslant x \leqslant m \\ (m + u - x)/u, & m \leqslant x \leqslant u \\ 0, & 其他 \end{cases}$$

式中,m 称为 $\tilde{A}$ 的核;$u + l$ 称为 $\tilde{A}$ 的盲度。其隶属函数如图 4-14 所示,这样的模糊数称为三角模糊数,记为 $\tilde{A}\langle l, m, u \rangle$。

4.2.2.2 三角模糊数的运算

依据模糊数的运算法则(据文献[37]),可以推导出以下广义的三角模糊数的代数运算公式。假设有三角模糊数 $\tilde{q}_1$ 和 $\tilde{q}_2$ 分别由 $\langle l_1, m_1, u_1 \rangle$ 和 $\langle l_2, m_2, u_2 \rangle$ 表示,则三角模糊数的代数运算法则如下:

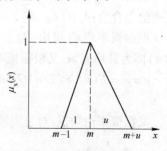

图 4-14　三角模糊数

"⊕"运算

$$\tilde{q}_1 \oplus \tilde{q}_2 = \langle l_1, m_1, u_1 \rangle \oplus \langle l_2, m_2, u_2 \rangle$$
$$= \langle l_1 + l_2, m_1 + m_2, u_1 + u_2 \rangle \quad (4-38)$$

"⊖"运算

$$\tilde{q}_1 \ominus \tilde{q}_2 = \langle l_1, m_1, u_1 \rangle - \langle l_2, m_2, u_2 \rangle$$
$$= \langle l_1 - l_2, m_1 - m_2, u_1 - u_2 \rangle$$

$$\ominus \tilde{q}_1 = \ominus \langle l_1, m_1, u_1 \rangle = \langle -l_1, -m_1, -u_1 \rangle \qquad (4\text{-}39)$$

"⊗"运算

$$\tilde{q}_1 \otimes \tilde{q}_2 = \langle l_1, m_1, u_1 \rangle \times \langle l_2, m_2, u_2 \rangle \cong \langle l_1 l_2, m_1 m_2, u_1 u_2 \rangle$$

$$\tilde{q}_1^2 = (l_1^2, m_1^2, u_1^2)$$

$$C \otimes \tilde{q}_1 = \langle Cl_1, Cm_1, Cu_1 \rangle \qquad (4\text{-}40)$$

我们利用 3σ 法来表征基本事件模糊概率。没有统计资料的基本事件模糊概率的确定采用专家评定法,评定工作由一个三人以上的专家小组来进行。各专家分别给出各基本事件发生的概率的估计值,取各估计概率的均值为 m,方差为 σ。设估计概率值服从正态统计规律,根据 3σ 规则,它的值落在区间 $[u - 3\sigma, u + 3\sigma]$ 的概率为 99.7%,故设 $1 = u = 3\sigma$,将各个概率值模糊表征为 $\langle 3\sigma, m, 3\sigma \rangle$,我们将这种表征方法称为 3σ 表征法。

设有 n 个专家对某事件的发生概率进行了评估,则可以令其概率值集合为:$A_i = (a_{i1}, a_{i2}, \cdots, a_{in})$。

根据概率论的知识,对于离散型随机变量,其数学期望值 $E(x)$ 即为其均值 m,又根据概率论知识则有:$u = m = E(x)$

$$u = m = E(x) = (1/n) \otimes (a_{i1} + a_{i2} + \cdots + a_{in}) \quad \text{其中:} i = 1, 2, \cdots, n$$

又据概率论知识,对于离散型随机变量其数学方差 $D(x)$ 为:

$$D(x) = \sigma^2 = \sum_{k=1}^{n} [x_k - E(x)]^2 P_k$$

则 $$\sigma = \sqrt{D(x)} = \sqrt{\sum_{k=1}^{n} [x_k - E(x)]^2 P_k} \qquad (4\text{-}41)$$

式中,x_k 为第 k 项概率值。

根据离散概率论知识有:$P_k = P\{X = x_k\}, k = 1, 2, \cdots, n$

对于有统计资料的基本事件发生概率,可以直接算出为 P,我们就把它用模糊方法处理为:

$$\tilde{q} = \langle p, p, p \rangle \tag{4-42}$$

4.2.2.3 事故树中所有因素关系的处理[38]

(1)传统的故障树的逻辑与门的算子为:

$$q_{AND} = \prod_{i=1}^{n} q_i$$

式中,q_i 为事件 i 发生的精确概率值。

模糊处理的与门模糊算子:

$$\tilde{q}_{SJ}^{AND} = \langle l_{AND}, m_{AND}, u_{AND} \rangle = \prod_{i=1}^{n} \tilde{q}_i = \tilde{q}_1 \otimes \tilde{q}_2 \otimes \tilde{q}_3 \otimes \cdots \otimes \tilde{q}_n$$

$$= \langle \prod_{i=1}^{n} l_i, \prod_{i=1}^{n} m_i, \prod_{i=1}^{n} u_i \rangle \tag{4-43}$$

(2)传统的故障树的逻辑或门的算子为:

$$q_{OR} = 1 - \prod_{i=1}^{n} (1 - q_i)$$

式中,q_i 为事件 i 发生的精确概率值。

模糊处理的或门模糊算子:

$$\tilde{q}_{SJ}^{OR} = \langle l_{OR}, m_{OR}, u_{OR} \rangle = \langle 1 \ominus \prod_{i=1}^{n} (1 \ominus \tilde{q}_i) \rangle$$

$$= \langle 1 \ominus \prod_{i=1}^{n} (1 \ominus \tilde{l}_i), 1 \ominus \prod_{i=1}^{n} (1 \ominus \tilde{m}_i), 1 \ominus \prod_{i=1}^{n} (1 \ominus \tilde{u}_i) \rangle \tag{4-44}$$

(3)平煤六矿火灾事故发生概率的计算:

$$\tilde{P}_{hy} = \langle l_{hy}, m_{hy}, u_{hy} \rangle = \langle 1 \ominus \prod_{i=1}^{23} (1 \ominus \tilde{q}_i) \rangle$$

$$= \langle 1 \ominus \prod_{i=1}^{23} (1 \ominus \tilde{m}_i), 1 \ominus \prod_{i=1}^{23} (1 \ominus \tilde{l}_i), 1 \ominus \prod_{i=1}^{23} (1 \ominus \tilde{u}_i) \rangle \tag{4-45}$$

$$\widetilde{P}_{kr} = \langle l_{kr}, m_{kr}, u_{kr} \rangle = \langle 1 \ominus \prod_{i=24}^{54} (1 \ominus \tilde{q}_i) \rangle$$

$$= \langle 1 \ominus \prod_{i=24}^{54} (1 \ominus \widetilde{m}_i), 1 \ominus \prod_{i=24}^{54} (1 \ominus \check{l}_i), 1 \ominus \prod_{i=24}^{54} (1 \ominus \tilde{u}_i) \rangle$$

$$(4-46)$$

则火灾事故发生的概率值(不含人因管理)为:

$$\widetilde{P} = \widetilde{P}_{kr} \otimes \widetilde{P}_{hy} \otimes \widetilde{P}_{x_{55}} = \langle l_{kr}, m_{kr}, u_{kr} \rangle \otimes \langle l_{hy}, m_{hy}, u_{hy} \rangle \otimes \langle l_{x_{55}}, m_{x_{55}}, u_{x_{55}} \rangle$$

$$(4-47)$$

则本书所研究的矿井火灾事故发生的概率值(含人因管理)为:

$$\widetilde{R} = \widetilde{P} \times (1 - H) \times (1 - M)$$

$$= \widetilde{P} \times (1 - R_U) \times (1 - M) = \widetilde{P} \times (1 - R_U) \times (1 - \sum_{i=1}^{n} G_i)$$

$$(4-48)$$

式中, $\widetilde{P}_{kr}$ 为火灾事故可燃物危险源的事故致灾模糊概率值; $\widetilde{P}_{hy}$ 为火灾事故火源危险源的事故致灾模糊概率值; $\widetilde{P}$ 为火灾事故发生模糊概率值; $\widetilde{P}_{x_{55}}$ 为可燃物和火源相遇未及时处理的模糊概率值; R_U 为井下整个矿井人员的可靠性; H 为人抵消掉的致灾概率值, 即人员的可靠性; $1 - H = 1 - R_U$ 为人因的致灾概率值; G_i 为每一个评价项目的评价结果值, 即管理所抵消掉的致灾概率值; n 为评价的总项目数; M 为各管理因素的评价结果值; $1 - M$ 为管理因素的致灾概率值。

4.2.2.4　建造事故树

下面将根据上述方法对平煤六矿重大危险源(火灾)事故树进行分析评价(参考文献[13,39~42])。综合 2002~2003 年大量的发生火灾的原因的探讨, 建立火灾事故树, 如图 4-15 所示。

对事故树底部基本事件进行发生次数的统计, 如表 4-11 所示, 然后进行归一化处理, 求得发生概率。然后利用公式(4-47)进行模糊处理。

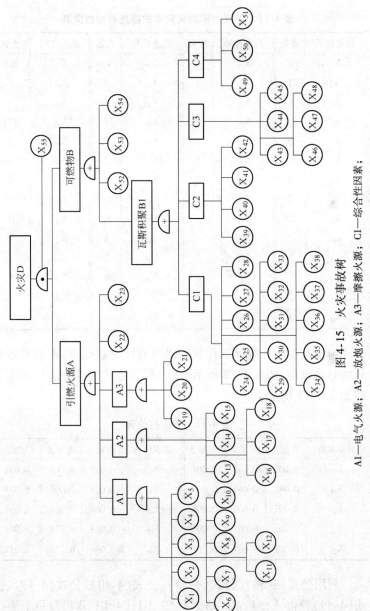

图 4-15 火灾事故树

A1—电气火源；A2—放炮火源；A3—摩擦火源；C1—综合性因素；
C2—通风系统的原因；C3—通风设施和设备的原因；C4—瓦斯检测人员原因

表 4-11 平煤六矿的火灾事故隐患原始数据表

隐患代号	次数	隐患代号	次数	隐患代号	次数	隐患代号	次数
X_1	1	X_{15}	—	X_{29}	12	X_{43}	20
X_2	1	X_{16}	1	X_{30}	3	X_{44}	5
X_3	5	X_{17}	—	X_{31}	1	X_{45}	—
X_4	1	X_{18}	3	X_{32}	1	X_{46}	172
X_5	26	X_{19}	2	X_{33}	9	X_{47}	1
X_6	10	X_{20}	3	X_{34}	2	X_{48}	—
X_7	2	X_{21}	2	X_{35}	48	X_{49}	6
X_8	1	X_{22}	—	X_{36}	18	X_{50}	7
X_9	12	X_{23}	—	X_{37}	82	X_{51}	10
X_{10}	1	X_{24}	—	X_{38}	1	X_{52}	1
X_{11}	5	X_{25}	3	X_{39}	2	X_{53}	1
X_{12}	—	X_{26}	3	X_{40}	8	X_{54}	1
X_{13}	2	X_{27}	4	X_{41}	—	X_{55}	50
X_{14}	3	X_{28}	6	X_{42}	—		

　　由于基本事件统计工作较困难没有统计数据,可根据专家打分的办法求得,如表 4-12 所示,然后利用公式(4-41)进行模糊处理如表 4-13 所示。

表 4-12 专家打分表

基本事件	专家 1	专家 2	专家 3	基本事件	专家 1	专家 2	专家 3
X_{12}	0.002	0.003	0.004	X_{24}	0.007	0.008	0.007
X_{15}	0.040	0.041	0.042	X_{41}	0.008	0.008	0.007
X_{17}	0.007	0.006	0.008	X_{42}	0.068	0.069	0.067
X_{22}	0.001	0.001	0.001	X_{45}	0.069	0.071	0.064
X_{23}	0.001	0.001	0.001	X_{48}	0.036	0.038	0.037

　　利用公式(4-38)、公式(4-39)、公式(4-40)、公式(4-43)、公式(4-44)算得 A、A1、A2、A3、C1、C2、C3、C4、B1、B 以及顶上事件的发生概率。

模糊处理以后的事件发生概率如表 4-13。

表 4-13　基本事件模糊概率表

代号	基本事件	$p(x_i)$	代号	基本事件	$p(x_i)$
X_1	拆卸灯具所致	⟨0.001,0.001,0.001⟩	X_{16}	放炮器出火	⟨0.001,0.001,0.001⟩
X_2	带电检修设备开关	⟨0.001,0.001,0.001⟩	X_{17}	分段放炮	⟨0.002,0.007,0.002⟩
X_3	接线盒短路	⟨0.007,0.007,0.007⟩	X_{18}	封泥不足	⟨0.004,0.004,0.004⟩
X_4	电缆电压高绝缘击穿电路	⟨0.001,0.001,0.001⟩	X_{19}	凿岩机、煤电站火花	⟨0.003,0.003,0.003⟩
X_5	设备进线松动失爆	⟨0.035,0.035,0.035⟩	X_{20}	运输设备摩擦出火	⟨0.003,0.003,0.003⟩
X_6	电缆或设备进线露芯线	⟨0.014,0.014,0.014⟩	X_{21}	其他摩擦撞击火花	⟨0.003,0.003,0.003⟩
X_7	电焊或气焊	⟨0.003,0.003,0.003⟩	X_{22}	煤炭自燃	⟨0.000,0.001,0.000⟩
X_8	电机车火花	⟨0.001,0.001,0.001⟩	X_{23}	吸烟明火	⟨0.000,0.001,0.000⟩
X_9	设备进线或电缆鸡爪子或羊尾巴	⟨0.016,0.016,0.016⟩	X_{24}	地质变化瓦斯涌出	⟨0.001,0.007,0.001⟩
X_{10}	照明设备出火	⟨0.001,0.001,0.001⟩	X_{25}	微（无）风作业	⟨0.004,0.004,0.004⟩
X_{11}	电气设备露明线头	⟨0.007,0.007,0.007⟩	X_{26}	采空区瓦斯涌出	⟨0.004,0.004,0.004⟩
X_{12}	电气设备其他原因失爆	⟨0.002,0.003,0.002⟩	X_{27}	巷道贯通未能及时通风	⟨0.005,0.005,0.005⟩
X_{13}	装药不当	⟨0.003,0.003,0.003⟩	X_{28}	报警断电仪失灵或故障	⟨0.008,0.008,0.008⟩
X_{14}	抵抗线不足	⟨0.004,0.004,0.004⟩	X_{29}	瓦斯积聚时处理不当	⟨0.016,0.016,0.016⟩
X_{15}	炸药质量不合格	⟨0.002,0.041,0.002⟩	X_{30}	密闭不严造成瓦斯涌出	⟨0.004,0.004,0.004⟩
			X_{31}	排放瓦斯过程不当	⟨0.001 0.001,0.001⟩

代号	基本事件	$p(x_i)$	代号	基本事件	$p(x_i)$
X_{32}	放炮造成瓦斯积聚	$\langle 0.001,0.001,0.001\rangle$	X_{47}	风机故障或停电	$\langle 0.001\ 0.001,0.001\rangle$
X_{33}	盲巷未能及时密封	$\langle 0.012,0.012,0.012\rangle$	X_{48}	通风设施使用不当	$\langle 0.002,0.037,0.002\rangle$
X_{34}	冒顶造成瓦斯积聚	$\langle 0.003,0.003,0.003\rangle$	X_{49}	其他原因无法检测瓦斯	$\langle 0.008,0.008,0.008\rangle$
X_{35}	通风面积不够	$\langle 0.065,0.065,0.065\rangle$			
X_{36}	风筒送风距离不够造成掘进风量不足	$\langle 0.025,0.025,0.025\rangle$	X_{50}	瓦斯检测员脱岗	$\langle 0.010,0.010,0.010\rangle$
			X_{51}	其他原因	$\langle 0.014,0.014,0.014\rangle$
			X_{52}	遗煤	$\langle 0.001,0.001,0.001\rangle$
			X_{53}	皮带	$\langle 0.001,0.001,0.001\rangle$
X_{37}	风机及主要风门无人看守	$\langle 0.112,0.112,0.112\rangle$	X_{54}	木支架	$\langle 0.001,0.001,0.001\rangle$
			X_{55}	未及时处理	$\langle 0.068,0.068,0.068\rangle$
X_{38}	落顶不及时	$\langle 0.001,0.001,0.001\rangle$	A1	电气火	$\langle 0.086,0.087,0.086\rangle$
			A2	放炮火	$\langle 0.016,0.059,0.016\rangle$
X_{39}	串联通风	$\langle 0.003,0.003,0.003\rangle$	A3	摩擦火	$\langle 0.009,0.009,0.009\rangle$
X_{40}	风流短路	$\langle 0.011,0.011,0.011\rangle$	A	引燃火源	$\langle 0.109,0.150,0.109\rangle$
X_{41}	供风能力不足	$\langle 0.001,0.007,0.001\rangle$	D	顶上事件	$\langle 0.003,0.006,0.003\rangle$
X_{42}	通风系统不完善	$\langle 0.002,0.068,0.002\rangle$	C1	综合性因素	$\langle 0.238,0.242,0.238\rangle$
X_{43}	局扇循环风	$\langle 0.027,0.027,0.027\rangle$	C2	通风系统的原因	$\langle 0.017,0.087,0.017\rangle$
X_{44}	通风系统不稳定	$\langle 0.007,0.007,0.007\rangle$	C3	通风实施与设备的原因	$\langle 0.270,0.337,0.270\rangle$
X_{45}	风扇机型不当	$\langle 0.009,0.068,0.009\rangle$	C4	瓦斯检测人员的原因	$\langle 0.018,0.018,0.018\rangle$
X_{46}	通风设施漏风	$\langle 0.235,0.235,0.235\rangle$	B1	瓦斯积聚	$\langle 0.471,0.556,0.471\rangle$
			B	可燃物	$\langle 0.473,0.557,0.473\rangle$

4.2.3 人因管理致灾因素危险性评价

4.2.3.1 安全评价中的 Fail-safe 原理与应用[43]

安全评价是安全生产领域中一个极其重要的内容,通过安全评价找出影响正常生产及危害人身安全的危险因素,然后应用管理的、技术的手段消除或抑制这些危险因素,以保障生产的正常进行和人员的安全。

一般地,危险可以用下式表示:

$$R = PEC$$

式中,R 为危险;P 为失误发生频率;E 为系统向危险侧转变概率,即发生人失误或机械故障时,导致危险或向危险方向移动的概率;C 为事故后果严重度。

设安全的事件为 S,危险的事件为 D,则有 $D = \bar{S}$。然而,由于检测系统的人或机械在观测事件时,总是只注意到事件发生的两个极端情况:安全与危险,忽略或检测不到介于安全与危险之间的中间部分"不安"部分。不安部分成了系统检测中的黑箱,而不安部分存在着向安全、危险两个极端转化的趋势,于是有 $S \neq \bar{D}$。仅仅不属于危险的状态不一定是安全状态,即不安的状态不能被认为是安全的。于是系统正常运行的首要条件是:系统的"安全"是可知的。

定义:在系统中传递安全的信息体为 S_1,则:

$S_1 = 1$,S_1 处于积极状态时,安全信息;

$S_1 = 0$,S_1 处于消极状态时,危险信息。

只有当 S_1 处于积极状态时系统中传递的信息才是安全信息。把任何 S_1 处于消极状态记为危险信息,即由于不传递信息而得到的信息为危险信息。

定义:对于存在 0、1 两值的事件 α,记 $\alpha \in (\alpha_0, \alpha_1)$。当 α 正常时,记为 $\alpha^1 \in (\alpha_0^1, \alpha_1^1)$;当 α 不正常时,记为 $\alpha^0 \in (\alpha_0^0, \alpha_1^0)$。用 p_α 表示事件 α 的发生概率。

危险检出型安全评价方法(Fail-risk)的基本原理是对系统失

误,缺陷影响的系统运行过程,如果发生了危险状态,则检出危险而停止作业。这是目前最常用的、最一般的安全评价原则。其原理见图 4-16 所示。

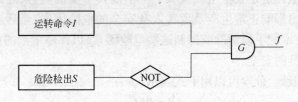

图 4-16　危险检出型安全评价方法原理图

评价原理的控制传递方程为:

$$f_1 = I_1 \cap S_0 \cap G_1, f_0 = I_0 \cap S_1 \cap G_0$$

式中,$I_1 \in (I_1^1, I_1^0)$;$I_0 \in (I_0^1, I_0^0)$;$S_1 \in (S_1^1, S_1^0)$;$S_0 \in (S_0^1, S_0^0)$;$G_1 \in (G_1^1, G_1^0)$;$G_0 \in (G_0^1, G_0^0)$。

系统向危险方向移动的概率为

$$\eta = \frac{p_{S_0} \text{AND} p_{G_1}}{p_{S_1} \text{AND} p_{G_0}}$$

式中,AND 为逻辑和运算;η 为系统向危险侧移动的概率;p_{S_0} 为 S_0 的发生概率;p_{S_1} 为 S_1 的发生概率;p_{G_0} 为 G_0 的发生概率;p_{G_1} 为 G_1 的发生概率。

由于对潜在危险检知的局限性,p_{S_0} 不小于 p_{S_1},即检出危险的概率不大于危险存在的概率,因此难以降低 η。这样,对于危险检出型安全评价而言,不允许检测危险源的人员或设备出现故障,这种要求在实际问题上是不可能的。采用此类安全评价方法从本质上是属于 Fail-risk 型的。

安全确认型(Fail-safe)是在确认安全后才允许系统运行,其原理如图 4-17 所示。

评价过程的控制传递方程为

$f_1 = I_1 \cap S_1 \cap G_1, f_0 = I_0 \cap S_0 \cap G_0$,式中符号意义同前。

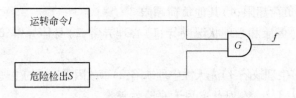

图 4-17 安全确认型评价方法原理图

系统向危险侧移动的概率为：

$$\eta = \frac{p_{S_1} \text{AND} p_{G_1}}{p_{S_0} \text{AND} p_{G_0}}$$

为了使 η 足够小，必须使 $p_{S_0} \gg p_{S_1}$，$p_{G_0} \gg p_{G_1}$。这样就要求在进行安全评价时，把无法确认是安全还是危险的"不安"事件当成危险信息来采取措施，从而使 $p_{S_0} \gg p_{S_1}$。控制方程中的传感器和与门从控制原理上而言也能降低 η。因而，在安全评价时不仅要考察机构的安全设计、安全装置等硬件的安全性，即使是对新机械的安全规程、安全作业规章、安全管理体制的评价也要采取安全确认方法。

由上述分析，人因管理体制评价采取安全确认方法对其致灾因素的控制有着积极的意义。通过安全评价找出危险因素，然后应用管理的、技术的手段消除或抑制这些危险因素，以保障生产的正常进行和人员的安全，这是 Fail-safe 原理的精髓。故此，考虑人因管理致灾因素对矿井火灾安全评价是必要的。

由于矿井火灾事故人因管理致灾因素是一个辨识较为困难，且很难以准确数字来进行衡量的一个因素。通过平煤六矿的事故资料和各种事故隐患资料，结合人机理论和安全系统工程相关的理论知识，并根据文献[44]，综合认为人因危险源可以分为：人员生理负荷超限；健康和心理状况突然异常；先天性生理缺陷等。

人因危险源主要包括：人员生理负荷超限；健康和心理状况突异；生理缺陷。

（1）人员生理负荷超限：1）体力负荷超限；2）视力负荷超限；

3)听力负荷超限;4)其他负荷超限[45]。

(2)健康和心理状况突异:1)心理异常;2)身体异常;3)冒险心理。

(3)生理缺陷:1)先天性生理缺陷;2)事故因素造成的生理缺陷。

4.2.3.2　人因致灾因素危险性评价

由于上述各种危险源基本因素很难定量衡量,因此,本研究将以上述危险源为依据,并根据文献[26,46]对人因评价的研究,将其修正并提出适用于火灾事故的人因危险源辨识研究以及矿井火灾事故发生概率的定量化研究。

这里的人因致灾因素是指井下工作人员素质情况,人因因素是矿井火灾事故等重大危险源研究和控制的一个重点内容,对于井下事故的个人因素和岗位因素而言,他们对于事故的作用都很大,但也存在差别,故此应将其进行分别考虑。

要对井下人员人因致灾因素进行评价,首先必须对井下不同的岗位进行分析,确认出最易导致事故的工作岗位,并收集这些人员群体和个人的数据。其中,群体数据包括单元危险岗位 m、各个危险岗位的人数 n 和各个岗位上的操作人数 N。个体数据包括:是否考核合格、工龄、平均实际工作时间、无事故工作时间等。

A　人因致灾因素的辨识和定量化标准

根据文献[26,46]对人因评价的研究,将提出适用于本研究的人因致灾研究计算公式,在此将井下工作人员的可靠性记为 R_U,而将岗位人员的可靠性记为 R_g,单个人的可靠性记为 R_S,其中单个人的可靠性 R_S 包括人员合格性 R_1,熟练稳定性 R_2,负荷因子 R_3、生理心理条件 R_4 的乘积,即:

$$R_S = \prod_{i=1}^{4} R_i \qquad (4-49)$$

式中,人员的合格性 R_1 表示为:

$$R_1 = \begin{cases} 0,工作人员考核不合格或未经考核 \\ 1,考试合格 \end{cases} \qquad (4-50)$$

根据文献[26,46]的研究和矿井生产的情况,我们此处从三

违和工伤方面入手来讨论其稳定性,人员的操作熟练、稳定性 R_2 表示为:

$$R_2 = Z_p \times (1 - Q_s) \times (1 - Q_q) \tag{4-51}$$

式中,Z_p 为月平均安全检查评定结果(以 1 分为满分),主要包括安全检查;Q_s 为年平均三违率;Q_q 为年平均工伤率。

岗位操作人员的负荷因子 R_3 表示为:

$$R_3 = \begin{cases} 1 + k_3 \left[\left(\dfrac{1}{1 - q_g} \right)^2 - 1 \right] \\ 1, q_g = 0 \end{cases} \tag{4-52}$$

式中,k_3 为比例系数,如果缺员率不大于 5%,则 $k_3 = 1$,否则取 $k_3 = 1.2$;q_g 为缺岗率。

岗位操作人员的生理心理条件 R_4 表示为:

$$R_4 = \prod_{i=1}^{2} L_i \tag{4-53}$$

式中,L_1 为人员的健康状况(从有病到无病取值范围为 0.8 ~ 1);L_2 为人员的其他生理情况(取值范围为 0.8 ~ 1)。

B 人因致灾因素中人员素质的可靠性计算

在井下一个岗位上可能有许多人,因此,在这一特定岗位上人的可靠性应是这些人员的平均值,即:

$$R_g = \sum_{i=0}^{N} \frac{R_{Si}}{N} \tag{4-54}$$

式中,N 为该岗位上所有工作人员的数目;R_{Si} 为第 i 个人的可靠性。

根据串并联原理可知,井下相同的工作岗位人员可靠性应取其平均值关系,而不同的工作岗位应视为并联关系,由此,可以得出整个井下所有重点岗位为一个单元的人员素质可靠性 R_U[47]:

$$R_U = 1 - \prod_{i=0}^{m} (1 - R_{gi}) \tag{4-55}$$

式中,m 为一个单元内的岗位数;R_{gi} 为第 i 个岗位人员素质的平均可靠性值。

　　由于井下工种繁多,而且每一个工作岗位上都有数十人甚至数百人,所以无法对其每一个人都进行研究分析,在此,以其不同岗位的各种有关数据的评价值代入并按照上述计算法则进行处理,得出岗位人员可靠性和评价值,继而得出整个矿井人因评价值。

　　下面,将对平煤六矿的相关数据(依据平煤六矿矿内安全信息日报、全矿安全评估日报、全矿安全信息日报统计、安全大检查汇报、文明生产月报、全矿安全月报、工伤事故统计以及三违人员统计等大量的事故及隐患资料)和对六矿专家组调查所得出的结果,按照不同的工种进行分类给出。如表4-14、表4-15所示,其中三违率为三违总人次数与人员总数的比值,轻伤率为轻伤总人次数与人员总数的比值。

表4-14　平煤六矿各工种综合月平均得分结果表
(1999年1月~2001年12月)

工　　种	采煤	通风	掘进	开拓	放炮	防尘	机电	运输	监测	维修
综合得分	83.87	85.57	83.9	86.47	90.75	85.2	87.1	87.65	86.24	86.13

表4-15　平煤六矿各工种年平均三违率结果表
(1999年1月~2001年12月)

工　　种	采煤	通风	掘进	开拓	放炮	防尘	机电	运输	监测	维修
平均三违率/%	18.47	10.5	8.25	9.95	4.8	6.08	5.84	5.12	4.0	5.58

　　由于平常井下的工伤事故较多,且工伤事故所带来的损失很小,在此将以轻伤率来作为统一工伤率标准,在此以死亡1人相当于轻伤6人,重伤1人相当于轻伤3人为标准,如表4-16所示。

表4-16　平煤六矿各工种年平均工伤率结果表
(1999年1月~2001年12月)

工　　种	采煤	通风	掘进	开拓	放炮	防尘	机电	运输	监测	维修
平均轻伤率/%	5.12	2.1	4.96	4.32	3.01	2.35	3.67	2.32	1.67	3.33

　　下面将根据上述数据,结合六矿专家组的意见来对计算人因致灾概率所需的数据作以近似处理。对计算作以下说明:

(1)R_1：所有的工作人员全都是经过考核合格才能够上岗且也都持有上岗证，不过除了一些特殊的情况，极个别的复岗工人有些例外，因此，在此取各岗位的 $R_1 = 0.98$；

(2)R_2：人员的操作熟练、稳定性可根据综合评定、年平均三违率和年平均工伤率来表示，如表4-17所示：

表4-17　平煤六矿各工种操作熟练、稳定性表

(1999年1月~2001年12月)

工　种	采煤	通风	掘进	开拓	放炮	防尘	机电	运输	监测	维修
操作熟练、稳定性	0.649	0.750	0.652	0.745	0.838	0.781	0.790	0.812	0.814	0.786

(3)R_3：下面给出各工种的缺岗率数据，如表4-18所示：

表4-18　平煤六矿各工种年平均缺岗率表

(1999年1月~2001年12月)

工　种	采煤	通风	掘进	开拓	放炮	防尘	机电	运输	监测	维修
缺岗率/%	2.3	6.5	4.2	4.2	5.1	4.0	5.6	1.2	6.2	7.1

则由上述表中各数据，根据公式(4-18)，可得出各工种的负荷因子系数值如表4-19所示。

表4-19　平煤六矿各工种年平均负荷因子表

(1999年1月~2001年12月)

工　种	采煤	通风	掘进	开拓	放炮	防尘	机电	运输	监测	维修
负荷因子	1.048	1.173	1.090	1.090	1.132	1.085	1.147	1.024	1.164	1.190

(4)R_4：L_1、L_2主要是根据六矿专家组的意见来进行处理，对于所有的工种均分别取0.95，0.95。

下面将进行人因致灾概率值的计算：

根据前面所述，R_U 为井下整个矿井人员的可靠性；H 为人抵消掉的致灾概率值，即人员的可靠性；$1-H=1-R_U$ 为人因的致灾概率值；由此可见，R_U 和 H 是一致的。因此：

$$1-H=1-R_U \tag{4-56}$$

由于井下各种岗位上的人员数目较多,为了研究的可能性和实用性,本项目对每一个岗位人员的可靠性,将对每一个工作岗位从整体出发来研究其人因的致灾概率。

利用公式(4-49)~公式(4-54)我们可以计算得到各个工种的人员可靠性 R_g,如表4-20所示。

表4-20 平煤六矿各工种人员可靠性表

(1999年1月~2001年12月)

工 种	采煤	通风	掘进	开拓	放炮	防尘	机电	运输	监测	维修
人员可靠度	0.602	0.778	0.629	0.718	0.839	0.750	0.774	0.736	0.838	0.827

利用公式(4-55),我们可以得到整个井下人员素质可靠性:

$$R_U = 1 - \prod_{i=0}^{m}(1 - R_{gi}) = 0.999 \tag{4-57}$$

4.2.3.3 管理致灾因素危险性评价

通过平煤六矿的事故资料和各种事故隐患资料,结合人机理论和安全系统工程相关的理论知识,管理危险源主要包括:指挥失误;操作失误;救护措施不力;管理不力等。

(1)指挥失误:1)指挥救灾失误;2)井下工作指挥失误;3)井上调度室指挥失误。

(2)操作失误:1)不懂原理的误操作;2)精力不集中而导致的误操作;3)违章操作;4)素质差,技术水平低,反应迟钝而导致的误操作;5)其他原因的误操作。

(3)救护措施不力:1)灾变事故发生时,未能及时下井进行抢救;2)井下救灾不力;3)对井下灾变判断不准,而导致救灾措施不当;4)救灾人员不够而导致事故的扩大;5)救灾人员的经验不足,而导致新的事故或人员伤亡。

(4)管理不力:1)安全奖惩制度不严;2)工人安全培训教育不够;3)干部安全意识淡漠;4)重生产而轻视安全之观念;5)安全责任不明确;6)技术管理混乱;7)安全监督管理不力;8)安全投入不足,装备不完善;9)其他原因管理不力而导致事故。

由于管理因素危险源与人因因素危险源一样都很难以定量化处理,本项目根据管理因素危险源为依据,管理致灾因素评价将主要通过矿井火灾事故责任的分析和矿井工作责任制的规定与划分来进行处理和研究,火灾事故管理因素如表 4-21 所示。下面对矿井安全管理致灾因素评价各项目分别进行详细的讨论。

表 4-21　矿井安全管理致灾因素评价项目表

序号	管理因素评价项目	序号	管理因素评价项目
1	安全生产责任制	5	矿井火灾事故危险源评价与整改
2	安全生产规章制度	6	矿井火灾事故危险源防范措施
3	安全教育情况	7	矿井火灾事故应急措施计划
4	安全技术措施计划	8	矿井火灾事故研究分析情况

(1)安全生产责任制,取值范围(0~1),如表 4-22 所示。

表 4-22　矿井安全生产责任制评价项目表

序号	评价内容及标准	序号	评价内容及标准
1.1	矿长、总工对安全生产工作负全面领导责任	1.5	井下区队长对本职范围内的安全生产负具体领导责任
1.2	分管安全工作的副矿长、副总对安全生产负主要领导责任	1.6	生产工人对本岗位安全事故负直接责任
1.3	分管其他工作的副矿长、副总对安全生产负直接领导责任	1.7	安检员对井下事故负监督责任
1.4	通风科及安检科科长、副科长对安全生产工作负领导责任	1.8	安检员对井下事故负直接责任

(2)安全生产规章制度,取值范围(0~1),如表 4-23 所示。

表 4-23　矿井安全生产规章制度评价项目表

序号	评价内容及标准	序号	评价内容及标准
2.1	安全生产奖惩制度	2.7	人员下井前的安全检查制度
2.2	安全值班制度	2.8	运输提升设备管理制度
2.3	井下各种安全技术操作规程	2.9	井下安全标志管理制度
2.4	井下特种作业设备管理制度	2.10	井下巡回安检制度
2.5	井下危险作业管理审批制度	2.11	矿级领导是否定期进行井下安检
2.6	备用通风设备完好检查制度	2.12	重点岗位是否进行不定期的安检

（3）安全教育情况，取值范围（0~1），如表4-24所示。

表4-24　矿井安全教育评价项目表

序号	评价内容及标准	序号	评价内容及标准
3.1	新工人上岗前的安全教育	3.5	对调换新工种工人进行安全技术教育
3.2	对复工工人进行再安全教育		
3.3	采用新工艺、新设备、新技术后对工人进行安全技术教育	3.6	各区、科长所进行的安全教育
		3.7	班组长所进行的安全教育
3.4	对安检员、救护队队员等特殊工种人员的专业培训	3.8	全员所进行的安全教育
		3.9	井下火灾事故发生后的逃生教育

（4）安全技术措施计划，取值范围（0~1），如表4-25所示。

表4-25　矿井安全技术措施计划评价项目表

序号	评价内容及标准	序号	评价内容及标准
4.1	矿在编制生产、技术、财务计划时，必须同时编制安全技术措施计划	4.3	按规定提取安全技术措施费用和专款
4.2	安全技术措施计划有明确的期限和负责人	4.4	矿年度计划应有安全目标值

（5）矿井火灾事故危险源评价与整改，取值范围（0~1），如表4-26所示。

表4-26　瓦斯爆炸事故危险源评价与修改项目表

序号	评价内容及标准	序号	评价内容及标准
5.1	是否进行火灾事故危险源辨识评价	5.4	火灾危险源是否采取了控制措施
5.2	有无危险源分级管理制度	5.5	对火灾事故隐患是否按要求整改
5.3	可燃物、火源是否被列为重大危险源		

（6）矿井火灾事故危险源防范措施，取值范围（0~1），如表4-27所示。

表4-27 矿井火灾事故危险源评价项目表

序号	评价内容及标准	序号	评价内容及标准
6.1	是否严格控制可燃物	6.6	对可燃物聚集地是否采取疏散
6.2	可燃物超限是否采取措施	6.7	重要通风设施设备是否完好
6.3	对于井下各种火源出现的控制	6.8	有无进行防范重大危险源教育
6.4	电气设备有无防爆措施	6.9	有无完整的可燃物监测记录
6.5	突出矿井是否采取监控措施	6.10	可燃物超限有无进行深入分析

(7)矿井事故应急措施与应急计划,取值范围(0~1),如表4-28所示。

表4-28 矿井火灾事故应急措施与应急计划评价项目表

序号	评价内容及标准	序号	评价内容及标准
7.1	有应急指挥和组织机构	7.3	有必须的应急医护人员
7.2	井下有完善的应急处理程序和措施	7.4	调度室必须有矿级领导以应急

(8)矿井火灾事故研究分析情况,取值范围(0~1),如表4-29所示。

表4-29 矿井火灾事故研究分析情况评价项目表

序号	评价内容及标准	序号	评价内容及标准
8.1	有完整系统的事故记录	8.4	有事故后调整方案
8.2	有完整的事故调查、分析研究报告	8.5	杜绝类似事故再发生措施
8.3	有年度、月度事故统计资料、分析表		

则管理的综合评价值为:

$$M = \prod_{i=0}^{n} G_i \qquad (4-58)$$

式中,M 为每一个评价项目的评价结果值,即管理所抵消掉的致灾概率值;n 为评价的总项目数;G_i 为各管理项目的评价结果值。

下面将从平煤六矿安全生产条例、安全生产管理措施,以及平煤集团公司关于重大安全隐患责任追究条例的规定(试行)和安全月活动总评表(征求意见稿)等来对六矿的管理因素进行评定。

其各项目中的小项目的评定结果是根据规则的制定情况和执行的情况来综合打分。由平煤六矿专家组所给出的评分结果如表4-30所示。

表 4-30   平煤六矿管理因素数据表

序号	评分	序号	评分	序号	评分	序号	评分	序号	评分	序号	评分
1.1	1	2.3	0.961	3.1	1	4.2	1	6.3	0.962	7.3	1
1.2	1	2.4	1	3.2	1	4.3	1	6.4	1	7.4	0.998
1.3	1	2.5	0.992	3.3	1	4.4	0.986	6.5	1	8.1	1
1.4	1	2.6	1	3.4	0.972	5.1	0.956	6.6	1	8.2	1
1.5	1	2.7	0.988	3.5	0.975	5.2	0.949	6.7	0.979	8.3	1
1.6	1	2.8	1	3.6	1	5.3	1	6.8	1	8.4	1
1.7	0.964	2.9	1	3.7	1	5.4	1	6.9	1	8.5	0.988
1.8	1	2.10	1	3.8	1	5.5	0.974	6.10	0.968		
2.1	1	2.11	1	3.9	1	6.1	1	7.1	1		
2.2	1	2.12	1	4.1	1	6.2	0.978	7.2	1		

根据上面的数据表,则可以得出各评分项目的评分值:

$$P_{j2} = P_{j2.1} \times P_{j2.2} \times P_{j2.3} \times P_{j2.4} \times P_{j2.5} \times P_{j2.6} \times P_{j2.7}$$
$$\times P_{j2.8} \times P_{j2.9} \times P_{j2.10} \times P_{j2.11} \times P_{j2.12}$$
$$= 1 \times 1 \times 0.961 \times 1 \times 0.992 \times 1 \times 0.988 \times 1 \times 1 \times 1 \times 1 \times 1$$
$$= 0.942$$

同理可得出其他评价项目的评分值,其值如表4-31所示。

表 4-31   平煤六矿管理因素数据表

序号	评分	序号	评分	序号	评分	序号	评分
1	0.964	3	0.948	5	0.884	7	0.998
2	0.942	4	0.986	6	0.892	8	0.988

则管理因素所抵消掉的致灾概率的综合评价结果可以利用下面的公式来进行计算,即:

$$M = \prod_{i=1}^{n} G_i$$

则管理的致灾概率值为:

$$M = \prod_{i=1}^{n} (1 - G_i) \tag{4-59}$$

$$1 - M = 1 - \prod_{i=1}^{n} (1 - G_i) \tag{4-60}$$

式中,G_i 为每一个评价项目的评价结果值,即管理所抵消掉的致灾概率值;n 为评价的总项目数;M 为各管理因素的评价结果值;$1 - M$ 为管理因素的致灾概率值。

利用公式(4-26)得到管理致灾概率值:

$$1 - M = 1 - \prod_{i=1}^{n} (1 - G_i) = 0.999 \tag{4-61}$$

4.2.3.4 矿井人因管理致灾因素的灰色关联分析

由公式(4-48)、公式(4-57)、公式(4-61)可以看出,人因管理致灾因素对火灾事故的发生概率是有影响的。为了给矿井生产决策者提供更加直观、形象的信息,有必要对人因管理致灾各个因素间的关系作进一步的分析。下面利用灰色系统理论对矿井人因管理致灾因素进行灰色关联分析。

A 引言

灰色系统理论认为[48],客观世界是信息的世界,其中既有大量已知的信息,也有许多未知、非确知信息。未知的信息称为黑色的;已知信息称为白色的;既含有未知信息又含有已知信息的系统,则称为灰色系统。通过对灰色系统的白化,对系统的认识便由知之不多到知之甚详,由知之甚详再到认识其变化规律,最后从变化规律中提取所需要的信息。可以解决以往由于数据少、信息不确定而无法研究,或难以研究的软科学与技术科学问题。

灰色系统理论的研究对象不简单的是一个数学系统或受控制的物理系统,它可能是一个包含政治、经济、军事、科技诸因素在内的复杂系统,并且有决策、管理、咨询等人为因素的参与、影响和调控。管理科学是管理领域中着重要研究管理决策的一个分支,决策是管理科学中最强调的部分。灰色系统以其处理"少数不确定性"的独特优点,进而成为管理科学的重要工具。

灰色关联度分析是一种相对性的排序分析。各因素的灰关联分析，目的是定量地表征诸因素之间的关联程度，以便提示出灰色系统的主要特征。

B 关联度分析的主要步骤[49]

关联度分析的主要步骤：

(1)确定参考数列 $x_0 = (x_0(1), x_0(2), \cdots, x_0(n))$ 及被比较的数列 $x_i(i = 1, 2, \cdots, n) = (x_i(1), x_i(2), \cdots, x_i(n))$；

(2)对原始数据作无量纲化处理，即将 x_0, x_i 化作无单位的相对数值；

由于各数列的单位不同，为了使其具有可比性，需对原始数据进行无量纲化处理，以便有利于不同量纲和不同量级因素的比较。无量纲化的方法很多，譬如：数据初始化、数据均值化、数据极差化等。本书采用数据极差化方法，它是数理统计中经常使用的一种方法，即：

$$x' = \frac{x - \min x_i}{\max x_i - \min x_i}$$

式中，x_i 为原始数据；$\max x_i$ 和 $\min x_i$ 分别是数列 x_i 中的最大值和最小值。

(3)求差序列。记为：

$$\Delta_i(k) = |x'_0(k) - x'_i(k)|$$

$$\Delta_i(k) = (\Delta_i(1), \Delta_i(2), \cdots, \Delta_i(n)), (i = 1, 2, \cdots, n)$$

(4)求两极最大差和两极最小差：

$$\Delta_i(\max) = \max_i \max_k \Delta_i(k),$$

$$\Delta_i(\min) = \min_i \min_k \Delta_i(k)$$

(5)求关联系数：

$$\xi_{i(k)} = \frac{\Delta_i(\min) + \rho \cdot \Delta(\max)}{\Delta_i(k) + \rho \cdot \Delta(\max)}$$

$k = 1, 2, \cdots, m$；

$i = 1, 2, \cdots, n$；$\rho \in (0, 1)$，通常取 0.5。

(6)计算关联度。关联系数只表示各时刻数据间的关联程度,由于它过于分散,不便于比较,因此,用其平均值作为集中化处理的一种方法。

$$r_i = \frac{1}{N} \sum_{i=1}^{N} \xi_{i(k)} , (k = 1,2,\cdots,N)$$

C 人因管理致灾因素对矿井安全评价影响关系的计算

(1)以平煤六矿 2001 年 1 月~2001 年 12 月的统计数据为依据,根据平煤六矿专家组的意见,给各个工种的管理致灾因素打分,安全生产责任制 A(0~20 分)、安全生产规章制度 B(0~20 分)、安全教育情况 C(0~10 分)、安全技术措施计划 D(0~10 分)、危险源评价与修改 E(0~10 分)、重大危险源防范措施 F(0~10 分)、井下事故应急措施与应急计划 G(0~10 分)、安全事故研究分析情况 H(0~10 分)、管理评定总分 I,评分如表 4-32 所示。

表 4-32　管理致灾因素专家评分表

工种	采煤	通风	掘进	开拓	放炮	防尘	机电	运输	监测	维修
A	19.28	19.26	19.03	19.45	19.32	19.26	19.13	19.27	19.28	19.03
B	18.84	18.67	18.87	19.03	18.85	18.93	18.83	18.59	18.68	17.26
C	7.48	9.48	7.49	9.50	7.42	9.47	9.46	9.45	9.50	9.87
D	9.86	9.89	8.90	9.84	7.74	9.98	9.87	9.87	9.86	9.76
E	8.84	8.85	8.86	8.89	8.82	8.83	8.84	8.85	8.82	8.32
F	8.92	8.93	8.74	8.98	8.97	8.89	8.91	8.92	8.92	9.03
G	9.98	9.97	9.87	10	9.87	9.98	9.98	9.89	9.87	9.87
H	9.88	9.92	9.78	9.87	9.82	9.88	9.86	9.78	9.90	9.36
I	93.08	94.97	91.54	95.56	90.88	95.11	94.56	94.62	94.83	92.5

以平煤六矿 2001 年 1 月~2001 年 12 月 24 日的统计数据为依据,将六矿各工种安全综合评价得分记为参数列 X_0,将对其综合评价得分产生影响的人因管理致灾因素记为比较列 X_i。各工种人因致灾因素包含平均三违率 X_1、平均伤亡人数 X_2、人员合格率 X_3、缺岗率 X_4,各工种管理致灾因素综合得分 X_5 是安全生产责

任制、安全生产规章制度、安全教育情况、安全技术措施计划、危险源评价与修改、重大危险源防范措施、井下事故应急措施与应急计划、安全事故研究分析情况的综合结果,具体情况见表4-33所示。

（2）经极差无量纲化处理结果见表4-34所示。

（3）求差序列。计算结果见表4-35所示。

表 4-33 平煤六矿安全评价原始数据表

项目	采煤	通风	掘进	开拓	放炮	防尘	机电	运输	检测	维修
X_0	83.87	85.57	83.9	86.47	90.75	85.2	87.1	87.65	86.24	86.13
X_1	18.47	10.5	18.25	9.95	4.8	6.08	5.84	5.12	4.0	5.58
X_2	5.12	2.1	4.96	4.32	3.01	2.35	3.67	2.32	1.67	3.33
X_3	0.98	0.98	0.98	0.98	0.98	0.98	0.98	0.98	0.98	0.98
X_4	0.649	0.750	0.652	0.745	0.838	0.781	0.790	0.812	0.814	0.786
X_5	93.08	94.97	91.54	95.56	90.88	95.11	94.56	94.62	94.83	92.5

表 4-34 无量纲化处理结果

项目	采煤	通风	掘进	开拓	放炮	防尘	机电	运输	检测	维修
X_0'	0.924	0.943	0.925	0.953	1	0.939	0.960	0.966	0.950	0.949
X_1'	1	0.568	0.988	0.539	0.260	0.329	0.316	0.277	0.217	0.302
X_2'	1	0.410	0.969	0.844	0.588	0.459	0.717	0.453	0.326	0.650
X_3'	1	1	1	1	1	1	1	1	1	1
X_4'	0.774	0.895	0.778	0.889	1	0.932	0.943	0.969	0.971	0.938
X_5'	0.974	0.989	0.958	1	0.951	0.995	0.990	0.991	0.992	0.968

表 4-35 差序列

$\Delta1$	0.076	0.375	0.063	0.414	0.740	0.610	0.644	0.689	0.733	0.647
$\Delta2$	0.076	0.533	0.044	0.109	0.412	0.480	0.243	0.513	0.624	0.299
$\Delta3$	0.076	0.057	0.075	0.047	0	0.061	0.040	0.034	0.050	0.051
$\Delta4$	0.150	0.048	0.147	0.064	0	0.007	0.017	0.003	0.021	0.011
$\Delta5$	0.050	0.046	0.033	0.047	0.049	0.056	0.030	0.025	0.042	0.019

(4)计算关联系数：

根据已求出的有关数值：

$$\Delta_i(\min) = \min_i\min_k |x_0'(k) - x_i'(k)| = 0$$

$$\Delta_i(\max) = \max_i\max_k |x_0'(k) - x_i'(k)| = 0.74$$

则得到关联系数如下：

$\xi_{1(1)} = 0.8296, \xi_{1(2)} = 0.4966, \xi_{1(3)} = 0.8545, \xi_{1(4)} = 0.4719, \xi_{1(5)} = 0.3333, \xi_{1(6)} = 0.3776, \xi_{1(7)} = 0.3649, \xi_{1(8)} = 0.3494, \xi_{1(9)} = 0.3354, \xi_{1(10)} = 0.3638$

$\xi_{2(1)} = 0.8296, \xi_{2(2)} = 0.4097, \xi_{2(3)} = 0.8937, \xi_{2(4)} = 0.7724, \xi_{2(5)} = 0.4731, \xi_{2(6)} = 0.4353, \xi_{2(7)} = 0.6036, \xi_{2(8)} = 0.4190, \xi_{2(9)} = 0.3722, \xi_{2(10)} = 0.5531$

$\xi_{3(1)} = 0.8296, \xi_{3(2)} = 0.8665, \xi_{3(3)} = 0.8315, \xi_{3(4)} = 0.8873, \xi_{3(5)} = 1, \xi_{3(6)} = 0.8585, \xi_{3(7)} = 0.9024, \xi_{3(8)} = 0.9158, \xi_{3(9)} = 0.8810, \xi_{3(10)} = 0.8789$

$\xi_{4(1)} = 0.7115, \xi_{4(2)} = 0.8852, \xi_{4(3)} = 0.7157, \xi_{4(4)} = 0.8525, \xi_{4(5)} = 1, \xi_{4(6)} = 0.9814, \xi_{4(7)} = 0.9561, \xi_{4(8)} = 0.9920, \xi_{4(9)} = 0.9463, \xi_{4(10)} = 0.9711$

$\xi_{5(1)} = 0.8810, \xi_{5(2)} = 0.8894, \xi_{5(3)} = 0.9181, \xi_{5(4)} = 0.8873, \xi_{5(5)} = 0.7889, \xi_{5(6)} = 0.8685, \xi_{5(7)} = 0.925, \xi_{5(8)} = 0.9367, \xi_{5(9)} = 0.8981, \xi_{5(10)} = 0.9512$

作关联系数 $\xi_{1(k)}$ 在各工种的值的集合，得关联系数 ξ_1，

则 $\xi_1 = (\xi_{1(1)}, \xi_{1(2)}, \xi_{1(3)}, \xi_{1(4)}, \xi_{1(5)}, \xi_{1(6)}, \xi_{1(7)}, \xi_{1(8)}, \xi_{1(9)}, \xi_{1(10)}) = (0.8296, 0.4966, 0.8545, 0.4719, 0.3333, 0.3776, 0.3649, 0.3494, 0.3354, 0.3638)$

$\xi_2 = (0.8296, 0.4097, 0.8937, 0.7724, 0.4731, 0.4353, 0.6036, 0.419, 0.3722, 0.5531)$

$\xi_3 = (0.8296, 0.8665, 0.8315, 0.8873, 1, 0.8585, 0.9024, 0.9158, 0.8810, 0.8789)$

$\xi_4 = (0.7115, 0.8852, 0.7157, 0.8525, 1, 0.9814, 0.9561,$

0. 992,0. 9463,0. 9711)

$\xi_5 = (0.881,0.8894,0.9181,0.8873,0.7889,0.8685,0.925,$
$0.9367,0.8981,0.9512)$

（5）计算关联度。

$r_1 = 0.4777, r_2 = 0.5762, r_3 = 0.885, r_4 = 0.9012, r_5 = 0.8944$

D　结果分析

由此可见，X_4 与 X_0 的关联度 r_4 最大，即 X_4 是与 X_0 发展趋势最为接近的因素，或者说 X_4 是对 X_0 影响最大的因素。X_1 与 X_0 的关联度 r_1 最小，即 X_1 与 X_0 是发展趋势最不接近的因素，或者说 X_1 是对 X_0 影响最小的因素。则得到灰色关联序为：$r_4 > r_5 > r_3 > r_2 > r_1$。

由以上的关联度分析可以看出，人因致灾因素包含的人员合格率和缺岗率对各矿井安全综合评价的影响是最大的，这就告诉决策者，在岗人员的文化素质是矿井安全的关键所在。其次是要降低缺岗率，保证井下重要岗位时时有人看管。管理致灾因素对矿井安全评价的影响也是显而易见的，一个好的管理制度对矿井安全有促进的作用，反之，则会损害矿井的安全状况。通过对影响矿井安全的致灾因素的分析，决策者可以抓住事物的主要矛盾，然后加以解决，达到促进矿井安全生产的目的。

4.2.4　矿井火灾事故评价及应用

4.2.4.1　基于三角模糊数的矿井火灾事故评价

矿井火灾被公认为是重大危险源，尽管其发生的概率很小，但是只要发生一次就足以产生很严重的后果，所以我们仅仅对其进行模糊概率评价，而没有涉及其严重度，显而易见是没有现实意义的。在此不对其进行模糊评价。对于引燃火源 A 与可燃物 B 在相遇的情况下，只有在处理不当的情况下才发生火灾，单独的 A 或者 B 发生不会发生危险，所以对其模糊概率评价是有积极意义的。

在对基本致灾因子状态程度的测量中，应用语言变量"安全"、"较安全"、"较危险"、"很危险"、"极危险"表示其状态程度,使得人们在感性上对其有个大致的概念。获得的公众对它们的认识水平程度如表4-36所示,其对应的图形如图4-18所示。

表4-36 模糊数参数与安全度的关系

模糊数参数	安　全	较安全	较危险	很危险	较危险
m	0.00	0.358	0.541	0.751	1
3σ	0.298	0.105	0.111	0.097	0.179

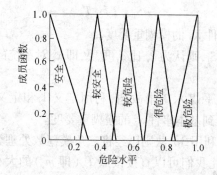

图4-18 公众认识水平程度图

结合图4-15以及表4-13,从图4-18可以清楚地看出,危险源A和危险源B属于较危险程度,我们应该加强对这两个危险源的管理。

对于事故树底部基本事件,对其进行模糊排序对平煤六矿决策者来说是有积极意义的。

重要度分析是故障树分析的重要组成部分,我们借助于模糊数中值的定义,给出了模糊重要度分析的中值法,对事故树基本事件进行排序。

定义1 对于图4-16令 $A_1 = \int_{m-l}^{m} \mu_{\tilde{A}}(x)\mathrm{d}x, A_2 = \int_{m}^{m+u} \mu_{\tilde{A}}(x)\mathrm{d}x, A = A_1 + A_2$,存在点 Z,使得经该点为分界线,模糊数曲线下的左、右两部分面积相等,则称 Z 为该模糊数的中位数。

定义 2　设事故树的结构函数为：$\phi(x_1,x_2,\cdots,x_n)$，x_i 是事故树基本事件，其可能性分布模糊数记为 $\tilde{x_i}$。则顶事件可能性分布 $\tilde{T}=\tilde{\phi}(\tilde{x_1},\tilde{x_2},\cdots,\tilde{x_n})=(3\sigma,m,3\sigma)$，中位数记为 T_Z。

$\tilde{T_i}=\tilde{\phi}(\tilde{x_1},\tilde{x_2},\cdots,\tilde{x_{i-1}},0,\tilde{x_{i+1}},\cdots,\tilde{x_n})=(3\sigma,m_i,3\sigma)$，中位数记为 T_Z^i。

我们称：

$$S_i=T_Z-T_Z^i \tag{4-62}$$

为基本事件 X_i 的模糊重要度。

如果 $S_i>S_j$，则认为 x_i 比 x_j 重要，即 x_i 对系统的影响比 x_j 对系统的影响大。

结合上述平煤六矿事故树，利用定义 1 和定义 2 以及公式 (4-62) 我们得到基本事件 x_i 的模糊重要度。

由于我们利用 3σ 法则已经将三角模糊数处理为左右对称的图形，所以在此我们可以直接按照 T_Z^i（即 m_i）的大小来对基本事件进行排序。

$$C_1>C_3>A_1=C_2>X_{55}>A_2>C_4>X_{51}>A_3$$

从此排序可以看出，总体上瓦斯积聚包含因素的危险发生可能性要高。然后是电气火源、放炮火源、摩擦火源。

$$X_{46}>X_{37}>X_{42}=X_{45}>X_{35}>X_{15}>X_{48}>X_5>X_{43}>X_{36}>X_9$$
$$=X_{29}>X_6>X_{33}>X_{40}>X_{50}>X_{28}=X_{49}>X_{44}=X_{41}=X_{24}=X_{17}$$
$$=X_{11}=X_3>X_{27}>X_{25}>X_{14}=X_{18}=X_{26}=X_{30}>X_{13}=X_{19}=X_{21}=X_{20}$$
$$=X_{12}=X_{39}=X_7=X_{34}>X_1=X_2=X_4=X_8=X_{10}=X_{16}=X_{23}=X_{22}$$
$$=X_{31}=X_{32}=X_{38}=X_{47}=X_{52}=X_{53}=X_{54}$$

从上面的分级排序可以粗略地看出事件 X_{46}、X_{37}、X_{42} 的危险发生概率很大，是导致事故最为频繁的诱发因素，尤其是 X_{46} 是发生最为频繁的事件，所以要求我们对通风设施漏风要加以妥善的处理，应特别给予重视，并且严加防范。事件 X_{45}、X_{35}、X_{15}、X_{48}、X_5、X_{43}、X_{36}、X_9、X_{29}、X_6、X_{33}、X_{40}、X_{50}、X_{28}、X_{49}、X_{44}、X_{41}、X_{24}、X_{17}、

X_{11}、X_3 发生概率较大,是导致火灾比较常见的因素,决策者应制定严格的制度防止此类事件的发生。事件 X_{27}、X_{25}、X_{14}、X_{18}、X_{26}、X_{30}、X_{13}、X_{19}、X_{21}、X_{12}、X_{20}、X_{39}、X_7、X_{34}、X_1、X_2、X_4、X_8、X_{10}、X_{16}、X_{23}、X_{22}、X_{31}、X_{32}、X_{38}、X_{47}、X_{52}、X_{53}、X_{54}虽然危险性不如前面两类大,但是也要给予足够的重视,不能掉以轻心。

基本事件 X_i 模糊重要度大表示着其对系统的影响要大,所以如果想要改善系统,提高系统的可靠性,则首先考虑如何改进模糊重要度大的事件。

从上面模糊概率排序以及分级我们可以看出,引燃火源 A 和可燃物 B 是比较危险的因素,发生的概率比较大。所以平煤六矿的决策者要想从根本上杜绝火灾,就要严格管理这两个重要的因素。除此之外,在引燃火源 A 和可燃物 B 不可避免相遇的情况下,要尽快采取措施妥善处理,把火灾事故消灭在萌芽阶段。本文所提到的模糊排序以及模糊分级方法,使得平煤六矿决策者对引燃火源 A 和可燃物 B 这两大因素在脑海中有个感性的认识,以及其包含的众多因素的发生概率高低,对平煤六矿以及全国的煤炭系统管理决策有着一定的指导意义。

4.2.4.2 最小割集在矿井火灾事故评价中的应用

A 引言

系统安全分析是安全系统工程的核心内容,它是安全评价的基础。通过这个过程,人们可以对系统进行深入、细致地分析,充分了解、查明系统存在的危险,估计事故发生的概率和可能产生的伤害以及损失的严重程度,为安全评价作出依据。对于系统安全分析方法而言,目前提出的已有数十种之多。除了它们各有特点外,其中有不少方法是雷同重复的。因而,使用时应设法了解系统,并且选用合适的、具有特色的分析法[50]。

我国目前较常用的有安全检查表、事件树、事故树、故障类型影响分析和因果分析图法等。在煤矿火灾事故重大危险源评价过程中,事故树分析法发挥了重要作用,引起矿井火灾的各类触发性危险源之间的逻辑关系很好地得到描述,为安全评价提供了依据。

B　最小割集的概念

最小割集在事故树分析法中占有很重要的地位。导致顶上事件发生的最低限度的基本事件的组合叫最小割集[51]。由定义可知,有多少个割集,顶上事件就有多少种发生的可能。

最小割集是连通图的一组边的集合,把这个集合中所有边从图中删去,将使该图分离为两部分,若把这个集合中的任何真子集从图中删去,则不能使该图分离为两部分。例如,图 4-19 中,$\{e_2,$ $e_3, e_4\}$ 是一个最小割集,$\{e_4, e_5\}$ 也是一个最小割集,但 $\{e_5, e_6\}$ 不是最小割集,虽然删去它图 4-19 变为不连通,但是它不符合最小割集的定义,因为 $\{e_5, e_6\}$ 的真子集 $\{e_6\}$ 是最小割集。由此我们可以看出,若割集存在,则任一割集就是造成系统分流短路的分支集合。事故树中有几个最小割集,顶上事件发生就有几种可能,最小割集越多,系统就越危险,最小割集反映了系统的危险性。最小割集中基本事件数越多,事故就越难发生;反之,基本事件数越少,事故发生就越容易。

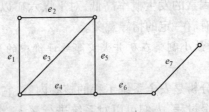

图 4-19　最小割集连通图

C　结构重要度分析

结构重要度分析,是从事故树结构上分析各基本事件的重要程度。即在不考虑各基本事件的发生概率的情况下,分析各基本事件对顶上事件发生所产生的影响程度。基本事件结构重要度越大,它对顶上事件的影响就越大,反之亦然。结构重要度的求法有两种,一种是求结构重要度系数,以系数大小排列各基本事件和重要顺序;另外一种是利用最小割集或最小径集判断系数的大小,排出顺序。这里讨论的是第一种方法的改进及其应用。

在一个事故树中,不同的基本事件对顶上事件的影响是不同的。所以了解掌握各基本事件的发生对顶上事件发生所产生的影响程度,有助于人们获得修改系统的重要信息。

求解基本事件的结构重要度系数,可以依据下述三个近似式之一予以计算。

$$I_\phi(i) = \frac{1}{K} \sum_{j=1}^{K} \frac{1}{n_j} \qquad (4\text{-}63)$$

$$I_\phi(i) = \sum_{x_i \in K_j} \frac{1}{2^{n_j-1}} \qquad (4\text{-}64)$$

$$I_\phi(i) = 1 - \prod_{x_i \in K_j} \left(1 - \frac{1}{2^{n_j-1}}\right) \qquad (4\text{-}65)$$

式中,$I_\phi(i)$ 为基本事件 x_i 的结构重要度系数;K 为最小割集的总数;n_j 为基本事件 x_i 所在 K_j 的基本事件数;K_j 为最小割集。

D 方法的改进

对于比较复杂的事故树,底部基本事件的数目是繁多的,有意义的是对其进行大概的排序,为宏观决策提供依据。对事故树底部基本事件的安全分析,主要的方法有事故隐患分级法、事故伤亡分级法、结构重要度分级法、概率重要度分级法以及概率风险系数分级法等。事故隐患分级法是根据整个系统所存在的各种事故隐患数据来对危险源进行分级;事故伤亡分级法是利用系统的各种伤亡数据来对危险源进行分级;这两种方法显然缺乏从量上的说明力度。概率重要度分级法是研究各基本事件的发生概率对顶上事件发生概率的影响程度。当求出基本事件的概率后,就可知在诸多基本事件中,降低哪个基本事件的发生概率,就可迅速有效地降低顶上事件的发生概率。但概率重要度并不能从本质上反映各基本事件在控制顶上事件发生的有效作用。另外通常认为,减小概率大的基本事件的发生概率要比减小概率小的容易;但概率重要度系数并未反映这一事实。因此,人们采用综合合成重要度法来进行分级计算,而从敏感度和概率两方面来确定基本事件的重要度(参考文献[52])。计算公式如下:

$$I_m(i) = \frac{\partial \ln g_T}{\partial \ln q_i} \qquad\qquad (4-66)$$

式中，$I_m(i)$ 为顶上事件对第 i 基本事件发生概率的风险系数；g_T 为顶上事件的发生概率函数；q_i 为第 i 个基本事件发生的概率函数。

经推导上式可以改写为：

$$I_m(i) = q_i \times \frac{I_g(i)}{g_T} \qquad\qquad (4-67)$$

式中，$I_g(i)$ 为第 i 基本事件的概率重要度。

此公式计算比较烦琐，如果没有微机的帮助，人为计算很烦琐。对于矿井火灾事故树而言，基本事件很多，而且事故树复杂，烦琐复杂的精确计算结果对领导者的决策并不能产生明显的意义。综合上述各种方法的优缺点，需要迫切开发一种新型而简便的方法，并且能从量的角度上来表达事故树各个基本事件对顶上事件的影响程度。危险评价模型建立基本原则中的损失合成原则是用事故发生概率值乘以事故的后果严重度值来计算事故严重度。根据损失合成原则的思想，可以用事故树基本事件引发事故的概率值×结构重要度＝加权结构严重度这个式子来对基本事件进行评价分级。数学表达式为：

$$I'_g(i) = p(x_i) \times I_\phi(i) \qquad\qquad (4-68)$$

式中，$I'_g(i)$ 为加权结构严重度，用来表达基本事件 x_i 对顶上事件的影响程度；$p(x_i)$ 为基本事件 x_i 的发生概率；$I_\phi(i)$ 为基本事件 x_i 的结构重要度系数。

此种方法叫做加权结构重要度分析法。

E　方法的应用

下面将对平煤六矿重大危险源（火灾）事故树进行分析评价。综合 2002 年～2003 年大量发生火灾的原因的探讨，建立火灾事故树（如图 4-15 所示）。对事故树底部基本事件进行发生次数的统计（由于基本事件统计工作的困难，不能统计数据的则根据专家打分的办法求得），然后进行归一化处理，求得发生概率，如表 4-37 所示。

表 4-37 基本事件发生概率统计数据表(归一化处理)

代号	基本事件	$p(x_i)$	代号	基本事件	$p(x_i)$
X_1	拆卸灯具所致	0.001	X_{29}	瓦斯积聚时处理不当	0.016
X_2	带电检修	0.001	X_{30}	密闭不严造成瓦斯涌出	0.004
X_3	设备开关接线盒短路	0.007	X_{31}	排放瓦斯过程不当	0.001
X_4	电缆电压高绝缘击穿电路	0.001	X_{32}	放炮造成瓦斯积聚	0.001
X_5	设备进线松动失爆	0.035	X_{33}	盲巷未能及时密封	0.012
X_6	电缆或设备进线露芯线	0.014	X_{34}	冒顶造成瓦斯积聚	0.003
X_7	电焊或气焊	0.003	X_{35}	通风面积不够	0.065
X_8	电机车火花	0.001	X_{36}	风筒送风距离不够造成掘进风量不足	0.025
X_9	设备进线或电缆鸡爪子或羊尾巴	0.016			
X_{10}	照明设备出火	0.001	X_{37}	风机及主要风门无人看守	0.112
X_{11}	电气设备露明线头	0.007	X_{38}	落顶不及时	0.001
X_{12}	电气设备其他原因失爆	0.003	X_{39}	串联通风	0.003
X_{13}	装药不当	0.003	X_{40}	风流短路	0.011
X_{14}	抵抗线不足	0.004	X_{41}	供风能力不足	0.007
X_{15}	炸药质量不合格	0.041	X_{42}	通风系统不完善	0.068
X_{16}	放炮器出火	0.001	X_{43}	局扇循环风	0.027
X_{17}	分段放炮	0.007	X_{44}	通风系统不稳定	0.007
X_{18}	封泥不足	0.004	X_{45}	风扇机型不当	0.068
X_{19}	凿岩机、煤电站火花	0.003	X_{46}	通风设施漏风	0.235
X_{20}	运输设备摩擦出火	0.003	X_{47}	风机故障或停电	0.001
X_{21}	其他摩擦撞击火花	0.003	X_{48}	通风设施使用不当	0.037
X_{22}	煤炭自燃	0.001	X_{49}	其他原因无法检查瓦斯	0.008
X_{23}	吸烟明火	0.001	X_{50}	瓦斯检测员脱岗	0.010
X_{24}	地质变化瓦斯涌出	0.007	X_{51}	其他原因	0.014
X_{25}	微(无)风作业	0.004	X_{52}	遗煤	0.001
X_{26}	采空区瓦斯涌出	0.004	X_{53}	皮带	0.001
X_{27}	巷道贯通未能及时通风	0.005	X_{54}	木支架	0.001
X_{28}	报警断电仪失灵或故障	0.008	X_{55}	未及时处理	0.068

从前面事故树图 4-15 可以看出,最小割集有:

$\{X_1, X_{55}, X_{24}\}, \{X_1, X_{55}, X_{25}\}, \cdots, \{X_1, X_{55}, X_{54}\}, \{X_2, X_{55}, X_{24}\}, \{X_2, X_{55}, X_{25}\}, \cdots, \{X_2, X_{55}, X_{54}\}, \{X_3, X_{55}, X_{24}\}, \{X_3, X_{55}, X_{25}\}, \cdots, \{X_3, X_{55}, X_{54}\}, \{X_4, X_{55}, X_{24}\}, \{X_4, X_{55}, X_{25}\}, \cdots, \{X_4, X_{55}, X_{54}\}, \cdots, \{X_{23}, X_{55}, X_{24}\}, \{X_{23}, X_{55}, X_{25}\},$

$\cdots , \{X_{23} , X_{55} , X_{54}\}$。

总共有 $31 \times 23 = 713$，表明了该系统火灾发生的可能性有713种。

按照公式(4-33)计算基本事件 x_i 的结构重要度系数：

$$I_{\phi}(1) = \frac{1}{713} \times [\underbrace{\frac{1}{3} + \frac{1}{3} + \cdots + \frac{1}{3}}_{31}] = \frac{1}{69} = I_{\phi}(2) = \cdots = I_{\phi}(23)$$

$$I_{\phi}(24) = \frac{1}{713} \times [\underbrace{\frac{1}{3} + \frac{1}{3} + \cdots + \frac{1}{3}}_{23}] = \frac{1}{93} = I_{\phi}(25) = \cdots = I_{\phi}(54)$$

$$I_{\phi}(55) = \frac{1}{713} \times [\underbrace{\frac{1}{3} + \frac{1}{3} + \cdots + \frac{1}{3}}_{713}] = \frac{1}{3}$$

按照加权结构重要度分析法中公式(4-68)计算可得表4-38。

表4-38　基本事件加权结构严重度表

基本事件	$I'_g(i)/\times 10^{-5}$	基本事件	$I'_g(i)/\times 10^{-5}$	基本事件	$I'_g(i)/\times 10^{-5}$
X_1	1.5	X_{15}	59.4	X_{29}	17.2
X_2	1.5	X_{16}	1.5	X_{30}	4.3
X_3	10.1	X_{17}	10.1	X_{31}	1.1
X_4	1.5	X_{18}	5.8	X_{32}	1.1
X_5	50.7	X_{19}	4.5	X_{33}	12.9
X_6	20.9	X_{20}	4.5	X_{34}	3.2
X_7	4.5	X_{21}	4.5	X_{35}	69.9
X_8	1.5	X_{22}	1.5	X_{36}	26.9
X_9	23.2	X_{23}	1.5	X_{37}	120.4
X_{10}	1.5	X_{24}	7.5	X_{38}	1.1
X_{11}	10.1	X_{25}	4.3	X_{39}	3.2
X_{12}	4.5	X_{26}	4.3	X_{40}	11.8
X_{13}	4.5	X_{27}	5.4	X_{41}	77.8
X_{14}	5.8	X_{28}	8.6	X_{42}	73.1

基本事件	$I'_g(i)/\times 10^{-5}$	基本事件	$I'_g(i)/\times 10^{-5}$	基本事件	$I'_g(i)/\times 10^{-5}$
X_{43}	29.0	X_{48}	39.8	X_{53}	1.1
X_{44}	77.8	X_{49}	8.6	X_{54}	1.1
X_{45}	73.1	X_{50}	10.8	X_{55}	2266.7
X_{46}	252.7	X_{51}	15.1		
X_{47}	1.1	X_{52}	1.1		

则事故树基本事件排序为：

$X_{55} > X_{46} > X_{37} > X_{44} = X_{41} > X_{42} > X_{43} > X_{35} > X_{15} > X_5 > X_{48}$
$> X_{43} > X_{36} > X_9 > X_6 > X_{29} > X_{51} > X_{33} > X_{40} > X_{50} > X_{17} = X_{11} =$
$X_3 > X_{49} = X_{28} > X_{24} > X_{18} = X_{14} > X_{27} > X_7 = X_{13} = X_{19} = X_{12} = X_{20}$
$= X_{21} > X_{25} = X_{26} = X_{30} > X_{34} = X_{39} > X_1 = X_2 = X_4 = X_8 = X_{10} = X_{16}$
$= X_{22} = X_{23} > X_{31} = X_{32} = X_{38} = X_{47} = X_{52} = X_{53} = X_{54}$

下面给出建议分级标准，如表 4-39 所示：

表 4-39 建议分级标准

级 别	$A(10^{-5})$	$B(10^{-5})$	$C(10^{-5})$
加权结构重要度系数	>100	100 ~ 10	<10

从上面的分级排序可以粗略地看出事件 X_{55}、X_{46}、X_{37} 的危险程度很大，是导致事故最为危险的诱发因素，尤其是 X_{55} 是最为危险的事件，所以要求我们对火源和可燃物相遇要加以重点处理，应特别给予重视，并且严加防范，消灭相遇条件。事件 X_{44}、X_{41}、X_{42}、X_{43}、X_{35}、X_{15}、X_5、X_{48}、X_{43}、X_{36}、X_9、X_6、X_{29}、X_{51}、X_{33}、X_{40}、X_{50}、X_{17}、X_{11}、X_3 危险程度较大，是导致火灾非常危险的因素，决策者应制定严格的制度防止此类事件的发生。事件 X_{49}、X_{28}、X_{24}、X_{18}、X_{14}、X_{27}、X_7、X_{13}、X_{19}、X_{12}、X_{20}、X_{21}、X_{25}、X_{26}、X_{30}、X_{34}、X_{39}、X_1、X_2、X_4、X_8、X_{10}、X_{16}、X_{22}、X_{23}、X_{31}、X_{32}、X_{38}、X_{47}、X_{52}、X_{53}、X_{54} 虽然危险性不如前面两类大，但是也要给予足够的重视，不能掉以轻心。

综上所述，我们可以粗略地认为瓦斯积聚所包含的因素危险性要大于引燃火源所包含的因素,要把引起瓦斯积聚的因素放在特别的位置上。该分级方法比较粗略简单,但能够在很大程度上反映矿井火灾危险源的危险性。

4.2.5　矿井火灾事故发生概率综合评价

根据公式 $\widetilde{R} = \widetilde{P} \times (1 - H) \times (1 - M) = \widetilde{P} \times (1 - R_U) \times (1 - M) = \widetilde{P} \times (1 - R_U) \times (1 - \sum_{i=1}^{n} G_i)$

$$R_U = 1 - \prod_{i=0}^{m} (1 - R_{gi}) = 0.999$$

$$1 - M = 1 - \prod_{i=1}^{n} (1 - G_i) = 0.999$$

以及表 4-3 我们可以计算出矿井火灾事故发生的模糊概率:

$$\widetilde{R} = \widetilde{P} \times (1 - H) \times (1 - M) = \widetilde{P} \times (1 - R_U) \times (1 - M)$$

$$= \widetilde{P} \times (1 - R_U) \times (1 - \sum_{i=1}^{n} G_i)$$

$$= \langle 0.003, 0.006, 0.003 \rangle \times 0.999 \times 0.999$$

$$= \langle 0.0029, 0.0059, 0.0029 \rangle$$

4.3　煤尘爆炸事故危险性评价

4.3.1　概述

按照目前的总体研究现状,广义的安全评价(危险评价、风险评价)通常包括风险辨识、风险评价和风险控制等[46,53],而狭义的安全评价主要涵盖的内容则是某种事故对应的危险源的事故严重度与事故可能性评价。而实际上狭义的安全评价就是危险源评价,而广义的安全评价则包括危险源辨识与评价的内容。但是不论具体如何理解,评价中所用的方法是一致的。

目前评价方法有数十种,而适用性较广的方法只有十几种,各有所长,互为补充,目前评价方法仍在不断发展。只要新的方法有一定的适用范围,又有各自的理论,能建立起表达评价对象的特性和变化(运动)规律,或能建立起系统数学模型,这样的风险评价方法就是有实用价值的[54]。

4.3.1.1 主要评价方法分析及比较

广义的评价方法即风险分析包括危险源辨识方法和危险源事故严重度和事故概率分析方法,狭义的评价方法则仅指能用于事故严重度和事故概率分析的方法。这里讨论的是后者。

目前国内外主要的评价方法有 LEC 评价法,MES 评价法,MLS 评价法,道化学火灾,危险指数评价法,帝国化学公司蒙德部火灾、爆炸、毒性指数评价法,危险性与可操作性研究,易燃、易爆、有毒重大危险源评价法,基于 BP 神经网络的风险评价法,日本六阶段评价法,系统综合安全评价技术,R = FEMSL 评价法,模糊评价法等。

在这 12 类方法中,LEC 评价法、MES 评价法、MLS 评价法、R = FEMSL评价法这几种方法一脉相承,后者是前者的继承与发展,这类方法属于简便实用的定性和半定量方法,可广泛应用于各类生产作业条件,可以给出危险等级划分,但是共同的缺点是对评价人员要求熟悉系统、有丰富的生产和实践经验而且主观性因素较强,不同的人用同一种方法对同一危险源评价后结果离散性强。

道化学火灾,危险指数评价法,帝国化学公司蒙德部火灾、爆炸、毒性指数评价法,日本六阶段评价法,危险性与可操作性研究等都是非常成熟的评价方法,但是这些方法都是主要针对化工厂、化工系统、热力、水力系统等评价对象而开发的。

系统综合评价方法即在评价过程中,综合应用多种评价方法,如模糊评价、灰色系统评价、危险概率评价(如 FTA)等。

易燃、易爆、有毒重大危险源评价法是在大量重大火灾、爆炸、毒物泄漏中毒事故资料统计分析的基础上,从物质危险性和工艺危险性入手,分析重大事故发生的原因和条件,评价事故的影响范围、伤亡人数和经济损失。该方法用于对重大危险源的评价,能较准确地评价出系统内危险物质和工艺过程的危险程度、危险等级,较精确地计算出事故后果的严重程度(危险区域范围、人员伤亡和经济损失)。如果对这种方法加以改进并与其他评价方法结合对于矿山重大危险源的评价应该有较强的实用性。

4.3.1.2 评价方法的选择和建立

评价方法是对系统的危险因素、有害因素及其危险、有害程度进行分析的定性、定量工具,尽管评价方法很多,但各有适用范围和应用条件,有其自身的优缺点,对具体的评价对象,必须选用或建立合适的方法才能取得良好的评价效果。

在进行危险源评价时,应该在认真分析并熟悉被评价系统的前提下,选择或建立评价方法,选择或建立评价方法应遵循充分性、适应性、系统性、针对性和合理性原则[55]。

选择或建立评价方法时应根据评价的特点、具体条件和需要,针对被评价系统的实际情况、特点和评价目标,认真分析、比较。必要时,根据评价目标的要求,选择几种评价方法相互补充、综合应用或建立新的评价模式、体系,以提高评价结果的可靠性。在选择或建立评价模式的过程中要注意以下内容:充分考虑被评价系统的特点、评价的具体目标和要求的最终结果、评价资料的占有情况[55]。

我国危险源评价整体上落后于国外,但就国内而言,相对于其他行业,矿山企业的危险源评价工作整体上比较滞后,至少比较精确和全面地适用于矿山危险源的评价模型很少。虽然这方面的研究现在正日趋增多,但就煤尘爆炸事故危险源评价而言,现在还没有一个通用的评价模型。根据目前煤矿危险源评价的现状,从方法上讲应用较多的是综合评价方法即应用 FTA、模糊评价、灰色系统评价等,对于矿上比较严重的事故如瓦斯爆炸、火灾等,国内有不少学者也有这方面的研究成果[56~58],但基本上都是单打一(如只适用于瓦斯爆炸或者瓦斯突出),另外所沿用的基本理论还是基于风险评价的概率、严重度二元论。这种二元评价没有完全按照两类危险源致灾理论来对危险源进行评价,至少没有充分考虑管理等因素对危险的实际影响。

我们通过在煤矿调研和大量事故统计资料的分析以及对危险源评价理论和方法的系统学习,拟运用综合评价理论提出适用于煤矿的煤尘爆炸的重大危险源评价模型。

4.3.2 煤尘爆炸的重大危险源评价模型

4.3.2.1 评价模型建立的原则

系统模型是把系统的各个构成要素,通过适当的分解、筛选、抽象和归纳等工作之后,用某种表现形式描述出来的简明影像。即模型是系统理想化的抽象或简化表示,是实际系统的代替物,它描述了系统的某些主要特点。因此模型具有以下特征:

(1)模型是实际系统(矿山)的一部分的抽象或模仿;

(2)模型是由那些与分析的问题有关的因素所构成;

(3)模型表明了有关因素之间的逻辑关系或定量关系。

构造模型又称为建立模型,是在掌握了系统各要素的功能及其相互关系的基础上,将复杂的系统分解成若干可以控制的子系统,然后,用简化的或抽象的模型来代替子系统,当然这些模型与系统有相似的结构或行为,通过对模型进行分析和计算,为有关的决策提供必要的信息。

构造模型的一般原则有现实性原则、简化性原则、适应性原则和借鉴性原则[59]。面向煤尘爆炸的重大危险源评价模型也将遵循这些原则。

4.3.2.2 模型层次结构

根据安全工程学的一般原理,危险性定义为事故频率和事故后果的严重程度的乘积,即危险性评价一方面取决于事故的易发性,另一方面取决于事故一旦发生后果的严重性。现实的危险性不仅取决于由生产物质的特定物质危险性和生产工艺的特定工艺过程危险性所决定的生产单元的固有危险性,而且还同各种人为管理因素、防灾措施的综合效果、事故现场的环境因素有密切关系。面向煤尘爆炸的矿山重大危险源评价模型如图4-20所示。

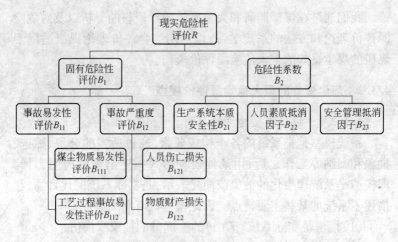

图 4-20　面向煤尘爆炸的矿山重大危险源评价模型

4.3.2.3　数学模型

面向煤尘爆炸事故的矿山重大危险源评价分为固有危险性评价与现实危险性评价,后者是在前者的基础上考虑各种危险性的抵消因子,它们反映了人在控制煤尘爆炸事故发生和控制煤尘爆炸事故后果扩大方面的主管能动作用。固有危险性评价主要反映了煤尘的固有特性、伴生有煤尘产生的生产过程的特点和危险单元内部、外部环境状况。

面向煤尘爆炸的矿山重大危险源固有危险性评价分为煤尘爆炸事故易发性评价和煤尘爆炸事故严重度评价。事故易发性取决于煤尘本身的爆炸事故易发性与伴生有煤尘的生产工艺过程危险性的耦合。

评价的数学模型:

$$R = \left\{ \sum_{i=1}^{n} \sum_{j=1}^{m} (B_{111})_i (B_{112})_j \right\} \cdot (B_{121} + B_{122}) \cdot \left(1 - \sum_{k=1}^{3} B_{2k}\right)$$

$$(4-69)$$

式中,$(B_{111})_i$ 为评价单元内第 i 种煤尘物质危险性评价值;$(B_{112})_j$ 为评价单元内第 j 项生产工艺危险性评价值;B_{121} 为煤尘爆炸事故中人员伤亡损失；B_{122}为煤尘爆炸事故中物质财产损失；B_{12}为事故严重度评价；B_{21}为生产系统本质安全性；B_{22}为涉尘人员素质抵消因子；B_{23}为防尘管理抵消因子。

4.3.2.4 面向煤尘爆炸事故的矿山重大危险源评价流程

面向煤尘爆炸的矿山重大危险源评价的流程如图4-21所示。

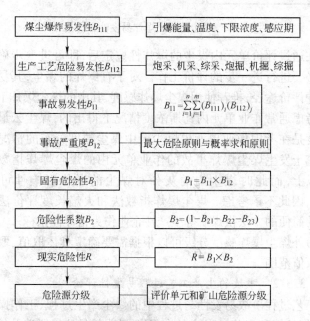

图4-21 面向煤尘爆炸的矿山重大危险源评价流程

4.3.3 事故易发性的模型评价方法

4.3.3.1 煤尘爆炸易发性评价

参照文献[55]等介绍的易燃、易爆、有毒重大危险源评价中的爆炸性粉尘状态分确定办法，结合煤尘爆炸的发生机理和影响因素等，煤尘的物质爆炸易发性评价指标体系定义如图4-22所示。

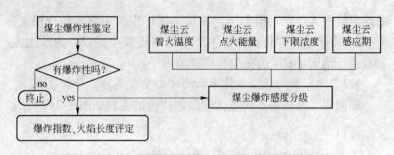

图 4-22　煤尘的物质爆炸易发性评价指标

在通过评价单元内煤尘的爆炸性鉴定后,即可进一步确定是否有必要进行进一步的评价工作。对于有爆炸的煤尘,其易发性有两种评价途径,推荐使用煤尘爆炸感度,其中的煤尘爆炸下限浓度是考虑通常作业单元内瓦斯浓度情况下得出的,煤尘云最小点火温度是在考虑作业单元内煤尘云中煤尘粒度分布的情况下得到。鉴于发生煤尘爆炸事故的作业单元内的煤尘爆炸指数都在15%以上,而此时煤尘内的灰分对煤尘的爆炸影响性可以忽略[60],因此不予考虑。煤尘爆炸指数法和火焰长度评价法作为可选的简便的方法供煤矿等生产性企业作为指导性指标。

另外煤尘爆炸感度分级可以根据需要确定具体取值、取值梯度和取值范围。

4.3.3.2　事故的生产工艺过程易发性评价

工艺过程事故易发性与过程中的煤尘产生过程、工作操作方式、工作环境和工艺过程等有关,需要说明的是这里所涉及的工艺过程都是指伴生有爆炸性煤尘的评价单元里的工艺过程,如全岩巷道等掘进工作面本身不产生煤尘,自然也就没有评价的必要性,不属于评价的范围。另外,由于采面和掘面是煤尘爆炸的主要发生区域,这里的评价仅涉及到这两种评价单元。工艺过程的煤尘爆炸事故易发性层次如图 4-23 所示。

这里层次的划分是比较粗线条的,实际上即便同样是机采工作面,其机械化程度等指标也是不一样的,这种状况反而不宜划分太细,因为生产工艺过程易发性评价通常采用在专家打分的基础

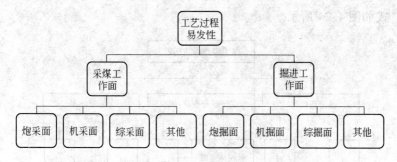

图 4-23 生产工艺过程煤尘爆炸事故易发性评价

上运用模糊理论加以处理的办法得到数据,因此这种划分并不影响其使用。

4.3.4 煤尘爆炸事故严重度模型评价

事故严重度用事故后果的经济损失表示。事故后果指事故中人员伤亡以及矿山设施、设备、物资等的财产损失,不考虑停工损失等非直接损失。人员伤亡分为死亡数、重伤数、轻伤数。财产损失严格讲应分为若干个破坏等级,在不同等级破坏区破坏程度是不相同的,总损失为全部破坏区损失的总和。在评价中为简化起见,用统一的财产损失区来描述。假定财产损失区内财产全部破坏,在损失区外不受损失,即认为财产损失区内未受损失部分的财产同损失区外受损失的财产相互抵消。死亡、重伤、轻伤、财产损失各自都用一当量距离描述。

4.3.4.1 煤尘爆炸事故伤害模式

尽管目前对煤尘爆炸的机理存在一定的不确定性[89],但对煤尘爆炸后的主要伤害形式有比较一致的看法:煤尘爆炸发生有产生高压冲击波的机械功伤害模式、火焰波的高温灼烧模式、爆炸后气体成分变化的中毒、窒息模式。当然这里考虑到不同地点的连续爆炸以及爆炸后继发其他事故如火灾等从统计意义上的少数性以及建立模型的可行性,只单独考虑同一地点无继发其他重大事故的情况。煤尘爆炸事故发生后,可能的伤害形式如图 4-24 所示。

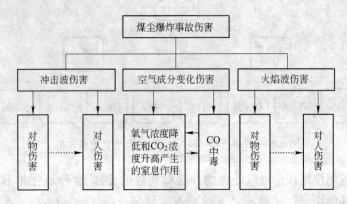

图 4-24　煤尘爆炸事故的伤害—破坏模式

从图 4-24 可以看出,实际发生煤尘爆炸事故后,造成人员伤亡损失或者财产损失的都不止一种方式,但考虑大量关于煤尘爆炸事故案例的统计研究结果、最大危险性原则、建模现实性原则,建议对煤尘爆炸的事故严重度对于人员伤害主要考虑 CO 中毒伤害[60],而对于物质财产损失主要考虑冲击波的破坏作用[55]。

4.3.4.2　煤尘爆炸事故伤害模型建立的原则

在建立煤尘爆炸事故伤害模型的过程中,应遵循以下基本原则[9]。

(1)系统性原则。为了比较准确地评价煤尘爆炸矿山重大危险源的事故严重度,本文将以系统工程的基本思想为指导,根据面向煤尘爆炸的矿山重大危险源的性质和所处环境,全面分析危险源可能发生的事故形态,每种事故形态的可能伤害机理和伤害准则,比较不同事故形态和不同伤害机理的相对重要性,在此基础上,建立煤尘爆炸事故的伤害模型,评价面向煤尘的矿山重大危险源的事故严重度,并尽可能将评价结果与煤尘爆炸事故案例进行对比分析,根据对比分析的结果对伤害模型进行修正和完善,从而最大限度地保证伤害模型的质量和评价结果的合理性。

（2）客观性原则。客观性原则要求煤尘爆炸事故伤害模型的每个公式和参数都有可靠的理论或实验依据，这里的依据既包括前人或他人的实验结果，又包括从煤尘爆炸事故案例中归纳的统计结果。

（3）可行性原则。矿山煤尘爆炸事故是非常复杂的物理化学现象，煤尘爆炸事故严重度受许多随机因素，如事故发生的时间、地点、环境和事故发生后人们采取行动等的影响。同时，就目前的科学技术水平而言，对煤尘爆炸事故特别是煤尘瓦斯爆炸事故的发生过程和破坏规律等的认识仍然有限。因此为评价矿山煤尘爆炸事故的严重度，在建立伤害模型时，必须做一些假设，如假设伤害区域内的目标全部受到伤害，伤害区域外的目标全部不受伤害，如假设爆炸事故突然发生后矿山通风系统的风流基本保持在事故前的稳定水平等。否则，煤尘爆炸伤害模型必然过于复杂，难以理解和推广应用，或者根本无法建立起煤尘爆炸事故的伤害模型。

（4）最大危险原则。最大危险原则有两方面的含义：一方面，面向煤尘爆炸的矿山重大危险源有多种事故形态，且它们的事故后果相差悬殊，则评价危险源事故严重度时，按后果最严重的事故形态考虑。如面向煤尘爆炸的矿山重大危险源有发生一般燃烧、爆燃、爆炸甚至爆轰的可能性，但是煤尘爆炸从后果上和发生频度上看都应视为主要事故形态，因此评价面向煤尘爆炸的矿山重大危险源事故严重度时，只考虑煤尘爆炸这种事故形态。另一方面，煤尘爆炸有多种伤害形式，按照最大危险原则，评价事故后果时也只考虑最主要的伤害形式。

（5）概率求和原则。概率求和原则指煤尘爆炸有多种伤害形式，且它们的事故后果相差不太悬殊，则按统计平均原理估计总的事故严重度。即：

$$S = \sum_{i=1}^{n} P_i \times S_i \tag{4-70}$$

式中，S 为危险源总的事故严重度，P_i 为第 i 种事故伤害形式发生的概率，S_i 为第 i 种事故伤害形式的严重度，n 为事故伤害形式的个数。如煤尘爆炸时伤害形式有冲击波伤害、火焰波伤害、一氧化碳致死等，对物资设备等损失按照冲击波伤害进行评价，而对人员致死致伤主要按照一氧化碳中毒模式进行评价。最后，对两种伤害形式造成的后果进行合并。

(6)可比性原则。煤矿生产环境的复杂性，决定了煤尘爆炸事故后果的个体差异性，如人员死亡、重伤、轻伤和财产损失。为了比较不同矿井面向煤尘爆炸的重大危险源的相对危险度，本书建立的煤尘爆炸事故伤害模型将伤亡人数一律换算成财产损失数，并以总财产损失数这个唯一的参数来衡量面向煤尘爆炸的矿山重大危险源的事故严重度。

4.3.4.3 事故严重度模型评价的基本假设

煤尘爆炸事故是非常复杂的过程，到目前为止，人们对矿山煤尘爆炸事故的发生过程，破坏规律和伤害度的认识还有不少局限，对有些问题的认识还在发展之中。同时，井下环境的复杂性和煤尘爆炸事故的短暂性、严重性、难观察性和试验的强破坏性。故此，为了建立既合理可靠，又简单实用的煤尘爆炸事故的伤害模型，必须对矿山煤尘爆炸事故及其发生环境做一些适当的假设，在假设过程中，应按爆炸冲击波伤害和爆炸产物伤害来进行假设。根据目前对爆炸冲击波的伤害情况的研究和文献[9]所作的假设，本书提出适合于煤尘爆炸的伤害假设，主要包括：

(1)直线性假设。如果考虑井下巷道延伸的不规则性，将会给计算带来极大的困难，因而假设巷道的延伸是直线性的，只是在最后的计算结果中，根据巷道的弯道和支道对冲击波传递的影响，加以修正，即乘以一个修正系数。

(2)一致性假设。指矿井巷道的物性参数如同风阻力系数、支护材料等和几何参数如断面形状、大小等各处都是一致的。

(3)风流稳定性假设。指在爆炸过程中，通风系统虽然受到爆炸冲击和巷道变形、冒顶等的影响，巷道中的风流风向已可能不是原来的风向，大小也会发生变化，但此时的通风系统一般仍然在工作，其功能仍然可以认为没有变化，通风系统基本按照爆炸前的情况运行。这个假设主要考虑到两点:一是简化事故后果评估;二是考虑到大多数发生的煤尘爆炸事故是局部性的。

(4)冲击波运动特征假设。爆炸时产生的冲击波波阵面为一垂直于巷道轴线的平面;冲击波通过前、后的气体状态参数都遵守理想气体状态方程;冲击波的传播过程为绝热过程等。

(5)死亡区假设。死亡区指以危险源为中心,以死亡距离为长度指标的线性区域。尽管在实际的煤尘爆炸事故条件下,死亡区内的人员未必全部死亡,死亡区外的人员未必全部不死亡,但如果认为死亡区内没有死亡的人数正好等于死亡区外的死亡人数,则可以认为死亡区内的人员全部死亡,而死亡区外的人员没有死亡案例。这一假设简化了危险源评价的计算而不致带来显著的误差。在本书中,对重伤区、轻伤区和财产损失区都将作类似的处理。

(6)等密度假设。尽管在实际的煤尘爆炸危险源周围,人员分布和财产分布往往具有不均匀性和时空动态性,但以严格数学模型来刻画实际的情形比较困难。为简单起见,在煤尘爆炸事故伤害模型中,将假设危险源周围的人员和财产分布具有等密度性,并使用平均人员密度和平均财产密度来表达,并且不考虑平均密度随时间和空间的动态变化。

(7)事故严重度合成假设。煤尘爆炸事故后果形式多种多样,包括人员伤亡、直接财产损失和间接财产损失等。直接财产损失指事故直接对巷道、设备、设施、煤炭资源和物资等有形资产造成的损失。直接财产损失的大小可以比较容易地用损失金额来衡量。间接财产损失指事故造成的停工、减产、企业名誉降低等损失。尽管间接损失有时比直接财产损失大得多,但是间接损失多样性强,定量评估可操作性弱,与直接财产损失也没有确定的关系,因此在实际的事故调查过程中,通常不提或只简单提及间接财产损失情况,而不定量估计间接财产损失大小。我们在评价煤尘爆炸事故严重度时,将不考虑间接财产损失。

对于事故中人的价值的深入评价问题已超出本书的讨论范

围,为了用一个统计的参数来衡量煤尘爆炸事故的严重度,根据目前煤矿矿山现行实际赔偿标准假设事故中死亡一人相当于损失20万元。按照国标 GB 6441—86《企业职工伤亡事故处理指南》的规定[61],死亡一人相当于损失 6000 个工作日,重伤一人损失的工作日数在 105 个工作日至 6000 个工作日之间,轻伤一人损失的工作日数在 105 个工作日以下。重伤与轻伤损失的具体工作日数由实际受伤的严重程度确定[61]。这里进行的事故严重度评价不是事故发生后的评价而是系统运行过程中对潜在事故后果的评价,由于实际情况和试验的复杂性,为便于统一计算,本书假设重伤一人相当于损失 3000 个工作日,轻伤一人相当于损失 105 个工作日。

因此我们提出的事故严重度合成模型如公式(4-71)所示。

$$S = S_1 + S_2 = S_1 + (N_1 + 3000N_2 + 105N_3) \times 20/6000$$

$$(4-71)$$

式中,S 为事故严重度(单位为万元);S_1 为事故造成的直接财产损失;S_2 为人员伤亡折合财产损失;N_1、N_2、N_3 分别为事故中死亡人数、重伤人数和轻伤人数。

(8)爆炸的局部瞬时点源气相均质假设。实际工作面或掘进面的爆炸是在一段连续巷道内的连续微小时间区间内发生的,由于评价不关心爆炸的过程,注重的是爆炸的后果,同时为便于爆炸能量等的计算可以近似认为是瞬时点源模型,同时从大量发生煤尘爆炸的统计资料看,大多数煤尘爆炸都是局部性质的,同时煤尘爆炸指数都很高,所以把爆炸视为发生在均质气相物态中是可行的[62]。

4.3.4.4　煤尘爆炸毒害作用严重度评价

对于中毒事故的评价研究较多,世界各国包括中国都有针对毒物扩散而进行的危险源评价,如我国的"易燃、易爆、有毒重大危险源评价法[55]",但这些方法大多数都是针对地面毒物泄漏扩散或大气扩散情形,不适合矿山的情形。同时矿山事故评价中也鲜有毒物致死、致伤方面的评价,但是对于毒物致死的危害性,现在无论是煤矿企业还是科研人员都有一致的看法:煤尘爆炸时产生大量的CO,灾区气体的浓度可达到2%~3%,甚至8%~11%,爆炸事故中受害者的大多数(70%~80%)是由于CO中毒造成的[60]。

A　中毒机理

矿井发生煤尘爆炸后会引起矿井内气体成分的变化,主要是氧气浓度的相对下降,CO_2和CO浓度的升高,严格说这三种因素都可能构成对井下人员生命安全的危害,但考虑到最大危险性原则等,这里假设所有的人员伤害都是由于CO中毒造成。

CO是一种无色、无味、无臭的气体,相对分子量为28,相对密度为0.97,微溶于水,与瓦斯不同,它能与空气均匀地混合。CO与人体血液中血红素的亲和力比氧大250~300倍,一旦进入人体,将使氧气与血红素结合的机会大大减少,使血红素失去输送氧的功能,造成人体血液窒息。人体吸入CO后,中毒的程度与空气中CO的浓度和时间的关系如表4-40所示。

表4-40　中毒程度与CO的浓度的对应关系

CO(体积分数)/%	主要症状
0.02	2~3h内可能有轻微头痛
0.08	40min内出现头痛、眩晕、恶心。2h内发生体温和血压下降,脉搏微弱,出冷汗,可能出现昏迷
0.32	5~10min内出现头痛、眩晕,半小时内可能出现昏迷并有死亡危险
1.28	几分钟内出现昏迷和死亡

B　井下煤尘爆炸CO总量估算

严格意义上,要计算井下煤尘爆炸后生成的CO涉及到参与爆炸的煤尘的性质、质量、参与爆炸的比率以及爆炸过程的时间尺度等;实际上这些指标的计算有很强的随机性,甚至在有些时候是不可能的。考虑到危险源评价的目的性和实用性,这里按照最大危险性原则给出最保守的估计值,即把评价单元内的爆炸过程理想化为瞬时点源均气相爆炸,按照最严重的情形:即假设爆炸后单元内瞬时 CO 体积浓度均达到 C_0，通常这个值应该在区间[3%，11%]内，可以按多数案例中出现的情况取 8%。

根据巷道的一致性假设，设巷道矩形截面几何尺寸分别为：宽为 W，高为 H，评价单元的长度为 L_E，如果是工作面则指全部工作面长度，如果是掘进工作面则指掘进迎头到规定的防尘水幕最大距离点。

据此，煤尘爆炸产生的 CO 的体积总量为：

$$V_E = C_0 \cdot W \cdot H \cdot L_E \tag{4-72}$$

C 毒害范围划分

参照毒物评价的通行做法，把中毒范围划分为死亡区（L_1）、重伤区（L_2）、轻伤区（L_3），需要说明的是这里的死亡区、重伤区和轻伤区是动态的，随着时间的进行，原来的死亡区可能退化成重伤区、轻伤区，最后成为安全区。但考虑到在其成为死亡区的时间内已经具有致死效应，这样的划分仍然是必要和有意义的。在评定中毒范围过程中，实际的情况比较复杂，中毒的程度与人员自身素质、中毒时间累计、所在地点的毒物浓度、所在地点的风量、风速以及自救器的佩戴情况等等有关，这里我们考虑的时间尺度是30min，通常接触毒物的时间不会超过 30min，因为在这段时间里人员可以逃离现场或采取保护措施[55]，或者已经死亡。同时，不考虑保护措施对人员的减灾效果，这些因素将在抵消因子评价中予以考虑。则中毒范围与 CO 浓度的对照关系如表 4-41 所示。

表 4-41 CO 中毒区域划分

伤亡区域划分/m	一氧化碳(体积分数)/%	区域最低浓度(体积分数)/%
轻伤区 L_3	[0.08,0.32)	$C_3 = 0.08$
重伤区 L_2	(0.32,1.28)	$C_2 = 0.32$
死亡区 L_1	≥1.28	$C_1 = 1.28$

D 伤害范围的确定

按照表 4-41 的定义，则中毒区域的计算式为：

$$L_n = C_0 L_E / C_n - \sum_{i=1}^{m} L_{i-1} \quad (n = 1,2,3; m = 1,2; L_0 = 0)$$

$$(4-73)$$

式中,C_0 为爆源单元初始 CO 浓度(体积分数),% ;L_E 为爆源单元长度,m;C_n 为伤亡区域最低浓度(体积分数),% ;L_n 为伤亡区域的长度,m。

伤害区域(以掘进工作面为例)的示意如图 4-25 所示。

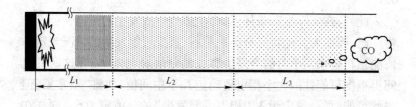

图 4-25 煤尘爆炸伤害区域示意

E 严重度计算

设死亡区、重伤区、轻伤区对应的平均人员密度分别为 ρ_i ($i = 1,2,3$)(单位:人/m),则全部人员伤害的经济折合损失为:

$$S_2 = (\rho_1 L_1 + 3000\rho_2 L_2 + 105\rho_3 L_3) \times 20/6000 \quad (4-74)$$

4.3.4.5 煤尘爆炸冲击波破坏严重度评价

将煤尘爆炸抽象简化为局部瞬时点源气相均质爆炸后,其爆炸冲击波致害效应的模型以及破坏效应严重度评价在文献[56~58]有较为详细的研究,不在这里重复探讨。

4.3.5 固有危险性的非模型评价

固有危险性的大小取决于 B_{11} 和 B_{12} 的乘积,但在矿山企业评价中要取得这两种因素的准确数据,即使参照前面所讲的模型方法也是相当烦琐的过程,有时候甚至不可能取得精确的数值。为了简化评价过程,可参照作业条件危险性评价法和事故案例的统计结果采取半定量计算方法,给两种因素的不同等级分别确定不同的分值。

4.3.5.1 煤尘爆炸事故易发性值 B_{11} 的确定

煤尘爆炸事故发生的可能性与其实际发生的概率有关。若用概率表示,绝对不可能发生的事故的概率为 0,而必然发生事故的概率为 1。但在考察一个矿井或评价单元时,绝对不发生事故是确切的,即概率为 0 的情况不确切。所以将实际上不可能发生,但又非绝对不可能发生的情况作为"打分"的参考点,定其分数值为 $0.1^{[55]}$。

此外,在实际生产条件下,煤尘爆炸事故发生的可能性范围非常广泛,因而人为地将完全出乎意料、极少可能发生的情况规定为 1;能预料将来某个时候会发生事故的分值规定为 10;在这两者之间再根据可能性的大小相应地确定几个中间值,如将"不常见,但仍然可能"的分值定为 3,"相当可能发生"的分值定为 6。同样在 0.1 与 1 之间也插入了与某些可能性相对应的分值。该值是在不考虑防护措施的情形下定出的,防护措施的影响将在抵消因子中予以体现。具体的可能性分值见表4-42。

表4-42　煤尘爆炸事故易发性分值表

等　级	B_{11}的分值	事故易发性等级描述
Ⅰ级	10	事故在确定的时间内肯定发生
Ⅱ级	6	事故相当可能发生,可能发生多次,不能确定一定发生
Ⅲ级	3	事故不经常,但可能发生,不能确定是否发生
Ⅳ级	1	事故发生的可能性存在,但纯属意外,极少可能
Ⅴ级	0.5	事故可以设想,但高度不可能
Ⅵ级	0.2	极不可能
Ⅶ级	0.1	实际上不可能

4.3.5.2 煤尘爆炸事故严重度评价值 B_{12}

煤尘爆炸事故造成的人员伤害或财产损失可在很大范围内变化。如从 1949 年到 2005 年全国发生的煤尘爆炸事故案例看,事故导致的人员死亡可能是小于三人甚至只有人员受伤,也可能是百人以上;造成的经济损失可能只有几万元,也有造成几百万甚至上千万元损失的。鉴于此,把需要救护的轻微伤害的严重度分值规定为1,以此为一个基准点;而将造成百人以上死亡的严重度分值规定为100,作为另一个参考点。在两个参考点1~100之间,插入相应的中间值,中间值的选取兼顾了对应等级事故发生的统计频度和严重度,详见表4-43。

表4-43　煤尘爆炸严重度等级

等级	B_{12}分值	严重度等级说明
Ⅰ级	100	百人以上死亡或百万元以上经济损失
Ⅱ级	60~100	特别重大事故,造成30到100人死亡
Ⅲ级	40~60	特大事故,造成10到30人死亡
Ⅳ级	15~40	重大事故,造成3到10人死亡
Ⅴ级	1~15	伤亡事故,造成1到3人死亡
Ⅵ级	1	无人员死亡但有一定伤害,财产损失可不计

4.3.5.3　固有危险性及分级

确定上述两项分值后,根据式 $B_1 = B_{11} \times B_{12}$ 即可得固有危险性的分值 B_1。

利用该方法确定煤尘爆炸重大危险源的固有危险性大小,并按照估算值大小给危险源分级。虽然这种方法简单易行,危险程度的级别划分比较清楚、醒目,但与一切半定量方法一样,具有一定的主观性,对同一评价对象,不同的评价人员可能意见相左。为了减少这种偏差,可采用 Delphi 法,通过多次信息反馈,使评价意见逐渐趋于一致,最后得到比较满意的评价结果[63]。

通过 Delphi 法参照事故易发性评价和事故严重度评价标准,划分面向煤尘爆炸的矿山重大危险源。按照分数值将重大危险源划分为五级,如表4-44所示。

表 4-44　煤尘爆炸重大危险源等级

等级	B_1 分值	等级描述	等级	B_1 分值	等级描述
Ⅰ级	≥200	危险级	Ⅳ级	20~50	较安全级
Ⅱ级	120~200	比较危险级	Ⅴ级	0~20	安全级
Ⅲ级	50~120	一般危险级			

　　单元危险性分级以危险源单元固有危险性大小作为分级的依据。分级的主要目的是为了主管部门对危险源进行分级控制。决定固有危险性大小的因素基本上由单元的生产属性决定,不会轻易改变。因此用固有危险性作为分级依据能使受控目标比较稳定。分级只是一项政策性行为,分级标准严和宽将直接影响到各级管理部门直接控制的危险源的数量配比。这里面向煤尘爆炸的重大危险源,Ⅰ级由省政府安全管理机构与集团公司安全管理机构共同负责;Ⅱ级由集团公司安全管理机构负责;Ⅲ、Ⅳ、Ⅴ级危险源由矿山安全管理机构负责。

4.3.6　危险性系数评价

　　进行危险性抵消因子研究,可以确定 B_2 的值。尽管生产系统中的固有危险性有很大的危险性,但是生产系统设计、安全构筑物上各种用于防范和减轻事故后果的设施、危险岗位操作人员良好的素质、严格的安全管理制度能够大大抵消危险单元内的固有危险性[55]。

4.3.6.1　生产系统本质安全性评价

通过生产系统本质安全性评价,可以求得 B_{21} 的定量值。

(1)最小风险设计[63]:

1)首先应在设计上消除危险,若不能消除已经判定的危害,应通过选择设计方案将风险减小到规定的可接受的水平;

2)系统设计时,应尽量减少在系统的使用和维护中人为差错所导致的风险。

(2)采用安全装置。若不能通过最小风险设计来满足规定的要求,则应采取永久的、自动的或者其他的安全防护装置,使风险减小到可以接受的水平,如连锁、冗余、故障安全保护设计、系统防护、个体防护和应急预案等;采用机械隔离或屏蔽的方法,保护冗余系统的电源,控制关键零部件;井下所有电气设备需要使用防爆电气设备,在运行过程中,具备不引燃周围爆炸性物质的性能;防爆电气型号的选择要严格执行相关安全生产技术规程。

(3)采取警戒装置:

1)若最小风险设计及采用安全装置都未能有效地满足要求,则应采取报警装置来监测危险状态,并向有关人员发出报警信号;

2)当各种设计方法不能消除设备、设施风险时,在装配、使用、维护和修理说明书中,应给出警告和注意事项,并在危险零部件、设备和设施上作出醒目的标记。

(4)危险的活动应当尽量与其他活动、区域、工作人员相隔离;设备的位置安排应使工作人员在操作、维护、修理或调试过程中,尽量避免危险(如电缆、尖锐锋利的物件等);尽量减少恶劣环境条件(如高温、粉尘、噪声、振动等)所导致的危险。

(5)采取尽量减轻事故中人员伤害和设备损害的措施,所有工作人员下井都必须佩戴相应的个体劳保用品。

(6)制定专用规程和培训措施。

(7)设备维修保养。严格按照计划对设备进行检查、维修和保养,建立设备状况记录卡,对重要仪表定期进行检查。检查的内容包括设备运转日志,设备维修状况检查表,巡回检查路线、次数,重点危险部位日常自检记录,设备异常情况的处理和技术措施,紧急时所用的安全设备的保养、整理和定期检查制度等。所有设备不超期服役,是安全生产的基本要求。

评价方法:完全符合上述要求,安全系数取 0.95 以上;基本符合上述要求时,安全系数取 0.90,与上述要求相去甚远取 0.5 以下[63]。

4.3.6.2 人员素质评价

进行这项评价在于取得人员素质抵消因子 B_{22}。由于井下危险岗位操作的安全性直接影响到整个系统的安全,在实际中这类人员原则上应经过一定的选拔。因此在进行素质评估时,假定操作人员中不存在明显的生理、心理缺陷的人。基于对系统中人的行为特征的分析,从操作人员的合格性、熟练性、稳定性及工作负荷量四个指标对人员素质进行评价[55]。

A　评价标准

在进行评价之前,首先明确以下定义:

单元是作为重大危险源进行考察、控制的对象,其人员可靠性记为 R_U。

岗位是"因人的失误而能导致设施及财物重大损失"的岗位,其人员可靠性记为 R_p。

单个人员的可靠性 R_s 是人员合格性 R_1、熟练性 R_2、稳定性 R_3 与负荷因子 R_4 的乘积,即:

$$R_s = \prod_{i=1}^{4} R_i \tag{4-75}$$

(1)人员的合格性 R_1 表示为:

$$R_1 = \begin{cases} 0, \text{操作人员未经考核或不合格} \\ 1, \text{持证上岗} \end{cases} \tag{4-76}$$

(2)人员的熟练性 R_2 表示为:

$$R_2 = 1 - k_2^{-1}(t \cdot T_2^{-1} + 1)^{-1} \tag{4-77}$$

式中,k_2 为比例系数,如果人员考核合格、持证上岗其熟练程度可达 75%,则其值取为 4;t 为人员在一个岗位上的工作时间;T_2 为达到某一熟练程度所需要的时间,对于不同的岗位所取的值可以有所调整,如果在一个岗位上工作两年后,其熟练程度可以达到 95% 时,其值可取为 6 个月。

(3)人员的操作稳定性 R_3 表示为:

$$R_3 = 1 - k_3^{-1} \cdot [(t \cdot T_3^{-1})^2 + 1]^{-1} \tag{4-78}$$

式中,k_3 为比例系数,如果某一个岗位或其人员刚刚发生事故,人员的操作稳定性降为 50%,则其值取为 2;t 为某一岗位或其人员发生事故后人员在该岗位上的工作时间;T_3 为事故发生后人员操作稳定性达到某一程度所需要的时间,事故发生后 1 年内,人员操作稳定性达 90%,其取值 6 个月;事故发生后 3 年,人员操作稳定性为 95%。对于新设岗位,没有发生事故的记录时,取 $R_3 = 1$。

(4)岗位操作人员的负荷因子 R_4 表示为:

$$R_4 = \begin{cases} 1 - k_4 \cdot (t \cdot T_4^{-1} - 1)^2, & t \geq T_4 \\ 1, & t < T_4 \end{cases} \quad (4\text{-}79)$$

式中,k_4 为比例系数,通常情况下由于人员上下班之间工作时间与岗位规定时间比值为 1,R_4 的取值不受其决定。只有在人员实际工作时间不等于岗位规定时间时,才考虑其具体数值;T_4 为一个岗位正常工作一个班的工作时间,可以取为 8h 或根据实际情况确定;t 为人员在一个岗位从上班到下班所工作的时间。

如果一个岗位应有 M_0 个人工作,而实际上只有 N_0 个人,且 $M_0 > N_0$ 时,则工作时间 t 应进行折算,即:

$$t = t + \Delta t, \Delta t = (M_0 - N_0) \cdot N_0^{-1}$$

B 指定岗位人员素质的可靠性

在一个岗位上工作的可以是由数人构成的一个群体,在同一个部位操作的人,可以有 N 个(他们将在不同时间内,在同一位置上工作),由于这 N 个人之间的关系既非"串联"也非"并联",因此指定岗位人员可靠性取平均值,即:

$$R_S = \sum_{i=0}^{N} \frac{R_{Si}}{N} \quad (4\text{-}80)$$

指定岗位人员素质的可靠性可表示为:

$$R_p = \prod_{i=0}^{n} R_{Si} \quad (4\text{-}81)$$

式中,n 为一个岗位上操作的人数。

在含有危险岗位的单元,其标准设计应含有成为并联工作的要求,故单元人员素质的可靠性可表示为:

$$R_U = 1 - \prod_{i=0}^{m} (1 - R_{Pi}) \quad (4\text{-}82)$$

式中,m 为一个单元的岗位数。

C　评价步骤

(1)采集数据

采集的数据包括群体数据和个体数据。

1)群体数据包括单元危险岗位 m、各个危险岗位的人数 n 和各个操作部位的人数 N。

2)个体数据包括是否持证上岗、岗位工龄、平均工作时间(含代岗时间)、无事故工作时间等。

(2)评估计算

根据公式(4-76)到公式(4-81)对应求出 R_1、R_2、R_3、R_4、R_{Si}、R_S、R_p、R_U。

4.3.6.3　危险源安全管理评价

通过安全管理评价可以确定危险抵消因子 B_{23}[55,63]。

A　安全生产责任制

(1)第一责任人(矿长)的安全生产责任;

(2)安监处处长的安全生产责任;

(3)总工程师(技术负责人)的安全生产责任;

(4)各分管副矿长、副总安全生产责任;

(5)各职能部门负责人的安全生产责任;

(6)井下区(队)长的安全生产责任;

(7)班组长的安全生产责任;

(8)工会安全生产监督责任;

(9)其他。

具体参照各矿《安全生产责任制》规程。评价方法是:查看文本资料和现场抽查测试。该项总分100分,一项不合格扣20分,扣完为止。

B　安全生产教育

(1)新工人上岗前的三级安全教育;

(2)特种作业人员的专业教育;

(3)"四新"安全教育;

(4)复工工人安全教育;

(5)调换新工种的工人的安全教育;

(6)中层干部安全教育;

(7)班组长安全教育;

(8)全员安全教育;

(9)其他。

安全生产教育的评价方法是:查看文本资料,如卡片档案、成绩单、教材、花名册等;以及现场抽查考试。该项总分 100 分,一项不合格扣 20 分,扣完为止。

C 安全技术措施计划

(1)安全技术措施计划;

(2)安全技术措施费用按要求提取并专款专用;

按照国家规定:矿山企业安全技术措施费用每年应在固定资产更新和技术改造资金中安排至少 20% 用于安全技术措施,不得挪作他用,所需材料、设备等要纳入物资供应计划,切实予以保证。

(3)安全技术措施计划中有明确实现的期限和负责人等内容;

(4)企业年度工作计划中有安全目标值。

安全技术措施的评价方法是:查看文本资料和现场抽查考试。该项总分 100 分,一项不合格扣 30 分,扣完为止。

D 安全生产检查

(1)定期组织井下生产全面检查;

(2)区队、班组经常性检查制度;

(3)安全管理人员的专门安全检查制度;

(4)节假日检查制度;

(5)季节性检查制度;

(6)年度专业性安全检查;

(7)要害部门重点安全检查;

(8)其他。

该项评价方法:查阅文件资料和现场抽查考试。该项总分

100分,一项不合格扣20分,扣完为止。

E 安全生产规章制度

(1)建立安全生产奖励制度;

(2)安全值班制度;

(3)各工种安全技术操作规程;

(4)危险作业管理审批制度;

(5)危险物品的储存、使用管理制度;

(6)防护用品的发放和使用制度;

(7)安全用电制度;

(8)加班加点审批制度;

(9)安全标志管理制度;

(10)防火、防爆、防水及防静电管理制度;

(11)伤亡事故管理制度;

(12)职业病预防管理制度;

(13)其他。

安全生产规章制度的评价方法是:查看文本资料和执行记录以及现场抽查考试。该项总分100分,一项不合格扣10分,扣完为止。

F 安全生产管理机构及人员

(1)建立矿山安全生产委员会或类似机构;

(2)建立或指定安全管理组织机构、劳保组织等;

(3)区(队)、班组按规定配备专职或兼职安全管理人员;

(4)专职安全管理人员要具备劳动部门认可的安全监督员资格。

安全生产管理机构及人员的评价方法是:查看文本资料、机构编制、考核档案以及现场抽查、考试等。该项总分100分,一项不合格扣20分,扣完为止。

G 事故统计分析

(1)有系统完整的事故记录。

(2)有完整的事故调查、分析报告;

（3）事故处理要符合"三不放过"及其他规定；

（4）有年度、月度事故统计、分析图表；

（5）有隐患及整改记录。

该项评价方法是：查看文本资料、事故记录、事故档案、事故统计图表等。该项总分100分，一项不合格扣20分，扣完为止。

H 应急计划与措施

（1）有应急指挥和组织机构；

（2）有矿内应急计划、事故应急处理程序和措施；

（3）有矿外应急计划和向外报警程序；

（4）有安全装置、报警装置、避难场所等位置图；

（5）避灾路线畅通无阻，数量、规格符合要求；

（6）急救设备（担架、防护用品等）符合规定要求；

（7）与应急服务机构建立联系；

（8）每年进行一次事故应急训练和演习；

（9）其他。

该项评价方法是：查看文本资料和现场抽查与考试。总分100分，一项不合格扣20分，扣完为止。

4.3.6.4 危险系数评价

在危险源评价模型中，设各抵消因子的权重向量为 $W = \{w_1, w_2, w_3 \mid w_1 + w_2 + w_2 = 1\}$，其中 w_1 为系统本质化安全评价权重，w_2 为人员素质评价权重，w_3 为安全管理评价权重。实际上，向量 W 可以被视为最大抵消率向量。不同矿山甚至同一矿山的不同时期其权重分配可能不同。当企业的本质安全技术措施不能满足安全要求时，也可以提高安全管理或者人员素质的权重，即在实际的安全管理中，加强管理来弥补本质安全的不足。

设向量 $V = \{V_1, V_2, V_3\}$，向量 V 为实际抵消比率向量。

$$V_1 = \frac{系统本质安全评价实得分值}{系统本质安全评价应得分值}$$

$$V_2 = 人员素质评价值$$

$$V_3 = \frac{安全管理实得分值}{安全管理应得分值}$$

令：

设向量 $B = \{B_{21}, B_{22}, B_{23}\}$ 为实际抵消因子向量,有：

$$B_{2i} = v_i \times w_i (i = 1, 2, 3) \tag{4-83}$$

$$B_2 = 1 - \sum_{i=1}^{3} B_{2i} (i = 1, 2, 3) \tag{4-84}$$

危险系数为：

由公式(4-83)、公式(4-84)可知,如果抵消比率向量 $V = \{v_1, v_2, v_3\} = \{1, 1, 1\}$,则危险系数 B_2 为零,现实危险性也将等于零,这是与实际情况相违背的。因为导致事故产生的因素并非这三个因子所能全部概括,有些事故触发因素在目前的条件下可能还没有被认识,因而在评价过程中被忽略了。因此当上述三种因素都得到很好控制时,也不等于所有危险均已消除。只要有危险源存在,仍有可能有时因某种意外原因而发生事故,尽管发生这种事故的几率是很小的。

评价单元危险系数的值 B_2 越小,说明危险源的危险性受控程度越高。可以用单元综合危险系数的大小说明该单元安全管理与控制的绩效。一般来说,危险单元的危险性级别越高,要求受控级别也越高。建议用表4-45给出的标准作为危险性控制程度的分级依据[63]。

表 4-45　重大危险源控制标准

危险源控制级别	A 级	B 级	C 级
危险系数 B_2	≤0.10	0.10 ~ 0.15	0.15 ~ 0.20

各级重大危险源应该达到的受控标准是：Ⅰ级重大危险源在A级以上；Ⅱ级重大危险源在B级以上；Ⅲ级及以上重大危险源在C级以上。

危险源控制应遵循动态控制原则和分级控制原则,要在现有技术和管理水平上,以最少的消耗达到最优的安全水平。为了减少事故的发生,要采取不同程度的有意识的防范性系统技术干预,使危险源处于安全阈值范围之内。矿山企业应该根据自身情况的变化定期更新危险源辨识和评价。

4.3.7 煤尘爆炸的矿山重大危险源评价单元

4.3.7.1 评价单元划分原则

在评价具体实施过程中,往往将评价对象按照某种原则进行分解,独立进行评价后再集中,会使得评价具有可操作性或更容易操作,这种对评价对象的分解,叫做评价单元划分[46,64]。评价单元划分的目的,是为了把一个复杂的系统划分为数个相对比较独立,便于系统危险性评价操作、灾害控制、安全管理的子系统。

煤尘爆炸的矿山重大危险源评价以单元作为评价对象。对于煤矿而言评价单元的划分方法有很多,这里笔者根据新中国成立以来煤尘爆炸事故发生区域的统计规律结合单元的相对功能独立性建议将如下容易发生煤尘爆炸事故的地点视为重点评价单元。

如果把一个具体的矿井视为系统,那么在这一系统中,有一些在空间上比较独立的子系统,例如采煤工作面、掘进工作面等,这些子系统不但在空间具有相对的独立性,而且在事故致因因素上也具有一定的独立、完整性。因此在实施矿山重大危险源评价时,可将这些子系统划分成评价单元,从而有益于评价的操作。

因此,矿山重大危险源评价单元划分应遵循如下原则:

(1)评价单元首先在空间、生产工艺上具有相对的独立性;
(2)评价单元所包含的子系统在事故致因因素上具有一定的独立、完整性,并能保证单元内大多数评价指标有一个稳定的取值范围;(3)评价单元之间事故影响要尽可能保持最小,以利于危险评价和灾害控制。

4.3.7.2 评价单元划分

基于上述矿山重大危险源评价单元划分原则和煤尘爆炸事故的统计研究结果,煤尘爆炸事故通常应以采煤工作面和含煤掘进工作面及其紧连的巷道为评价单元。当然为特定需要,也可以考虑以整个矿井甚至整个矿务局作为评价单元。

4.3.8 危险源危险等级的划分

通过危险源评价,得到能够反映评价对象发生事故危险性大小的一个相对数值,为了明确地表征这种危险程度,需要确定一个危险程度分级方法和分级标准,把评价结果变成危险等级,这样我们才能明确区分评价结果多大时是相对安全的,多大时是比较危险的。而且根据矿山重大危险源分级管理和监控的需要,必须按矿山重大危险源危险性的大小分成不同的危险级别,以利于不同层次的管理部门分别进行重点管理。

根据层次分析的结果,系统危险性分 5 级较好。那么,面向煤尘爆炸的矿山重大危险源的危险等级按五级可划分为 1—安全级、2—较安全级、3——般级、4—较危险级、5—危险级。分级方法和标准要结合评价方法和危险源分级管理的实际需要来确定,要尽量贴近地反映评价对象实际的安全状况或危险程度[64,65]。

4.3.9 矿山整体危险性与评价单元危险性的关联

一个矿井能被划分成若干个评价单元,每个评价单元都有一个评价结果,那么就存在如何根据单元危险性的评价结果来得出整个矿井的危险评价结果的问题。

把各个单元的评价分值结果的相加之和或加权平均值作为矿山重大危险源的危险评价结果显然是不可取的。因为对于一个矿井系统来说,系统内有危险的单元,也有相对安全的单元,而整个矿井系统的危险程度取决于较危险的特别是最危险的一个或几个单元的危险程度,而较安全的单元对全矿井的危险程度的影响则不大。把评价结果简单相加或取平均值,掩盖了高危险单元对全矿危险程度的决定性影响,这种方法往往不能反映矿井真实的危险程度,所以是不可取的。

根据以上分析可以想到的另一种方法是以矿井最危险单元的评价结果作为全矿的危险评价结果。这种方法相对合理一些,但也有其片面之处。比如,矿井甲的 8 个评价单元全部是较危险级的,而矿井乙的4个评价单元只有一个是较危险级,其他单元全部是安全级,这时,用取最危险单元的方法确定全矿的危险等级,则甲乙两个矿井的危险等级是一样的,都是较危险级。而实际上,甲矿井的危险程度应该是大于乙矿井的,甲矿井由于其较危险级的单元较多,有可能使其危险等级提高,而达到危险级,即甲矿井的危险等级可能会大于乙矿井。因此,这种方法也有其片面之处,无法反映出评价单元(采掘工作面)个数的多少给全矿危险评价带来的影响,反映不出采掘工作面越多、危险程度相应增大的情况。

因此,为了根据单元评价结果全面地反映全矿重大危险源的危险性,采用单元综合评定的方法确定矿井危险等级。具体方法如下。

首先,在单元评价结果中,只要有一个单元的评价结果划为最危险的等级,即"5—危险级",那么全矿的危险等级就可确定为"5—危险级"。

然后,当在矿井评价单元中没有危险等级为"5—危险级"时,采用下述方法确定矿井危险等级:

第一步,对单元危险等级进行评分赋值。

对"1—安全级"评分为0,理由是把危险等级为"1—安全级"的单元作为相对安全的单元,这个等级的单元的增加,不会增加全矿的危险性,因此赋值0分。

对"2—较安全级"评分为1,因为危险等级为"2—较安全级"的单元还是有一定的不安全因素,这个等级的单元的增加,会使整体的危险性增加,以至上升到下一个危险等级"3——一般级"。因此,以1为基准,对"2—较安全级"评分为1。

据文献[64],如果一个矿井的危险级别为"2—较安全级"的单元个数达到8个时,矿井的危险等级可上升到下一个级别"3——一般级"。因此,比照"2—较安全级"的评分,对"3——一般级"评分为8。

如果一个矿井的危险级别为"3——一般级"的单元个数达到5个时,矿井的危险等级可上升到下一个级别"4—较危险级"。因此,比照"3——一般级"的评分,对"4—较危险级"评分为40。

如果一个矿井的危险级别为"4—较危险级"的单元个数达到 3 个时,矿井的危险等级可上升到下一个级别"5—危险级"。因此,比照"4—较危险级"的评分,对"5—危险级"评分为120。

综上,评价单元的每个危险等级的评分如表4-46所示。

表 4-46   评价单元的危险等级的评分

危险等级	1—安全级	2—较安全级	3——一般级	4—较危险级	5—危险级
等级评分	0	1	8	40	120

第二步,得出全矿的总的危险评价分值。设矿井总的危险评价分值为 P,那么通过下式可求得 P。

$$P = 120n_5 + 40n_4 + 8n_3 + n_2 \qquad (4\text{-}85)$$

式中,n_5,n_4,n_3,n_2 分别指矿井的危险等级为"5—危险级"、"4—较危险级"、"3——一般级"、"2—较安全级"的评价单元的数目。

最后,由全矿总的危险评价分值和全矿的危险等级划分标准,得出全矿的危险等级。根据以上分析,全矿的危险等级划分标准如表4-47所示。

表 4-47   矿井危险等级划分

矿井危险等级	1—安全级	2—较安全级	3——一般级	4—较危险级	5—危险级
矿井危险评价	$P=0$	$0<P<8$	$8 \leqslant P<40$	$40 \leqslant P<120$	$120 \leqslant P$

由以上评价单元的危险等级赋分和全矿的危险等级划分可以看出,这里的单元综合评定法首先涵盖了取矿井最危险单元的危险等级作为全矿的危险等级的方法,且以其为主。其次考虑了各评价单元的危险等级及评价单元个数,而以其为辅,最终得出了相对合理的矿山重大危险源危险等级的划分结果。

4.4   煤与瓦斯突出事故危险性评价

4.4.1   煤与瓦斯突出事故第二类危险源评价

地应力、瓦斯和煤的性质是影响煤与瓦斯突出的三个基本因素,是煤与瓦斯突出能量的载体,是第一类危险源。而人为失误或者人的采掘行为才是煤与瓦斯突出的直接原因,是第二类危险源。本部分将从第二类危险源入手来分析,并对煤与瓦斯突出的可能性进行评价。

4.4.1.1 煤与瓦斯突出事故第二类危险源评价方法选择

在对危险源的危险性进行评价时,其评价模型不仅要能够反映出危险源灾变后果的严重程度,更应该反映出危险源系统的灾变可能性的大小。一种好的危险评价模型必须科学地反映灾害发生的危险性程度,在危险性程度中包括灾变事故后果和灾变事故的可能性大小[66]。如果不能够反映出危险源发生灾变可能性的大小,对被评价对象进行评价的结果也就不可能与实际的情况相符合。这样,不仅对危险源诱发事故后其后果的严重性进行评价和估量,而且还必须对其诱发事故的概率进行计算。

事故树分析法在系统安全分析中是一种非常重要的分析方法[67]。但在其危险性的概率计算中,虽然传统的事故树分析法可以利用概率理论来有效地处理具有大量统计数据的故障事件,但由于构成事故树的各个事件都是由客观不定性因素表示的,使得传统的事故树分析方法很难以对目前复杂的系统中不确切的因素用数学模型或公式来分析和计算事故发生概率,这便成了传统的事故树分析中不可忽视的弱点。在概率可靠性理论研究中引入了灰色系统的思想和方法,使得经典概率灰色化。这不仅提高了概率表示客观对象灾变频率的可能性和适用范围,并且为用概率客观真实地描述一般工业环境下评价对象灾变的危险性提供了理论基础。对于那些得不到底事件发生概率的事件,可以利用灰色系统理论,确定底事件发生的概率。

由于事故树是一种运用逻辑推理的方法建立起来的从结果到原因的分析过程树,它展现的是一种结构清晰明了的致灾过程图,无论其在定量还是定性的计算过程中都具有其相当的优点,对危险源的危险性评价不仅要对其提供定量的评价结果,同时,还必须依据评价的结果或评价过程中的某数据以提出危险源的控制措施或方法,而事故树就具有其功能,从事故树就可以得出灾变途径和解决事故发生的方法。故此,采用事故树分析法来解决煤与瓦斯突出事故发生的概率。

4.4.1.2　建造事故树

下面将根据上述方法和资料对焦作九里山矿重大危险源(煤与瓦斯突出)事故树进行分析评价[36,67](见表4-48)。综合建矿以来大量的瓦斯动力现象的原因的探讨,建立煤与瓦斯突出事故树如图4-26所示。

表4-48　九里山矿瓦斯动力现象原始数据表

编号	突出时间	突出地点巷道名称	突出煤量/t	突出瓦斯量/m³	突出类型
1	1980 年 9 月 13 日 3 时 30 分	12031 配风巷	3		突出
2	1981 年 3 月 25 日 1 时 30 分	11021 配风巷	82	5012	突出
3	1984 年 11 月 9 日 2 时 30 分	11061 运输巷	60	8889.4	倾出
4	1985 年 4 月 23 日 17 时 35 分	11041 运输巷	39	2439	倾出
5	1985 年 4 月 27 日 17 时 30 分	11041 运输巷	61	4524.6	倾出
6	1985 年 7 月 17 日 7 时	11041 运输巷	49	1801.1	压出
7	1985 年 9 月 5 日 4 时 40 分	11041 运输巷	40	4041.18	压出
8	1985 年 9 月 12 日 23 时 30 分	11041 运输巷	13	5448	压出
9	1985 年 11 月 23 日 11 时 20 分	11061 运输巷	24	5290.8	压出
10	1985 年 11 月 26 日 18 时 20 分	11061 运输巷	94	12792.8	突出
11	1986 年 1 月 2 日 17 时 30 分	11061 运输巷	28	2292.92	压出
12	1986 年 1 月 27 日 15 时 30 分	11061 运输巷	15	1629.76	倾出
13	1986 年 10 月 25 日 12 时 5 分	11051 工作面	53	5124.35	压出
14	1986 年 11 月 3 日 4 时 45 分	11051 工作面	30	4808.61	压出
15	1986 年 11 月 25 日 10 时	11091 联络上山	8.2	5441.4	倾出
16	1986 年 12 月 3 日 0 时 45 分	11051 工作面	无	1555	压出
17	1987 年 7 月 8 日 9 时 30 分	11091 联络上山	33	2482.92	压出
18	1987 年 7 月 21 日 19 时 30 分	11091 联络上山	16	2072	压出
19	1987 年 9 月 4 日 13 时 25 分	11051 工作面	72.5	1872	压出

编号	突 出 时 间	突出地点巷道名称	突出煤量/t	突出瓦斯量/m³	突出类型
·20	1987 年 9 月 11 日 5 时 45 分	11051 工作面	34	741	压出
21	1987 年 9 月 21 日 19 时 50 分	11051 工作面	123.5	3445.6	压出
22	1987 年 12 月 7 日 15 时 30 分	11051 工作面	11.3	513	压出
23	1988 年 12 月 4 日 18 时	12051 掘进头	20	2205.06	压出
24	1989 年 3 月 17 日 9 时 45 分	11091 运输巷	318	41807	突出
25	1989 年 7 月 23 日 1 时 45 分	11091 运输巷	170	8550.7	压出
26	1990 年 3 月 5 日 0 时	11091 运输巷	45	8000	压出
27	1991 年 1 月 7 日 8 时 45 分	11091 运输巷	540	58490	突出
28	1991 年 9 月 10 日 19 时	11071 工作面	140	15224	突出
29	1991 年 9 月 14 日 14 时	11071 工作面	129	12855	突出
30	1992 年 2 月 16 日 18 时	11071 工作面	13	2601	压出
31	1994 年 3 月 29 日 16 时 50 分	13071 运输巷	70	9050	压出
32	1995 年 4 月 13 日 17 时 10 分	13081 运输巷	68	9624	突出
33	1995 年 8 月 23 日 5 时 30 分	13071 切眼	64	8750	突出
34	1995 年 10 月 27 日 1 时 20 分	13091 运输巷	3		压出
35	2000 年 11 月 17 日 19 时 3 分	15011 运输巷	325	34574	突出

对事故树底部基本事件进行发生次数的统计如表 4-49,然后进行归一化处理,求得由于底事件发生引起上一层事件发生的概率。基本事件统计工作的困难没有统计数据的根据专家打分的办法求得,如表 4-50 所示。

4.4.1.3　事故树分析

A　事故树的定性分析

(1)求最小径集

根据事故树布尔代数法求得事故树的最小径集为:

$P_1 = \{X_1, X_2, X_3, X_5, X_6, X_7, X_8, X_9\}$, $P_2 = \{X_{10}, X_{11}, X_{15},$

$X_{16}\}$,$P_3 = \{X_4,X_{11},X_{13},X_{14}\}$,$P_4 = \{X_{12}\}$

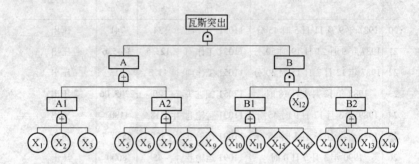

图 4-26 煤与瓦斯突出事故树

A—引起地应力、瓦斯压力及突出煤体变化因素；B—地应力、瓦斯压力、瓦斯量积聚的因素；
A1—突出煤体变化的因素；A2—影响地应力瓦斯压力突变的因素；
B1—地应力积聚的因素；B2—瓦斯量、瓦斯压力积聚的因素

表 4-49   九里山矿煤与瓦斯突出隐患数据表

隐患代号	隐患名称	隐患次数	隐患代号	隐患名称	隐患次数
X_1	煤层倾角	—	X_9	地质构造	—
X_2	厚度变化	—	X_{10}	未采取卸压措施	2
X_3	强度变化	—	X_{11}	采深	—
X_4	变质程度	—	X_{12}	防突不当	2
X_5	采掘活动	16	X_{13}	围岩条件	—
X_6	爆破	24	X_{14}	水文条件	—
X_7	支架故障	1	X_{15}	采矿应力积聚	—
X_8	周期来压	4	X_{16}	构造应力积聚	—

（2）结构重要度分析

1）单事件最小径集中的基本事件结构重要度最大。

2）仅在同一最小径集中出现的所有基本事件结构重要度相等。

表4-50　专家打分表

基本事件	1类专家	2类专家	3类专家	基本事件	1类专家	2类专家	3类专家
X_1	0.01	0.01	0.01	X_{11}	0.15	0.10	0.10
X_2	0.02	0.03	0.02	X_{13}	0.20	0.10	0.10
X_3	0.03	0.02	0.01	X_{14}	0.04	0.05	0.05
X_4	0.10	0.15	0.10	X_{15}	0.20	0.20	0.20
X_9	0.20	0.10	0.10	X_{16}	0.20	0.20	0.20

处理以后的事件发生概率如表4-51所示。

表4-51　基本事件概率取值表

代号	基本事件名称	q_i	$1 - q_i$
X_1	煤层倾角	0.01	0.99
X_2	厚度变化	0.02	0.98
X_3	强度变化	0.02	0.98
X_4	变质程度	0.10	0.90
X_5	采掘活动	0.40	0.60
X_6	爆　破	0.60	0.40
X_7	支架故障	0.01	0.99
X_8	周期来压	0.10	0.90
X_9	地质构造	0.10	0.90
X_{10}	未采取卸压措施	0.10	0.90
X_{11}	开采深度	0.10	0.90
X_{12}	未防突或防突不当	0.05	0.95
X_{13}	围岩性质	0.10	0.90
X_{14}	水文条件	0.05	0.95
X_{15}	采矿应力积聚	0.20	0.80
X_{16}	构造应力积聚	0.20	0.80

3) 两个基本事件仅出现在基本事件个数相等的若干最小径集中,这时在不同最小径集中出现次数相等的基本事件结构重要度相等;出现次数多的结构重要度大,出现次数少的结构重要度

小。

4)两个基本事件仅出现在基本事件个数不等的若干最小径集中。在这种情况下,基本事件的结构重要度大小依下列不同条件而定:

若它们重复在各最小径集中出现的次数相等,则少事件最小径集中出现的基本事件结构重要度大;在少事件最小径集中出现次数少的,与多事件最小径集中出现次数多的基本事件比较,应用下式计算近似判别值:

$$I_{\Phi}(i) = \sum_{X_i \in E_r} \frac{1}{2^{n_i - 1}} \tag{4-86}$$

根据同属关系可得到:

$I_{\Phi}(1) = I_{\Phi}(2) = I_{\Phi}(3) = I_{\Phi}(5) = I_{\Phi}(6) = I_{\Phi}(7) = I_{\Phi}(8) = I_{\Phi}(9)$

$I_{\Phi}(4) = I_{\Phi}(10) = I_{\Phi}(13) = I_{\Phi}(14) = I_{\Phi}(15) = I_{\Phi}(16)$

因此只要判定 $I_{\Phi}(1)$、$I_{\Phi}(4)$、$I_{\Phi}(11)$、$I_{\Phi}(12)$ 的大小即可。$I_{\Phi}(12)$ 是单事件最小径集中的事件,$I_{\Phi}(12)$ 最大。

根据以上判别标准可以得到基本事件的结构重要度大小的排序为:

$I_{\Phi}(12) > I_{\Phi}(11) > I_{\Phi}(4) = I_{\Phi}(10) = I_{\Phi}(13) = I_{\Phi}(14) = I_{\Phi}(15) = I_{\Phi}(16) > I_{\Phi}(1) = I_{\Phi}(2) = I_{\Phi}(3) = I_{\Phi}(5) = I_{\Phi}(6) = I_{\Phi}(7) = I_{\Phi}(8) = I_{\Phi}(9)$

B 事故树的定量分析

a 求顶事件概率

用"与门"连接的顶事件的发生概率为:

$$P(T) = \prod_{i=1}^{n} q_i \tag{4-87}$$

用"或门"连接的顶事件的发生概率为:

$$P(T) = 1 - \prod_{i=1}^{n} (1 - q_i) \tag{4-88}$$

式中,q_i 为事件 i 发生的精确概率值。

如表4-50所示,已知基本事件的发生概率,顶事件的发生概率为:

$$P(A) = 1 - \{1 - [1 - (1 - q_1)(1 - q_2)(1 - q_3)]\}\{1 - [1 - (1 - q_5)(1 - q_6)(1 - q_7)(1 - q_8)(1 - q_9)]\}$$

$$= 0.817$$

$$P(B) = [1 - (1 - q_{10})(1 - q_{11})(1 - q_{15})(1 - q_{16})][1 - (1 - q_4)(1 - q_{11})(1 - q_{13})(1 - q_{14})]q_{12}$$

$$= 0.0074$$

$$P(T) = P(A) \times P(B)$$

$$= 0.0061$$

b 求概率重要度系数

基本事件的结构重要度分析只是按照事故树的结构分析各基本事件对顶事件的影响程度,所以,还应考虑基本事件发生概率对顶事件发生概率的影响,即对事故树进行概率重要度分析。

事故树的概率重要度分析是依靠各基本事件的概率重要度系数大小进行定量分析。所谓概率重要度分析,它表示第 i 个基本事件发生概率的变化引起顶事件发生概率变化的程度。由于顶事件发生概率函数是 n 个基本事件发生概率的多重线性函数,所以,对自变量 q_i 求一次偏导,即可得到该基本事件的概率重要度系数 $I_g(i)$ 为:

$$I_g(i) = \frac{\partial P(T)}{\partial q_i}(i = 1, 2, \cdots, n) \tag{4-89}$$

式中,$P(T)$ 为顶事件发生概率;q_i 为基本事件发生的概率。

根据公式(4-89)得到基本事件的概率重要度系数为:

$$I_g(1) = \frac{\partial P(T)}{\partial q_1} = (1 - q_2)(1 - q_3)(1 - q_5)(1 - q_6)(1 - q_7)(1 - q_8)(1 - q_9)[1 - (1 - q_{10})(1 - q_{11})(1 - q_{15})(1 - q_{16})][1 - (1 - q_4)(1 - q_{11})(1 - q_{13})(1 - q_{14})]q_{12}$$

$$= 0.0013684$$

同理:

$I_g(2)=0.0013824; I_g(3)=0.0013824; I_g(4)=0.0015139;$
$I_g(5)=0.0022579; I_g(6)=0.0033868; I_g(7)=0.0013684; I_g(8)$
$=0.0015053; I_g(9)=0.0015053; I_g(10)=0.0072343; I_g(11)=$
$0.022373; I_g(12)=0.12097; I_g(13)=0.0015139; I_g(14)=$
$0.0014342; I_g(15)=0.0081386; I_g(16)=0.0081386$

c 求关键重要度系数

关键重要度分析,它表示第 i 个基本事件发生概率的变化率引起顶事件发生概率的变化率,因此它比概率重要度更合理更具有实际意义。其表达式为:

$$I_g^c(i)=\lim_{\Delta q_i\to 0}\frac{\Delta P(T)/P(T)}{\Delta q_i/q_i}=\frac{q_i}{P(T)}\lim_{\Delta q_i\to 0}\frac{\Delta P(T)}{\Delta q_i}$$

$$=\frac{q_i}{P(T)}I_g(i) \tag{4-90}$$

式中, $I_g^c(i)$ 为第 i 个基本事件的关键重要度系数; $I_g(i)$ 为第 i 个基本事件的概率重要度系数; $P(T)$ 为顶事件发生概率; q_i 为第 i 个基本事件发生的概率。

根据公式(4-90)得到基本事件的关键重要度系数为:

$$I_g^c(1)=\frac{q_1}{P(T)}I_g(1)=\frac{0.01}{0.0061}0.0013684=0.002243$$

同理:

$I_g^c(2)=0.004532; I_g^c(3)=0.004532; I_g^c(4)=0.02482;$
$I_g^c(5)=0.1481; I_g^c(6)=0.3331; I_g^c(7)=0.002243; I_g^c(8)=$
$0.02467; I_g^c(9)=0.02467; I_g^c(10)=0.1186; I_g^c(11)=0.3668; I_g^c$
$(12)=0.9916; I_g^c(13)=0.02482; I_g^c(14)=0.01176;$
$I_g^c(15)=0.2668; I_g^c(16)=0.2668$。

从以上计算结果可知,基本事件结构重要度顺序为:

$I_\Phi(12)>I_\Phi(11)>I_\Phi(4)=I_\Phi(10)=I_\Phi(13)=I_\Phi(14)=$
$I_\Phi(15)=I_\Phi(16)>I_\Phi(1)=I_\Phi(2)=I_\Phi(3)=I_\Phi(5)=I_\Phi(6)=I_\Phi$
$(7)=I_\Phi(8)=I_\Phi(9)$

基本事件概率重要度顺序为:

$$I_g(12) > I_g(11) > I_g(15) = I_g(16) > I_g(10) > I_g(6) > I_g(5)$$
$$> I_g(4) = I_g(13) > I_g(8) = I_g(9) > I_g(14) > I_g(2) = I_g(3) >$$
$$I_g(1) = I_g(7)$$

基本事件的关键重要度顺序为:

$$I_g^c(12) > I_g^c(11) > I_g^c(6) > I_g^c(15) = I_g^c(16) > I_g^c(5) > I_g^c(10)$$
$$> I_g^c(4) = I_g^c(13) > I_g^c(8) = I_g^c(9) > I_g^c(14) > I_g^c(2) = I_g^c(3) >$$
$$I_g^c(1) = I_g^c(7)$$

C 结论

(1)事故树的基本事件虽然只有 16 个,但是最小割集有 80 组,最小径集只有 4 组,说明顶上事件发生的途径较多,控制途径较少,所以这个系统仍是危险系统。

(2)结构重要度分析结果表明:基本事件 X_{12} 对顶事件发生的影响最大,基本事件 X_{11}、X_4 次之,X_{10}、X_{13}、X_{14}、X_{15}、X_{16} 再次之,基本事件 X_1、X_2、X_3、X_5、X_6、X_7、X_8、X_9 对顶上事件的影响最小。如果基本事件 X_{12} 能够加以控制,则顶上事件发生的几率可锐减。

(3)从概率重要度分析知:X_{12} 的概率重要度最好,降低 X_{12} 的发生概率能最大限度地降低顶事件的发生概率,依次为 X_{11}、X_{15}、X_{16}、X_{10}、X_6、X_5、X_4、X_{13}、X_8、X_9、X_{14}、X_2、X_3、X_1、X_7。

(4)从关键重要度分析可知:基本事件 X_{12} 的关键重要度仍然是最高的,依次为 X_{11}、X_6、X_{15}、X_{16}、X_5、X_{10}、X_4、X_{13}、X_8、X_9、X_{14}、X_2、X_3、X_1、X_7。

三种重要度系数中,结构重要度系数是从事故树结构上反映基本事件的重要程度,这给系统安全设计者选用部件可靠性及改进系统的结构提供了依据;概率重要度系数是反映基本事件发生概率的变化对顶事件发生概率的影响,为降低基本事件发生概率对顶事件发生概率的贡献大小提供了依据;关键重要度系数从敏感度和基本事件发生概率大小反映对顶事件发生概率大小的影响,所以,关键重要度比概率重要度和结构重要度更能准确反映基本事件对顶事件的影响程度,为找出最佳的事故诊断和确定防范措施的顺序提供了依据。

通过对图 4-29 事故树的分析得出,瓦斯突出事故树有 4 个最小径集。即,只要采取 6 个径集方案中的任何一个,煤与瓦斯突出事故就可以避免。第四方案 $P_4 = \{X_{12}\}$ 是最佳方案,只要采用正确恰当的防突措施就能预防瓦斯突出的发生。第一方案 $P_1 = \{X_1, X_2, X_3, X_5, X_6, X_7, X_8, X_9\}$、第二方案 $P_2 = \{X_{10}, X_{11}, X_{15}, X_{16}\}$、第三方案 $P_3 = \{X_4, X_{11}, X_{13}, X_{14}\}$,单从事故树分析来讲是可行的,但考虑实际情况这些条件是不可能改变的,所以一、二、三方案不可行。所以防治瓦斯突出的可行办法就是采用正确恰当的防突措施。

4.4.2 煤与瓦斯突出事故发生的严重度评价

评价第一类危险源的危险性的主要方法有后果分析和划分危险等级两种方法。后果分析通过详细的分析、计算意外释放的能量、危险物质造成的人员伤害和财物损失,定量地评价危险源的危险性。划分危险等级是一种相对评价方法。它通过比较危险源的危险性,人为地划分出一些危险等级来区分不同危险源的危险性。我们将采用灰色系统的知识对煤与瓦斯突出的后果进行分析,然后根据分析结果划分矿井突出危险等级,从而对矿井煤与瓦斯突出事故发生的严重度来进行评价。

根据能量释放论,事故是能量或危险物质的意外释放,作用于人体的过量的能量或干扰人体与外界能量交换的物质是造成人身伤亡的直接原因。任何事故的发生可归结于第一类危险源与第二类危险源共同作用的结果,第一类危险源是事故的能量主体,决定事故后果的严重程度,在文中就是指瓦斯压力、地应力和煤(岩)的物理力学性质。

4.4.2.1 多维灰色评估概述

灰色评估就是基于灰色系统的理论和方法,对某个系统或所属因子,在某一时段所处状态,针对预定的目标,通过系统分析,做出一种半定性半定量的评价和描述,以便在更高层次上,对系统的综合效果与整体水平,形成一个可供比较的概念与类别。

灰色评估包括评估目标、评估指标、评估类别与被评估对象。灰色评估方法的数学模型是建立灰类型的白化权函数,所谓白化权函数就是直角坐标系中的一条折线,或S形曲线,它可以定量地描述某一评估对象隶属于某个灰类的程度(称权系数),即随着被评估指标或样点值的大小而变化的关系。灰色评估的一般数学模型如下:首先我们假设:高类下限为H;中类中限为Z;低类上限为L;并记d_{ij}代表i样点j指标值。则各类白化权函数图(图4-27a、图4-27b、图4-27c)及类别权系数计算公式如下:

类别界限的确定可参考样本数据的平均值与标准差来确定,即以平均值为中类中限,加个标准差为高类下限,减个标准差为低类上限。也可以按照生产实践与经验归纳,即人类的先验信息,通过类比的方法获得[68~70]。

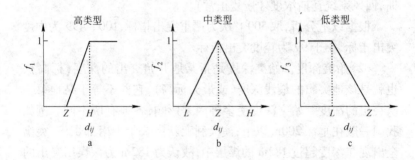

图 4-27 白化权函数图

4.4.2.2 影响突出严重性的主要指标因素的选取

根据对国内外大量的煤与瓦斯突出事例的分析结果[71],决定采用6个指标综合评定矿井的突出严重度,取其中6个是突出严重性指标,依次为:最大突出强度,始突深度,突出最大吨煤瓦斯涌出量,平均突出强度,突出频度,突出类型比重。

现将选取这些指标的理由阐述如下:

(1)最大突出强度。最大突出强度决定了突出的最大直接危害范围。因煤的抛出距离决定了突出强度,可从数十米到数百米,抛出的碎煤及粉煤将矿工掩埋导致死亡。同时,最大突出强度也基本决定了突出时的瓦斯涌出量,故而它是权数最大的一个指标。
该指标选取历史上最大突出强度。按动力现象强度分类,突出强
度可以分为以下几种[8,72]:

小型突出:强度小于50t/次(突出后,经过几十分钟瓦斯浓度
可恢复正常);

中型突出:强度50~99t/次(突出后,经过一个工作班以上瓦
斯浓度可逐步恢复正常);

次大型突出:强度100~400 t/次(突出后,经过一天以上瓦斯
浓度可逐步恢复正常);

大型突出:强度500~999 t/次(突出后,经过几天回风系统瓦
斯浓度可逐步恢复正常);

特大型突出:强度大于1000 t/次(突出后,经过长时间排放瓦
斯,回风系统瓦斯浓度才恢复正常)。

根据以上分析,取500 t/次为严重突出指标,100~499 为中度
突出指标,小于99 为轻度突出指标。

(2)始突深度。始突深度是指某地开始突出的深度(标高),
也就是该地突出的最浅深度(或最大标高),它并不等于某地第一
次突出的深度。始突深度受多种因素影响,各地有所不同。例如
我国一般在垂深200m 以下;澳大利亚新南威尔士南部煤田,突出
全出现在深度超过182m 的煤层中,故认为182m 为该煤田突出的
临界深度。有的始突深度很浅,如我国湖南的一些矿井,只有
30~90m,说明那里突出的严重性。因此始突深度是反映一个地
区突出严重程度的重要指标。始突深度越小说明这里的突出越严
重,所以始突深度是负极性指标。根据我国大部分矿井的始突深
度资料[6],取小于100m 为严重突出指标,100~300m 为中度突出
指标,大于300m 为轻度突出指标。

(3)最大吨煤瓦斯涌出量。突出时涌出的大量瓦斯可使矿工
窒息死亡,也可破坏通风系统引起瓦斯爆炸。突出时的最大吨煤
瓦斯涌出量既决定于瓦斯涌出量,也决定于突出强度,因而也是权
数较大的一个指标。该指标是历史上突出最大吨煤瓦斯涌出量。

（4）突出平均强度。尽管一个矿井的突出强度可能差别很大，但其突出平均强度可以总体上反映一个矿井的突出危险程度。平均突出强度取统计时间内全部突出的平均强度。根据我国大部分矿井的平均突出强度资料[8]，取大于 100t 为严重突出指标，50~100t 为中度突出指标，大于 50t 为轻度突出指标。

（5）突出频度。突出频度是以单位时间内（一般为一年）突出的平均次数来衡量。突出次数的多少，也反映了矿井的突出危险程度。为能反映矿井的真实情况，取最近 10 年的年平均次数作为突出频度。如我国湖南邵阳矿区新东矿，1963~1978 年，共突出 131 次，在此期间的突出频度为 8.19 次/a[72]，取大于 10 次/a 为严重突出指标，4 次/a 为中度突出指标，小于 4 次/a 为轻度突出指标。

（6）突出类型比重。按照动力现象的成因，可以分为煤的倾出、煤的压出以及煤（岩）和煤与瓦斯突出 3 类。煤（岩）和瓦斯突出在强度、抛出距离、瓦斯涌出量、动力效应等方面，总体上都要强于倾出和压出，因此，煤和瓦斯突出次数占总次数（均以全部统计时间计算）的比重愈高，其危害愈大。就全国而言，煤（岩）瓦斯突出次数约占总次数的 50%，倾出、压出各占 25%，各局矿有很大的差别，如红卫煤矿煤和瓦斯突出占大多数，北票局则以倾出为主，阳泉局则以压出为主。

这里把突出严重程度分为三级：严重、中等和较弱。各个指标的取值如表 4-52 所示。

表 4-52　突出危险程度指标

指标名称	突出危险程度		
	严　重	中　等	较　弱
最大突出强度	≥500	[100,500]	<100
始突深度/m	≤100	[100,300]	>300
最大吨煤瓦斯涌出量	≥100	[40,100]	<40
平均突出强度/t	≥100	[50,100]	<50
突出频度/次·a^{-1}	≥10	[4,10]	<4
突出类型比重/%	≥60	[20,60]	<20

　　根据理论知识和生产经验,给出突出严重性的六个指标权重
为(0.2,0.15,0.15,0.15,0.15,0.20)。
　　4.4.2.3　实例应用
　　选取焦作煤业集团九里山矿和焦西矿的突出数据为样本如表
4-53所示。

表4-53　突出样本数据

样本号	最大突出强度/t	始突深度/m	最大吨煤瓦斯涌出量/m³·t⁻¹	平均突出强度/t	突出频度/次·a⁻¹	突出类型比重/%
九里山矿	540	186	664	79.6	1.75	29
焦西矿	839	190	186	154	3.4	79

　　根据生产经验可知,对于煤与瓦斯突出来说最大突出强度,最
大吨煤瓦斯涌出量,平均突出强度,突出频度以及突出类型比重越
大,说明煤与瓦斯突出危害性越大。所以上述突出危害性指标均
为正极性指标。始突深度越小说明煤与瓦斯突出严重性越大,所
以始突深度是负极性指标。
　　根据以上对各指标的分析,确定各指标的灰类界限值如表4-
54所示。

表4-54　各指标灰类界限

类别	最大突出强度/t	始突深度/m	最大吨煤瓦斯涌出量/m³·t⁻¹	平均突出强度/t	突出频度/次·a⁻¹	突出类型比重/%
高	500	100	100	100	10	60
中	300	200	70	75	7	40
低	100	300	40	50	4	20

　　构造各指标的白化权函数。所选样本都是正极性指标,计算
流程图如图4-28所示。
　　各指标的白化权函数如下:
　　(1)最大突出强度:

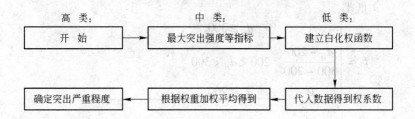

图 4-28 计算流程框图

$$f_1 = \begin{cases} 1 & d_{ij} \geqslant 500 \\ \dfrac{d_{ij}-300}{500-300} & 300 < d_{ij} < 500 \\ 0 & d_{ij} \leqslant 300 \end{cases}$$

$$f_2 = \begin{cases} 0 & d_{ij} \geqslant 500 \\ \dfrac{500-d_{ij}}{500-300} & 300 < d_{ij} < 500 \\ 1 & d_{ij} = 300 \\ \dfrac{d_{ij}-100}{300-100} & 100 < d_{ij} < 300 \\ 0 & d_{ij} \leqslant 100 \end{cases}$$

$$f_3 = \begin{cases} 1 & d_{ij} \leqslant 100 \\ \dfrac{300-d_{ij}}{300-100} & 100 < d_{ij} < 300 \\ 0 & d_{ij} \geqslant 300 \end{cases}$$

（2）始突深度：

高类：

$$f_1 = \begin{cases} 0 & d_{ij} \geqslant 200 \\ \dfrac{200-d_{ij}}{200-100} & 100 < d_{ij} < 200 \\ 1 & d_{ij} \leqslant 100 \end{cases}$$

中类：

$$f_2 = \begin{cases} 0 & d_{ij} \geqslant 300 \\ \dfrac{300-d_{ij}}{300-200} & 200 < d_{ij} < 300 \\ 1 & d_{ij} = 200 \\ \dfrac{d_{ij}-100}{200-100} & 100 < d_{ij} < 200 \\ 0 & d_{ij} \leqslant 100 \end{cases}$$

低类：

$$f_3 = \begin{cases} 1 & d_{ij} \geq 300 \\ \dfrac{d_{ij} - 200}{300 - 200} & 200 < d_{ij} < 300 \\ 0 & d_{ij} \leq 200 \end{cases}$$

（3）最大吨煤瓦斯涌出量：

高类：

$$f_1 = \begin{cases} 1 & d_{ij} \geq 100 \\ \dfrac{d_{ij} - 70}{100 - 70} & 70 < d_{ij} < 100 \\ 0 & d_{ij} \leq 70 \end{cases}$$

中类：

$$f_2 = \begin{cases} 0 & d_{ij} \geq 100 \\ \dfrac{100 - d_{ij}}{100 - 70} & 70 < d_{ij} < 100 \\ 1 & d_{ij} = 70 \\ \dfrac{d_{ij} - 40}{70 - 40} & 40 < d_{ij} < 70 \\ 0 & d_{ij} \leq 40 \end{cases}$$

低类：

$$f_3 = \begin{cases} 1 & d_{ij} \leq 40 \\ \dfrac{70 - d_{ij}}{70 - 40} & 40 < d_{ij} < 70 \\ 0 & d_{ij} \geq 70 \end{cases}$$

（4）平均突出强度：

高类：

$$f_1 = \begin{cases} 1 & d_{ij} \geq 100 \\ \dfrac{d_{ij} - 75}{100 - 75} & 75 < d_{ij} < 100 \\ 0 & d_{ij} \leq 75 \end{cases}$$

中类：

$$f_2 = \begin{cases} 0 & d_{ij} \geq 100 \\ \dfrac{100 - d_{ij}}{100 - 75} & 75 < d_{ij} < 100 \\ 1 & d_{ij} = 75 \\ \dfrac{d_{ij} - 50}{75 - 50} & 50 < d_{ij} < 75 \\ 0 & d_{ij} \leq 50 \end{cases}$$

低类：

$$f_3 = \begin{cases} 1 & d_{ij} \leqslant 50 \\ \dfrac{75 - d_{ij}}{75 - 50} & 50 < d_{ij} < 75 \\ 0 & d_{ij} \geqslant 75 \end{cases}$$

（5）突出频度：

高类：

$$f_1 = \begin{cases} 1 & d_{ij} \geqslant 10 \\ \dfrac{d_{ij} - 7}{10 - 7} & 7 < d_{ij} < 10 \\ 0 & d_{ij} \leqslant 70 \end{cases}$$

中类：

$$f_2 = \begin{cases} 0 & d_{ij} \geqslant 10 \\ \dfrac{10 - d_{ij}}{10 - 7} & 7 < d_{ij} < 10 \\ 1 & d_{ij} = 7 \\ \dfrac{d_{ij} - 4}{7 - 4} & 4 < d_{ij} < 7 \\ 0 & d_{ij} \leqslant 4 \end{cases}$$

低类：

$$f_3 = \begin{cases} 1 & d_{ij} \leqslant 4 \\ \dfrac{7 - d_{ij}}{7 - 4} & 4 < d_{ij} < 7 \\ 0 & d_{ij} \geqslant 7 \end{cases}$$

（6）突出类型比重：

高类：

$$f_1 = \begin{cases} 1 & d_{ij} \geqslant 60 \\ \dfrac{d_{ij} - 40}{60 - 40} & 40 < d_{ij} < 20 \\ 0 & d_{ij} \leqslant 40 \end{cases}$$

中类：

$$f_2 = \begin{cases} 0 & d_{ij} \geqslant 60 \\ \dfrac{60 - d_{ij}}{60 - 40} & 40 < d_{ij} < 60 \\ 1 & d_{ij} = 40 \\ \dfrac{d_{ij} - 20}{40 - 20} & 20 < d_{ij} < 40 \\ 0 & d_{ij} \leqslant 20 \end{cases}$$

低类：

$$f_3 = \begin{cases} 1 & d_{ij} \leqslant 20 \\ \dfrac{40 - d_{ij}}{40 - 20} & 20 < d_{ij} < 40 \\ 0 & d_{ij} \geqslant 40 \end{cases}$$

同理可以得到焦西矿的计算结果。将选定的样本数据代入上述计算公式，计算结果如表 4-55 所示。

根据给出的权重：最大突出强度 0.2；始突深度 0.15；最大吨煤瓦斯涌出量 0.15；平均突出强度 0.15；突出频度 0.15；突出类型比重 0.2。

将计算所得到的各个权系数的对应值进行加权平均，可得到综合权系数，如表 4-56 所示。

表 4-55　计算结果

指　标	最大突出强度/t			始突深度/m			最大吨煤瓦斯涌出量/$m^3 \cdot t^{-1}$		
样　本	高	中	低	高	中	低	高	中	低
九里山矿	1.000	0.000	0.000	0.140	0.860	0.000	1.000	0.000	0.000
焦西矿	1.000	0.000	0.000	0.100	0.900	0.000	1.000	0.000	0.000

指　标	平均突出强度/t			突出频度/次·a^{-1}			突出类型比重/%		
样　本	高	中	低	高	中	低	高	中	低
九里山矿	0.184	0.816	0.000	0.000	0.000	1.000	0.000	0.450	0.550
焦西矿	1.000	0.000	0.000	0.000	0.000	1.000	0.000	0.000	0.000

表 4-56　与实际情况比较

指　标	综合权系数			评价结果	
样　本	高	中	低	结　果	实　际
九里山矿	0.398	0.342	0.260	突出危害性大	突出危害性大
焦西矿	0.850	0.000	0.150	突出危害性大	突出危害性大

从上面结果可知，该矿井较强突出危害性的隶属度最大，根据最大隶属度原则，该矿井属于严重突出危害性矿井。

利用上述方法对焦西矿进行评价，得出的结果证明此方法是正确有效的。

4.4.3　煤与瓦斯突出事故危害性评价

4.4.3.1　引言

煤与瓦斯突出对井下安全生产具有严重的威胁,随着矿井开采深度的增大,开采地质条件的复杂,突出带来的深部矿井安全问题将愈加明显。在目前没法治本的前提下,研究突出后气流流动和冲击作用机制对突出发生后抗灾防护和灾变通风工作有着深远的应用价值。

煤与瓦斯突出事故危害性的研究是煤与瓦斯突出事故研究的一个重点和难点,而煤与瓦斯突出冲击波的传播规律和冲击波的伤害模型又是危害性研究方面的重点和难点。本章将从突出冲击波形成进行研究,结合冲击波衰减的研究,来进行煤与瓦斯突出事故冲击波的传播规律和冲击波的伤害情况的讨论。

据文献检索,国内外对煤与瓦斯突出危害性问题的理论研究有关报道较少,特别是对突出冲击波这方面的研究更少。个别研究者只是对粉尘—气体两相流颗粒的运移和沉降规律进行了数值研究和讨论。造成上述现象的主要原因:一是一般流体研究者涉足较少;二是研究煤与瓦斯突出的研究者主要将其注意力放在突出机理的研究中,同时浅部开采的瓦斯逆流问题不甚严重致使这方面的研究极少。然而从理论和实际应用方面看,在目前无法治本的前提下,研究突出后煤与瓦斯灾害的问题对矿井个人防护、应急预案制订和重大危险性事故风险评价都有着重要意义。根据文献检索中国地质大学的程五一教授等对煤与瓦斯突出的冲击波的形成和传播进行了研究并建立的突出的模型。而对煤与瓦斯突出冲击波的伤害机理的研究到目前为止依旧较为匮乏,因而我们将借助于上述理论,结合煤与瓦斯突出的具体条件进行适当而合理的假设,通过其他行业冲击波伤害理论的研究,对煤与瓦斯突出冲击波的伤害模型进行较为深入的讨论。

4.4.3.2　煤与瓦斯突出事故的危害因素

对煤与瓦斯突出事故规律的探寻和研究不仅在于有效地掌握

这类事故引起的破坏效应,以及对人体的伤害作用,而且还在于可以作为对这类事故的预防和控制提供科学可靠的依据。煤与瓦斯突出作为矿山事故中一类典型的事故,早已引起了许多学者的重视,并已建立了相应的理论分析系统。但是,煤与瓦斯突出的高速动力性及其井下的复杂环境的限制,给分析和研究带来了较大的困难。迄今为止,煤与瓦斯突出事故的伤害机理及其伤害模型尚在研究之中,还有待进一步的探讨。

根据文献[6,73,74]中对煤与瓦斯突出的定义,矿井煤与瓦斯突出事故是煤矿地下采掘过程中,在很短时间内,从煤(岩)壁内部向采掘工作面空间突然喷出大量煤(岩)和瓦斯(CH_4、CO_2)的现象。它是一种伴有声响和猛烈动力效应的动力现象。它能摧毁井巷设施破坏通风系统,使井巷充满瓦斯和煤粉,造成人员窒息,煤流埋人,甚至引起火灾和瓦斯爆炸事故。因此是煤矿中的严重自然灾害。

A 煤与瓦斯突出分类

根据突出现象的力学特征分类可以分为以下三类[74]:

(1)煤与瓦斯突出。发生突出的主要因素是地应力和瓦斯压力的联合作用,通常以地应力为主,瓦斯压力作用为辅,重力不起决定性作用;实现突出的基本能源是煤内积蓄的高压瓦斯能。瓦斯逆流前进,根据突出煤量的不同逆流的距离也不同,能严重破坏通风系统与设施。

(2)煤的突然压出并涌出大量瓦斯。发动与实现煤压出的主要因素是受采动影响所产生的地应力,瓦斯压力与煤的重力是次要的因素。压出的基本能源是煤层所积蓄的弹性能。极少见到瓦斯逆流现象。

(3)突然倾出并涌出大量瓦斯。发生倾出的主要因素是地应力,即结构松软、饱含瓦斯、内聚力小的煤,在较高的地应力作用下,突然破坏失去平衡,为其位能的释放创造了条件。煤倾出的主要因素是煤体自身重力。一般无瓦斯逆流现象。

根据最大危险性原则,在此以突出事故最严重的情况煤与瓦斯突出事故为准来进行研究和计算。

B 煤与瓦斯突出事故的危害因素

根据危险源评价基本原则中的最大危险性原则,应只考虑其伤害作用最大的几种危险作用。矿井煤与瓦斯突出事故的危害因素有突出冲击波、瓦斯逆流、突出产生的有毒有害气体以及突出产生的高温高压,但其危害主要是前两个因素:

(1)瓦斯逆流。突出时有大量瓦斯(甲烷或二氧化碳)喷出,瓦斯逆风流前进。100t以下的中型突出,瓦斯逆流数十米;1000t以下的大型突出瓦斯逆流数百米;超过千吨的特大型突出,瓦斯逆流达到千米以上,能严重破坏矿井通风系统与设施并能使人窒息死亡。

(2)冲击波。冲击波传播时,其波峰的压力可从数十 kPa 到 2MPa 的范围内变化。当正向冲击波重叠时,可形成高达 10MPa 的压力。其将对矿井井下工作人员、巷道、设施、设备、通风系统等造成严重的伤害和破坏。它是煤与瓦斯突出事故对井下设施和设备以及井下巷道破坏最为严重的因素,对在突出点附近的工作人员的伤害也是极其严重的,人员所造成的身体的外伤基本上都是由于冲击波和有毒有害气体窒息中毒的两个因素的作用。

(3)有毒有害气体。发生突出后,井巷内几乎被瓦斯充满,氧气浓度下降,CH_4、CO_2 等有毒有害气体几乎充满整个空间。虽然 CO_2 和 CH_4 没有毒性,但当其高浓度(高于 5%)时,其作用犹如毒气,它溶于血液内能造成中毒性死亡。

4.4.3.3 煤与瓦斯突出冲击波危害研究

煤与瓦斯突出事故是非常复杂的过程,到目前为止,人们对矿山煤与瓦斯突出事故的发生过程,破坏规律和伤害度的认识还十分有限,对有些问题的认识还在发展之中。同时,井下环境具有复杂性和煤与瓦斯突出事故的短暂性、严重性、难观察性。故此,为了建立既合理可靠,又简单实用的煤与瓦斯突出事故的伤害模型,必须对矿山煤与瓦斯突出事故做一些适当的假设,在假设过程中,应按突出冲击波伤害和突出产物伤害来进行假设。根据目前对爆

炸冲击波的伤害情况的研究和文献[58]所作的假设,我们提出适合于煤与瓦斯突出冲击波伤害假设,主要包括:

(1)直线性假设。如果考虑井下巷道延伸的不规则性,将会给计算带来极大的困难,因而假设巷道的延伸是直线性的,只是在最后的计算结果中,根据巷道的弯道和支道对冲击波传递的影响,加以修正,即乘以一个修正系数。

(2)冲击波源假设。突出发生后在突出的瓦斯—粉煤传播的过程中,产生的高温又将沿途巷道的瓦斯引燃爆炸。为了简化问题,同时又不致产生较大的偏差,故此,可以将煤与瓦斯突出地点假设为一个点,并且沿途不会发生瓦斯爆炸现象。突出的碎煤会影响突出孔道的畅通,这里假定突出的碎煤、粉煤完全被瓦斯气流带走,并不影响突出的发展。

(3)一致性假设。指的是巷道的支护形式、断面等的一致,其延伸的方向均一致。

(4)死亡区假设。指的是在距突出点某一距离为长度,巷道宽度为宽的矩形面积内,将造成人员的全部死亡,而在该区域之外的人员,将不会造成人员的死亡。当然,这一假设并不完全符合实际,同时考虑到,死亡区外可能有人死亡,而死亡区内可能有人没死亡,两者可以抵消一部分,这样既简化了煤与瓦斯突出的计算,同时又不至于带来显著的偏差,因为煤与瓦斯突出的破坏效应是随距离急剧衰减的,该假设是近似成立的。上述假设主要是针对煤与瓦斯突出事故的冲击波伤害模型而言的。同时,在所建立的煤与瓦斯突出伤害模型中,对重伤区、轻伤区和财产损失区,都将作类似的处理。

(5)重伤区假设。设在距突出点的某一距离为长度,巷道宽度为宽的矩形面积内,该面积内的所有人员全部重伤,而在该区域之外的人员,将不会造成人员受重伤。该假设也主要针对突出冲击波的伤害模型而言的。

(6)轻伤区假设。指的是在距突出点的某一距离为长度,巷道宽度为宽的矩形面积内,该面积内的所有人员全部受轻伤,而在该区域之外的人员,将不会造成人员受伤。该假设也主要针对突出冲击波的伤害模型而言的。

(7)等密度假设。指的是人员和财产的分布情况是均匀的、等密度的。尽管在煤与瓦斯突出的不同距离内的人员和财产分布情况随时间和距离的不同而不同,但为了简化计算,同时又不至于产生较大的误差,可以这样简化。

(8)财产损伤区假设。指的是在距突出点的某一距离区域内的所有财产全部损坏,而在该区域之外的财产,将不会造成任何损失。该假设完全是针对突出冲击波的伤害模型而言的。

(9)突出的严重性假设。指的是由于煤与瓦斯突出的种类不同而产生的损害情况也不同,在这里,仅只考虑其最严重的煤与瓦斯突出情况来考虑其损害情况。在本书的讨论中,将以煤与瓦斯突出这一情况来讨论煤与瓦斯突出事故的伤害情况。

(10)井巷壁刚性假设。井巷假设为刚性体,即冲击波在巷道上的反射为100%。

A 煤与瓦斯突出事故冲击波伤害和破坏准则

根据前所述的伤害模型所作的假设,再根据冲击波伤害机理,借鉴爆炸事故冲击波的伤害和破坏准则,提出煤与瓦斯突出冲击波的伤害准则,即伤害效应,最后提出煤与瓦斯突出事故冲击波伤害模型。影响煤与瓦斯突出事故冲击波的伤害效应的关键参数有巷道面积、突出强度、财产密度、人员密度等。

目前常见的冲击波伤害准则有:超压准则、冲量准则和超压 – 冲量准则[9,46,75]。

a 超压准则

超压准则认为,只有当冲击波超压到达一定的值才会对目标造成一定的破坏或损伤。

超压准则只考虑超压,不考虑超压持续时间。理论分析和实验研究表明,同样的超压值,如果持续时间不同,破坏效应也不同,而持续时间与突出强度有关。对于不同能量的冲击波使用不同的超压准则。

超压准则的适用范围为:

$$\omega T_+ > 40 \qquad (4\text{-}91)$$

式中,ω 为目标相应角频率,$1/s$;T_+ 为冲击波正相持续时间,s。

下面给出煤与瓦斯突出事故冲击波超压与人员伤害资料[9,10,15,21]见表4-57。煤与瓦斯突出事故冲击波超压与井下设施破坏程度与超压的关系[8,16],见表4-58。

表4-57 人员伤害与超压的关系

超压值/MPa	伤害等级	伤害情况
0.02~0.03	轻微	轻微挫伤
0.03~0.05	中等	中等损伤,耳鼓膜损伤,骨折,听觉器官损伤
0.05~0.1	严重	内脏器官严重损伤,可引起死亡
大于0.1	极严重	内脏器官严重损伤,可引起死亡

表4-58 井下设备设施破坏程度与超压的关系

超压值/MPa	结构类型	破坏特征
0.1~0.13	直径14~16cm木梁	因弯曲而破坏
0.14~0.21	厚24~36cm砖墙	充分破坏
0.15~0.35	风管	因支撑折断而变形
0.35~0.42	电线	折断
0.4~0.6	重1t的风机、绞车	脱离基础,位移,翻倒,遭破坏
0.4~0.75	侧面朝爆心的车厢	脱轨、车厢和厢架变形
0.49~0.56	厚24~37cm混泥墙	强烈变形,形成大裂缝而脱落
1.4~1.7	尾部朝爆心的车厢	脱轨、车厢和厢架变形
1.4~2.5	提升机械	翻倒、部分变形、零件破坏
2.8~3.5	尾部朝爆心的车厢	脱轨、车厢和厢架变形

超压准则应用比较广泛,但其有它自身的缺点,该准则忽视超压持续的时间这一主要因素。试验研究和理论分析都表明,同样的超压值,如果持续时间不同,其伤害效应也不相同[18]。

b 冲量准则

由于伤害效应不但取决于冲击波超压,而且与超压持续时间

直接相关,于是有人建议以冲量作为衡量冲击波伤害效应的参数,这就是冲量准则。冲量准则的定义为:

$$i_s = \int_0^{T_+} P_s(t)\,\mathrm{d}t \qquad (4\text{-}92)$$

式中,i_s 为冲量,$Pa \cdot s$,P_s 为超压,Pa。

冲量准则认为,只有当作用于目标的冲击波冲量 i_s 达到某一临界值时,才会引起目标相应等级的伤害。由于该准则在考虑了超压的同时,将超压作用时间以及其波形也考虑了,较之超压准则全面些。但该准则同样也存在一个缺点就是它忽视了要对目标构成破坏作用,如果其超压不能够到达某一临界值,无论其超压作用时间与冲量多大,目标也不会受到伤害。冲量准则的适用范围为:

$$\omega T_+ < 0.4 \qquad (4\text{-}93)$$

式中 ω 和 T_+ 同前述。

c 超压 – 冲量准则

超压冲量准则是美国 20 世纪 70 年代研究形成的伤害模型。该准则认为伤害效应由超压 P_s 与冲量 i_s 共同决定。它们的不同组合如果满足如下条件可以产生相同的伤害效应。

$$(P_s - P_{cr}) \times (i_s - i_{cr}) = C \qquad (4\text{-}94)$$

式中,P_{cr} 为目标伤害的临界超压值;i_{cr} 为临界冲量值;C 为常数,与目标性质和伤害等级有关。

在超压 – 冲量平面图上,超压 – 冲量计算公式代表一条等伤害曲线。由图 4-2 可知,越靠近平面的右上方,其坐标点 (P_s, i_s) 所代表的冲击波的伤害作用越大。

B 煤与瓦斯突出事故冲击波伤害和破坏准则的选择

a 煤与瓦斯突出事故冲击波伤害准则的选择

(1)根据冲击波的传播规律[11,21],以及从煤与瓦斯突出冲击波峰值超压随时间的变化规律可以清晰地看出,在较近距离内的冲击波的峰值超压的衰减程度较快,而在较远的地方冲击波的峰值超压的衰减程度比较缓慢。

(2)根据目前工程上对伤害准则的选择原则,对于大能量的冲击波距离较远距离目标破坏的计算一般以超压破坏准则为准，对于近距离的计算则是以超压－冲量准则为准，而对于小能量的冲击波近距离的目标破坏计算一般以冲量准则来考虑[76]。

（3）由于对煤与瓦斯突出事故的评价不仅是为了能够对矿井的危险值有一个了解，同时也为在事故发生时设置安全距离提供一个可靠的参数和依据，所得出的安全距离如果小于实际中的安全距离，那么在事故发生时对救灾工作将产生巨大的影响和更多的人员伤亡。

考虑到冲击波伤害范围较大和对问题的简化。以超压准则来计算井下煤与瓦斯突出事故伤害是适用的，这样进行的计算也是合理的。

b　煤与瓦斯突出事故冲击波破坏准则的选择

根据表4-57中的井下设备设施破坏程度与超压的关系可以知道，井下设备设施较多，而且其破坏超压的变化很大，本着准确和简化的目的出发，可以将冲击波对井下的设备设施的作用对象以对巷道的破坏为基准来进行破坏损失的计算。另外，根据前面的论述，对于煤与瓦斯突出冲击波的破坏作用采用的是基于简化计算和其可行性出发，选择超压准则对井下巷道破坏作用的计算是比较合理和可行的。

c　煤与瓦斯突出事故冲击波伤害模型的建立

由于井下巷道煤与瓦斯突出事故冲击波的伤害机理同炸药爆炸事故冲击波伤害机理一样，都是在超压与冲量到达超压－冲量准则的要求时，将对目标构成威胁。为了能够对突出事故伤害机理有所了解，在此，将分析井巷中煤与瓦斯突出事故冲击波伤害模型。

在研究伤害模型时，先对冲击波所造成的伤害三区进行适当的假设。伤害三区指的是前面所讨论的死亡区、重伤区和轻伤区。冲击波对人的撞击伤害是指冲击波直接作用于人体而引起的人员伤亡。其伤害程度除了与前述的伤害准则选择中的超压与冲量有关外，还与环境压力、人的体重、年龄、冲击波作用的相对方位等有关。经研究表明,对人体而言,肺是最易受到冲击波直接伤害致死的致命器官,耳则是最易受到冲击波直接伤害的非致命器官[9]。另外,White,Baker,Kulesz 等人的研究以及宇德明博士认为以人体头部撞击致死的死亡距离作为预测死亡距离较之肺伤害与耳伤害致死的距离更可靠,也更能够为安全救护提供可靠的依据。以人体头部直接致死在这里的死亡距离将以冲击波作用下所造成的头部撞击 50% 致死距离比较合理可靠。其具体的理由将在以后对其进行较为详细的讨论。

4.4.3.4 煤与瓦斯突出事故冲击波的传播规律的研究

A 突出过程的瓦斯膨胀功

根据对煤与瓦斯突出机理的研究,煤体发生突出时,膨胀瓦斯的内能属于多变过程,最后接近绝热过程。在不考虑瓦斯粉碎煤、摩擦产热和粉煤–瓦斯能量之间交换能量时,瓦斯压力从 p_c 膨胀至大气压力 p_0;体积从 V_c 膨胀至 V_0 时,对空气介质所做的膨胀功为[8,77]:

$$w = \int_{V_c}^{V_0} p \mathrm{d}V \qquad (4\text{-}95)$$

由绝热条件:

$$p_c V_c^{\,n} = p_0 V_0^{\,n} \qquad (4\text{-}96)$$

式中,V_0 为参加突出过程做功的吨煤瓦斯量,m^3/t;n 为绝热指数一般取 1.25;p_0 为大气压力,取 0.1MPa;p_c 为突出前瓦斯压力,MPa。

将公式(4-96)代入公式(4-95),得突出过程中吨煤对空气介质所做的膨胀功为:

$$w = \frac{p_0 V_0}{n-1} \Big[\Big(\frac{p_c}{p_0} \Big)^{\frac{n-1}{n}} - 1 \Big] \qquad (4\text{-}97)$$

设突出强度为 G,则突出过程中瓦斯所做的膨胀功为:

$$W = WG \qquad (4\text{-}98)$$

B 突出冲击波模型的建立

依据文献[78]突出冲击波波面示意图,在采掘工作面的正常生产中,巷道空气流动处于一种未扰动状态,由于煤与瓦斯突然从煤壁抛出(突出、压出或倾出),如同一个巨大活塞,以很高的速度冲击压缩巷道内的空气,使其压力、密度、温度突跃,紧靠着煤和瓦斯突出分界面气体先时受压,然后这层气体又压缩下一层相邻气体,使下一层气体压力升高,这样层层传播下去,由于传播中的压缩波属于同向波,最终可以得到井下巷道煤与瓦斯突出模型如图4-29所示。

气体动力学理论研究表明,当冲击波马赫数为2时,冲击波厚度约为0.00025mm,相当于分子平均自由程的两倍。虽然突出的速度小(40m/s左右)[79],但根据对矿井研究的要求,也可以把它假设成一条直线[80]如图4-29b所示。

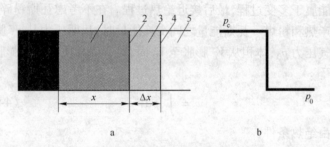

a　　　　　　　　　　　　b

图4-29　冲击波的形成模型

1—粉煤 – 瓦斯混合物;2—粉煤 – 瓦斯混合物与空气分界面(波尾);

3—空气压缩区;4—波头;5—巷道未扰动区

C　突出冲击波的理论分析

根据简化的冲击波模型[78]计算,只考虑冲击波前、后的状态,由于冲击波极薄,认为煤粉 – 瓦斯与巷道等物体的热交换和摩擦小到可以忽略不计,因此,从突跃过程的起始状态到终止状态,可以当成没有外部摩擦和导热作用的理想状态处理。由于气体的质量热容远远大于固体,因而气体膨胀能力要远大于固体,所以考虑以理想的气体膨胀研究突出后产生的冲击波问题,假定:

(1)突出前,井下巷道空气流速相对突出气流的初压为零,此时状态参数:空气压力为p_0,密度为ρ_0,温度为T_0,冲击波阵面空间坐标以突出点为坐标原点,距离以 x 表示。在波阵面上的参数为压力 p_1,密度 ρ_1,波阵面上的气流速度为 u_1[75],则:

$$p_1 = p_0 + \frac{2\rho_0 D^2}{k+1}\left(1 - \frac{c_0^2}{D^2}\right),$$

$$\rho_1 = \frac{\rho_0(k+1)}{k-1+c_0^2/D^2}, u_1 = \frac{2D}{k+1}\left(1 - \frac{c_0^2}{D^2}\right) \quad (4\text{-}99)$$

式中,c_0 为音速;D 为冲击波阵面的速度;k 为气体压缩系数,所谓压缩系数是用来衡量实际气体接近理想气体程度的参数,近似取 1.05[81]。

(2)如图 4-29 所示,在突出过程中,被粉煤 - 瓦斯所席卷的气体,其质量都集中在波阵面附近厚度为 Δx 的薄层内,并认为等于波阵面上的密度 ρ_1,则在薄层 Δx 内的质量 M 等于原来巷道面积为 s、长度为 x 的巷道空气的质量,即:

$$M = s\Delta x\rho_1 = sx\rho_0 \quad (4\text{-}100)$$

(3)在薄层 Δx 内的气流速度等于波阵面上的气流速度 u_1,薄层内部的压强为 p_x,同时令它等于波阵面上压强的 α 倍,在薄层气流中建立冲量方程,即:

$$\frac{\mathrm{d}}{\mathrm{d}t}(Mu_1) = s(p_x - p_0) = s(\alpha p_1 - p_0) \quad (4\text{-}101)$$

将公式(4-99)、公式(4-100)代入公式(4-101),得:

$$\frac{\mathrm{d}}{\mathrm{d}t}\left[sx\rho_0\frac{2D}{k+1}\left(1 - \frac{c_0^2}{D^2}\right)\right] = s\left[\alpha p_0 + \frac{2\alpha\rho_0 D^2}{k+1}\left(1 - \frac{c_0^2}{D^2}\right) - p_0\right]$$

$$(4\text{-}102)$$

又知 $\dfrac{\mathrm{d}}{\mathrm{d}t} = \dfrac{\mathrm{d}}{\mathrm{d}x}\dfrac{\mathrm{d}x}{\mathrm{d}t} = D\dfrac{\mathrm{d}}{\mathrm{d}x}$,其中 $\dfrac{\mathrm{d}x}{\mathrm{d}t}$ 为冲击波阵面的速度。已知 $p_0 = \rho_0 c_0^2/k$,简化公式(4-102)得:

$$\frac{1 + \dfrac{c_0^2}{D^2}}{D(1-\alpha)\left[\left(1 - \dfrac{c_0^2}{D^2}\right) + \dfrac{k+1}{k}\dfrac{c_0^2}{D^2}\right]}\mathrm{d}D = -\frac{1}{x}\mathrm{d}x \quad (4\text{-}103)$$

从安全角度考虑,假设突出为强冲击,即认为$\dfrac{c_0^2}{D^2} \approx 0$,$p_1 - p_0 \approx p_1$,则公式(4-103)可简化为:

$$\frac{\mathrm{d}D}{D} = -\frac{(1-\alpha)\mathrm{d}x}{x} \tag{4-104}$$

积分得到:

$$D = C_1 x^{-(1-\alpha)} \tag{4-105}$$

式中,C_1 为积分常数。

在不考虑其他能量损失时,瓦斯膨胀对空气介质做功应等于波阵面运动的动能和波阵面薄层包围空气的内能,即:

$$W = \frac{1}{2}Mu_1^2 + \frac{1}{k-1}\delta x p_x \tag{4-106}$$

将公式(4-99)代入公式(4-106),考虑强冲击得:

$$W = 2s\rho_0 \left[\frac{1}{(k+1)^2} + \frac{\alpha}{k^2-1} \right] C_1^2 x^{-2(1-\alpha)+1}$$

在不考虑能量损失的情况下,瓦斯膨胀做功的能量是常数,与 x 大小无关,故 $-2(1-\alpha) + 1 = 0$,$\alpha = 1/2$,则:

$$C_1 = \left(\frac{W}{s\rho_0}\right)^{\frac{1}{2}} \left[\frac{(k+1)^2(k-1)}{3k-1} \right]^{\frac{1}{2}}$$

由公式(4-105)得:

$$D = C_1 x^{-\frac{1}{2}} = \left(\frac{W}{s\rho_0}\right)^{\frac{1}{2}} \left[\frac{(k+1)^2(k-1)}{3k-1} \right]^{\frac{1}{2}} x^{-\frac{1}{2}}$$

对 $\dfrac{\mathrm{d}x}{\mathrm{d}t} = D = C_1 x^{-\frac{1}{2}}$ 积分得到:

$$x = \left(\frac{3}{2}C_1\right)^{\frac{2}{3}} l^{\frac{2}{3}} = \varepsilon \left(\frac{W}{s\rho_0}\right)^{\frac{1}{3}} t^{\frac{2}{3}} \tag{4-107}$$

式中,$\varepsilon = \left[\dfrac{9(k+1)^2(k-1)}{4(3k-1)} \right]^{\frac{1}{3}}$。

突出后,冲击波在巷道内产生的超压 Δp 由公式(4-99)$p_1 = p_0 + 2\rho_0 C_1^2 / [x(k+1)] = p_0 + \delta W/sx$,得:

$$\Delta p = p_1 - p_0 = \delta \frac{W}{s} x^{-1} \qquad (4\text{-}108)$$

式中，$\delta = \dfrac{2(k+1)^2(k-1)}{3k-1}$。

突出后，在巷道内产生的冲击气流的速度为：

$$u_1 = \frac{2D}{k+1} = \eta \left(\frac{W}{s\rho_0}\right)^{\frac{1}{2}} x^{-\frac{1}{2}} \qquad (4\text{-}109)$$

式中，$\eta = \left[\dfrac{4(k-1)}{3k-1}\right]^{\frac{1}{2}}$。

另外，煤与瓦斯突出事故冲击波的作用可以分为煤与瓦斯突出事故冲击波的伤害作用和煤与瓦斯突出事故冲击波的破坏作用。其中：伤害作用主要指的是对人员的伤害作用而造成的人员伤亡以及由此带来的财产损失，而破坏作用主要指的是对井下巷道及其井下设施和设备的破坏作用而造成的财产损失。

从突出冲击波压力波形看出，它同炸药、挥发性气体爆炸的形成及结构是不同的，如图 4-30 所示[80]。后者是在内部气体突然向外膨胀时，周围空气受到猛烈压缩，在波头产生压力突跃，即冲击波。以后因为爆炸气体从爆炸中心高速流出及惯性作用，使气体过膨胀并产生吸力。在传播过程中压力波形是在一个急剧压力间断之后，跟着一个正压相和负压相。这种结构在传播过程中将

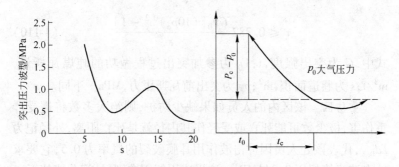

图 4-30　煤与瓦斯突出冲击压力变化

维持不变。而突出产生的压力波由于粉煤快速的解吸瓦斯,因而在压力波传播过程中始终是正相。这也是突出波与爆炸波的主要区别。

D　煤与瓦斯突出事故冲击波的伤害和破坏分区

由于突出冲击波的超压冲量确定的基本原理相同,只是在相关参数的确定上存在一定的差异,同时,由于目前对煤与瓦斯突出事故冲击波超压与冲量的确定和计算公式的研究还处于很不完善的阶段,其可靠通用的计算公式还没有,同时通用准确的计算公式的建立也是相当困难的。故此,将借助于其他相关爆炸事故冲击波的研究来确定煤与瓦斯突出事故冲击波超压与冲量。由于对不同伤害距离的计算所选用的准则不同,故此,将分别讨论其适用的计算公式,即是说对于死亡距离的计算的超压、冲量的计算式与重伤、轻伤距离的计算式将依据选择标准来选用相应的计算公式。

a　理想状态下冲击波的伤害分区

死亡区　该区内的人员如果缺少防护,则被认为将无例外地蒙受严重伤害或死亡。死亡距离的内径为零,外径表示为 $L_{0.5}$ 表示距离 $L_{0.5}$ 处人员因冲击波作用导致肺部出血而死亡的概率为 0.5。

$$\Delta p \geqslant 0.1$$

$$x \leqslant \frac{10\delta W}{s}$$

$$x \leqslant 0.782 \frac{G V_0 \left[(10 p_c)^{0.2} - 1 \right]}{s} \tag{4-110}$$

式中,G 为突出强度,t;V_0 为参加突出过程做功的吨煤瓦斯量,m^3/t;s 为巷道面积,m^2;p_c 为突出前瓦斯压力,MPa。下同。

重伤区　该区内的人员如果缺少防护,则绝大多数将遭受严重伤害,极少数可能死亡或受轻伤其内径就是死亡距离,外径记为 $Ld_{0.5}$,代表该处人员因冲击波作用耳膜破裂的概率为 0.5,它要求冲击波峰值超压 0.044MPa。这里应用超压准则,计算公式如下:

$$0.05 \leqslant \Delta p < 0.1$$

$$\frac{10\delta W}{s} < x \leqslant \frac{20\delta W}{s}$$

$$0.782 \frac{GV_0\left[(10p_c)^{0.2} - 1\right]}{s} < x \leqslant 1.564 \frac{GV_0\left[(10p_c)^{0.2} - 1\right]}{s}$$

$$(4\text{-}111)$$

轻伤区 该区内的人员如果缺少防护,则绝大多数将遭受轻微伤害,少数人可能受重伤或平安无事,死亡的可能性极小。其内径就是重伤距离的外径 $Ld_{0.5}$,外径记为 $Ld_{0.01}$,代表该处人员因冲击波作用耳膜破裂的概率为 0.01,它要求冲击波峰值超压 0.02MPa。这里应用超压准则,计算公式如下:

$$0.02 \leqslant \Delta p < 0.05$$

$$\frac{20\delta W}{s} < x \leqslant \frac{50\delta W}{s}$$

$$1.564 \frac{GV_0\left[(10p_c)^{0.2} - 1\right]}{s} < x \leqslant 3.91 \frac{GV_0\left[(10p_c)^{0.2} - 1\right]}{s}$$

$$(4\text{-}112)$$

安全区 该区内人员即使无防护,绝大多数人也不会受伤,死亡的概率机会为零,该区内径为轻伤区内径 $Ld_{0.01}$,外径为无穷大。

b 冲击波的破坏分区

根据表 4-57 中的井下设备设施破坏程度与超压的关系可以知道,井下设备设施较多,而且其破坏超压的变化很大,本着准确和简化的目的出发,可以将冲击波对井下的设备设施的作用对象以对巷道的破坏为基准来进行破坏损失的计算。另外,根据前面的论述,对于煤与瓦斯突出冲击波的破坏作用采用的是基于简化计算和其可行性出发,选择超压准则对井下巷道破坏作用的计算是比较合理和可行的。结合前表 4-57,综合认为井下巷道的破坏超压值以 0.4MPa 为准来进行计算。对于巷道和其他井下设施设备的破坏性,将其综合视为对巷道的破坏,而将其他的财产损失值考虑到每米巷道的价值中去。在此每米巷道遭到破坏所带来的财产损失主要是根据九里山矿的专家组的综合意见,近似取每米巷道遭到破坏所带来的财产损失为:5 万元/m。

根据前面对伤害和破坏准则的选择,以超压准则为准,其相应的超压计算公式以经过修正后井下煤与瓦斯突出冲击波超压计算的公式为准,即以公式(4-108)为准。

$$\Delta p = p_1 - p_0 = \delta \frac{W}{s} x^{-1}$$

式中,$\delta = \dfrac{2(k+1)^2(1-k)}{3k-1}$;$\Delta p$ 为超压值,MPa;W 为突出能量,s 为巷道平均截面积,m^2;x 为离突出点的距离,m。

根据上述公式和表 4-57 可得到煤与瓦斯突出冲击波的破坏分区。

巷道严重破坏区　　在该区内由于突出冲击波的作用,会发生矿车脱轨、车厢和厢架变形。提升机械会翻倒、部分变形、零件破坏,甚至会引起巷道壁的严重变形,形成大裂缝而脱落。它要求峰值冲压大于 0.4MPa。

$$\Delta p \geqslant 0.4\text{MPa}$$

$$x \leqslant \frac{2.5\delta W}{s}$$

$$x \leqslant 0.1955 \frac{GV_0[(10p_\text{c})^{0.2} - 1]}{s} \qquad (4\text{-}113)$$

巷道轻微损坏区　　在该区内由于突出冲击波的作用,直径 14~16cm 的木梁会因弯曲而破坏,厚 24~36cm 的砖墙会充分破坏,风管的支撑会折断而发生风管变形,电线折断,1t 矿车移位。它要求峰值冲压小于 0.4MPa,大于 0.1MPa。

$$0.1 \leqslant \Delta p < 0.4$$

$$\frac{2.5\delta W}{s} < x \leqslant \frac{10\delta W}{s}$$

$$0.1955 \frac{GV_0[(10p_\text{c})^{0.2} - 1]}{s} < x \leqslant 0.782 \frac{GV_0[(10p_\text{c})^{0.2} - 1]}{s}$$

$$(4\text{-}114)$$

安全区 在该区内冲击波对巷道的破坏作用基本上可以忽略不计。它要求峰值冲压小于 0.1MPa。

$$\Delta p < 0.1$$

$$x > \frac{10\delta W}{s}$$

$$x > 0.782\frac{GV_0\left[(10p_c)^{0.2} - 1\right]}{s} \qquad (4\text{-}115)$$

c 煤与瓦斯突出冲击波实际情况下各种伤害和破坏距离的确定

对于理想情况下的各种距离的计算是比较简单的,可在实际情况下,其计算过程是相当复杂的过程,其超压随距离和巷道的各种变化情况也将出现较大的变化,即巷道转弯、交叉、断面变化(增大、缩小)等所引起的衰减,同时,其值也会随距离的增大而出现衰减。根据文献[58]中对冲击波遇障碍物衰减系数的分析,下面将引用一个例子来说明死亡距离、重伤距离和轻伤距离的计算。

下面,将讨论死亡、重伤与轻伤距离在实际情况下的计算步骤和方法:假设突出发生在石门揭煤时,井下生产系统已经确定,即作业方式、巷道变化情况给定,突出示意图如图 4-31 所示。

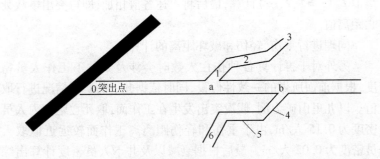

图 4-31　石门揭煤发生突出简图

首先根据伤亡距离计算公式确定出大概的伤亡距离值,考虑各点存在衰减情况,以此来确定冲击波大概能够传播的距离。并以此距离来确定冲击波传播的主支路(分为上下两个主支路)所能够到达的最远节点,再选定突出冲击波传播的主支路并以此节点确定各主支路存在的分支路数目和各分支路各衰减点的衰减系数值和长度。

首先根据伤亡距离计算公式确定出大概的伤亡距离值,考虑各点存在衰减情况,以此来确定冲击波大概能够传播的距离。并以此距离来确定冲击波传播的主支路(分为上下两个主支路)所能够到达的最远节点,再选定突出冲击波传播的主支路并以此节点确定各主支路存在的分支路数目和各分支路各衰减点的衰减系数值和长度。

对于死亡距离的计算,根据死亡距离计算公式计算出大概的死亡距离值 $L_{0.5}$,然后以此值与主支路第一个节点的距离值 L_{0a} 进行比较,如果 $L_{0.5} > L_{0a}$,则对距离$(L_{0.5} - L_{0a})$进行衰减,同理再进行第二步衰减;如果当在进行某步衰减时已有$(L_{0.5} - \sum_{i=1}^{n} L_i(i = 1,2,\cdots)) < L_i(i = 2,3,\cdots)$,则这时候所算出的距离值 $\sum_{i=1}^{n} L_i(i = 1,2,\cdots)$就为主支路死亡距离值 R_z。同理进行各分支路的死亡距离值 $L_{fi}(i = 1,2,\cdots)$计算,最后将上述各值相加,即得突出事故死亡距离值。

同理进行重伤、轻伤和破坏距离的计算。

另外对于再计算各种伤亡人数时会涉及到井下工作人员密度,根据前面所做的一致性假设,同时依据井下的实际情况进行取值。以九里山矿为例,假设突出发生在工作面,取死亡距离内人员密度为 0.15 人/m,由于重伤和轻伤距离离工作面较远近似取人员密度为 0.02 人/m。最后根据衰减以及井下人员密度计算出综合损失。

4.4.4 煤与瓦斯突出事故分级

通过对大量瓦斯突出事故案例的研究与分析,并结合目前先进的基础计算理论,得出如下的几种分级方法:危险计算分级法;指标分级法;综合分级法;损失分级法;概率分级法和严重度分级法等。综合各种分级法的优缺点和实用范围,在此,我们将采用概率分级法和严重度分级法。

4.4.4.1 概率分级法

这里主要是以瓦斯突出事故发生的综合概率来进行分级,该方法将在瓦斯突出概率求解部分进行详细的讨论。下面,将参考文献[18]的分级标准方法,给出重大危险源的概率分级建议标准如表 4-59 所示。

表 4-59 重大危险源概率分级表

级别	A 级	B 级	C 级	D 级	E 级	F 级
概率值	>0.05	0.04~0.05	0.03~0.04	0.02~0.03	0.01~0.02	≤0.01

根据第 3 章的分析计算,顶事件发生的概率为:

$$P(T) = 0.0061$$

再根据概率分级表可知,九里山矿瓦斯突出事故应当属于 F 级,其危险程度较小属于比较安全的等级。

4.4.4.2 严重度分级法

该方法主要是一种合成分级法,以瓦斯突出事故可能出现的后果(在此,主要以人员的伤亡所带来的损失和财产损失在内),以此进行分级。其中,对人员伤亡情况的财产进行折合计算,在这里主要是根据文献[9,58]死亡 1 人相当于损失 20 万元,重伤 1 人相当于损失 10 万元,轻伤 1 人相当于损失 3.5 万元。巷道严重破坏相当于损失 5 万元/m,轻度破坏相当于损失 1 万元/m。由此可见,人员的伤亡较之其他的财产损失大得多,其中,在直接经济损失的计算中,人们往往没有将人员的伤亡算成直接经济损失,而是算成间接损失。在此,将人员的伤亡视为直接损失。最后,依据上述计算过程所计算出的综合财产损失结果来进行瓦斯突出事故危险源分级。

因此,后果指标可以用数学表达式表示为:

$$L_1 = k_1 \times De + k_2 \times Zs + k_3 \times Qs \tag{4-116}$$

$$L_2 = k_4 \times Yz + k_5 \times Qw \qquad (4\text{-}117)$$

$$L = L_1 + L_2 \qquad (4\text{-}118)$$

式中,L 为综合损失,万元;L_1 为人员伤亡的直接经济损失,万元;L_2 为巷道损坏的直接经济损失,万元;k_1 为死亡 1 人的综合财产损失,取 20;k_2 为重伤 1 人的综合财产损失,取 10;k_3 为轻伤 1 人的综合财产损失,取 3.5;k_4 为单位长度巷道严重破坏的损失,取 5;k_5 为单位长度巷道轻微破坏的损失,取 1;De 为死亡人员的数目;Zs 为重伤人员的数目;Qs 为轻伤人员的数目;Yz 为巷道严重破坏的距离,m;Qw 为巷道轻微破坏的距离,m。

下面,将根据文献[10]对重大危险源事故严重度的分级标准,结合我们对人员伤亡的折合财产损失和巷道破坏的损失,提出煤与瓦斯突出事故重大危险源严重度分级建议标准如表 4-60 所示。

表 4-60   重大危险源严重度分级表

危险源级别	A 级	B 级	C 级	D 级	E 级	F 级
严重度值/万元	>1500	1250 ~ 1500	1000 ~ 1250	750 ~ 1000	500 ~ 750	<500

根据焦作煤业集团九里山矿建矿以来的《矿井动力现象记录卡片》可知,从 1980 年 9 月 3 日到 2000 年 11 月 7 日共发生过 10 次煤与瓦斯突出,平均突出强度 175t,平均瓦斯涌出 19913m³,平均吨煤瓦斯涌出量 114m³/t,平均巷道面积 12m³,突出前的瓦斯压力 2MPa。根据前面的假设与分析,在不考虑衰减的情况下,计算结果如下:综合损失为 4615.2 万元,九里山矿危险源级别属于 A 级属于突出后果严重级别。

4.5 本章小结

本章主要对矿山重大危险源事故危险性评价进行了系统、深入的研究。

首先对瓦斯爆炸事故的机理及其分类进行了详细的分析,在此基础上,建立了瓦斯爆炸事故伤害模型和瓦斯爆炸事故冲击波伤害和破坏模型;利用建立的伤害模型,确定了理想化条件下瓦斯爆炸冲击波死亡、重伤、轻伤和破坏距离;通过对瓦斯爆炸事故冲击波的破坏作用的研究和爆炸冲击波超压遇障碍物影响分析,确定了实际情况下瓦斯爆炸冲击波死亡、重伤和轻伤等伤害距离和破坏距离;最后利用确定的伤害模型对平煤十矿的瓦斯爆炸事故案例进行了应用分析,所得结论和实际情况基本吻合。

在火灾事故危险源危险性的评价研究中,首先确定了矿井火灾事故危险源致灾概率的求解方法,利用模糊故障树分析法对火灾事故进行了分析;基于 Fail – safe 原理,对人因致灾因素进行了评价,并利用灰色关联法对人因、管理致灾因素进行了评价;利用基于三角模糊数的模糊故障树对平煤六矿的火灾进行了实例分析,并计算出了矿井火灾事故发生概率。

在对煤尘爆炸事故危险性评价概述的基础上,确定了煤尘爆炸的重大危险源评价模型和事故易发性的模型评价方法;确定了煤尘爆炸事故严重度模型;分析了固有危险性的非模型评价;进行了危险性系数评价;分析了煤尘爆炸的矿山重大危险源评价单元;最后对煤尘爆炸危险源进行了危险等级划分。

本章只对煤与瓦斯突出事故第二类危险源进行了分析与评价;利用多维灰评估方法对焦煤集团九里山矿煤与瓦斯突出事故的严重度进行了评价;通过对煤与瓦斯突出事故的危害性因素进行分析,对煤与瓦斯突出事故的危害性进行了评价;最后对煤与瓦斯突出事故进行了分级。

参 考 文 献

[1] 张守中. 爆炸基本原理[M]. 北京:国防工业出版社,1988.
[2] 北京工业学院八系. 爆炸及其作用(上册)[M]. 北京:国防工业出版社,1979.7.
[3] 孟宪昌,张俊秀. 爆轰理论基础[M]. 北京:北京理工大学出版社,1988.9.
[4] 赵衡阳. 气体和粉尘爆炸原理[M]. 北京:北京理工大学出版社,1996.
[5] 张国顺. 爆炸危险性及其评估[M]. 北京:群众出版社,1988.
[6] 于不凡. 煤矿瓦斯灾害防治及利用技术手册[M]. 北京:煤炭工业出版社,2000.
[7] 运宝珍. 瓦斯检查员[M]. 北京:煤炭工业出版社,1994.3.

[8] 俞启香. 矿井瓦斯防治[M]. 徐州:中国矿业大学出版社,1992. 2.

[9] 宇德明. 重大危险源评价及火灾爆炸事故严重度的若干研究[D]. 北京:北京理工大学,1996.

[10] 吴宗之. 工业危险源辨识与评价[M]. 北京:气象出版社,2000. 4.

[11] 居江林. 瓦斯爆炸冲击波沿井巷传播规律的研究[D]. 淮南:淮南矿业学院, 1997.

[12] Lama R D ed. , International symposium – cum – workshop on management and control of high gas emissions and outbursts in underground coal mines, Wollongong, Australia March,1995.

[13] 张甫仁,景国勋,等. 矿山重大危险源评价及瓦斯爆炸事故伤害模型建立的若干研究[J]. 工业安全与环保, 2002,28(1):42~45.

[14] 朱建华. 爆炸波破坏/伤害效应评价[J]. 劳动保护科学技术,1999,19(3):39~41.

[15] 杨志焕,王正国,等. 冲击波对人员内脏损伤的危险性的估计[J]. 爆炸与冲击, 1992,12(1):83~88.

[16] 刘殿中. 工程爆破实用手册[M]. 北京:冶金工业出版社,1999. 5.

[17] 白勤虎,等. 生产系统的状态与危险源结构[J]. 中国安全科学学报,2000,10 (5):71~74.

[18] W E Baker, M J Tang. Gas,dust and hybrid explosions[M]. Elsevire,1991.

[19] 周长春. 连续危险源危险性评价原理与方法及其在煤矿瓦斯灾害中的应用[D]. 北京:中国矿业大学,1995.

[20] 居江宁,吴文权. 巷道瓦斯爆炸二次反冲的数值模拟[J]. 上海理工大学学报, 1999,21(1):39~41.

[21] 杨源林. 瓦斯煤尘爆炸的超压计算与预防[J]. 煤炭工程师,1996,2:32~37.

[22] Stephens M M. Mniming damage to refineries from nuclear attack, natual and other disasters,The office of oil and gas Dert. of the Interior,USA,1970.

[23] Methods for the determination of possible damage to people and objets from releases of hazardous materials CPR 16E(Green Book),1st edition 1992,Netherlands.

[24] C M Pietersen,Consequrnces. of accidental releases of hazardous material[J]. J. Loss Prev. Process Ind, 1990,3(1):12~29.

[25] 张宜华. 精通 MATLAB 5[M]. 北京:清华大学出版社,2000. 1.

[26] 吴宗之,高进东,等. 重大危险源辨识与控制[M]. 北京:冶金工业出版社, 2001. 6

[27] 王国正,等. 冲击波致伤和安全标准研究. 国外医学军事医学分册,1987.

[28] 王文龙. 钻眼爆破[M]. 北京:煤炭工业出版社,1992. 8.

[29] 陈洪亮. 爆炸[M]. 北京:冶金工业出版社,1986. 7.

[30] 周亨达. 工程流体力学[M]. 北京:冶金工业出版社,1991.4.

[31] C K 萨文科,A A 古林,H A 马雷. 北京:冶金工业出版社,1979.12.

[32] 平顶山煤业(集团)公司十矿矿井通风阻力测定报告. 平煤集团十矿通风管理中心、焦作工学院,1996.9.

[33] 平顶山煤业(集团)公司十矿"5.21"特大瓦斯爆炸事故调查报告(含技术报告、管理报告、综合报告).

[34] 陆庆武. 事故预测、预防技术[M]. 北京:机械工业出版社,1990.

[35] Jing Guoxun, Zhang Furen, et al. The Clustering Analysis of the Mine Intrinsic Fire. Grey System, 2001.6.

[36] Jing Guoxun, Zhang Furen, et al. Event tree analysis on the accidents of underground haulage. Ergonomics and safety for global business quality and productivity, Poland, 2000.5.

[37] 杨伦标,高英仪. 模糊数学原理及应用[M]. 广州:华南理工大学出版社,1993.8.

[38] 李青. 三角模糊数的模糊故障树分析及其应用[J]. 中国矿业大学学报,2000,29(1):56~59.

[39] 单亚飞. 基于模糊数的煤矿瓦斯爆炸事故树分析[J]. 阜新矿业学院学报,1996,15(4):394~397.

[40] 武庄,石柱. 基于模糊集合论的故障树分析方法及其应用[J]. 系统工程与电子技术,2000,22(9):72~75.

[41] 于鑫. 模糊集与故障树复合分析法研究及其在飞行器模拟训练系统中的应用[J]. 南昌航空工业学院学报,2000,14(1):38~42.

[42] 单亚飞. 用故障树分析煤矿瓦斯爆炸引起的伤亡事故[J]. 阜新矿业学院学报,1995,14(2):12~16.

[43] 钱新明. 安全评价中的Fail—safe原理与应用[A]. 中国第三届青年学术会议,1998.

[44] 李新东,等. 矿山安全系统工程[M]. 北京:煤炭工业出版社,1995.6.

[45] 景国勋,冯长根,杜文,张甫仁. 井下运输系统环境状况的灰色聚类分析[J]. 煤炭学报,2000,25(2):181~185.

[46] 吴宗之,高进东. 重大危险源辨识与控制[M]. 冶金工业出版社,2001.6.

[47] Center for chemical process safety of the American institute of chemical engineers, Guidelines for hazard evaluation procures,Second Edition with worked example,1992.

[48] 邓聚龙. 灰色系统理论教程[M]. 武汉:华中理工大学出版社,2002.

[49] 杨玉中. 煤矿运输事故影响因素的灰色关联分析[J]. 煤矿安全,1999,30(3):42~45.

[50] 何学秋. 安全工程学[M]. 徐州:中国矿业大学出版社,2000.6.

[51] 朱大奇. 基于故障树最小割集的故障诊断方法研究[J]. 数据采集与处理,2002,17(3):341~344.

[52] 于慧源. 事故树分析中一种新的重要度[J]. 山东矿业学院学报,1993,62~65.

[53] 罗云,樊运晓,马晓春. 风险分析与安全评价[M]. 北京:化学工业出版社,2004.

[54] 金龙哲. 安全科学技术[M]. 北京:化学工业出版社,2004.

[55] 刘铁民,张兴凯,刘功智. 安全评价方法应用指南[M]. 北京:化学工业出版社,2005.

[56] 贾智伟. 矿山重大危险源(火灾)辨识与评价技术研究[D]. 焦作:河南理工大学,2004.

[57] 张强. 煤与瓦斯突出重大危险源辨识及评价技术研究[D]. 焦作:河南理工大学,2005.

[58] 张甫仁. 瓦斯爆炸事故危险源辨识及评价研究[D]. 焦作:焦作工学院,2002.

[59] 王金山,谢家平. 系统工程基础与应用[M]. 北京:地质出版社,1996.

[60] 张国枢,杨运良,等. 通风安全学[M]. 徐州:中国矿业大学出版社,2002.7.

[61] 孙连捷. 职工伤亡事故调查处理指南[M]. 北京:中国劳动出版社,1993.

[62] 李维. 瓦斯煤尘爆炸转化为火灾机理研究及其防治措施[D]. 徐州:中国矿业大学,1998.

[63] 张安元. 煤矿井下重大危险源辨识与监控方法研究[D]. 泰安:山东科技大学,2004.

[64] 孙猛,陈全. 矿山重大危险源辨识评价若干问题的研究与探讨[A]. 中国国际安全生产论坛论文集,北京:中国煤炭工业出版社,2002.10.

[65] 孙猛,陈全. 矿井风险评价基本模型研究与探讨[J]. 中国安全科学学报,1999,9(5):58~62.

[66] 欧阳文昭,廖可兵. 安全人机工程学[M]. 北京:煤炭工业出版社,2002.7.

[67] 张景林,崔国璋. 安全系统工程[M]. 北京:煤炭工业出版社,2002.8.

[68] 景国勋,张强. 基于灰色系统理论的煤与瓦斯突出预测[J]. 中国安全科学学报,2004,1(8):18~21.

[69] 王学萌,罗建军. 灰色系统方法简明教程[M]. 成都:成都科技大学出版社,1992.

[70] 章壮新,吴桂义. 煤与瓦斯突出预测模糊专家系统[J]. 贵州工业大学学报,2001,30(3):21~24.

[71] 董四辉. 煤矿安全监察支持系统研究[D]. 阜新:辽宁工程技术大学,2001.

[72] 王大曾. 瓦斯地质[M]. 北京:煤炭工业出版社,1992.3.

[73] 张铁岗. 矿井瓦斯综合治理技术[M]. 北京:煤炭工业出版社,2001.3.

[74] 王省身. 矿井灾害防治理论与技术[M]. 北京:中国矿业大学出版社,1986.11.

[75] 张连玉,汪令羽,吴维. 爆炸气体动力学基础[M]. 北京:北京工业学院出版社,

1987.

[76] H R Greenberg. Risk assessment and risk management for the chemical process industry. Van Nostrand Reinhold,1991.

[77] 中国矿业大学瓦斯组. 煤和瓦斯突出的防治[M]. 北京:煤炭工业出版社,1979.

[78] 程五一. 煤与瓦斯突出冲击波阵面传播规律的研究[J]. 煤炭学报,2004,29(1): 57～60.

[79] 肖福坤. 煤与瓦斯突出的突变学分析[J]. 黑龙江科技学院学报,2002,12(2): 11～13.

[80] 程五一. 煤与瓦斯突出冲击波的形成及模型建立[J]. 煤矿安全,2000,9:23～ 25.

[81] 秦朝葵,高顶云. 天然气压缩因子的计算与体积计量[J]. 天然气工业,2003,32 (6):32～37.

5 瓦斯爆炸事故危险源致灾概率量化研究

瓦斯和火源是导致瓦斯爆炸事故的两个最基本的因素,而人因管理因素是许多事故发生的更为直接和更为主要的因素,但又是最容易被人们忽视的一个因素。因此,我们将从事故概率和人因管理入手来分析,并结合二者以合成新的致灾概率值。

5.1 瓦斯爆炸事故危险源致灾概率的求解方法选择

在对危险源的危险性进行评价时,其评价模型不仅要能够反映出危险源灾变后果的严重程度,更应该反映出危险源系统的灾变可能性的大小。一种好的危险评价模型必须科学地反映灾害发生的危险性程度,在危险性程度中包括灾变事故后果和灾变事故的可能性大小[1,2]。如果不能够反映出危险源发生灾变的可能性的大小,对被评价对象进行评价的结果也就不可能与实际的情况相符合。这样,不仅要对危险源诱发事故后果的严重性进行评价和估量,而且还必须对其诱发事故的概率进行计算。

故障树分析法在安全系统分析中是一种非常重要的分析方法[3]。但在其危险性的概率计算中,虽然传统的故障树分析法可以利用概率理论来有效地处理具有大量统计数据的故障事件,但构成故障树的各个事件都是由客观不定性因素表示的,使得传统的故障树分析方法很难以对目前复杂的系统中不确切的因素用数学模型或公式来分析和计算事故发生概率,这便成了传统的故障树分析中不可忽视的弱点。故此,将寻求别的方法来进行计算和解决。

在概率可靠性理论研究中引入了模糊数学的思想和方法,使得经典概率模糊化[4]。这不仅提高了概率表示客观对象灾变频率的可能性和适用范围,并且为用概率客观真实地描述一般工业环境下评价对象灾变的危险性提供了理论基础。对于那些得不到底事件发生概率的事件,可以利用模糊数学理论,认为这些底事件的发生概率是一个模糊数,再利用模糊数学的模糊可能性和模糊概率的转化来实现对其底事件的概率化。

由于故障树是一种运用逻辑推理的方法建立起来的从结果到原因的分析过程树,它展现出的是一种结构清晰明了的致灾过程图,无论其在定量还是定性的计算过程中都具有其相当的优点,只不过在其计算过程中具有其自身的弱点。但由于将模糊数学理论融入其中,这样将使得在基本事件难以用精确概率值表达时,可以采用多种模糊数来进行相应的分析与计算。对危险源的危险性评价不仅要对其提供定量的评价结果,同时,还必须依据评价的结果或评价过程中的某数据以提出危险源的控制措施或方法,而故障树就具有其功能,从故障树就可以得出致灾途径和解决事故发生的方法。因此,这里将采用模糊理论的故障树分析法来解决瓦斯爆炸事故发生的概率。

5.2 专家打分的三角模糊数处理

由于矿井生产系统的复杂性,导致了各基本事件的随机性,同时,其发生的可能性也很小,在通常的情况下,各基本事件的模糊概率依据统计资料法来进行确定,但对于没有统计资料的各基本事件或统计资料不够全面、统计资料缺失的基本事件,其概率值是很难用精确的概率值来表示的,尤其是在缺乏统计资料的情况下。因此,在缺乏资料的情况下,要对矿山重大危险源(瓦斯爆炸事故)进行故障树构造以求事故的发生概率,就不得不通过专家打分法来对这些不确定性的因素进行评价。为了尽可能准确地描述事故发生的可能性,利用三角模糊数 $A\langle l,m,u\rangle$ 来进行处理,用其三角模糊数来表示事件发生的概率。

首先求出专家小组对各基本事件给出的概率估计值,取各估计概率的均值为 m 即为 $E(x)$,方差为 σ,估计概率值服从正态统计概率。则可以根据概率论中的 3σ 规则[5~7],它的值肯定落在区间$[u-3\sigma, u+3\sigma]$，据文献[5]它的值落在区间$[u-3\sigma, u+3\sigma]$的概率为99.7%，又据文献[7]其概率为99.74%。故此，设$l=u=3\sigma$，将各个概率值的模糊表征为$\langle 3\sigma, m, 3\sigma \rangle$，将该方法称为$3\sigma$表示法。其中均值$m$和方差$\sigma$的求解过程如下：

设有n个专家对某事件的发生概率进行了评估，则可以令其概率值集合为：$A=(a_{i1}, a_{i2}, \cdots, a_{in})$。

根据概率论的知识，对于离散型随机变量，其数学期望值$E(x)$即为其均值m，又根据概率论知识则有：$u=m=E(x)$

$$u=m=E(x)=(1/n)\otimes(a_{i1}+a_{i2}+\cdots+a_{in}) \quad i=1,2,\cdots,n$$

$$(5\text{-}1)$$

对于离散型随机变量其数学方差$D(x)$为：

$$D(x)=\sigma^2=\sum_{k=1}^{n}\left[x_k-E(x)\right]^2 P_k \qquad (5\text{-}2)$$

则：

$$\sigma=\sqrt{D(x)}=\sqrt{\sum_{k=1}^{n}\left[x_k-E(x)\right]^2 P_k} \qquad (5\text{-}3)$$

式中，x_k为第k项概率值。

根据离散概率论知识有：$P_k=P\{X=x_k\}, k=1,2,3,\cdots,n$

5.3 模糊故障树分析

5.3.1 故障树的建造

故障树的建造主要是在事故发生原因分析的基础上，依靠顶上事件的选取原则及从故障树分析方法的有关理论知识进行的。本书针对矿井瓦斯爆炸事故发生的原因、过程、条件等来进行构造。其中，此处的诱发事故的原因就是在前面所讨论危险源的分类时的触发型危险源。

将有统计数据的事故诱发因素的概率予以确定下来，对于没有统计资料或资料不全的因素，采用专家打分或专家的定性描述的方法，通过模糊数的处理方法来获得其相应的概率。

5.3.2 故障树的简化

比较复杂的故障树由于其基本事件数目比较繁多,不但定量计算比较困难,而且定性分析以及提出控制措施也比较困难和不直观,故此,在进行分析之前应对故障树进行适当的简化。本书的简化过程其实质就是将故障树变成仅用与门与或门连接的形式。

5.3.3 故障树的模糊化描述

将模糊理论引入到故障树的处理过程中,就必须首先将故障树进行模糊化描述。

假设给定 n 个基本事件 $A_1, A_2, \cdots, A_n$,通过故障树的简化,则这些基本事件将仅由"与门"与"或门"相联系组成的故障树。传统的故障树的结构函数为:$X = (x_1, x_2, \cdots, x_n)$,而经过模糊化的故障树的结构函数为:$\phi(x) = \phi(x_1, x_2, \cdots, x_n)$。其中的每一个因素 x_i 的模糊概率值即其模糊隶属度均为 0 到 1 之间的模糊数,即可以表示为:$0 \leqslant \tilde{u}_{x_i} \leqslant 1$。

在概率计算中,三角模糊数所表示的概率值也很容易向精确概率转换,故此,将以三角模糊数的形式作为故障树分析的最终形式。其具体的转化方法如下:

(1)精确概率值的转化,对于精确概率值 p,可以将其转化为梯形模糊数:$\tilde{q} = \langle p, p, p \rangle$。

(2)专家打分的概率值的转化,对于专家打分的概率值可以用三角模糊数的形式表示,其具体的计算过程,在前面 5.2 节中已经进行了详细的阐述。

5.4 瓦斯爆炸危险源致灾概率的量化研究

通过前面对矿山重大危险源事故发生概率的理论基础讨论,下面将结合煤矿瓦斯爆炸事故来进行具体讨论和应用。通过前面对大量瓦斯爆炸事故案例的原因分析和平煤六矿生产实际的辨识研究,建立了瓦斯爆炸事故树图,见图 3-2 所示。

结合表 3-3 平煤六矿的瓦斯事故隐患原始数据表,运用上述对事故危险源概率模糊化处理方法,可得出平煤六矿瓦斯爆炸事故危险源模糊化数据表,见表 5-1。运用上述模糊化处理方法,对有原始数据的事件其概率模糊化直接应用公式可得出,在此不再进行详细论述。下面,对专家打分法所得数据进行模糊化处理。

对于基本事件 x_1 利用公式(5-1)、公式(5-2)、公式(5-3)有:

$m_1 = (0.012 + 0.01 + 0.009)/3 = 0.0103$,即 $E(x_1) = 0.0103$;

$$\sigma_1 = \sqrt{D(x_1)} = \sqrt{\sum_{k=1}^{n} [x_k - E(x_1)]^2 P_k}$$

$$= \sqrt{(0.012 - 0.0103)^2 \times (1/3) + (0.012 - 0.0103)^2 \times (1/3) + (0.012 - 0.0103)^2 \times (1/3)}$$
$$= 0.001248$$

则事件 x_1 的三角模糊概率值为: $\overline{x_1} = \langle 3\sigma_1, m, 3\sigma_1 \rangle = \langle 0.0037, 0.0103, 0.0037 \rangle$。

同理可得出其他专家打分的三角模糊概率值,其所有基本事件的概率值见表 5-1 所示。

表 5-1　平煤六矿的瓦斯事故危险源(隐患)模糊化数据结果表

隐患代号	三角模糊概率数	隐患代号	三角模糊概率数
X_1	$\langle 0.0037, 0.0103, 0.0037 \rangle$	X_{13}	$\langle 0.0324, 0.0324, 0.0324 \rangle$
X_2	$\langle 0.0069, 0.0069, 0.0069 \rangle$	X_{14}	$\langle 0.2245, 0.2245, 0.2245 \rangle$
X_3	$\langle 0.0093, 0.0093, 0.0093 \rangle$	X_{15}	$\langle 0.0023, 0.0023, 0.0023 \rangle$
X_4	$\langle 0.0069, 0.0069, 0.0069 \rangle$	X_{16}	$\langle 0.0046, 0.0046, 0.0046 \rangle$
X_5	$\langle 0.0116, 0.0116, 0.0116 \rangle$	X_{17}	$\langle 0.0185, 0.0185, 0.0185 \rangle$
X_6	$\langle 0.0062, 0.0177, 0.0062 \rangle$	X_{18}	$\langle 0.0245, 0.0900, 0.0245 \rangle$
X_7	$\langle 0.0093, 0.0093, 0.0093 \rangle$	X_{19}	$\langle 0.0014, 0.0967, 0.0014 \rangle$
X_8	$\langle 0.0023, 0.0023, 0.0023 \rangle$	X_{20}	$\langle 0.0486, 0.0486, 0.0486 \rangle$
X_9	$\langle 0.0023, 0.0023, 0.0023 \rangle$	X_{21}	$\langle 0.0014, 0.0933, 0.0014 \rangle$
X_{10}	$\langle 0.0255, 0.0255, 0.0255 \rangle$	X_{22}	$\langle 0.0014, 0.0933, 0.0014 \rangle$
X_{11}	$\langle 0.0046, 0.0046, 0.0046 \rangle$	X_{23}	$\langle 0.3611, 0.3611, 0.3611 \rangle$
X_{12}	$\langle 0.0949, 0.0949, 0.0949 \rangle$	X_{24}	$\langle 0.0030, 0.0042, 0.0030 \rangle$

续表 5-1

隐患代号	三角模糊概率数	隐患代号	三角模糊概率数
X_{25}	$\langle 0.0741, 0.0741, 0.0741 \rangle$	X_{40}	$\langle 0.0106, 0.0106, 0.0106 \rangle$
X_{26}	$\langle 0.0139, 0.0139, 0.0139 \rangle$	X_{41}	$\langle 0.0638, 0.0638, 0.0638 \rangle$
X_{27}	$\langle 0.0185, 0.0185, 0.0185 \rangle$	X_{42}	$\langle 0.0319, 0.0319, 0.0319 \rangle$
X_{28}	$\langle 0.0278, 0.0278, 0.0278 \rangle$	X_{43}	$\langle 0.0213, 0.0213, 0.0213 \rangle$
X_{29}	$\langle 0.0024, 0.0090, 0.0024 \rangle$	X_{44}	$\langle 0.0213, 0.0213, 0.0213 \rangle$
X_{30}	$\langle 0.0106, 0.0106, 0.0106 \rangle$	X_{45}	$\langle 0.0213, 0.0213, 0.0213 \rangle$
X_{31}	$\langle 0.0106, 0.0106, 0.0106 \rangle$	X_{46}	$\langle 0.0213, 0.0213, 0.0213 \rangle$
X_{32}	$\langle 0.0106, 0.0106, 0.0106 \rangle$	X_{47}	$\langle 0.0319, 0.0319, 0.0319 \rangle$
X_{33}	$\langle 0.0532, 0.0532, 0.0532 \rangle$	X_{48}	$\langle 0.0283, 0.0667, 0.0283 \rangle$
X_{34}	$\langle 0.0106, 0.0106, 0.0106 \rangle$	X_{49}	$\langle 0.0106, 0.0106, 0.0106 \rangle$
X_{35}	$\langle 0.2766, 0.2766, 0.2766 \rangle$	X_{50}	$\langle 0.0133, 0.0133, 0.0141 \rangle$
X_{36}	$\langle 0.1596, 0.1596, 0.1596 \rangle$	X_{51}	$\langle 0.0319, 0.0319, 0.0319 \rangle$
X_{37}	$\langle 0.0213, 0.0213, 0.0213 \rangle$	X_{52}	$\langle 0.0106, 0.0106, 0.0106 \rangle$
X_{38}	$\langle 0.0106, 0.0106, 0.0106 \rangle$	X_{53}	$\langle 0.0374, 0.0633, 0.0374 \rangle$
X_{39}	$\langle 0.1702, 0.1702, 0.1702 \rangle$		

5.5 瓦斯爆炸事故危险源分级

下面将分别利用概率分级法和风险分级法对瓦斯爆炸事故这一重大危险源和爆炸事故触发性危险源进行分级。首先根据前面所对平煤六矿瓦斯爆炸事故危险源辨识所绘制的瓦斯爆炸事故图,结合所编制的计算机程序所计算出来的结果,来进行重大危险源和触发性危险源的分级。

5.5.1 瓦斯爆炸事故重大危险源分级

平煤六矿瓦斯爆炸事故发生概率的计算:

$$\widetilde{P}_{\mathrm{ws}} = \langle l_{\mathrm{ws}}, m_{\mathrm{ws}}, u_{\mathrm{ws}} \rangle = \langle 1 \ominus \prod_{i=1}^{28} (1 \ominus \tilde{q}_i) \rangle$$

$$= \langle 1 \ominus \prod_{i=1}^{28} (1 \ominus \widetilde{m}_i), 1 \ominus \prod_{i=1}^{28} (1 \ominus \check{l}_i), 1 \ominus \prod_{i=1}^{28} (1 \ominus \widetilde{u}_i) \rangle$$

$$\widetilde{P}_{hy} = \langle l_{hy}, m_{hy}, u_{hy} \rangle = \langle 1 \ominus \prod_{i=29}^{52} (1 \ominus \widetilde{q}_i) \rangle$$

$$= \langle 1 \ominus \prod_{i=29}^{52} (1 \ominus \widetilde{m}_i), 1 \ominus \prod_{i=29}^{52} (1 \ominus \check{l}_i), 1 \ominus \prod_{i=29}^{52} (1 \ominus \widetilde{u}_i) \rangle$$

则瓦斯爆炸事故发生的概率值(不含人因管理)为:

$$\widetilde{P} = \widetilde{P}_{ws} \otimes \widetilde{P}_{hy} \otimes \widetilde{P}x_{53}$$
$$= \langle l_{ws}, m_{ws}, u_{ws} \rangle \otimes \langle l_{hy}, m_{hy}, u_{hy} \rangle \otimes$$
$$\langle l_{x_{53}}, m_{x_{53}}, u_{x_{53}} \rangle$$

则综合瓦斯爆炸事故发生的概率值(含人因管理)为:

$$\widetilde{R} = \widetilde{P} \times (1 - H) \times (1 - M) = \widetilde{P} \times (1 - R_U) \times (1 - M)$$
$$= \widetilde{P} \times (1 - R_U) \times (1 - \sum_{i=1}^{n} G_i)$$

式中,$\widetilde{P}_{ws}$ 为瓦斯爆炸事故瓦斯积聚危险源的事故致灾模糊概率值;$\widetilde{P}_{hy}$ 为瓦斯爆炸事故火源危险源的事故致灾模糊概率值;$\widetilde{P}$ 为瓦斯爆炸事故发生模糊概率值;$\widetilde{P}x_{53}$ 为瓦斯和火源相遇的模糊概率值;R_U 为井下整个矿井人员的可靠性;H 为人抵消掉的致灾概率值,即人员的可靠性;$1 - H = 1 - R_U$ 为人因的致灾概率值;G_i 为每一个评价项目的评价结果值,即管理所抵消掉的致灾概率值;n 为评价的总项目数;M 为各管理因素的评价结果值;$1 - M$ 为管理因素的致灾概率值。

根据前面研究分析的计算方法,结合平煤六矿的瓦斯爆炸事故危险源的各危险源的原始数据,瓦斯爆炸事故模糊概率为 $\widetilde{R} = \langle 0.0059, 0.0117, 0.0059 \rangle$。根据三角模糊数的知识有,可得平煤六矿相应的最可能发生的概率值为 $m = 0.0117$,其最大概率值为 $m + u = 0.0176$,其最小概率为 $m - l = 0.0058$,此时其概率值已经相当小了。再根据概率分级结果表可知,平煤六矿瓦斯爆炸事故应属于 D 级,其危险性较小,属于比较安全的等级。但由于瓦斯爆炸事故对于矿井来说是一种毁坏性的灾害事故,仍然应该给予较高的重视,严格控制发生瓦斯爆炸事故的可能性,以避免造成不必要的损失和人员伤亡。

5.5.2 瓦斯爆炸事故触发型危险源分级

下面应用概率风险系数分级法的计算方法得出各基本事件(触发型危险源)的概率风险系数,并对触发性危险源进行分级。根据公式(3-15)、公式(3-16)、公式(3-17),结合所编制的计算机程序和平煤六矿的原始数据,根据公式(3-16):$I_g(i) = \dfrac{\partial g_T}{\partial q_i}$,其中:$g_T$ 为瓦斯爆炸事故发生的概率函数。根据偏导函数的知识可以得出,对于瓦斯积聚各因素的 $I_g(i)$ 均相等,且 $I_g(i) = 0.0134$;同理可以得出火源各因素的 $I_g(i) = 0.0193$。故将各因素,即各基本事件的概率值代入可得出其相应的概率风险系数值。

对于事件 X_1 的概率风险系数值为:

$$I_m(1) = q_1 \times I_g(1)/g_T = 0.0103 \times 0.0134/0.0117 = 0.0118$$

同理可得其他各基本事件的概率风险系数值如表 5-2 所示。

表 5-2　各基本事件(触发性危险源)风险概率系数值表

隐患代号	系数值	隐患代号	系数值	隐患代号	系数值	隐患代号	系数值
X_1	0.0118	X_{14}	0.2571	X_{27}	0.0212	X_{40}	0.0175
X_2	0.0079	X_{15}	0.0026	X_{28}	0.0318	X_{41}	0.1052
X_3	0.0107	X_{16}	0.0053	X_{29}	0.0148	X_{42}	0.0526
X_4	0.0079	X_{17}	0.0212	X_{30}	0.0175	X_{43}	0.0351
X_5	0.0133	X_{18}	0.1031	X_{31}	0.0175	X_{44}	0.0351
X_6	0.0203	X_{19}	0.1108	X_{32}	0.0175	X_{45}	0.0351
X_7	0.0107	X_{20}	0.0557	X_{33}	0.0878	X_{46}	0.0351
X_8	0.0026	X_{21}	0.1069	X_{34}	0.0175	X_{47}	0.0526
X_9	0.0026	X_{22}	0.1069	X_{35}	0.4563	X_{48}	0.1100
X_{10}	0.0292	X_{23}	0.4136	X_{36}	0.2633	X_{49}	0.0175
X_{11}	0.0053	X_{24}	0.0048	X_{37}	0.0351	X_{50}	0.0219
X_{12}	0.1087	X_{25}	0.0849	X_{38}	0.0175	X_{51}	0.0526
X_{13}	0.0371	X_{26}	0.0159	X_{39}	0.2808	X_{52}	0.0175

根据上述计算结果,因为瓦斯与火源为瓦斯爆炸事故必不可少的两个因素,应当分别对其进行排序和讨论。其瓦斯积聚危险源概率风险系数值排序为:

$$Px_{23} > Px_{14} > Px_{19} > Px_{12} > Px_{21} = Px_{22} > Px_{18} > Px_{25} > Px_{20} >$$
$$Px_{13} > Px_{28} > Px_{10} > Px_{17} = Px_{27} > Px_6 > Px_{26} > Px_5 > Px_1 > Px_3 =$$
$$Px_7 > Px_2 = Px_4 > Px_{11} = Px_{16} > Px_{24} > Px_8 = Px_9 = Px_{15}$$

对于火源的概率风险系数值排序为:

$$Px_{35} > Px_{39} > Px_{36} > Px_{48} > Px_{41} > Px_{33} > Px_{42} = Px_{47} = Px_{51} >$$
$$Px_{37} = Px_{43} = Px_{44} = Px_{45} = Px_{46} > Px_{50} > Px_{30} = Px_{31} = Px_{32} = x_{34} =$$
$$Px_{38} = Px_{40} = Px_{49} = Px_{52} > Px_{29}$$

根据概率风险系数分级表3-24,可知各危险源的分级处于A、B级的危险源:A级的风机及主要风门无人看守(x_{14})、通风设施漏风(含损坏)(x_{23})、设备进线松动失爆(含电话)(x_{35})、电缆或设备进线露芯线(x_{36})、设备进线或电缆鸡爪子或羊尾巴(x_{39})和B级的通风断面不够(含巷道堵塞)(x_{12})、供风能力不足(x_{18})、通风系统不完善(x_{19})、通风系统不稳定(x_{21})、局扇机型不当(x_{22})、电气设备露明线头(x_{41})、炸药质量不合格(x_{48})等应给予高度的重视,但对于其他危险源也应给予足够的重视,往往重大的事故都是由于一些概率较小且没有引起人们重视的因素所导致的。

由上述分级中的A级中的瓦斯爆炸事故危险源可见,风机及主要风门无人看守、通风设施漏风(含损坏)、设备进线松动失爆(含电话),事故危险源在生产中平常看来都是很一般的事故危险源,但从危险源分级中其分级较高,即说明其危险源较高,同时,根据全国大量瓦斯爆炸事故的诱因可知,导致瓦斯爆炸事故的诱因往往都是一些危险源在平常看来较小因素。同时,由于我们将人因管理因素单独考虑,而未将其与其他危险源进行比较,而在此也就为考虑到人因管理因素在内。但据国内外的大量事故和瓦斯爆炸事故不难看出,人因管理因素在其中占据了很重要的地位,是一个必须重视的因素。

5.6 本章小结

本章主要对瓦斯爆炸事故致灾概率的量化进行了研究。

首先对瓦斯爆炸事故危险源致灾概率的求解方法进行分析比较,对不能量化的因素,通过对专家的打分进行三角模糊化处理确定其概率,利用模糊故障树分析法对平煤六矿的瓦斯爆炸危险源进行了实例分析,并对瓦斯爆炸危险源进行了分级。

参 考 文 献

[1] 周长春. 连续危险源危险性评价原理与方法及其在煤矿瓦斯灾害中的应用[D].北京:中国矿业大学,1995.

[2] 张甫仁,景国勋,等. 瓦斯爆炸事故树模糊数学分析法研究[J]. 煤炭技术,2001,20(10):36~38.

[3] Jing Guoxun, Zhang Furen, et al. Event tree analysis on the accidents of underground haulage, Ergonomics and safety for global business quality and productivity, Poland. 2000. 5.

[4] 杨伦标,高英仪. 模糊数学原理及应用[M]. 广州:华南理工大学出版社,1993.8.

[5] 单亚飞,刘树存,等. 基于模糊数的煤矿瓦斯爆炸事故树分析[J]. 阜新矿业学院学报,1996,15(4):394~397.

[6] 王松桂. 概率论与数理统计[M]. 北京:科学出版社,2000.7.

[7] 陈兰祥,蒋凤瑛. 应用概率论[M]. 上海:同济大学出版社,1999.12.

6 一般空气区瓦斯爆炸冲击波传播规律研究

6.1 瓦斯爆炸冲击波在管道拐弯情况下传播规律实验研究

6.1.1 引言

对于瓦斯爆炸事故,难以准确、及时地测定现场事故的数据,而且其爆炸机理复杂,很难对瓦斯爆炸事故进行复制。为了很好地预测、控制瓦斯爆炸事故的发生,对其爆炸过程及其传播规律进行实验研究,是十分必要的。目前,对于直管道内瓦斯爆炸传播规律及其影响因素研究成果较多,对于复杂管道内瓦斯爆炸传播规律的研究,则显得不够系统。在井下巷道实际环境下,瓦斯爆炸事故并不都是在直巷道内发生和传播,井下巷道呈复杂的网络状,所以对一般空气区复杂管道(拐弯、截面突变情况下)内瓦斯爆炸传播规律的研究很有现实意义。

当瓦斯爆炸冲击波传播到管道拐弯、截面突变处时,其传播的方向、大小都要发生变化,从而产生复杂的流场,冲击波本身的物理参数将发生变化。寻找冲击波参数的变化规律就是本试验要研究的内容。

6.1.2 试验系统

实验系统为中国矿业大学"211 工程"重点学科建设项目成果"瓦斯爆炸实验系统"包括 7 个部分,即瓦斯爆炸试验腔体、真空泵、配气系统、高能点火器、动态数据采集分析系统、瓦斯爆炸压力测量系统、瓦斯爆炸火焰测量系统,其结构如图 6-1 所示。

(1)配气系统。采用 SY – 9506 型配气仪,向配气系统中充入一定量空气,再充入一定量的瓦斯气,配制所需浓度的瓦斯 – 空气

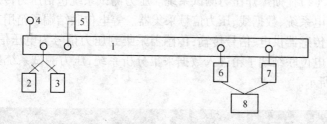

图 6-1　瓦斯爆炸实验系统
1—瓦斯爆炸试验腔体;2—真空泵;3—配气系统;4—真空表;5—高能点火器;
6—瓦斯爆炸压力测量系统;7—瓦斯爆炸火焰测量系统;8—动态数据采集分析系统

混合气体。将试验腔体抽真空,然后充入配制好浓度的瓦斯–空气混合气体。

（2）高能点火器。高能点火器用来点燃瓦斯气体,此装置是低压储能,高压放电。点火能量分 5 个档:100J、80J、60J、40J、20J。可以手动或自动充放电,同时备有遥控器,能够远距离操作放电。

（3）瓦斯爆炸试验腔体。本试验腔体采用 80mm × 80mm 方形管道,总长 24m,每节长有 0.5m、1m、1.5m、2.5m 共 4 种。瓦斯爆炸试验腔体如图 6-2 所示。

图 6-2　瓦斯爆炸实验腔体

(4)瓦斯爆炸压力测试系统。压力测试系统包括压力传感器及供电系统、数据线、压力信号采集器。等电位联结端子箱用来给压力传感器供电、信号传输,传感器采集到压力信号为电压信号,通过电位联结端子箱进入数据采集分析系统,压力测试系统如图6-3所示。

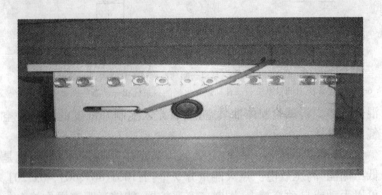

图6-3　压力测试系统

(5)瓦斯爆炸火焰测试系统。传感器为光敏三极管,即使CH$_4$在暗淡光源下,也可以通过放大电路采集到火焰信号,可以满足微秒级采集速度。传感器采集到的火焰信号经过火焰速度测试仪进入 TST3000 动态数据采集分析系统。火焰测试系统如图6-4所示。

(6)动态数据采集分析系统。工业 PC 机与动态数字化波形记录仪集成一体,通过高速数据采集板及处理软件,将高速动态信号处理为数字信号。数据处理系统如图6-5所示。

(7)试验步骤。

1)调试试验设备。根据试验要求,设计好试验系统后,要测试试验系统能否正常工作,这是开展试验前必不可少的步骤。首先检测压力传感器是否正常,TST3000 动态数据采集分析系统是否能够采集到冲击波压力信号。这就需要试爆几次来测试。根据出现的问题采取相应的措施加以解决。

2)充填瓦斯气体。根据试验要求确定要充填瓦斯气体的管

图 6-4 火焰测试系统

图 6-5 动态数据采集分析系统

道范围,先配制一定量的瓦斯气体,然后将管道抽真空,并充填瓦斯气。

3)点火。确定 TST3000 动态数据采集分析系统工作正常后,利用高能点火装置进行点火,引爆管道内的瓦斯气体。

4)数据采集。TST3000 动态数据采集分析系统自动采集压力传感器传输过来的压力信号,将压力信号处理为数字信号,绘制出测点冲击波超压变化曲线,保存此次爆炸冲击波信号曲线。

5)排气。管道内瓦斯爆炸后,残留一定量的有毒气体和粉尘,这时不能够直接抽真空,否则抽出的有毒气体可能对实验室工作人员构成危害,另外粉尘对真空泵也有损害作用。所以,再进行下次爆炸试验前必须对上次爆炸试验残留气体进行排除。利用空气压缩机吹出管道内有毒气体,再利用其他辅助设备将有毒气体排出实验室。此时,可以为下次试验做准备。

6.1.3 一般空气区瓦斯爆炸冲击波在管道拐弯情况下传播规律实验研究

6.1.3.1 试验目的

为了研究瓦斯爆炸冲击波在管道拐弯情况下的传播规律,设计试验系统图 6-6,改变冲击波拐弯前的初始压力,改变管道拐弯角度,得出冲击波在管道拐弯情况下的传播规律。

6.1.3.2 试验方案

我们的主要研究内容是一般空气区内冲击波在管道拐弯情况下的传播规律,所以压力传感器布置在瓦斯燃烧区外,在小尺寸管道内瓦斯爆炸一般以爆燃状态传播,压力传感器布置在瓦斯充填区 2 倍长度以外,即通过压力传感器前端透明管道观测不到火焰,保证瓦斯燃烧火焰到达不了压力传感器的布置地方。此试验腔体截面面积为 80mm × 80mm,直管道长度为 19.2m。管道拐角为 30°、45°、60°、90°、105°、120°、135°、150°共 8 种角度,研究在各种角度情况下瓦斯爆炸冲击波超压衰减规律。每种角度对应三种试验方案,分别充填 4m、5.5m、7m 浓度为 10% 的瓦斯,用来改变拐弯处冲击波初始压力,研究拐弯处冲击波超压衰减与初始压力的关系。布置在拐弯前的压力传感器用来测试冲击波拐弯前初始压力,测试拐弯后冲击波的压力传感器布置在 6 倍管径(方形管道的管径换算为圆形管道当量直径)处,这是由于拐弯处是冲击波反射区,为使冲击波发展均匀,故压力传感器布置在冲击波反射区外,6 倍管径(0.5m)外冲击波发展比较均匀。

6.1.3.3 瓦斯爆炸冲击波在管道拐弯情况下传播规律试验系统设计

本试验主要研究瓦斯爆炸冲击波在管道拐弯处的传播规律，试验过程中发现冲击波的传播规律和管道拐弯角度、拐弯前初始压力有关系。因此，试验设计管道左侧封闭端分别充填 4m、5.5m、7m 瓦斯–空气混合气体，验证初始压力对冲击波在管道拐弯情况下传播规律的影响。管道拐弯角度 σ 分别为 30°、45°、60°、90°、105°、120°、135°、150°共 8 种角度。设计试验系统如图 6-6 所示。

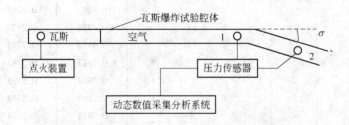

图 6-6　管道拐弯情况下冲击波传播试验系统

6.1.3.4 瓦斯爆炸冲击波在管道拐弯情况下传播规律试验数据

如表 6-1、表 6-2 分别给出了管道拐角 σ 小于、大于 90°情况下冲击波压力变化数据。数据表征不同角度、不同参与爆炸瓦斯量情况下的冲击波的传播规律。总共有 8 种管道拐角，每种管道拐角对应三种参与爆炸瓦斯量，每种情况做三次相同的试验，总共进行了 72 次试验。

表 6-1　冲击波在管道拐弯处压力变化（小于 90°）

冲击波超压	管道拐角 $\sigma/(°)$	管内瓦斯长度（80mm ×80mm 管内 10% 的瓦斯）/m	传感器 1 超压 /×101325Pa	传感器 2 超压 /×101325Pa
峰值超压	30	4	0.1817	0.1479
			0.2133	0.1512
			0.2475	0.1877
			0.3223	0.2637

冲击波超压	管道拐角 $\sigma/(°)$	管内瓦斯长度(80mm×80mm 管内 10% 的瓦斯)/m	传感器 1 超压 $/×101325Pa$	传感器 2 超压 $/×101325Pa$
峰值超压	30	5.5	0.5143	0.3117
			0.5243	0.3170
			0.5728	0.3596
		7	0.6257	0.3627
			0.6957	0.4469
			0.2232	0.1691
		4	0.2296	0.1663
			0.2668	0.1959
			0.4097	0.2764
	45	5.5	0.4222	0.2826
			0.4413	0.2792
			0.5017	0.3783
		7	0.5961	0.3395
			0.6149	0.3342
	60		0.2941	0.2424
		4	0.3481	0.2761
			0.3958	0.2835
			0.4118	0.2977
		5.5	0.4394	0.2966
			0.5223	0.3158
			0.5736	0.3460
		7	0.6344	0.4022
			0.6978	0.3937
			0.3032	0.2415
		4	0.3481	0.2761
			0.3943	0.2765
			0.4118	0.2867
	90	5.5	0.4385	0.2956
			0.5343	0.3048
			0.5736	0.3460
		7	0.6344	0.3722
			0.6978	0.3737

表 6-2 冲击波在管道拐弯处压力变化(大于 90°)

冲击波超压	管道拐角 $\sigma/(°)$	管内瓦斯长度(80mm×80mm 管内 10%的瓦斯)/m	传感器 1 超压 /×101325Pa	传感器 2 超压 /×101325Pa
		4	0.3853	0.2588
			0.4042	0.2402
			0.4360	0.2498
			0.4366	0.2614
	105	5.5	0.4385	0.2681
			0.4443	0.3177
			0.5008	0.2769
		7	0.5960	0.3140
			0.6345	0.3190
		4	0.2611	0.1790
			0.2783	0.2005
			0.3543	0.2410
			0.4744	0.3199
	120	5.5	0.5005	0.3341
			0.5066	0.3431
峰值超压			0.5924	0.3554
		7	0.6304	0.3533
			0.6591	0.3576
			0.3823	0.2606
		4	0.4450	0.2713
			0.4451	0.2841
			0.4924	0.2801
	135	5.5	0.5094	0.3172
			0.5985	0.3289
			0.6244	0.3668
		7	0.6778	0.3675
			0.7438	0.3815
	150	4	0.1935	0.1477
			0.2349	0.1517
			0.2537	0.1725
			0.2754	0.1727
		5.5	0.2890	0.1927

冲击波超压	管道拐角 $\sigma/(°)$	管内瓦斯长度(80mm×80mm 管内10%的瓦斯)/m	传感器1超压 $/×101325Pa$	传感器2超压 $/×101325Pa$
峰值超压		7	0.3738	0.1749
			0.6055	0.3180
			0.6802	0.3236
			0.6920	0.3301

　　表 6-1、表 6-2 中 1、2 号测点的压力数据为超压,测定的 2 号测点和 1 号测点压力数据是基于图 6-6 试验装置得出的。试验装置左端封闭,充填一定量的瓦斯后,用薄膜把瓦斯 - 空气混合气体与瓦斯爆炸试验腔体中的空气分离。瓦斯被点燃后,由于冲击波波阵面的膨胀作用和湍流效应,一部分瓦斯 - 空气混合气体冲破薄膜而扩散,所以原来的瓦斯充填区域并不是瓦斯燃烧区域。在试验的过程中,瓦斯爆炸试验腔体接入了可以观测瓦斯爆炸火焰的透明管道,观测到瓦斯燃烧区域大体是瓦斯充填区域的 2 倍左右。当瓦斯充填区域长度是 7m 时,瓦斯燃烧区域大体在 14m 左右。把 1 号测点布置在离左边管道封闭端 19m 处,是为了保证瓦斯燃烧区域到达不了 1 号测点位置,试验过程中在透明管道处已经观测不到火焰。这样得出的压力数据就是一般空气区冲击波在管道拐弯处的变化数据。2 号测点布置在离 1 号测点 0.5m 的位置,试验过程中发现离 1 号测点 0.5m 的位置冲击波在管道拐弯处的反射效应基本消失,冲击波发展为平面波。

　　在相同工况下,每次爆炸所产生的压力数据是不同的,这是由于瓦斯爆炸传播的影响因素太多,每次爆炸试验的条件不可能完全相同,微小的差别就会给试验的结果带来很大的差别。鉴于此,每组试验在相同的条件下做 3 次。试验的结果是想要得到管道拐弯角度对压力变化的影响,在试验的初始过程中发现瓦斯量的多少(即每次试验 1 号测点的初始压力)对于试验的结果影响很大,所以增加了试验的内容,把瓦斯爆炸所产生的初始压力考虑在内。

6.1.3.5　试验数据分析

　　测点 1、2 测定的冲击波压力是超压,为减小计算误差,处理数据时将超压作为表征冲击波状态的参数。定义：

1 号测点超压/2 号测点超压 = 冲击波超压衰减系数

通过两种情况来分析试验数据，一种是在管道拐弯角度确定情况下分析冲击波初始超压对衰减系数的影响，一种是在冲击波初始超压确定情况下分析管道拐角对衰减系数的影响。基于表6-1、表6-2 中数据，分析在管道角度确定的情况下冲击波超压衰减系数与冲击波初始超压（1 号测点超压）的关系，如图6-7 ～ 图6-10 所示。

以上是管道拐弯小于90°时冲击波超压衰减系数随冲击波拐弯前初始超压的变化曲线图。小于90°拐弯管道在井下是比较常见的。对大于90°拐弯管道冲击波超压的衰减系数变化规律也做同样的分析，如图6-11 ～ 图6-14 所示。

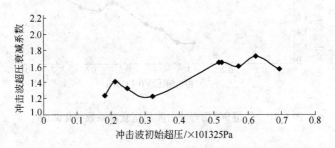

图 6-7　管道30°拐弯冲击波超压衰减系数变化曲线

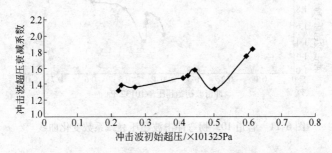

图 6-8　管道45°拐弯冲击波超压衰减系数变化曲线

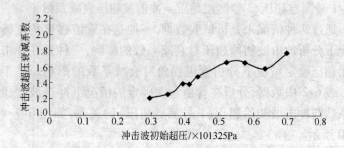

图 6-9　管道 60°拐弯冲击波超压衰减系数变化曲线

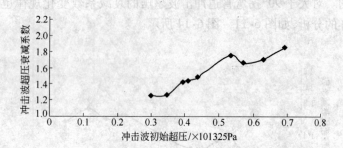

图 6-10　管道 90°拐弯冲击波超压衰减系数变化曲线

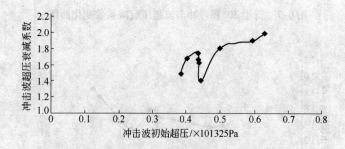

图 6-11　管道 105°拐弯冲击波超压衰减系数变化曲线

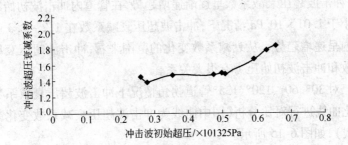

图 6-12 管道 120°拐弯冲击波超压衰减系数变化曲线

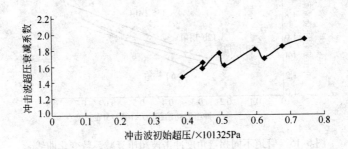

图 6-13 管道 135°拐弯冲击波超压衰减系数变化曲线

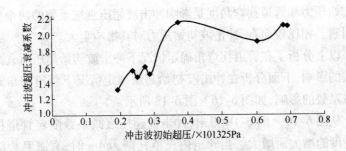

图 6-14 管道 150°拐弯冲击波超压衰减系数变化曲线

从 8 个管道拐弯角度冲击波衰减系数随冲击波初始超压的变化曲线图中可以得出,随着冲击波初始超压(1 号测点超压)的增加,冲击波超压衰减系数呈逐渐递增趋势,在管道内冲击波初始超压小于 $1.01 \times 10^5 Pa$ 情况下,冲击波超压衰减系数在 $1.2 \sim 2.3$ 范围内呈递增趋势。从衰减系数变化的范围来看,冲击波超压衰减系数和冲击波初始压力有很大关系。

对 $30°$、$60°$、$120°$、$135°$ 管道拐角情况下冲击波超压衰减系数变化曲线进行对比分析(图中曲线为冲击波超压衰减系数变化趋势线),如图 6-15 所示。

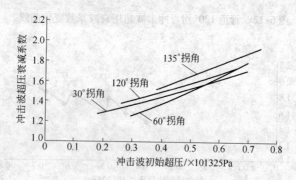

图 6-15　管道不同拐弯角度冲击波超压衰减系数变化曲线

从图 6-15 可以得出,随着管道拐弯角度的加大,冲击波超压衰减系数呈增加趋势,但增加的幅度并不是很大。这就说明,冲击波初始压力和管道拐弯角度是影响冲击波超压衰减系数的两个重要因素。相比较而言,冲击波初始压力对其影响更大。

以上分析了在管道拐弯角确定情况下冲击波初始超压对衰减系数的影响,下面分析在冲击波初始超压确定情况下管道拐角对衰减系数的影响,如图 6-16 ~ 图 6-18 所示。

从图 6-16 ~ 图 6-18 得出,冲击波超压衰减系数随着管道拐弯角度的增大而增大。当管道内充填瓦斯为 4m 时,衰减系数随管道角度在 $1.3 \sim 1.65$ 范围内增大;当管道内充填瓦斯为 5.5m 时,衰减系数随管道角度在 $1.5 \sim 1.75$ 范围内增大;当管道内充填瓦斯为 7m 时,衰减系数随管道角度在 $1.6 \sim 2$ 范围内增大。

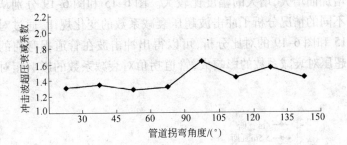

图 6-16　管内 4m 瓦斯冲击波超压衰减系数变化曲线

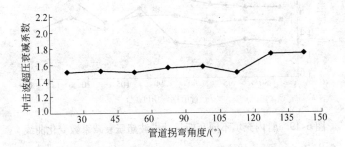

图 6-17　管内 5.5m 瓦斯冲击波超压衰减系数变化曲线

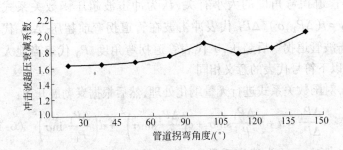

图 6-18　管内 7m 瓦斯冲击波超压衰减系数变化曲线

　　绘制管内瓦斯分别为 4m、5.5m、7m 情况下冲击波超压衰减系数变化曲线图,如图 6-19 所示。

　　从图 6-19 可以得出,冲击波超压衰减系数随管内充填瓦斯量的增加而增大,增大的幅度比较大。图 6-15 和图 6-19 分别从两种不同的情况分析了冲击波超压衰减系数的变化规律,通过对图 6-15 和图 6-19 的对比分析,可以得出冲击波在管道拐弯前的初始超压对衰减系数的影响大,管道拐角对衰减系数的影响相对要小。

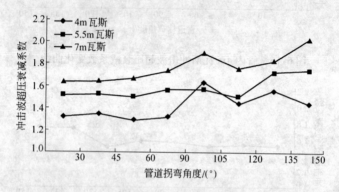

图 6-19　管内充填不同瓦斯量冲击波超压衰减系数变化曲线

6.1.3.6　公式拟合

假设冲击波在管道拐弯处的超压衰减系数和冲击波初始超压、管道拐弯角度的大小有关,认为冲击波超压函数关系式为 $\Delta P_2 = f(\Delta P_1, \sigma)$,$\Delta P_1$ 代表冲击波在管道拐弯前超压,ΔP_2 代表冲击波管道拐弯后超压,σ 代表管道拐弯角度,P_0 代表当地大气压,以下符号代表的意义相同。

对函数关系式进行无量纲化处理,然后根据泰勒展开为:

$$\frac{\Delta P_1}{\Delta P_2} = a + b\,\frac{\Delta P_1}{P_0}\sin\sigma + c\left(\frac{\Delta P_1}{P_0}\sin\sigma\right)^2 + d\left(\frac{\Delta P_1}{P_0}\sin\sigma\right)^3 \quad (6\text{-}1)$$

式中,a、b、c、d 为待定系数,由实验数据利用最新二乘法求得。$\Delta P_1/\Delta P_2$ 就是冲击波在管道拐弯处超压衰减系数,用 φ 代表。此式适用于管道拐角小于 90°的情况,冲击波超压衰减系数随着冲击波初始超压 ΔP_1 的增大而增大,随着管道拐弯角度 σ 的增大而增大。

当管道拐弯角度大于90°时,冲击波超压衰减系数变化公式处理为:

$$\varphi = a + b\frac{\Delta P_1}{P_0}\cos(\pi - \sigma) + c\left[\frac{\Delta P_1}{P_0}\cos(\pi - \sigma)\right]^2 + d\left[\frac{\Delta P_1}{P_0}\cos(\pi - \sigma)\right]^3$$

$$(6-2)$$

式中,a、b、c、d 为待定系数,由实验数据利用最新二乘法求得。φ 是冲击波在管道拐弯处超压衰减系数。此式子适用于管道拐角大于90°的情况,冲击波超压衰减系数 φ 随着冲击波初始超压 ΔP_1 的增大而增大,随着管道拐弯角度 σ 的增大而增大。

基于表6-1、表6-2 中冲击波超压在管道拐弯处的变化规律数据,拟合公式为:

$$\varphi = 1.24 + 0.61\frac{\Delta P_1}{P_0}\sin\sigma + 0.45\left(\frac{\Delta P_1}{P_0}\sin\sigma\right)^2 - 0.1\left(\frac{\Delta P_1}{P_0}\sin\sigma\right)^3$$

$$(6-3)$$

$$\varphi = 1.76 - 1.81\frac{\Delta P_1}{P_0}\cos(\pi - \sigma) + 4.82\left[\frac{\Delta P_1}{P_0}\cos(\pi - \sigma)\right]^2 -$$

$$1.4\left[\frac{\Delta P_1}{P_0}\cos(\pi - \sigma)\right]^3$$

$$(6-4)$$

公式(6-3)适用于管道拐弯小于90°的情况,公式(6-4)适用于管道拐弯大于90°的情况。

6.2 瓦斯爆炸冲击波在管道截面突变情况下传播规律实验研究

上一节通过试验研究了瓦斯爆炸后冲击波在管道拐弯情况下的传播规律,本节研究的主要内容是一般空气区瓦斯爆炸冲击波在管道截面突变情况下传播规律的试验研究。

6.2.1 瓦斯爆炸冲击波在管道截面突变情况下传播规律试验系统

本试验主要研究瓦斯爆炸后冲击波在管道截面突变情况下的

传播规律,试验初期调试过程中,发现冲击波的传播规律不仅和管道截面变化率有关系,而且和冲击波在管道截面积变化前的初始压力也有很大的关系。因此,在管道左侧封闭端分别充填 4m、5.5m、7m 瓦斯 – 空气混合气体,研究初始压力对冲击波在管道截面突变情况下的传播规律的影响。由边长 80mm 正方形截面分别变为边长 90mm、100mm、110mm、120mm、140mm、160mm 正方形截面,然后分别由边长为 90mm、100mm、110mm、120mm、140mm、160mm 正方形截面变为 80mm 正方形截面,总共 6 种类型的连通管道,长度均为 1m,试验管道总长 23m,试验系统如图 6-20 所示。

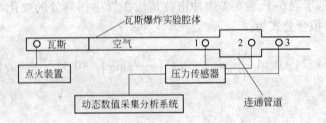

图 6-20 管道截面突变情况下冲击波传播试验系统

6.2.2 瓦斯爆炸冲击波在管道截面突变情况下传播规律试验数据

如表 6-3、表 6-4 中测定的 1、2、3 号测点压力数据是基于图 6-20 试验装置得出的。1、2、3 号测点的压力数据为超压,数据表征不同截面积变化率、不同参与爆炸瓦斯量情况下的冲击波在管道截面突变情况下的传播特性,总共六种连通管道,一种连通管道对应三种参与爆炸瓦斯量,每种情况做三次相同的试验,总共进行了 54 次试验。试验中改变瓦斯量的目的就是要得到不同的初始压力。试验装置左边封闭,充填一定量的瓦斯后,用薄膜把瓦斯 – 空气混合气体与瓦斯爆炸试验腔体中的空气分离。瓦斯被点燃后,由于冲击波波阵面的膨胀作用和湍流效应,一部分瓦斯 – 空气混合气体冲破薄膜而扩散,故原来的瓦斯充填区域并不是瓦斯燃烧区域。

表 6-3 冲击波在管道截面突变情况下压力变化表

冲击波超压	管道尺寸/mm×mm	80mm×80mm管内10%的瓦斯充填长度/m	传感器1/×101325Pa	传感器2/×101325Pa	传感器3/×101325Pa
峰值超压	90×90	4	0.256	0.168	0.254
			0.321	0.198	0.298
			0.332	0.205	0.307
		5.5	0.389	0.242	0.345
			0.455	0.267	0.375
			0.469	0.276	0.390
		7	0.512	0.304	0.415
			0.526	0.300	0.411
			0.612	0.333	0.453
	100×100	4	0.278	0.183	0.276
			0.293	0.182	0.279
			0.312	0.198	0.317
		5.5	0.456	0.285	0.403
			0.496	0.305	0.428
			0.512	0.301	0.423
		7	0.635	0.361	0.491
			0.678	0.376	0.453
			0.729	0.382	0.448
	110×110	4	0.257	0.158	0.255
			0.312	0.194	0.307
			0.336	0.209	0.317
		5.5	0.412	0.241	0.387
			0.453	0.252	0.333
			0.467	0.252	0.334
		7	0.695	0.365	0.455
			0.721	0.365	0.405
			0.723	0.382	0.436

表 6-4 冲击波在管道截面突变情况下压力变化表

冲击波超压	管道尺寸/mm×mm	80mm×80mm管内10%的瓦斯充填长度/m	传感器1超压/×101325Pa	传感器2/×101325Pa	传感器3/×101325Pa
峰值超压	120×120	4	0.263	0.147	0.292
			0.298	0.169	0.339

续表6-4

冲击波超压	管道尺寸/mm×mm	80mm×80mm管内10%的瓦斯充填长度/m	传感器1超压/×101325Pa	传感器2/×101325Pa	传感器3/×101325Pa
峰值超压	120×120	5.5	0.318	0.178	0.287
			0.547	0.295	0.442
			0.548	0.292	0.427
			0.569	0.306	0.491
			0.628	0.324	0.414
		7	0.636	0.323	0.413
			0.645	0.280	0.361
	140×140	4	0.256	0.132	0.266
			0.276	0.147	0.280
			0.325	0.158	0.249
			0.426	0.199	0.324
		5.5	0.431	0.189	0.275
			0.475	0.193	0.274
			0.615	0.247	0.307
		7	0.649	0.309	0.375
			0.712	0.305	0.375
			0.256	0.143	0.230
	160×160	4	0.264	0.139	0.263
			0.315	0.156	0.263
			0.397	0.183	0.313
		5.5	0.428	0.191	0.272
			0.437	0.218	0.290
			0.591	0.247	0.313
		7	0.628	0.275	0.330
			0.634	0.264	0.313

　　把1号测点布置在距左边管道封闭端19m处,是为了保证瓦斯燃烧区域到达不了1号测点位置,试验过程中在透明管道处已经观测不到火焰。得出的压力数据表征一般空气区冲击波经过管道截面积突变处的传播特性。2号测点布置在连通管道靠近右端出口的位置,2号测点布置在此位置能够测定冲击波经过管道截面积突变面后的压力变化值,远离冲击波反射区域,减小冲击波反

射给测定值带来的误差。3号测点布置在离连通管道右端出口
0.5m的位置,冲击波在管道截面突变处的反射效应已经不太明
显,冲击波经过管道截面突变处后发展为平面波。

和6.1小节中试验过程相似,每组试验在相同的条件下做3
次。试验的结果是想要得到管道截面突变情况下冲击波超压变化
规律,在试验的初始过程,没有考虑瓦斯量对于试验结果的影响,
但实际情况是,瓦斯量的多少(即每次试验1号测点的初始压力)
对于试验的结果影响很大,所以增加了试验的内容,把参与爆炸的
瓦斯量也考虑在内,寻找其对冲击波传播规律的影响。

6.2.3 试验数据分析

测点1、2、3测定的冲击波压力为超压,为减小计算误差,处理
数据时将超压作为表示冲击波状态的参数。定义:

1号测点超压/2号测点超压 = 冲击波超压衰减系数

大断面截面积/小断面截面积 = 截面积变化率

通过两种不同情况来分析试验数据,一种是在管道截面积变
化率确定情况下分析冲击波初始超压对衰减系数的影响,一种是
在冲击波初始超压确定情况下分析管道截面积变化率对衰减系数
的影响。

基于表6-3和表6-4中数据,分别绘制不同管道截面积变化
率情况下冲击波超压衰减系数与冲击波初始超压的关系曲线,如
图6-21~图6-32所示。

图6-21~图6-26中曲线表示冲击波由小断面进入大断面
(由边长80mm正方形截面分别变为边长90mm、100mm、110mm、
120mm、140mm、160mm正方形截面)情况下衰减系数变化规律,
图6-27~图6-32表示冲击波由大断面进入小断面(分别由边长
90mm、100mm、110mm、120mm、140mm、160mm正方形截面变为边
长80mm正方形截面)情况下衰减系数变化规律。从图6-21~图
6-26可以得出,冲击波由小断面进入大断面情况下,随着冲击波
初始超压的增加,冲击波超压衰减系数呈上升趋势。说明冲击波

超压越大,冲击波衰减越快。当冲击波初始超压在 $(0.2 \sim 1.01)$ $\times 10^5 \mathrm{Pa}$ 之间变化时,其衰减系数在 $1.4 \sim 2.5$ 的范围内变化。

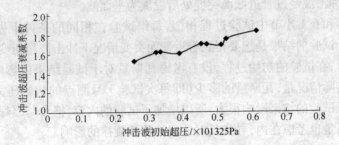

图 6-21　冲击波超压衰减系数变化曲线
(连通管道截面为 90mm×90mm)

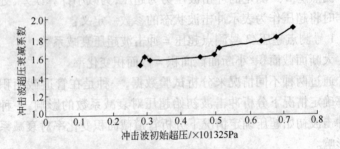

图 6-22　冲击波超压衰减系数变化曲线
(连通管道截面为 100mm×100mm)

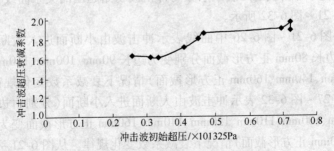

图 6-23　冲击波超压衰减系数变化曲线
(连通管道截面为 110mm×110mm)

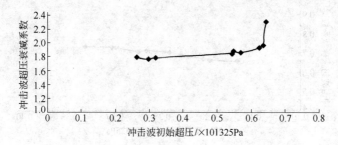

图 6-24 冲击波超压衰减系数变化曲线
（连通管道截面为 120mm × 120mm）

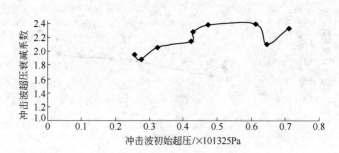

图 6-25 冲击波超压衰减系数变化曲线
（连通管道截面为 140mm × 140mm）

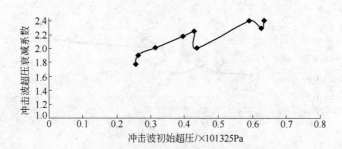

图 6-26 冲击波超压衰减系数变化曲线
（连通管道截面为 160mm × 160mm）

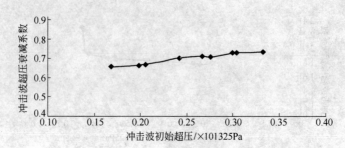

图 6-27　冲击波超压衰减系数变化曲线

（连通管道截面为 90mm × 90mm）

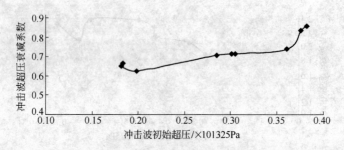

图 6-28　冲击波超压衰减系数变化曲线

（连通管截面为 100mm × 100mm）

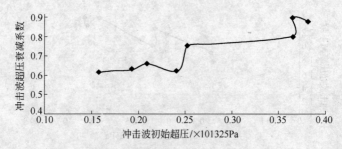

图 6-29　冲击波超压衰减系数变化曲线

（连通管道截面为 110mm × 110mm）

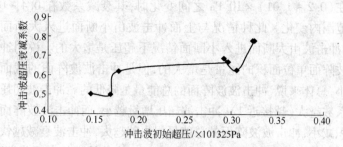

图 6-30 冲击波超压衰减系数变化曲线

（连通管道截面为 120mm × 120mm）

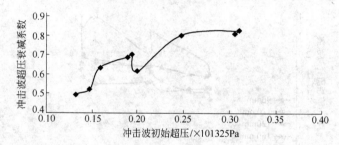

图 6-31 冲击波超压衰减系数变化曲线

（连通管道截面为 140mm × 140mm）

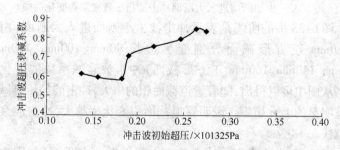

图 6-32 冲击波超压衰减系数变化曲线

（连通管道截面为 160mm × 160mm）

从图 6-27 ~ 图 6-32 可以得出,冲击波由大断面进入小断面情况下,随着冲击波初始超压的增加,冲击波超压衰减系数呈上升趋势。说明冲击波超压越大,冲击波衰减越快。当冲击波初始超压在$(0.2 \sim 1.01) \times 10^5 \text{Pa}$ 之间变化时,其衰减系数在 $0.4 \sim 0.9$ 的范围内变化。此种情况与上面冲击波由小断面进入大断面不同,冲击波由大断面进入小断面情况下超压是增大的。说明冲击波波阵面单位面积的能量是增大的,但是冲击波波阵面的截面积变小,总体来说,冲击波波阵面的总能量是降低的。冲击波超压衰减系数越大(越接近 1),冲击波超压增量越小,而冲击波波阵面的面积减小,冲击波波阵面的总能量损失就越大,冲击波衰减越快。

将图 6-21、图 6-23、图 6-24、图 6-26 中曲线进行对比分析,如图 6-33 所示。

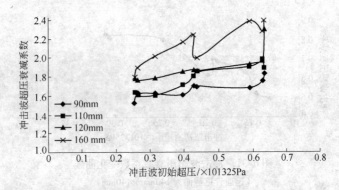

图 6-33　由小断面进入大断面冲击波超压衰减系数变化曲线

图 6-33 中的曲线是表示冲击波由小断面进入大断面(由边长 80mm 正方形截面分别变为边长 90mm、100mm、110mm、120mm、140mm、160mm 正方形截面)冲击波衰减系数的变化规律。从图中可以得出,随着管道截面积的增大,冲击波超压衰减系数呈明显的上升趋势。说明管道截面积变化率越大,冲击波衰减得越快。

图 6-34 中曲线表示冲击波由大断面进入小断面(分别由边长 90mm、100mm、110mm、120mm、140mm、160mm 正方形截面变为边长 80mm 正方形截面)冲击波衰减系数的变化规律。从图 6-34 中可以得出,说明随着管道截面积变化率的增大,冲击波超压衰减系数呈上升趋势,但是上升趋势不明显。

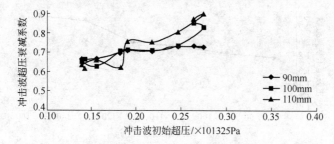

图 6-34 由大断面进入小断面冲击波超压衰减系数变化曲线

图 6-21 ~ 图 6-32 中的异常点是试验过程中压力传感器的测量误差所造成的,压力传感器产生的静电导致测量数据产生误差。

图 6-33 和图 6-34 分析了在管道截面积变化率确定情况下冲击波初始超压对衰减系数的影响,下面分析在冲击波初始超压确定情况下管道截面积变化率对衰减系数的影响,如图 6-35 ~ 图 6-37 所示。

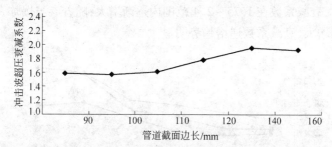

图 6-35 冲击波超压衰减系数曲线(管内 4m 瓦斯)

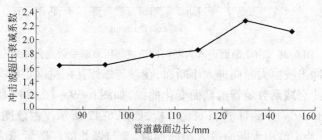

图 6-36 冲击波超压衰减系数曲线(管内 5.5m 瓦斯)

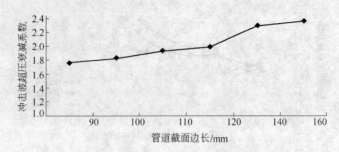

图 6-37　冲击波超压衰减系数曲线(管内 7m 瓦斯)

对图 6-35 ~ 图 6-37 进行对比分析,如图 6-38 所示。由该图可以得出,在冲击波由小断面进入大断面的情况下,参与爆炸的瓦斯量越大,也就是冲击波初始压力越大,冲击波超压衰减系数越大,冲击波衰减越快。充填 4m 瓦斯时,随着管道截面变化率的增大,冲击波超压衰减系数在 1.55 ~ 1.95 范围内逐渐增大;充填 5.5m 瓦斯时,衰减系数在 1.65 ~ 2.3 范围内逐渐增大;充填 7m 瓦斯时,衰减系数在 1.75 ~ 2.4 范围内逐渐增大;随着参与爆炸瓦斯量的增大,衰减系数递增趋势明显。

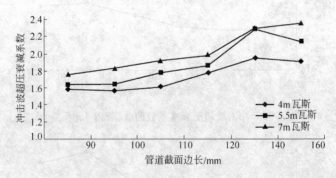

图 6-38　由小断面进入大断面冲击波超压衰减系数变化曲线

冲击波由大断面进入小断面,在参与爆炸瓦斯量确定情况下,冲击波衰减系数随管道截面变化曲线,如图 6-39 ~ 图 6-41 所示。对图 6-39 ~ 图 6-41 进行对比分析,如图 6-42 所示。由该图可以得出,冲击波由大断面进入小断面时,参与爆炸的瓦斯量越大,也就是冲击波初始压力越大,冲击波超压衰减系数越大,冲击波衰减越快。充填4m瓦斯时,随着管道截面变化率的增大,冲击波超压衰减系数在0.55~0.65范围内变化;充填5.5m瓦斯时,衰减系数在0.65~0.7范围内变化;充填7m瓦斯时,衰减系数在0.75~0.85范围内变化;随着参与爆炸瓦斯量的增大,衰减系数递增趋势明显,但是衰减系数和管道截面变化率没有明显的相关性。

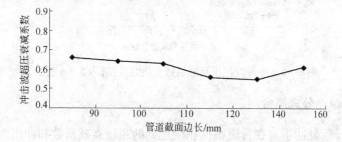

图6-39 冲击波超压衰减系数变化曲线(管内4m瓦斯)

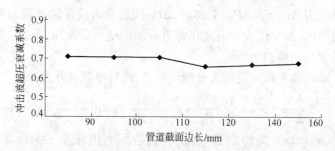

图6-40 冲击波超压衰减系数变化曲线(管内5.5m瓦斯)

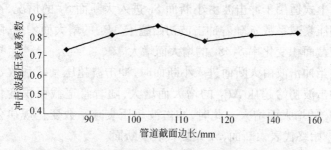

图6-41 冲击波超压衰减系数变化曲线(管内7m瓦斯)

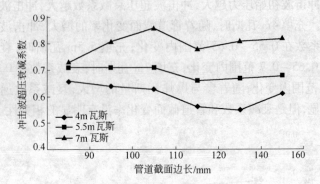

图 6-42　冲击波超压衰减系数变化曲线（管内 5.5m 瓦斯）

6.2.4　公式拟合

假设冲击波在管道截面积变化处的超压衰减系数和冲击波的初始超压、管道截面积变化前后的大小有关，认为冲击波超压函数关系式为 $\Delta P_2 = f(\Delta P_1, S_1, S_2)$，$\Delta P_1$ 代表冲击波在管道截面积变化前超压，ΔP_2 代表冲击波在管道截面积变化后超压，S_1，S_2 分别为管道小断面和大断面。

对函数关系式进行无量纲化处理，然后泰勒展开为：

$$\frac{\Delta P_1}{\Delta P_2} = a + b\frac{S_2}{S_1}\frac{\Delta P_1}{P_0} + c\left(\frac{S_2}{S_1}\frac{\Delta P_1}{P_0}\right)^2 + d\left(\frac{S_2}{S_1}\frac{\Delta P_1}{P_0}\right)^3 \quad (6\text{-}5)$$

式中，a、b、c、d 为待定系数，由实验数据利用最新二乘法求得。$\Delta P_1/\Delta P_2$ 就是冲击波在管道截面积变化处超压衰减系数，用 φ 表示。上式适用于冲击波由小断面 S_1 进入大断面 S_2 的情况，冲击波超压衰减系数 φ 随着冲击波初始超压 ΔP_1 的增大而增大，随着管道截面积变化率 S_2/S_1 的增大而增大。

当冲击波由大断面进入小断面时，冲击波超压衰减系数 φ 随着冲击波初始超压 ΔP_1 的增大而增大，随着管道截面积变化率 S_2/S_1 的增大而增大。此时，冲击波超压衰减系数变化规律公式中 S_2 始终代表大断面，S_1 始终代表小断面。

基于表 6-3 和表 6-4 中冲击波超压在管道截面积变化处的变

化规律数据,拟合公式为:

$$\varphi = 1.23 + 1.56 \frac{S_2}{S_1} \frac{\Delta P_1}{P_0} - 1.45 \left(\frac{S_2}{S_1} \frac{\Delta P_1}{P_0} \right)^2 + 0.73 \left(\frac{S_2}{S_1} \frac{\Delta P_1}{P_0} \right)^3$$

$$(6-6)$$

$$\varphi = 0.65 - 0.5 \frac{S_2}{S_1} \frac{\Delta P_1}{P_0} + 1.57 \left(\frac{S_2}{S_1} \frac{\Delta P_1}{P_0} \right)^2 \qquad (6-7)$$

公式(6-6)适用于冲击波由小断面 S_1 进入大断面 S_2,公式(6-7)适用于冲击波由大断面 S_2 进入小断面 S_1。$\Delta P_1 S_2 / (P_0 S_1)$ 代表衰减系数影响因子;S_2/S_1 表示大断面截面积/小断面截面积。

6.3　一般空气区瓦斯爆炸冲击波传播规律理论分析

矿井瓦斯爆炸事故往往会造成巨大的财产损失和人员伤亡,这是由于瓦斯爆炸产生的冲击波、火球、有毒气体都具有伤害效应[1]。冯灿逯[2]统计两次瓦斯爆炸事故共伤亡 98 例,其中伤 29 例,死亡 69 例。在 29 例幸存者中,由于冲击波造成的软组织损伤 27 例。瓦斯爆炸所产生的冲击波能够摧毁巷道设施,破坏通风系统和井下构筑物,并可能引起煤尘爆炸等事故[3]。瓦斯爆炸冲击波对井下安全具有严重的威胁,研究瓦斯爆炸冲击波的破坏和伤害机理对于预防和控制冲击波的破坏和伤害作用有积极的意义。而瓦斯爆炸冲击波传播规律是研究冲击波的破坏和伤害机理的前提和依据。

基于流体动力学,提出一般空气区瓦斯爆炸冲击波在管道拐弯、截面突变情况下的传播规律数学模型,推导出一般空气区瓦斯爆炸冲击波在管道拐弯、截面突变情况下的传播规律公式。从而丰富了瓦斯爆炸冲击波传播规律理论,为井下瓦斯爆炸风险评估以及防灾减灾措施的制定提供理论基础。

6.3.1　管道拐弯情况下冲击波传播规律

6.3.1.1　冲击波在管道拐弯情况下传播的关系式

冲击波宏观上表现为一个运动着的曲面,它经过之处,物质的压力、密度、温度均发生急剧变化。微观上讲,物质内部分子间的相互作用抵制突变的发生,物质的黏性和热传导抵制这些突变的发生。当变化来得太快时,这种能量的传递过程来不及扩展到较远的距离,只能影响到几个分子间距,这就造成了状态量宏观上很小范围内发生急剧变化,相当于在一个几何位置上的突变[4~6]。

管道在拐弯处 O 点左边截面积为 S_0,右边截面积为 S_1。冲击波传播到管道拐弯处时产生斜激波 OB,进入斜激波前流体质点的参数为 u_0、P_0、ρ_0,经过斜激波之后的参数变为 u_1、P_1、ρ_1。把流体质点在斜激波前、后的速度分解为与激波面垂直的分速度 u_{0n}、u_{1n} 以及与斜激波面平行的分速度 $u_{0\tau}$、$u_{1\tau}$。斜激波前、后的流体质点参数的关系用下面的方程表示[7~9],如图 6-43 所示。

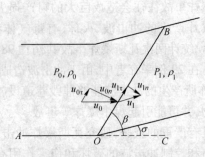

图 6-43 斜激波传播示意图

通过斜激波面流体质点的质量流量与切向速度 $u_{0\tau}$、$u_{1\tau}$ 无关,只与法向速度 u_{0n}、u_{1n} 有关。冲击波两侧的间断关系式为:

$$\rho_0 u_{0n} = \rho_1 u_{1n} = m \tag{6-8}$$

$$P_1 - P_0 = \rho_0 u_{0n}(u_{0n} - u_{1n}) \tag{6-9}$$

$$\rho_0 u_{0n}(u_{1\tau} - u_{0\tau}) = 0$$

$$e_1 + \frac{u_{1n}^2}{2} + \frac{P_1}{\rho_1} = e_0 + \frac{u_{0n}^2}{2} + \frac{P_0}{\rho_0} \tag{6-10}$$

状态方程为:

$$e = \frac{1}{\gamma - 1} \frac{P}{\rho} \tag{6-11}$$

图 6-43 中，β 为斜激波角，σ 称为气流转折角，即为管道拐角。由图中的几何关系可得：

$$u_{0n} = u_0 \sin\beta \qquad u_{1n} = u_1 \sin(\beta - \sigma) \qquad \frac{u_{0n}}{c_0} = M\sin\beta$$

式中，u_0、P_0、ρ_0 为管道中进入波阵面的空气的初始速度、初始压力、初始密度；u_1、P_1、ρ_1 为管道中过冲击波波阵面的空气的速度、压力、密度；e 为内能；γ 为空气绝热指数 1.4。

6.3.1.2 一般空气区冲击波在管道拐弯情况下传播公式推导

对于冲击波在管道拐弯处传播，可以看做是超音速气流在管道拐弯处形成斜激波的问题。如图 6-44 所示，假设超音速气流以速度 u_1 沿 AO 直壁做稳定运动。在 O 处直壁向内凹有一转折角 σ，以 O 为扰动点，产生一个扰动波 OB，气流经过 OB 后向上转折了 σ 角，沿与 OC 面平行的方向以速度 u_2 流动。因为气流的通流截面减小，所以气流受压缩扰动，流速减小，而压力、密度增加。

如图 6-45 所示，设超音速气流以速度 u_1 沿 AO 直壁做稳定运动。在 O 处直壁向外凸有一转折角 σ，以 O 为扰动点，产生一个扰动波 OB，气流经过 OB 后向上转折了 σ 角，沿与 OC 面平行的方向以速度 u_2 流动。因为气流的通流截面减小，所以气流受膨胀扰动，流速增大，而压力、密度减小。

对于管道内瓦斯爆炸冲击波在管道拐弯情况下的传播就可以看作是上述图 6-44 和图 6-45 两种情况的合成，如图 6-46 所示。

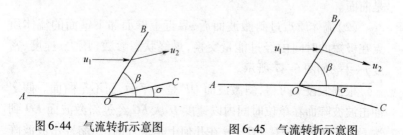

图 6-44　气流转折示意图　　　　图 6-45　气流转折示意图

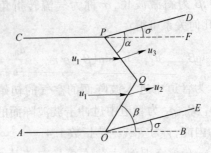

图 6-46　管道内气流转折示意图

　　冲击波波阵面以相反于 u_1 的方向在上壁面 CPD 和下壁面 AOE 组成的管道中传播,波阵面前的质点朝向波阵面以 u_1 的速度进入波阵面,巷道在 O、P 点拐弯,流体经过下壁面 O 点时产生斜激波 OQ(即冲击波的传播方向发生改变,斜激波角 β),靠近下壁面的流体以速度 u_1 进入斜激波面,以 u_2 速度流出。流体经过上壁面 P 点时产生斜激波 PQ(斜激波角 α),靠近上壁面的流体以速度 u_1 进入斜激波面,以 u_3 速度流出。两条斜激波交汇于 Q 点,流体经过斜激波 PQO 面时,压力、速度、密度发生比较大的变化。但是经过斜激波面时靠近上壁面和下壁面的流体状态参数(压力、速度、密度)不一样,靠近下壁面的流体速度小,密度和压力大。而靠近上壁面的流体速度大,密度和压力小。

　　为了计算的方便,将冲击波复杂的反射过程简单化,故做如下假设:

　　(1)冲击波经过管道拐角处产生的斜激波面为一平面,而不是曲面。

　　(2)流体质点过斜激波面后,靠近上壁面和下壁面的流体质点在极短的时间内经过能量交换,最终状态参数(压力、速度、密度)一样,如图 6-47 所示。

　　根据假设 1 可得,斜激波面 OF 是一平面,而不是曲面。假定冲击波波阵面在单位时间内以速度 D 从 FG 经过斜激波面 FO 到达 EC,作者认为 FG、FO、EC 在几何上是重合的(忽略冲击波波阵面的变化过程),为了更好地显示冲击波波阵面经过斜激波面的变化过程,故把冲击波波阵面分开,其实这个变化过程是瞬时的。波阵面经过斜激波面前的强度为 $P_{\text{入}}$,过斜激波面后的强度变为 $P_{\text{出}}$。

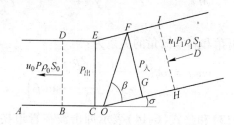

图6-47　冲击波在管道拐弯情况下传播示意图

管道在拐弯处 O 点左边截面积为 S_0,右边截面积为 S_1。取 $DBHI$ 所包含的部分为控制体,流体质点以相反于冲击波的传播方向进入波阵面之前的状态参数为 u_0、P_0、ρ_0,经过波阵面之后的参数变为 u_1、P_1、ρ_1。因为冲击波波阵面 FG 在极短的时间内经过斜激波面 FO 到达 EC,认为 FG、FO、EC 在几何上是重合的(认为是一个面),所以控制体就是 $DBCE$ 和 $FGHI$ 所包含的部分。忽略质量力和壁面摩擦力,则可按动量定理列出沿流动方向的动量方程。

冲击波波阵面从右向左传播,质点朝向波阵面从左向右进入控制体,沿质点流动方向控制体所受的水平方向的合外力为:

$$P_0 S_0 - P_1 S_1 \cos\sigma + P_{\text{入}} S_1 \cos\sigma - P_{\text{出}} S_0$$

单位时间质点进出该控制体的动量变化为:

$$\rho_1 (u_1 - D)^2 S_1 - \rho_0 (u_0 - D)^2 S_0$$

作用在控制体上的合外力等于单位时间进出控制体流体的动量变化,所以:

$$P_0 S_0 - P_1 S_1 \cos\sigma + P_{\text{入}} S_1 \cos\sigma - P_{\text{出}} S_0 =$$
$$\rho_1 (u_1 - D)^2 S_1 \cos^2\sigma - \rho_0 (u_0 - D)^2 S_0 \quad (6\text{-}12)$$

联解公式(6-8)、公式(6-9)、公式(6-10)、公式(6-11)、公式(6-12),可得:

$$P_入 S_1 \cos\sigma - P_出 S_0$$

$$= 4\rho_0 c_0^2 S_1 \frac{(\gamma+1)M^2 \sin^2\beta}{2+(\gamma-1)M^2 \sin^2\beta} \frac{\cos^2\sigma}{\sin(\beta-\sigma)} \frac{1}{(\gamma+1)^2} \left(M\sin\beta - \frac{1}{M\sin\beta}\right)^2$$

$$-\rho_0 c_0^2 \left(u_0/c_0 - \frac{1}{M}\right)^2 S_0 - P_0 S_0 + P_0 \left(\frac{2\gamma}{\gamma+1}M^2 \sin^2\beta - \frac{\gamma-1}{\gamma+1}\right) S_1 \cos\sigma$$

$$(6\text{-}13)$$

气流转折角和斜激波角的关系为：

$$\tan\sigma = \cot\beta \frac{M^2 \sin^2\beta - 1}{1 + M^2 \left(\frac{\gamma+1}{2} - \sin^2\beta\right)} \tag{6-14}$$

公式(6-13)和公式(6-14)表示冲击波在管道拐弯情况下的传播规律，$P_入$、$P_出$ 和冲击波的传播马赫数有关系。对于管道中瓦斯爆炸冲击波传播，在研究一般空气区冲击波传播的过程中，由于波阵面以超音速向前传播，进入波阵面的质点是管道中的空气，u_0、P_0、ρ_0 代表管道中进入波阵面的空气的初始速度、初始压力、初始密度；c_0 代表当地音速；γ 代表空气的绝热指数为 1.4；S_1、S_0 代表管道的截面积；M 代表冲击波波阵面的传播马赫数；$P_入$、$P_出$ 分别代表过管道拐弯处的入射波和出射波强度。

公式(6-13)、公式(6-14)分析如下：

(1)将冲击波的基本间断关系式应用到管道拐弯情况下，取管道拐弯部分为控制体，建立了冲击波在管道拐弯情况下传播的动量方程，推导出了一般空气区冲击波在管道拐弯情况下的传播规律公式(6-13)、公式(6-14)。

(2)公式(6-13)是在管道拐弯处冲击波波阵面压力 $P_入$、$P_出$ 的关系式，$P_入$、$P_出$ 的关系随着冲击波传播马赫数变化而变化，说明冲击波的作用效果和传播速度是息息相关的。

(3)公式(6-13)中除了冲击波传播速度 D 是未知数外，其余 u_0、P_0、ρ_0、c_0、γ、S_1、S_0 都是已知数，所以公式(6-13)的含义就是 $P_入$、$P_出$ 与冲击波传播速度 D 之间的关系式，即过管道拐弯处冲击波波阵面压力变化关系式。在给定 D 的情况下，$P_入$、$P_出$ 之间的关系可以通过公式(6-13)得到。

(4)公式(6-13)表示一般空气区冲击波在管道拐弯情况下的传播规律,其中包含了冲击波传播速度 D 这个未知数,在没有给定冲击波传播速度 D 的情况下,不能够直接计算。

另外,冲击波波阵面的厚度非常小,约为 10^{-4} mm,因此一般不对冲击波波阵面的内部的情况进行研究,所关心的是气流经过冲击波前后参数的变化。文献[10~12]都是利用过冲击波波阵面突跃后的参数来表征冲击波的。为简化计算和应用的方便,利用冲击波波阵面后突跃的参数来表征冲击波。下面通过适当的简化来推导一般空气区冲击波在管道拐弯情况下的传播规律。

6.3.1.3 一般空气区冲击波在管道拐弯情况下的传播公式简化推导

对上述公式(6-8)、公式(6-9)、公式(6-10)、公式(6-11)、公式(6-12)求解,由于是5个方程,有 u_1、P_1、P_2、ρ_1、e、D 共6个未知数,所以只能得出未知数 P_1、P_2 与冲击波传播速度 D 之间的关系式,而不能得到解析解。但研究的目的是为了得到冲击波过管道拐弯后压力和过拐弯前压力之间的关系,所以建立冲击波在管道突变情况下传播的动量方程来封闭方程组,以达到消元未知数 D 的目的。

建立管道拐弯情况下的冲击波传播动量方程,作者认为冲击波波阵面在管道拐弯前的传播速度和拐弯后的传播速度是近似相等的,把冲击波传播速度 D 和其他参数的关系式代入建立的动量方程,得出冲击波过管道拐弯后压力的解析解。

在给定冲击波过管道拐弯前压力和管道拐弯角度情况下,能够计算出管道拐弯后冲击波的压力,得出了冲击波在管道拐弯情况下的传播规律公式。

假设冲击波波阵面在单位时间内从管道内 AB 面传播到 CD 面,如图6-48所示。

对冲击波在管道拐弯情况下的传播过程做适当的简化,做如下假设:

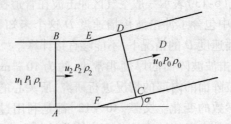

图 6-48　冲击波在管道拐弯情况下传播简化示意图

（1）冲击波波阵面在单位时间内从 AB 面传播到 CD 面,即流体质点经过冲击波波阵面 CD 由状态 u_0、P_0、ρ_0 变为 u_2、P_2、ρ_2;再过波阵面 AB,冲击波状态参数由 u_2、P_2、ρ_2 变为 u_1、P_1、ρ_1。

（2）冲击波波阵面 AB 由波阵面后突跃参数 u_1、P_1、ρ_1 表征;冲击波波阵面 CD 由波阵面后突跃参数 u_2、P_2、ρ_2 表征。

（3）忽略冲击波波阵面的反射变化过程,即假设冲击波波阵面由 AB 面传播到 CD 面过程中,$ABCD$ 内靠近 CD 的压力参数为 P_2,靠近 AB 的压力参数为 P_1。

（4）假定管道壁面为绝热刚体,冲击波在传播的过程中能量没有损失。忽略流体质点的质量力,在建立动量守恒方程时不考虑质量力。

将公式(6-8)、公式(6-9)、公式(6-10)、公式(6-11)应用到图 6-48 中 AB、CD 冲击波波阵面,认为过 AB、CD 面流体质点的质量守恒,没有损失,可得:

$$\rho_1(u_1 - D) = \rho_0(u_0 - D) \tag{6-15}$$

$$\frac{\rho_1}{\rho_0} = \frac{(\gamma + 1)P_1 + (\gamma - 1)P_0}{(\gamma + 1)P_0 + (\gamma - 1)P_1} \tag{6-16}$$

作者认为冲击波波阵面在巷道拐弯前的传播速度和拐弯后的传播速度大小是近似相等的,只是方向有所不同,可得:

$$u_0 - D = -\sqrt{\frac{P_1 - P_0}{\rho_1 - \rho_0}\frac{\rho_1}{\rho_0}} \tag{6-17}$$

取 $ABCD$ 中间的部分为控制体,忽略质量力和壁面摩擦力,则可按动量定理列出沿流动方向的动量方程。

冲击波波阵面以速度 D 由左向右传播,质点朝向波阵面进入控制体,沿质点流动方向控制体所受的合外力为(根据假设 3,引入冲击波波阵面压力 P_2,S 代表管道截面积):

$$P_0 S - P_1 S \cos\sigma + P_1 S \cos\sigma - P_2 S$$

单位时间质点进出该控制体的动量变化为:

$$\rho_1 \cos^2\sigma (u_1 - D)^2 S - \rho_0 (u_0 - D)^2 S$$

作用在控制体上的合外力等于单位时间进出控制体流体的动量变化,所以:

$$P_0 S - P_1 S \cos\sigma + P_1 S \cos\sigma - P_2 S$$
$$= \rho_1 \cos^2\sigma (u_1 - D)^2 S - \rho_0 (u_0 - D)^2 S \quad (6\text{-}18)$$

联解公式(6-15)、公式(6-16)、公式(6-17)代入公式(6-18),可得:

$$P_1 - P_2 = \frac{1 - \cos^2\sigma}{2}\big[(\gamma + 1)P_0 + (\gamma - 1)P_1\big] \quad (6\text{-}19)$$

式中,P_1、P_2 分别为冲击波在管道拐弯前、拐弯后的强度;σ 为管道拐弯角度;γ 为绝热指数 1.4。

一般空气区冲击波在管道拐弯情况下的传播规律简化公式分析如下:

(1)将冲击波的基本间断关系式应用到管道拐弯情况下,建立了管道拐弯冲击波两侧间断关系式,得到一般空气区冲击波在管道拐弯情况下的传播规律简化公式,不需要给定冲击波的传播速度,能够直接计算出冲击波在管道拐弯处的压力变化规律。

(2)公式(6-19)是在管道拐弯情况下冲击波波阵面压力 P_2、P_1、P_0 的关系式,P_0、σ 是已知数,在给定入射波强度 P_1 的情况下能够计算出过巷道拐弯情况下出射波强度 P_2。

（3）管道拐弯情况下冲击波的反射如图6-48（入射角 σ 相当于管道的拐角）所示，出射波沿管道拐弯后的方向规则传播，这种情况其实是理想情况，在实际过程中，冲击波在管道拐弯处要经历多次反射，传播一定的距离后才能看作是沿管道拐弯后方向规则传播。

（4）在推导公式（6-19）的过程中，作者认为冲击波的传播速度不变，这与实际情况有误差，冲击波经过管道拐弯处，经过数次反射后，能量有所损失，传播速度有所下降。从动量方程（6-18）可以得出，冲击波经过管道拐弯后，损失的动量为 $\rho_1 \sin^2\sigma (u_1 - D)^2 S$。实际上冲击波经过管道拐弯处时产生斜激波，过斜激波面冲击波传播方向不一定和管道拐弯后的方向一致，所以过冲击波波阵面后大部分流体质点和管道壁面产生反射，冲击波传播一段距离后，反射减弱后，冲击波沿管道拐弯后方向传播。所以，实际过程中，冲击波过管道拐弯处损失的动量比 $\rho_1 \sin^2\sigma (u_1 - D)^2 S$ 小。以上分析，公式（6-19）用来计算管道拐弯情况下冲击波的传播规律是可行的，在管道拐弯角度较小的情况下，冲击波超压大于 $1.01 \times 10^5 Pa$ 情况下，公式（6-19）误差较小。

6.3.2   管道截面突变情况下冲击波传播规律

6.3.2.1   冲击波在管道截面突变情况下传播的关系式

对于一维正冲击波，如图6-49所示。定义 D 为冲击波的传播速度，波前相对于波阵面而言，质点朝向波阵面流动的区域，以参数 u_0，P_0，ρ_0 表征；波后即相对于波阵面而言，质点穿过波阵面到达的那一边，以 u_1，P_1，ρ_1 参数表征，间断关系式有[7~9]：

$$\rho_1(u_1 - D) = \rho_0(u_0 - D) \qquad (6-20)$$

$$\rho_1(u_1 - D)^2 + P_1 = \rho_0(u_0 - D)^2 + P_0 \qquad (6-21)$$

$$e_1 + \frac{1}{2}(u_1 - D)^2 + \frac{P_1}{\rho_1} = e_0 + \frac{1}{2}(u_0 - D)^2 + \frac{P_0}{\rho_0} \qquad (6-22)$$

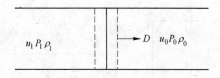

图 6-49 冲击波传播示意图

状态方程可写为：

$$e = \frac{1}{\gamma - 1} \frac{P}{\rho} \qquad (6-23)$$

式中，u_0、P_0、ρ_0 为管道中进入波阵面的空气的初始速度、初始压力、初始密度；u_1、P_1、ρ_1 为管道中过冲击波波阵面的空气的速度、压力、密度；e 为内能；γ 为空气绝热指数 1.4。

6.3.2.2 一般空气区冲击波在管道截面突变情况下传播公式推导

在管道截面积突变（由 S_1 到 S_0）的情况下，瓦斯爆炸冲击波传播如图 6-50 所示。

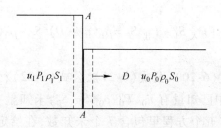

图 6-50 冲击波在管道截面突变情况下传播示意图

在管道中，瓦斯爆炸冲击波波阵面传播到 AA 突变面时，波阵面强度发生突变，为了清楚地显示波阵面强度变化情况，假设冲击波波阵面在单位时间内从 AB 面到达 EF 面（实际上 AB 和 EF 面在几何上是重合的），强度由 $P_入$ 变为 $P_出$，此时控制体由 $ABCD$ 和 $EFGH$ 所包含的两部分组成，如图 6-51 所示。

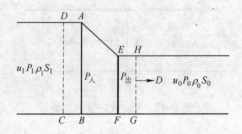

图 6-51   冲击波在管道截面积突变情况下传播等效示意图

取两条虚线中间的部分为控制体,忽略质量力和壁面摩擦力,则可按动量定理列出沿流动方向的动量方程。

冲击波波阵面以速度 D 由左向右传播,质点朝向波阵面进入控制体,沿质点流动方向控制体所受的合外力为:

$$P_0 S_0 - P_1 S_1 + P_入 S_1 - P_出 S_0$$

单位时间质点进出该控制体的动量变化为:

$$\rho_1 (u_1 - D)^2 S_1 - \rho_0 (u_0 - D)^2 S_0$$

作用在控制体上的合外力等于单位时间进出控制体流体的动量变化,得出:

$$P_0 S_0 - P_1 S_1 + P_入 S_1 - P_出 S_0 = \rho_1 (u_1 - D)^2 S_1 - \rho_0 (u_0 - D)^2 S_0$$

$$(6\text{-}24)$$

上述公式(6-20)、公式(6-21)、公式(6-22)、公式(6-23)、公式(6-24)中已知量有 u_0、P_0、ρ_0、S_1、S_0,未知量有 u_1、P_1、ρ_1、$P_入$、$P_出$、D、e,五个方程里包含 7 个未知数,在给定入射波强度 $P_入$ 的情况下,可以把出射波强度 $P_出$ 表示为冲击波传播速度 D 的式子。

定义马赫数 $M = D/c_0$(c_0 代表当地音速),联解公式(6-20)、公式(6-21)、公式(6-22)、公式(6-23)、公式(6-24),得到

$$P_入 S_1 - P_出 S_0 = \frac{(\gamma + 1) M^2 \rho_0}{(\gamma - 1) M^2 + 2} \frac{4 c_0^2 S_1}{(\gamma + 1)^2} \left(M - \frac{1}{M} \right)^2$$

$$-\rho_0 c_0^2 \left(u_0/c_0 - \frac{1}{M} \right)^2 S_0 - P_0 S_0 + P_0 \left(\frac{2\gamma}{\gamma+1} M^2 - \frac{\gamma-1}{\gamma+1} \right) S_1$$

$$(6\text{-}25)$$

对于管道中瓦斯爆炸冲击波传播,在研究一般空气区冲击波传播的过程中,由于波阵面以超音速向前传播,进入波阵面的质点是管道中的空气,u_0、P_0、ρ_0 为管道中进入波阵面的空气的初始速度、初始压力、初始密度;c_0 为当地音速;γ 为空气的绝热指数为 1.4;S_1、S_0 为管道的截面积;M 为冲击波波阵面的传播马赫数;$P_入$、$P_出$ 为过截面积突变面的入射波和出射波强度。

公式(6-25)分析如下:

(1)将冲击波的基本间断关系式应用到管道截面积突变情况,取截面突变处流体为控制体,建立了一般空气区瓦斯爆炸冲击波在管道突变情况下传播的动量方程,推导出了在冲击波在管道截面突变情况下的传播规律公式(6-25)。

(2)公式(6-25)是在管道截面积突变面冲击波波阵面压力 $P_入$、$P_出$ 的关系式,除了冲击波传播速度 D 是未知数外,其余 u_0、P_0、ρ_0、c_0、γ、S_1、S_0 都是已知数,所以公式(6-25)的含义就是 $P_入$、$P_出$ 与冲击波传播速度 D 之间的关系式,即过管道截面积突变面冲击波波阵面压力变化关系式。$P_入$、$P_出$ 的关系随着冲击波传播马赫数变化而变化,说明冲击波的作用效果和传播速度是息息相关的。在给定 D 的情况下,$P_入$、$P_出$ 之间的关系可以通过公式(6-25)得到。

(3)公式(6-25)是计算冲击波波阵面在管道截面积突变情况下的传播规律的,其中包含了冲击波传播速度 D 这个未知数,在没有给定冲击波传播速度 D 的情况下,不能够直接计算。另外,冲击波波阵面的厚度非常小,因此一般不对冲击波波阵面的内部情况进行研究。

为简化计算和应用的方便,利用冲击波波阵面后突跃的参数来表征冲击波。下面通过适当的简化来推导冲击波波阵面在管道截面积突变情况下的传播规律公式。

6.3.2.3　一般空气区冲击波在管道截面突变情况下传播公式简化推导

对上述公式（6-20）、公式（6-21）、公式（6-22）、公式（6-23）、公式（6-24）求解，由于是 5 个方程，有 u_1、P_1、P_2、ρ_1、e、D 共 6 个未知数，所以只能得出未知数 P_1、P_2 与冲击波传播速度 D 之间的关系式，而不能得到解析解。而论文研究的目的是为了得到冲击波过管道截面突变面后压力和过突变面前压力之间的关系，所以建立冲击波在管道突变情况下传播的动量方程来封闭方程组，以达到消元未知数 D 的目的。

建立管道截面突变情况下的冲击波传播动量方程，作者认为冲击波波阵面在截面积变化前的传播速度和变化后的传播速度是近似相等的，把冲击波传播速度 D 和其他参数的关系式代入建立的动量方程，得出冲击波过管道截面突变面后压力的解析解。

在给定冲击波过截面突变面前压力和管道截面变化率情况下，能够计算出截面突变面后冲击波的压力，得到了冲击波在管道截面突变情况下的传播规律公式。

假设冲击波波阵面在单位时间内从管道内 AB 面传播到 CD 面，如图 6-52 所示。

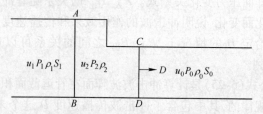

图 6-52　冲击波在管道截面突变情况下传播简化示意图

对冲击波在管道截面突变情况下的传播过程做适当的简化，作者做如下假设：

（1）冲击波波阵面在单位时间内从 AB 面传播到 CD 面，即流体质点经过冲击波波阵面 CD 由状态 u_0、P_0、ρ_0、S_0 变为 u_2、P_2、ρ_2；再过波阵面 AB，冲击波状态参数由 u_2、P_2、ρ_2 变为 u_1、

P_1、ρ_1、S_1。

(2)冲击波波阵面 AB 由波阵面后突跃参数 u_1、P_1、ρ_1、S_1 表征;冲击波波阵面 CD 由波阵面后突跃参数 u_2、P_2、ρ_2 表征。

(3)忽略冲击波波阵面的反射变化过程,即假设冲击波波阵面由 AB 面传播到 CD 面过程中,$ABCD$ 内靠近 CD 的压力参数为 P_2,靠近 AB 的压力参数为 P_1。

(4)假定管道壁面为绝热刚体,冲击波在传播的过程中能量没有损失。忽略流体质点的质量力,在建立动量守恒方程时不考虑质量力。

将公式(6-20)、公式(6-21)、公式(6-22)、公式(6-23)应用到图 6-52 中 AB、CD 冲击波波阵面,可得:

$$\rho_1(u_1 - D)S_1 = \rho_0(u_0 - D)S_0 \qquad (6\text{-}26)$$

$$\frac{\rho_1 S_1}{\rho_0 S_0} = \frac{(\gamma + 1)P_1 S_1 + (\gamma - 1)P_0 S_0}{(\gamma + 1)P_0 S_0 + (\gamma - 1)P_1 S_1} \qquad (6\text{-}27)$$

作者认为冲击波波阵面在截面突变前的传播速度和变化后的传播速度是近似相等的,所以:

$$u_0 - D = -\sqrt{\frac{P_1 - P_0}{\rho_1 - \rho_0}\frac{\rho_1}{\rho_0}} \qquad (6\text{-}28)$$

取 $ABCD$ 中间的部分为控制体,忽略质量力和壁面摩擦力,则可按动量定理列出沿流动方向的动量方程。

冲击波波阵面以速度 D 由左向右传播,质点朝向波阵面进入控制体,沿质点流动方向控制体所受的合外力为(根据假设 3,引入冲击波波阵面压力 P_2):

$$P_0 S_0 - P_1 S_1 + P_1 S_1 - P_2 S_0$$

单位时间质点进出该控制体的动量变化为:

$$\rho_1(u_1 - D)^2 S_1 - \rho_0(u_0 - D)^2 S_0$$

作用在控制体上的合外力等于单位时间进出控制体流体的动量变化,所以:

$$P_0 S_0 - P_1 S_1 + P_1 S_1 - P_2 S_0 = \rho_1(u_1 - D)^2 S_1 - \rho_0(u_0 - D)^2 S_0$$

$$(6\text{-}29)$$

联解公式(6-14)、公式(6-15)、公式(6-16)、公式(6-17)，可得：

$$P_2 = P_1 - \frac{(P_1 - P_0)\left(\frac{S_0}{S_1} - 1\right)\left[(\gamma+1)P_0 + (\gamma-1)\frac{S_1}{S_0}P_1\right]}{\left[(\gamma+1) - (\gamma-1)\frac{S_1}{S_0}\right]P_1 + \left[(\gamma-1)\frac{S_0}{S_1} - (\gamma+1)\right]P_0}$$

(6-30)

式中，u_0、P_0、ρ_0 为管道中进入波阵面的空气的初始速度、初始压力、初始密度；γ 为空气的绝热指数为 1.4；S_1、S_0 为管道的截面积；P_1、P_2 为过截面积突变面的入射波和出射波强度。

管道截面积突变情况下冲击波传播简化公式分析如下：

(1)将冲击波的基本间断关系式应用到管道截面积突变情况下，推导出了在管道截面积突变面冲击波波阵面压力的变化公式(6-30)，不需要给定冲击波的传播速度，能够直接计算出冲击波在管道截面积突变情况下的压力变化规律。

(2)公式(6-30)是在管道截面积突变面冲击波波阵面压力 P_2、P_1、P_0 的关系式，P_0、γ、S_1、S_0 都是已知数，在给定入射波强度 P_1 的情况下能够计算出过管道截面积突变面出射波 P_2。

(3)为引入过管道截面积突变面出射波强度 P_2 这个变量，在建立的动量方程(6-29)左边项有所改动，其实在截面积不变的情况下，控制体内流体质点所受的合外力可以表示为 $P_0 S_0 - P_1 S_0 + P_2 S_0 - P_2 S_0$，这样就把冲击波波阵面的压力参数 P_2 消除掉了，在管道截面积突变的情况下冲击波波阵面的压力参数 P_2 就不能消除，所以根据假设3建立的动量方程(6-29)是合理的。只不过假设3中认为 ABCD 内靠近 CD 的压力参数为 P_2，靠近 AB 的压力参数为 P_1，这样处理冲击波波阵面在巷道截面积突变面的变化情况时与实际可能存在误差。公式(6-30)中，当管道截面积不变的情况下($S_1 = S_0$)，得出 $P_2 = P_1$，与实际情况相符。

(4)公式(6-30)认为冲击波波阵面在截面积变化前的传播速度和变化后的传播速度是近似相等的，这与实际情况有误差，其实冲击波经过管道截面积突变面速度是会发生改变的。因为如果冲击波波阵面传播速度不发生改变,冲击波波阵面单位面积上的能量就不发生改变,而此时截面积发生变化,就意味着冲击波波阵面的能量有所变化(增加或消失),这与假设4中的能量守恒是有误差的。在管道截面积变化率不大的情况下,为了计算的方便,作者认为冲击波波阵面传播速度是不发生改变的。

6.3.3 冲击波传播规律理论分析

6.3.3.1 冲击波在管道拐弯情况下传播规律理论分析

前苏联学者萨文科[13]曾通过小直径钢管空气冲击波超压衰减试验,得出空气冲击波在管道拐弯处的超压衰减系数,但是试验证明在管道拐弯处的冲击波超压衰减系数不能简单认为是常数,实践证明冲击波初始超压对衰减系数的影响很大,不能忽略。

中国矿业大学叶青[14]研究表明,当直管道和拐弯管道内全部充填瓦斯时,冲击波在拐弯处强度增大,这主要是拐弯处瓦斯燃烧火焰湍流效应引起的。当拐弯处没有瓦斯燃烧时,冲击波是衰减的。

冲击波在管道拐弯情况下传播规律理论:

在直管道内,瓦斯爆炸冲击波的传播呈衰减趋势,其原因主要有:

(1)管道壁面粗糙度。当流体质点以相反于冲击波波阵面的方向经过波阵面时,与管道壁面发生摩擦,损失了一部分能量,降低了流体质点的流动速度,消耗了部分冲击波的能量[15]。

(2)冲击波在传播的过程中,不断地压缩流体质点,使得流体质点的压力和温度都有所升高,从而消耗了冲击波波阵面的能量。

(3)冲击波是一个强间断,其传播过程不是等熵过程。冲击波内层和外层之间存在着黏性摩擦、热传导和热辐射等不可逆的能量消耗,以及管道壁面和内部流体也存在着热交换,加剧了冲击波的衰减。

(4)当冲击波向前传播时,冲击波波阵面压缩了一部分流体质点,使得流体质点的压力和温度升高。所以流体质点经过波阵面后高速膨胀做功,由于其流体质点在高速膨胀的过程中有惯性,一直膨胀到低于一个大气压,到达一个平衡状态,这时冲击波波阵面后产生一个负压区,形成以当地声速传播的稀疏波,稀疏波削弱了冲击波的强度,使得冲击波衰减。冲击波波阵面附近是个高压区,随着冲击波的传播流体质点膨胀,高压区不断拉宽,使得单位质量的流体质点能量下降,冲击波强度衰减。

在直管道内,冲击波的衰减大部分来源于以上原因,当冲击波传播到管道拐弯处时,发生剧烈衰减的原因有以上四方面的作用,除此之外还有以下原因。

冲击波传播到管道拐弯处时,与管道壁面作用发生剧烈的反射,产生复杂的流场。管道拐弯角度越大,反射越厉害,使得冲击波的部分能量消耗在管道壁面的反射上。当管道拐弯角度越大、冲击波的初始强度越大,所产生的反射区域越大,冲击波产生的湍流越严重,消耗在管道壁面反射上的能量就越大,冲击波衰减得越快。

冲击波在瓦斯燃烧区和一般空气区的传播规律是不一样的。在瓦斯燃烧区,冲击波的强度依赖火焰波的燃烧速度,所以管道壁面粗糙度、管道拐弯、分叉等扰动源能够使得火焰燃烧速度加大,产生湍流作用,从而加大冲击波的强度。而在一般空气区中,冲击波失去能源补充来源,管道壁面粗糙度、管道拐弯、分叉使得冲击波与管道壁面产生摩擦和反射,产生复杂流场,从而降低了冲击波的强度。

由公式(6-19)可以得出,当管道拐弯角度 σ 越大,出射波超压 P_2 越小,冲击波衰减得越快。

$$P_1 - P_2 = \frac{1 - \cos^2 \sigma}{2} \left[(\gamma + 1) P_0 + (\gamma - 1) P_1 \right]$$

$\frac{P_1 - P_0}{P_2 - P_0}$ 代表冲击波超压衰减系数 A,$P_1 - P_0$ 代表冲击波初始超压;

公式(6-19)变形为:

$$A = \frac{2(P_1 - P_0)}{2(P_1 - P_0) - (1 - \cos^2\sigma)[(\gamma + 1)P_0 - (\gamma - 1)P_1]}$$

变形后的方程两边同除以 P_1，当 P_1 趋于无穷大时，求极限可得：

$$\lim_{P_1 \to \infty} A = \frac{2}{2 - (1 - \cos^2\sigma)(\gamma - 1)} \geq 1$$

当 P_1 减小时，$\lim\limits_{P_1 \to P_0} A = 0$

所以冲击波超压衰减系数随着冲击波初始压力的增大而增大。冲击波初始压力越大，冲击波超压衰减系数越大，冲击波衰减越快。这与试验中得到的结果相吻合。

6.3.3.2 冲击波在管道截面突变情况下传播规律理论分析

冲击波由小断面进入大断面、大断面进入小断面的情况下，冲击波初始超压越大，冲击波的衰减系数越大，冲击波衰减越快，这是由于冲击波初始超压越大，冲击波波阵面在管道截面突变处产生的湍流作用越大，冲击波消耗在管道壁面反射的能量就越大，冲击波衰减越快。

当管道截面积变化率越大，冲击波衰减系数越大，冲击波衰减越快。当冲击波由小断面进入大断面时，管道截面积变化率越大，冲击波波阵面的膨胀作用就越大，冲击波波阵面单位面积的能量就越小，冲击波强度就越小，冲击波衰减越快。当冲击波由大断面进入小断面时，冲击波波阵面的强度有所增强，但是冲击波波阵面面积变小，冲击波波阵面的总体能量是变小的。管道截面积变化率越大，冲击波波阵面的强度增加越大，但是冲击波由于湍流作用消耗在管道壁面的反射的能量越多，冲击波波阵面总体能量的消耗越大，衰减系数越接近于1，冲击波总体衰减越快。

由公式(6-30)：

$$P_2 = P_1 - \frac{(P_1 - P_0)\left(\frac{S_0}{S_1} - 1\right)\left[(\gamma + 1)P_0 + (\gamma - 1)\frac{S_1}{S_0}P_1\right]}{\left[(\gamma + 1) - (\gamma - 1)\frac{S_1}{S_0}\right]P_1 + \left[(\gamma - 1)\frac{S_0}{S_1} - (\gamma + 1)\right]P_0}$$

可以得出：

当 $S_0 = S_1$ 时，$P_1 = P_2$，冲击波不发生衰减。这是上述公式应用的极限情况。

当 $S_0 \geqslant S_1$ 时，$P_1 \geqslant P_2$，结合图 6-21，冲击波由小断面进入大断面时，冲击波的强度减小。冲击波由小断面进入大断面时，面积变化率 S_0/S_1 越大，冲击波衰减越快。

反之，冲击波由大断面进入小断面时，当 $S_0 \leqslant S_1$ 时，$P_1 \leqslant P_2$。面积变化率 S_0/S_1 越大，冲击波强度增加越大，冲击波总体衰减越快。

6.3.4　冲击波传播规律理论与试验对比分析

6.3.4.1　冲击波在管道拐弯情况下传播规律理论与试验对比分析

根据冲击波在管道拐弯处的理论推导公式（6-19）和 6.1 小节试验数据拟合公式（6-3）得到图 6-53，图中超压影响因子为 $\Delta P_1/P_0 \sin\sigma$。

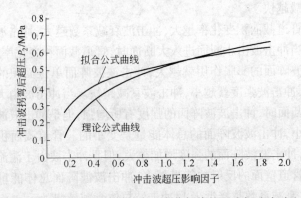

图 6-53　冲击波超压过管道拐弯处变化规律的理论与试验对比分析

从图 6-53 可以得出，公式（6-19）和公式（6-3）符合较好，说明理论推导公式（6-19）能够应用于冲击波在管道拐弯处超压变化规律的计算。公式（6-19）在管道拐弯角度较小（小于 90°）的情况下，冲击波超压大于 $1.01 \times 10^5 \mathrm{Pa}$ 情况下，公式（6-19）误差较小。

6.3.4.2 冲击波在管道截面突变情况下传播规律理论与试验对比分析

结合冲击波在管道截面突变情况下的传播理论公式(6-30)和6.2小节试验结果拟合公式(6-6),对比分析如图6-54所示。

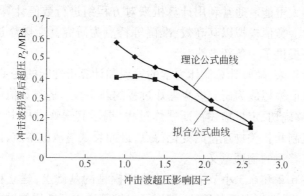

图6-54 冲击波超压过截面突变处变化规律的理论和试验对比分析图

从图6-54可以得出,冲击波由小断面进入大断面时,随着超压影响因子的增大,冲击波超压减小,说明随着管道截面增大,冲击波强度下降,发生衰减。试验结果得出的拟合公式曲线在理论公式曲线的下方,说明冲击波由小断面进入大断面时,试验结果冲击波衰减比理论结果要快,主要是由于理论推导过程没有考虑管道壁面热损失、管道粗糙度、空气质量力、黏性力等衰减因素。通过对比分析,理论推导过程可行,理论推导结果符合实际情况,但是有一定的误差,属于理想状态下(只考虑冲击波在管道截面积突变处的膨胀引起的衰减)冲击波过管道截面变小情况下的衰减规律。以上经过理论和试验对比分析,证实了管道截面突变情况下冲击波传播理论推导公式的可靠性。

6.4 瓦斯爆炸冲击波传播数值模拟研究

6.4.1 概述

瓦斯爆炸事故发生以后,瞬间发生强烈的化学反应,其复杂性在于湍流、传热传质、链式化学反应等极其复杂的物理化学过程,爆炸过程中流体各参数如速度、压力等随时间和空间发生剧烈变化。在涉及到冲击波、湍流等非定常流动等物理、化学现象时,建立起来的数学模型十分复杂,而在现有的条件下,求得方程组的解析解不太可能。通常利用计算机来对方程组进行数值计算,得出数值解。数值模拟以其高效、准确等特点为研究瓦斯爆炸过程中的问题提供了一条新方法。

近年来,随着计算流体力学的发展和计算机性能的逐步提高,使得数值模拟成为研究燃烧爆炸过程的新手段。通过数值模拟计算,能够确切、定量描述瓦斯爆炸过程,揭示其爆炸过程中变化的物理机制和相关物理量的变化特点,进而反映事故的本质,使得结果具有普遍的物理意义。

在 6.2 和 6.3 小节中建立的物理模型的基础上,建立相应的求解模型,选择合适的算法,模拟了二维管道内瓦斯爆炸冲击波在管道截面积突变处、拐弯处的传播规律。

6.4.2   软件简介

计算流体力学(CFD)是建立在流体动力学和数值计算方法基础上的一门学科。CFD 应用计算流体力学理论和方法,编制计算机运行程序,数值求解满足不同种类流体的运动和传热传质规律的三大守恒定律,及附加的各种模型,得到确定边界条件下的数值解。

Fluent 是目前国际上比较流行的 CFD 软件包,在美国的市场占有率为 60%,具有丰富的物理模型、先进的数值方法和强大的前、后处理功能[16~18],能够用多种方式显示和输出计算结果。对每一种物理问题的流动特征,都能找到合适的算法,用户可以对显式或隐式差分格式进行选择,使得计算速度、稳定性和精度等方面达到最佳。

6.4.2.1   Fluent 求解步骤

(1)利用前处理器 GAMBIT 建立模型,划分网格;

（2）选择二维求解模型；

（3）输入并检查网格；

（4）建立模型选择求解方程；

（5）设定求解过程中的控制参数；

（6）初始化流场；

（7）求解器控制，设定松弛系数等参数；

（8）进行计算，检查是否收敛；

（9）对计算数据进行后处理。

6.4.2.2 湍流流动控制方程

计算甲烷燃烧和超音速流场，采用 Faver 密度加权平均概念，有如下基本控制方程[13]：

连续方程：

$$\frac{\partial \rho}{\partial t} + \frac{\partial}{\partial x_i}(\rho u_i) = 0 \qquad (6\text{-}31)$$

动量方程：

$$\frac{\partial}{\partial t}(\rho u_i) + \frac{\partial}{\partial x_j}\left(\rho u_j u_i - \mu_e \frac{\partial u_i}{\partial u_j}\right) = -\frac{\partial p}{\partial x_i} + \frac{\partial}{\partial x_j}$$

$$\left(\mu_e \frac{\partial u_j}{\partial u_i}\right) - \frac{2}{3}\frac{\partial}{\partial x_j}\left[\delta_{ij}\left(\rho k + \mu_e \frac{\partial u_k}{\partial x_k}\right)\right] \qquad (6\text{-}32)$$

能量方程：

$$\frac{\partial}{\partial}(\rho h) + \frac{\partial}{\partial x_j}\left(\rho u_j h - \frac{\mu_e}{\sigma_k}\frac{\partial h}{\partial x_j}\right) = \frac{\mathrm{d}p}{\mathrm{d}t} + S_k \qquad (6\text{-}33)$$

式中，$S_k = \tau_{ij}\frac{\partial u_i}{\partial x_j} + \frac{\mu_t}{\rho^2}\frac{\partial p}{\partial x_j}\frac{\partial \rho}{\partial x_j}$，$\tau_{ij} = \mu\left(\frac{\partial u_i}{\partial x_j} + \frac{\partial u_j}{\partial x_i}\right) - \frac{2}{3}\delta_{ij}\mu\frac{\partial u_k}{\partial x_k}$

组分方程：

$$\frac{\partial}{\partial t}(\rho Y_{\mathrm{fu}}) + \frac{\partial}{\partial x_j}\left(\rho u_j Y_{\mathrm{fu}} - \frac{\mu_e}{\sigma_{\mathrm{fu}}}\frac{\partial Y_{\mathrm{fu}}}{\partial x_j}\right) = R_{\mathrm{fu}}$$

$$\delta_{ij} = \begin{cases} 1 & i = j \\ 0 & i \neq j \end{cases} \qquad (6\text{-}34)$$

式中，x 为空间坐标；t 为时间坐标；ρ、P 分别为流体的密度与压力。u_i 为质点速度在 i 方向分量;h 为焓;Y_{fu} 为燃料组分的质量分数,且有 $Y_{fu} = \rho_{fu}/\rho$,其中 ρ_{fu} 为燃料组分的质量浓度。R_{fu} 为混合物的时均燃烧速成率;k 为湍流动能。

6.4.2.3 管道内瓦斯爆炸的初始、边界条件

初始条件:瓦斯浓度为 10%,点燃温度为 2000K,压力值为 101325Pa,瓦斯充填区在管道封闭端。一般空气区为可压缩空气,不考虑质量力和黏性力,初始温度为 300K,初始压力为 101325Pa。

边界条件:管道壁面为刚体,没有质量穿透,不考虑热传导,速度以及 k、ε 在固体壁面上的值为 0。

6.4.3 数值模拟结果及分析

改变参与爆炸瓦斯量,分别计算了的管道拐弯角度 30°、45°、60°、90°、105°、120°、135°、150°情况下的冲击波传播超压变化值。改变参与爆炸瓦斯量,分别计算了由边长 80mm 正方形截面分别变为边长 90mm、100mm、110mm、120mm、140mm、160mm 正方形截面,然后分别由边长为 90mm、100mm、110mm、120mm、140mm、160mm 正方形截面变为 80mm 正方形截面,总共 6 种类型的连通管道情况下冲击波传播超压变化值。

6.4.3.1 管道不同拐弯角度情况下冲击波压力变化数值模拟

在管道不同拐弯角度情况下,冲击波在某一时刻压力分布情况如图 6-55 ~ 图 6-62 所示。

从上面冲击波压力图可以看出,冲击波传播到管道拐弯处时,拐角处管道壁面发生反射,压力叠加,在管道拐角处上壁面产生高压区,而拐角下壁面由于冲击波的反射也产生高压区。经过复杂的反射后,冲击波发展为平面波,反射区域大约为 4 ~ 6 倍管道长径比,随着管道拐弯角度的增加,反射区域略有增加,随着冲击波压力的增大,反射区域略有增加。

通过模拟得出,冲击波在经过管道拐角处时,产生复杂的流场,管道拐弯角度越大和冲击波初始压力越大,冲击波所发生的反射越复杂,冲击波衰减越快,而引起的反射区域略有增加。局部压

力有明显升高或明显降低,拐角上隅产生高压区,下隅产生低压区,当拐弯角度小于90°时,产生明显的低压区;当拐角大于90°时,低压区被反射的冲击波覆盖而消失。经过大约为4~6倍管道长径比的反射区域后,冲击波逐渐发展为平面波,随后变为冲击波在直管道内的衰减。

衰减的原因,一是因为冲击波在管道内传播的过程中由于本身膨胀、管道热传导损失等因素衰减;二是由于冲击波在管道拐弯处产生复杂的流场,呈现复杂的应力状态,所产生的反射引起能量的巨大损失,冲击波发生比较大的衰减。

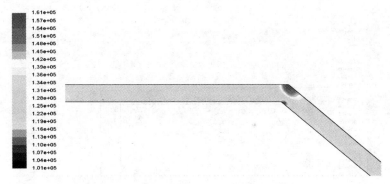

图 6-55　管道30°拐弯情况下冲击波压力图

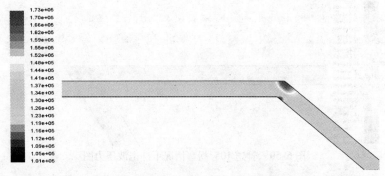

图 6-56　管道45°拐弯情况下冲击波压力图

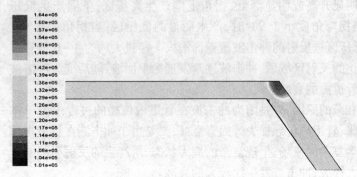

图 6-57　管道 60°拐弯情况下冲击波压力图

图 6-58　管道 90°拐弯情况下冲击波压力图

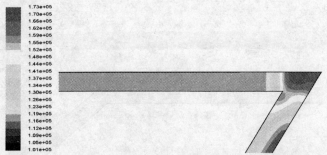

图 6-59　管道 105°拐弯情况下冲击波压力图

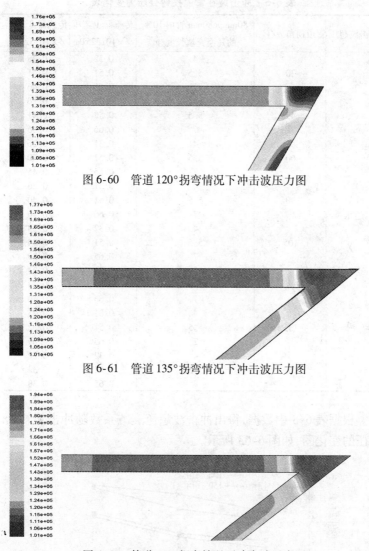

图 6-60 管道 120°拐弯情况下冲击波压力图

图 6-61 管道 135°拐弯情况下冲击波压力图

图 6-62 管道 150°拐弯情况下冲击波压力图

通过数值模拟得出冲击波在管道拐角情况下的变化数据如表 6-5 所示。

表 6-5   冲击波在管道拐弯处压力变化表

冲击波超压	管道拐角 $\sigma/(°)$	80mm×80mm 管内 10%的瓦斯充填长度/m	传感器 1 超压 / ×101325Pa	传感器 2 超压 / ×101325Pa
峰值超压	30	4	0.32	0.28
		5.5	0.51	0.41
		7	0.65	0.46
	45	4	0.31	0.26
		5.5	0.52	0.41
		7	0.66	0.46
	60	4	0.31	0.26
		5.5	0.51	0.40
		7	0.65	0.45
	90	4	0.31	0.26
		5.5	0.51	0.40
		7	0.66	0.46
	105	4	0.32	0.23
		5.5	0.51	0.34
		7	0.65	0.39
	120	4	0.31	0.21
		5.5	0.52	0.33
		7	0.66	0.40
	135	4	0.31	0.21
		5.5	0.51	0.32
		7	0.65	0.39
	150	4	0.32	0.22
		5.5	0.52	0.32
		7	0.65	0.38

根据表 6-8 中数据,得出冲击波超压衰减系数随冲击波初始超压的变化图,如图 6-63 所示。

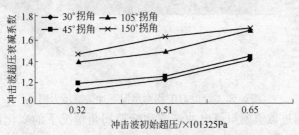

图 6-63   管道拐弯冲击波超压衰减系数变化曲线

从图 6-63 中可以得出,随着管道拐弯角度的增加,冲击波衰减系数增加;随着冲击波初始超压的增大,冲击波衰减系数增加。这与 6.1 小节中试验得出的结果相符合。当管道拐角小于 90°时,随着冲击波初始超压在 $0.3 \times 10^5 \sim 0.7 \times 10^5$ Pa 范围内增大,冲击波超压衰减系数在 $1.2 \sim 1.5$ 的范围内呈递增趋势。当管道拐角大于 90°时,随着冲击波初始超压在 $0.3 \times 10^5 \sim 0.7 \times 10^5$ Pa 范围内增大,冲击波超压衰减系数在 $1.4 \sim 1.7$ 的范围内呈递增趋势。冲击波超压衰减系数随着管道拐弯角度的加大而加大,递增趋势比较明显。

6.4.3.2 管道截面突变情况下冲击波压力变化数值模拟

在管道截面突变情况下,冲击波在某一时刻压力分布如图 6-64 ~ 图 6-71 所示。

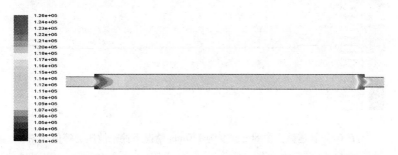

图 6-64 管道截面由 80mm 变为 100mm 情况下冲击波压力图

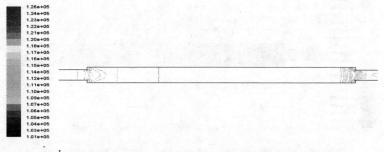

图 6-65 管道截面由 80mm 变为 100mm 情况下冲击波压力等值线图

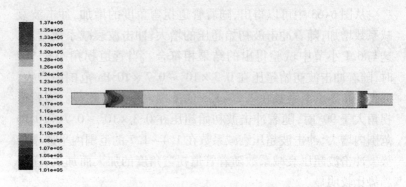

图 6-66　管道截面由 80mm 变为 110mm 情况下冲击波压力图

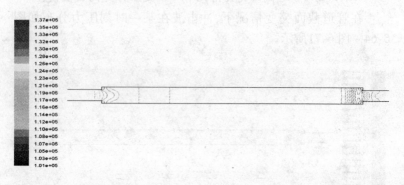

图 6-67　管道截面由 80mm 变为 110mm 情况下冲击波压力等值线图

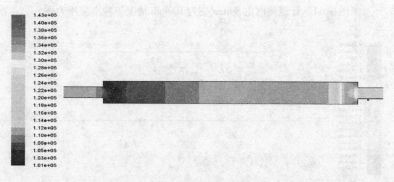

图 6-68　管道截面由 80mm 变为 140mm 情况下冲击波压力图

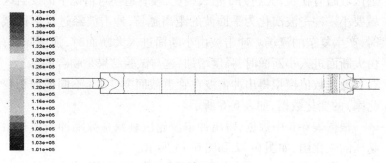

图 6-69 管道截面由 80mm 变为 140mm 情况下冲击波压力等值线图

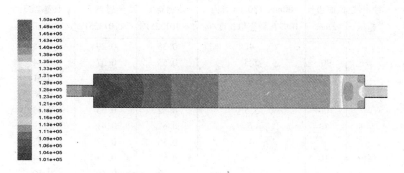

图 6-70 管道截面由 80mm 变为 160mm 情况下冲击波压力图

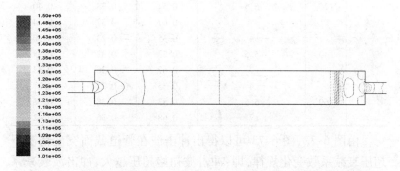

图 6-71 管道截面由 80mm 变为 160mm 情况下冲击波压力等值线图

从上面管道截面突变情况下冲击波压力等值线图可以看出，随着管道面积变化幅度的加大，冲击波在管道截面积变化处的反射区域略有拉长,大约为 3 倍长径比,较管道拐弯情况下的反射区域要小。冲击波演化为平面波的距离越长,冲击波经过反射区域时,产生复杂的流场。冲击波由小断面进入大断面时,强度降低;由大断面进入小断面时,强度增加,这与试验结果是吻合的。

通过数值模拟得出冲击波在管道截面突变处(不同截面积变化率)的变化数据,如表 6-6 所示。

根据表 6-6 中数据,得出冲击波超压衰减系数随冲击波初始超压的变化图,如图 6-72 和图 6-73 所示。

表 6-6　冲击波在管道截面积变化处压力变化表

冲击波超压	截面边长/mm	80mm×80mm 管内10% 瓦斯充填长度/m	传感器 1/×101325 Pa	传感器 2/×101325 Pa	传感器 3/×101325 Pa
峰值超压	90	4	0.35	0.29	0.35
		5.5	0.53	0.37	0.44
		7	0.68	0.43	0.51
	100	4	0.36	0.29	0.36
		5.5	0.52	0.35	0.43
		7	0.67	0.41	0.49
	110	4	0.35	0.27	0.35
		5.5	0.53	0.35	0.44
		7	0.67	0.40	0.50
	120	4	0.35	0.25	0.33
		5.5	0.54	0.33	0.40
		7	0.67	0.37	0.44
	140	4	0.35	0.23	0.30
		5.5	0.53	0.32	0.38
		7	0.67	0.36	0.43
	160	4	0.35	0.22	0.27
		5.5	0.53	0.30	0.36
		7	0.68	0.36	0.42

由图 6-72、图 6-73 可以得出冲击波在管道截面突变情况下超压衰减系数变化规律,即:冲击波初始超压越大,冲击波衰减系数越大,冲击波衰减越快;管道截面积变化幅度越大,冲击波衰减系数越大,冲击波衰减越快。冲击波由小断面进入大断面情况下,当冲击波初始超压在 $0.3 \times 10^5 \sim 0.7 \times 10^5$ Pa 范围内增大,冲击波

超压衰减系数在 1.2 ~ 1.9 的范围内呈递增趋势。这是由于管道截面积变化幅度、冲击波初始压力越大,在管道截面积变化处所产生的反射效应越大,湍流效应越大,冲击波损失越大。冲击波由大断面进入小断面情况下,当冲击波初始超压在 0.3×10^5 ~ 0.5×10^5Pa 范围内增大,冲击波超压衰减系数在 0.75 ~ 0.85 的范围内变化,没有明显的相关性。这与试验得出的结果相吻合。

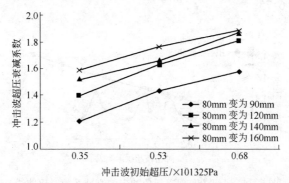

图 6-72 管道截面积变大情况下冲击波超压衰减系数变化曲线

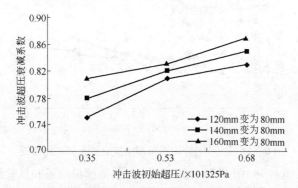

图 6-73 管道截面积变小情况下冲击波超压衰减系数变化图

6.4.4 数值模拟结果与试验结果对比分析

在数值计算的过程中,由于没有考虑管道壁面热损失、空气质量力等冲击波衰减因素,所以不对数值模拟得出的数据进行公式拟合,只是对冲击波在巷道拐弯、截面积变化处的传播规律进行定性分析,验证数值模拟得出的结论是否合理。下面结合试验数据和数值模拟结果进行对比分析。

6.4.4.1　管道拐弯情况下数值模拟与试验结果对比分析

根据表 6-5 中数据,结合 6.2 小节冲击波在管道拐角处衰减系数变化的拟合公式(6-33)、公式(6-34)得出下面对比曲线图 6-74、图 6-75。

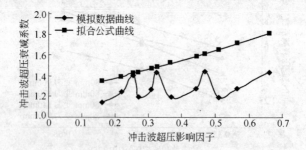

图 6-74　小于90°管道拐角冲击波衰减系数对比曲线

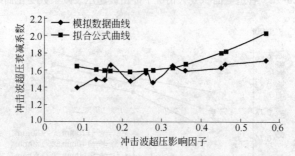

图 6-75　大于90°管道拐角冲击波衰减系数对比曲线

从图 6-74、图 6-75 中可以看出,数值模拟结果和试验结果基本吻合,冲击波超压衰减系数误差基本在 0.2 之内。数值模拟数据比试验得出的拟合公式数据偏小,说明在同等条件下,数值模拟得出的衰减系数要比试验数据的小,这主要有以下两个原因。

(1)在数值模拟过程中,不考虑气体质量力,没有考虑管道壁面热损失、管道壁面粗糙度,使得冲击波超压数值模拟计算结果偏大,衰减系数比试验结果小。

（2）在数值模拟过程中,认为管道壁面没有质量穿透,试验过程中,由于管道不能够完全密封,冲击波传播到管道接口处有能量损失,使得数值模拟计算结果比试验结果偏大。

6.4.4.2　管道截面突变情况下数值模拟与试验结果对比分析

根据表6-6中数据,结合6.2小节冲击波在管道截面突变处衰减系数变化的拟合公式(6-6)、公式(6-7)得出下面对比曲线如图6-76、图6-77所示。

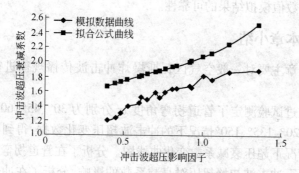

图 6-76　管道截面变大冲击波衰减系数对比图

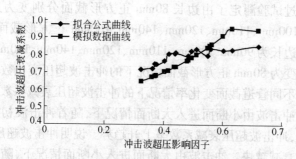

图 6-77　管道截面变小冲击波衰减系数对比图

从图6-76中可以看出,冲击波由小断面进入大断面时,数值模拟数据曲线在试验结果得出的拟合公式曲线下方,说明在同等条件下,数值模拟计算得出的冲击波超压衰减系数比试验得出的小,总体来说,数值模拟结果和试验结果基本吻合,冲击波超压衰减系数误差基本在 0.4 之内。其主要原因和上述冲击波在管道拐弯情况下数值模拟结果相同,数值模拟计算没有考虑壁面热损失、壁面粗糙度、空气质量力等加快冲击波衰减的因素,模拟计算得出的衰减系数比试验数据小。

　　从图 6-77 中可以得出,冲击波由大断面进入小断面时,数值模拟数据曲线和试验结果得出的拟合公式曲线基本吻合,进一步验证了数值模拟结果的可靠性。

6.5　本章小结

　　本章主要对一般空气区瓦斯爆炸冲击波传播规律进行了研究。

　　通过试验测定了管道拐弯角度 σ 分别为 30°、45°、60°、90°、105°、120°、135°、150°情况下的冲击波超压变化数据,得到了不同角度情况下超压衰减系数变化曲线图。分析了在管道拐弯角度确定情况下冲击波初始超压对衰减系数的影响,分析了在冲击波初始超压确定情况下管道拐角对衰减系数的影响。

　　通过试验测定了由边长 80mm 正方形截面分别变为边长为90mm、100mm、110mm、120mm、140mm、160mm 正方形截面,然后分别由边长为 90mm、100mm、110mm、120mm、140mm、160mm 正方形截面变为 80mm 正方形截面情况下的冲击波超压变化数据。得出了在不同管道截面变化率情况下的冲击波超压衰减系数变化曲线图。冲击波由小断面进入大断面情况下,随着冲击波初始超压的增加,冲击波超压衰减系数呈上升趋势。说明冲击波超压越大,冲击波衰减越快。冲击波由大断面进入小断面情况下,随着冲击波初始超压的增加,冲击波超压衰减系数呈上升趋势。说明冲击波超压越大,冲击波衰减越快。

　　基于瓦斯爆炸冲击波波阵面间断关系式,推导出瓦斯爆炸冲击波在管道拐弯、截面突变情况下的传播规律公式。通过对冲击波传播理论进行分析,得出了冲击波在管道拐弯、截面突变情况下的传播规律。

利用数值模拟软件 Fluent 计算分析了冲击波过管道拐弯、截面突变情况下的超压变化规律,得出冲击波在管道拐弯、截面突变处的压力分布图,可以直观地得出冲击波在某一时刻的压力分布情况。随着管道拐弯角度的增加,冲击波衰减系数增加;随着冲击波初始超压的增大,冲击波衰减系数增加。冲击波初始超压越大,冲击波衰减系数越大,冲击波衰减越快;管道截面积变化率越大,冲击波衰减系数越大,冲击波衰减越快。

参 考 文 献

[1] 贾智伟,景国勋,张强. 瓦斯爆炸事故有毒气体扩散及危险区域分析[J]. 中国安全科学学报,2007,17(1):91~95.

[2] 冯灿遂. 煤矿瓦斯爆炸伤救治分析[J]. 中国煤炭工业医学杂志,2005,8(2):157~158.

[3] 程五一,刘晓宇,王魁军. 煤与瓦斯突出冲击波阵面传播规律的研究[J]. 煤炭学报,2004,29(1):57~60.

[4] 巴彻勒. 流体动力学导论[M]. 北京:机械工业出版社,2004.6.

[5] 孙珑. 可压缩流体动力学[M]. 北京:水利电力出版社,1991.5.

[6] 高学平. 高等流体力学[M]. 天津:天津大学出版社,2005.6.

[7] 林建忠. 流体力学[M]. 北京:清华大学出版社,2005.9.

[8] 卢芳云. 一维不定常流体动力学教程[M]. 北京:科学出版社,2006.7.

[9] 高尔新. 爆炸动力学[M]. 徐州:中国矿业大学出版社,1997.8.

[10] 贾智伟,景国勋,程磊,等. 巷道截面积突变情况下瓦斯爆炸冲击波传播规律的研究[J]. 中国安全科学学报,2007,17(12):92~94.

[11] 程五一,陈国新. 煤与瓦斯突出冲击波的形成及模型建立[J]. 煤矿安全,2000,9:24~25.

[12] 曲志明,孙强,黎锦贤,等. 掘进巷道瓦斯爆炸冲击波与巷道壁面作用研究[J]. 煤矿安全,2005,36(9):1~2.

[13] C. K 萨文科. 井下空气冲击波[M]. 北京:冶金工业出版社,1979.

[14] 叶青. 管内瓦斯爆炸传播特性及多孔材料抑制技术研究[D]. 徐州:中国矿业大学出版社,2007.6.

[15] 王大龙,周心权,张玉龙,等.煤矿瓦斯爆炸火焰波和冲击波传播规律的理论研究与实验分析[J].矿业安全与环保,2007,2:1～3

[16] 王瑞金,张凯,王刚.Fluent 技术基础与应用实例[M].北京:清华大学出版社,2007.2.

[17] 赵坚行.燃烧的数值模拟[M].北京:科学出版社,2002.

[18] 韩占忠,王敬,兰小平.Fluent 流体工程仿真计算实例与应用[M].北京:北京理工大学出版社,2004.6.

7 矿井火灾严重度评价

7.1 研究矿井火灾时期烟气流场的意义

矿井火灾严重度评价是矿井火灾危险性评价中不可缺少的一部分,而在矿井火灾事故中造成财产、人员伤亡最主要的因素是高温烟气的弥漫和扩散,本书将矿井火灾烟气流动模型作为研究重点。

作为矿井应避免井下火灾产生的条件,但是一旦某种不可预测的因素造成井下发生火灾,就应考虑如何抗灾、救灾、减小灾害造成的损失,矿井火灾烟气流场的研究意义就在于:

(1)在矿井设计及设备布置上充分考虑一旦井下发生火灾,如何使灾害产生的高温、高压气流迅速缓解,减轻灾害的影响面,便于救灾工作的顺利展开;

(2)灾害发生后,使救灾指挥人员,通过已有的研究成果,掌握井下巷道中的烟气成分、风压、温度等灾情资料,判断灾害的发生程度,以便及时、准确制定救灾、抗灾措施,使灾害损失降低到最低程度。

7.2 建立巷道火灾烟气流动的数学模型

矿井火灾是矿井重大灾害之一。井下一旦发生火灾,不仅会烧毁矿井设备和煤炭资源,而且火灾烟流蔓延,威胁着井下工作人员的生命安全。因此,掌握火灾时期烟流在巷道中的蔓延规律及温度分布规律有着重大意义。

火灾发生后火源巷道内的流动是非常复杂的,为了计算的方便,这里将火灾发生后的烟气流动场简化为三维紊流流动。

火灾时期,火源巷道内高温烟流流动可视为一个伴随有传质、传热过程的非稳态的三维紊流流动场。为了使建立的烟气流动模型简明、直观、准确地反映火灾的实际情况,我们选择描述流场的主要物理参数为 6 个,即烟气流动速度 V 的三个坐标轴方向的分量 u、v、w,压力 P,烟气浓度 C,温度 T[1]。

为使描述流场的这六个参数包含到模型中去,我们选用连续性方程、动量方程、能量方程、组分方程来建立数学模型[2~5]。

(1)连续性方程:

$$\frac{\partial P}{\partial t} + \frac{\partial(\rho V_j)}{\partial x_j} = 0 \tag{7-1}$$

(2)动量方程:

$$\frac{\partial(\rho V_i)}{\partial t} + \frac{\partial(\rho V_j V_i)}{\partial x_j} = -\frac{\partial P}{\partial x_i} + \frac{\partial}{\partial x_j}$$

$$\left[\mu\left(\frac{\partial V_j}{\partial x_i} + \frac{\partial V_i}{\partial x_j}\right)\right] - \frac{2}{3}\frac{\partial}{\partial x_i}\left(\mu\frac{\partial V_j}{\partial x_j}\right) + \rho g_i \tag{7-2}$$

(3)组分方程(不考虑火灾烟流在巷道内流动过程中发生化学反应,忽略 W_s):

$$\frac{\partial(\rho C_s)}{\partial t} + \frac{\partial}{\partial x_j}(\rho V_j C_s) = \frac{\partial}{\partial x_j}\left(D_s\frac{\partial C_s}{\partial x_j}\right) - W_s \tag{7-3}$$

(4)能量方程(忽略反应生成热项 $W_s q_s$,q_r 为单位时间内辐射换热率,在此不予考虑):

$$\frac{\partial}{\partial t}(\rho C_P T) + \frac{\partial}{\partial x_j}(\rho V_j C_P T) = \frac{\partial}{\partial x_j}\left(\lambda\frac{\partial T}{\partial x_j}\right) - q_r \tag{7-4}$$

上述 4 个式子中,μ 为动力黏滞系数;$\frac{\partial}{\partial t}(\rho C_P T)$ 为单位时间内单位质量的热量变化率;$\frac{\partial}{\partial x_j}(\rho V_j C_P T)$ 为单位时间内对流换热量的变化率;$\frac{\partial}{\partial x_j}\left(\lambda\frac{\partial T}{\partial x_j}\right)$ 为单位时间内导热量的变化率。

7.3　火灾烟流流动模型的控制方程

流体的湍流运动犹如分子的热运动,个别流体质点的运动呈现无规则性,或者确切地说,是一种随机过程[6]。从湍流的外观特征来看,流体质点的运动具有高度的脉动性质,而我们所关心的是流体质点在一段时间内的运动,而不是其瞬时状态,故在此我们引入雷诺时均法则。

在火灾烟气稳流场中变量瞬时值若用 φ 表示,如速度分量 v_i,温度 T,密度 ρ,组分浓度 C_s 等,则其时均值定义为:

$$\overline{\varphi} = \lim_{T \to \infty} \frac{1}{T} \int_0^T \varphi \mathrm{d}t \tag{7-5}$$

其中 T 大大超过稳流脉动周期,同时大大小于流动宏观变化周期。其原因是 $\overline{\varphi}$ 在实际计算时选择的周期 T 只有大大超过稳流脉动周期,公式(7-5)才有实际的意义,也就是说求得流体质点在一段时间内的平均状态。同时 T 大大小于流动宏观变化周期,才能确切地求得流动质点在火灾发生后的整个研究时间内的状态。

根据雷诺平均法则:(式中,f,g 代表任意两个流动参数)

(1)流体质点的脉动: $f = \overline{f} + f'$ $\tag{7-6}$

(2) $\overline{\overline{f}} = \overline{f}, \overline{f'} = 0$ $\tag{7-7}$

(3) $\overline{f \pm g} = \overline{f} \pm \overline{g}$ $\tag{7-8}$

(4) $\overline{fg} = \overline{f}\,\overline{g} + \overline{f'g'}$ $\tag{7-9}$

(5) $\overline{\dfrac{\partial f}{\partial x}} = \dfrac{\partial \overline{f}}{\partial x}, \overline{\dfrac{\partial^2 f}{\partial x^2}} = \dfrac{\partial^2 \overline{f}}{\partial x^2}, \overline{\dfrac{\partial f}{\partial t}} = \dfrac{\partial \overline{f}}{\partial t}$ $\tag{7-10}$

将方程组中各瞬时值分解为时均值及脉动值的展开,并取时间平均,可得到描述烟气稳流运动的雷诺时均方程组(忽略密度脉动 $\rho'=0$):

$$\frac{\partial P}{\partial t} + \frac{\partial (\rho \overline{V_j})}{\partial x_j} = 0 \tag{7-11}$$

$$\frac{\partial (\rho \overline{V_i})}{\partial t} + \frac{\partial (\rho \overline{V_j V_i})}{\partial x_j} = -\frac{\partial P}{\partial x_i} + \frac{\partial}{\partial x_j}\left[\mu\left(\frac{\partial \overline{V_j}}{\partial x_i}\right.\right.$$
$$\left.\left.+ \frac{\partial \overline{V_i}}{\partial x_j}\right)\right] - \frac{2}{3}\frac{\partial}{\partial x_i}\left(\mu \frac{\partial \overline{V_j}}{\partial x_j}\right) + \rho g_i + \frac{\partial}{\partial x_j}(\rho \overline{V_j' V_i'}) \tag{7-12}$$

$$\frac{\partial(\rho\,\overline{C_s})}{\partial t} + \frac{\partial}{\partial x_j}(\rho\,\overline{V_j C_s}) = \frac{\partial}{\partial x_j}(D_s\frac{\partial\,\overline{C_s}}{\partial x_j}) - \frac{\partial}{\partial x_j}(\rho\,\overline{V_j' C_s'})$$

(7-13)

$$\frac{\partial}{\partial t}(\rho C_P\overline{T}) + \frac{\partial}{\partial x_j}(\rho\,\overline{V_j}C_P\overline{T}) = \frac{\partial}{\partial x_j}(\lambda\frac{\partial\,\overline{T}}{\partial x_j}) - \frac{\partial}{\partial x_j}(\rho\,\overline{V_j' C_P T'})$$

(7-14)

　　前面所引用的连续方程、动量方程、能量方程对任何连续的流体运动都是适用的,也是不封闭的,若想对方程组进行求解,就必须通过适当的表达式或输运方程来寻求上述未知项,使得方程组封闭。

　　在实际情况中,很难找到对于任何连续的流体运动都普遍适用的封闭方程组,正是这个原因,故流体力学问题只能按照一个个不同的领域分别地进行研究[7]。科研人员为此也建立了各种不同的数学模型,在此引入,$k-\varepsilon$ 紊流模型,时均方程为:

$$\rho\frac{\partial\overline{\varepsilon}}{\partial t} + \rho u_j\frac{\partial\overline{\varepsilon}}{\partial x_j} = \frac{\partial}{\partial x_j}\Big[\Big(\mu + \frac{\mu_t}{\sigma_\varepsilon}\Big)\frac{\partial\overline{\varepsilon}}{\partial x_j}\Big] + \frac{c_1\overline{\varepsilon}}{k}\mu_t\frac{\partial u_i}{\partial x_j}$$
$$\Big(\frac{\partial u_i}{\partial x_j} + \frac{\partial u_j}{\partial x_i}\Big) - c_2\rho\frac{\overline{\varepsilon^2}}{k}$$

(7-15)

$$\rho\frac{\partial\overline{k}}{\partial t} + \rho u_j\frac{\partial\overline{k}}{\partial x_j} = \frac{\partial}{\partial x_j}\Big[\Big(\mu + \frac{\mu_t}{\sigma_k}\Big)\frac{\partial\overline{k}}{\partial x_j}\Big] + \mu_t\frac{\partial u_i}{\partial x_j}\Big(\frac{\partial u_i}{\partial x_j} + \frac{\partial u_j}{\partial x_i}\Big) - \rho\overline{k}$$

(7-16)

　　引入 $k-\varepsilon$ 紊流模型后,三维紊流火灾烟气流动流场模型可由连续性方程、动量方程、能量方程、组分方程、紊流动能方程和紊流动能耗散方程六个控制方程来描述。由于三维模型求解很复杂,同时火源巷道有个对称轴方向,我们将模型简化为二维模型。上述方程用通用方程来表示:

$$\frac{\partial}{\partial t}(\rho\varphi) + \mathrm{div}(\rho\,\overline{v}\varphi + \overline{J_\varphi}) = S_\varphi$$

$$= \frac{\partial}{\partial t}(\rho\varphi) + \frac{\partial}{\partial x}(\rho u\varphi) + \frac{\partial}{\partial y}(\rho v\varphi) - \frac{\partial}{\partial x}(\Gamma_\varphi\frac{\partial\varphi}{\partial x}) - \frac{\partial}{\partial y}(\Gamma_\varphi\frac{\partial\varphi}{\partial y})$$

(7-17)

式中,φ 代表一通用物理量,ρ、$\overline{v}$、$\overline{J_\varphi}$、S_φ 分别表示气体的密度、速度矢量、扩散通量和原项。扩散通量由下式给出:

$$\overline{J_\varphi} = -\Gamma_\varphi \, \mathrm{grad}\varphi \qquad (7\text{-}18)$$

式中,Γ_φ 为通用物理量的有效输运系数。

计算过程中各常数的取值如表 7-1 所示[8]。

六个控制方程用通用形式表示如表 7-2 所示。

表 7-1 巷道火灾烟流数学模型中常数值

常值符号	C_D	C_μ	C_1	C_2	σ_k	σ_ε	σ_h	σ_c
数值	1.0	0.09	1.44	1.92	1.0	1.3	0.9	0.9

表 7-2 火灾烟流数学模型的控制方程[9]

方程	φ	Γ_φ	S_φ
连续方程	1	0	0
u - 方程	u	μ_{eff}	$-\dfrac{\partial p}{\partial x} + \dfrac{\partial}{\partial x}\left(\mu_{\mathrm{eff}}\dfrac{\partial u}{\partial x}\right) + \dfrac{\partial}{\partial y}\left(\mu_{\mathrm{eff}}\dfrac{\partial v}{\partial x}\right) + \rho g_x$
v - 方程	v	μ_{eff}	$-\dfrac{\partial p}{\partial y} + \dfrac{\partial}{\partial x}\left(\mu_{\mathrm{eff}}\dfrac{\partial u}{\partial y}\right) + \dfrac{\partial}{\partial y}\left(\mu_{\mathrm{eff}}\dfrac{\partial v}{\partial y}\right) + \rho g_y$
h - 方程	h	$\mu_{\mathrm{eff}}/\sigma_h$	0
C_s - 方程	C_s	$\mu_{\mathrm{eff}}/\sigma_c$	0
k - 方程	k	$\mu_{\mathrm{eff}}/\sigma_k$	$G_k + G_b - \rho\varepsilon$
ε - 方程	ε	$\mu_{\mathrm{eff}}/\sigma_\varepsilon$	$\dfrac{\varepsilon}{k}\left[(G_k + G_b)C_1 - C_2\rho\varepsilon\right]$

其中 $G_k = \mu_t\left[\dfrac{\partial V_i}{\partial x_k} + \dfrac{\partial V_k}{\partial x_i}\right]\dfrac{\partial V_i}{\partial x_k}$

$$= \mu_t\left\{2\left[\left(\dfrac{\partial u}{\partial x}\right)^2 + \left(\dfrac{\partial v}{\partial y}\right)^2\right] + \left(\dfrac{\partial u}{\partial y} + \dfrac{\partial v}{\partial x}\right)^2\right\};$$

$$G_b = \mu_t\dfrac{g}{\rho}\dfrac{\partial\rho}{\partial y}, \mu_{\mathrm{eff}} = \mu_t + \mu_1, \mu_t = C_\mu C_D \rho k^2/\varepsilon \qquad (7\text{-}19)$$

7.4 巷道火灾烟气流动二维场模型的求解

由于计算上的困难,我们将三维流动模型简化为二维流动模

型。对二维流动模型进行计算的时候,对求解问题作如下假设:

(1) 假定火灾发生的高温烟流的主要组分是 CO_2;

(2) 发火前巷道风流为充分发展的流动,风流温度均匀;

(3) 所研究巷道的壁温在模拟时间内始终保持常温 T_w,巷道壁为干燥;

(4) 烟气在流动过程中不再发生化学反应;

(5) 把火源视作温度恒定的热气源;

(6) 巷道发火前入口处的风流平均速度为 u_{in},温度 T_{in},风流中 CO_2 浓度为 C_{in},压力为 P_{in}。

求解的初始及边界条件:

(1) 火源的处理。在研究中不考虑火源的具体燃烧过程,只简单地将火源处理成一恒定高温区 T_{fire},在火源处烟气浓度亦假定为常数 C_{fire},不断的向周围释放热量烟气。

(2) 初始条件。火灾发生后,烟气流动为非定常过程,若要进行求解须给定某一既定时刻流场中每一点的流动参数 φ,假定在初始时刻($t = 0$)巷道内各处 $P = P_0$、$u = u_0$、$v = 0$、$T = 27℃$、$C_s = C_0$。

(3) 边界条件。火灾烟气流动涉及的边界条件有:火源巷道进口条件、巷道出口条件及巷道壁面条件等。

1) 进口条件。进口条件通常指巷道进口速度(u、v)、温度 T_{in},流量 F_{in},浓度 C_{in},紊流动能 k_{in}、动能耗散率 ε_{in} 等,进口风速、温度、流量及浓度条件可通过实际测试确定,紊流动能 k_{in} 和动能耗散率 ε_{in} 可用下列公式近似计算得到:

$$k_{in} = 0.05\,\overline{v_{in}^2}$$

$$\varepsilon_{in} = C_D k_{in}^{1.5}/0.03 \qquad (7\text{-}20)$$

2) 巷道壁面条件[10]。在巷道固体壁面上,速度分量 u、v 均采用无滑移边界条件,即巷道面速度为 0。对于能量方程,假定巷道通风时间很长,巷道壁面温度等于巷道围岩冷却带的温度 T_{rock}。假定在壁面上烟流不可渗透。对于紊流动能方程和组分气体方程采用在壁面处扩散通量为 0 的边界条件：

$$\left(\frac{\partial \varphi}{\partial n}\right)_{\text{wall}} = 0 \quad (\varphi = k, C_s) \tag{7-21}$$

在巷道壁面处，动量扩散系数 μ_t 和换热系数 K_t 遵循如下的壁面函数关系：

$$\mu_t = \frac{\mu_1 y_p^+}{\ln(E y_p^+)/k} \tag{7-22}$$

$$K_t = \frac{y_p^+ \mu_1 C_p}{\{\sigma_T[\ln(E y_p^+)/k + p]\}} \tag{7-23}$$

其中 y_p^+，p 由下式给出：

$$y_p^+ = y_p(C_\mu^{1/4} k_p^{1/2})/v \tag{7-24}$$

$$p = \left[\frac{\pi/4}{\sin(\pi/4)}\right](A/k)^{1/2}\left(\frac{\sigma_L}{\sigma_T}-1\right)\left(\frac{\sigma_L}{\sigma_T}\right)^{-1/4} \tag{7-25}$$

式中，σ_L 为层流普朗特数；σ_T 为紊流普朗特数；A 为 Van Driest 常数，对于光滑壁面 $A=26$；k 为卡门常数，$k=0.42$；E 为常数，$30 < y_p^+ < 100$ 时，$E=9.0$；C_μ 为常数，$C_\mu=0.09$；k_p 为近壁节点的紊流动能；y_p 为近壁节点与壁面的距离。

对于紊流耗散率，在近壁第一个节点 p 上其值 ε_p 由下式给出：

$$\varepsilon_p = \frac{C_\mu^{3/4} k_p^{3/2}}{k y_p} \tag{7-26}$$

3）出口条件[11]：

在火源巷道出口处边界，使用充分发展条件，即在出口断面上网格节点的参数值对于出口边界内侧最临近的节点参数值无影响。假定在巷道出口截面上各点的法向速度的一阶倒数为常数，当 $x=L_1$，$\frac{\partial u}{\partial x}=C'$，则出口截面上节点法向速度 $u_{L_1,j}=u_{L_2j}+C'$，其中常数 C' 可依据质量守恒条件得出：

$$\sum_{j=1}^{M_2}(\rho M_{1,j})(u_{L_2,j}+C')A_j = F_{\text{in}} \tag{7-27}$$

$$C' = \left[F_{in} - \sum_{j=1}^{M_2} (\rho M_{L_1, j})(u_{L_2, j}) A_j \right] / \sum_{j=1}^{M_2} (\rho M_{L_1, j}) A_j \quad (7\text{-}28)$$

在出口处离散化方程的系数为 0。

7.5　控制方程的离散

　　描述巷道火灾烟气二维非稳态流动及传热传质过程的控制方程组是封闭的,加上合理的初始条件和边界条件便构成了数学上的定解问题,由于数学上的困难,只有一些简单的线形能获得微分方程的精确解。我们所研究的模型为非线形,故只能用数值方法进行迭代求解,本书中将应用有限差分法对微分方程离散。

　　对求解区域进行离散是将微分方程离散化进行数值求解的基础,网格的划分方式将直接关系到微分方程数值解的优劣性[11~13]。

7.5.1　控制容积法

　　控制容积法[14]是着眼于控制容积的积分平衡,并以节点作为控制容积的代表离散化方法。由于需要在控制容积上作积分,所以必须先设定待求变量在区域内的变化规律,即先假定变量的分布函数,然后将其分布代入控制方程,并在控制容积上积分,便可得到描述节点变量与相邻节点变量之间关系的代数方程。由于是出自控制容积的积分平衡,所以得到的离散化方程将在有限尺度的控制容积上满足守恒原理,也就是说,不论网格划分的疏密情况如何,它的解都能满足控制容积的积分平衡。在控制容积积分平衡前必须设定变量的分布规律,但在得到离散化方程后节点间变量的分布规律就不再有什么意义了,因此,对不同的变量可以采用不同的分布。

　　在取控制容积积分平衡时,所选择的变量分布如图 7-1 所示,通常有阶梯型分布和分段型分布两种形式。

　　阶梯型分布是假定控制容积内的变量值是均匀的并等于节点值,它不能用来计算变量在控制容积交界面上的梯度值,故一般只用于源项、物性参数和变量在时域上的分布;分段型分布是假定变量在相邻节点间呈线形分布,当然也可以假设高次多项式分布,但是给计算带来很多麻烦,故在一般情况下只选择这两种简单的分布形式,我们采用乘方定律格式。

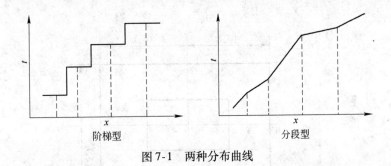

图 7-1　两种分布曲线

7.5.2　网格划分

网格的划分[15]有两种,第一种是先规定节点位置,然后再规定控制容积交界面位于两个相邻节点的正中央,第二种是先规定控制容积交界面,然后再规定代表控制容积的节点位于它的几何中心位置。本书将采用第二种方法。在 x、y 轴方向采用等步长划分的方法,如图 7-2 所示。

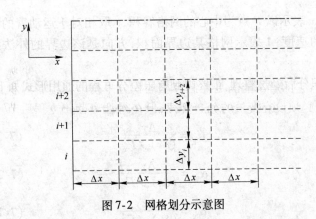

图 7-2　网格划分示意图

7.5.3　控制方程的离散方法

采用控制容积法把控制方程组在求解区域的网格上积分,建立差分方程。如图 7-3 所示为本项目划分网格的一部分。

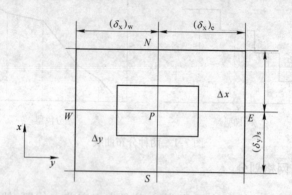

图 7-3　网格划分图

将控制方程通用形式在以 P 点为中心的网格上积分,则可得到建立差分方程的通用形式:

$$\frac{\partial}{\partial t}(\rho\varphi\Delta v)_{\mathrm{p}} + \sum_{\substack{\mathrm{e,w}\\ \mathrm{n,s}}} \left[(\rho\,\overline{v\varphi} + \Gamma_\varphi \mathrm{grad}\varphi)A \right] = (S_\varphi\Delta v)_{\mathrm{p}}$$

Δv 表示以 P 点为中心的网格容积,v 取相对于运动着的网格边界的速度;A 表示网格某边界面积,方向是该边界的外法线方向。

积分后经过整理,最终得到有限差分方程的通用形式如下:

$$\alpha_{\mathrm{P}}\varphi_{\mathrm{P}} = \alpha_{\mathrm{E}}\varphi_{\mathrm{E}} + \alpha_{\mathrm{W}}\varphi_{\mathrm{W}} + \alpha_{\mathrm{N}}\varphi_{\mathrm{N}} + \alpha_{\mathrm{S}}\varphi_{\mathrm{S}} + b \qquad (7\text{-}29)$$

式中,

$$\alpha_{\mathrm{E}} = \frac{\Delta y}{(\delta x)_{\mathrm{e}}/\Gamma_{\mathrm{e}}} \qquad (7\text{-}29\mathrm{a})$$

$$\alpha_{\mathrm{W}} = \frac{\Delta y}{(\delta x)_{\mathrm{w}}/\Gamma_{\mathrm{w}}} \qquad (7\text{-}29\mathrm{b})$$

$$\alpha_{\mathrm{N}} = \frac{\Delta x}{(\delta y)_{n}/\Gamma_{n}} \qquad (7\text{-}29\mathrm{c})$$

$$\alpha_{S} = \frac{\Delta x}{(\delta y)_{s}/\Gamma_{s}} \tag{7-29d}$$

$$\alpha_{P}^{0} = \frac{\rho_{P}^{0} \Delta x \Delta y}{\Delta t} \tag{7-29e}$$

$$b = S_{C} \Delta x \Delta y + \alpha_{P}^{0} \varphi_{P}^{0} \tag{7-29f}$$

$$\alpha_{P} = \alpha_{E} + \alpha_{W} + \alpha_{N} + \alpha_{S} + \alpha_{P}^{0} - S_{P} \Delta x \Delta y \tag{7-29g}$$

在系数表达式中,ρ_{P}^{0}、φ_{P}^{0} 为前一时间步 P 节点流体的密度和变量 φ 的值;F、D 分别为流量和扩导,它们的定义式为:

$$F_{i} = (\rho u A)_{i} \tag{7-30a}$$

$$D_{i} = \frac{\Gamma_{i} A_{i}}{\delta_{i}} \tag{7-30b}$$

式中,$i = e, w, n, s$ 表示两网格节点间网格界面;A_{i} 为 i 界面的面积,δ_{i} 为垂直于 i 界面的两网格节点间距;Γ_{i} 为 i 界面的输运系数;上面建立了火灾巷道烟气二维流场的通用控制方程的有限差分方程,求解对于模型各具体方程具体处理,例如动量方程的离散我们采用了交错网格的划分方式:

x 方向上的动量方程:

$$\alpha_{e} u_{e} = \sum \alpha_{i} u_{i} + b \tag{7-31}$$

式中,u_{i} 为速度分量 u_{e} 相邻点的速度;b 为常数项 + $(P_{P} - P_{E})$ Δy;α_{e} 为差分方程系数。

y 方向上的动量方程:

$$\alpha_{n} v_{n} = \sum \alpha_{i} v_{i} + b \tag{7-32}$$

式中,v_{n} 为速度分量 v_{n} 相邻点的速度;b 为常数项 + $(P_{P} - P_{N})$ Δx;α_{n} 为差分方程系数。

连续方程的离散时其网格划分同其他变量(h、c、k、ε)一样,在主控容积上对其积分得到离散化方程:

$$\frac{(\rho_{P}^{0} - \rho_{P})}{\Delta t} + [(\rho u)_{e} - (pu)_{w}] \Delta y + [(\rho v)_{n} - (pv)_{s}] \Delta x = 0 \tag{7-33}$$

各控制容积界面上的流量、物性参数的离散：

（1）界面上流量：

例如 u_e 控制容积的左界面上的流量 F_p 可以按 u_e，u_w 位置上的流量插值得到：

$$F_p = F_e \frac{(\delta x)_w^+}{\Delta x_p} + F_w \frac{(\delta x)_e^-}{\Delta x_p} = (\rho u)_e \Delta y \frac{(\delta x)_w^+}{\Delta x_p} + (\rho u)_w \Delta y \frac{(\delta x)_e^-}{\Delta x_p}$$
（7-34）

而 u_e 后界面 F_{n-e} 的流量可看成是在各自的流动截面内流量的叠加：

$$F_{n-e} = (\rho v)_n (\delta x)_e^- + (\rho v)_{ne} (\delta x)_e^+$$
（7-35）

（2）界面上的密度：

$$\rho_e = \rho_E \frac{(\delta X)_e^-}{(\delta x)_e} + \rho_P \frac{(\delta X)_e^+}{(\delta x)_e}$$
（7-36）

（3）界面上的扩导（上界面扩导）：

$$D_{n-e} = \frac{(\delta x)_e^-}{\frac{(\delta y)_n}{\Gamma_n}} + \frac{(\delta x)_e^+}{\frac{(\delta y)_n}{\Gamma_{ne}}} = \frac{(\delta x)_e^-}{\frac{(\delta y)_n^-}{\Gamma_p} + \frac{(\delta Y)_n^+}{\Gamma_N}} + \frac{(\delta x)_e^+}{\frac{(\delta y)_n^-}{\Gamma_E} + \frac{(\delta Y)_n^+}{\Gamma_{NE}}}$$
（7-37）

上式中 Γ_i 都是节点上的扩散系数（i 代表界面，I 代表节点）。

通过求解上面连续方程和动量方程的离散方程我们可以求得烟气在巷道内的流场，在此基础上可以进一步对其他方程进行求解。由于烟气流动模型各个方程之间的强烈耦合，我们在此采用分离迭代的算法求解。进行联立代数方程组的分离求解，关键是如何求解压力场，或者在假定了压力场后如何去逼近真实解。

7.5.4　分离迭代求解

在实际计算过程中，可采用迭代法计算速度场，即先假定压力场 P^*，代入动量方程中求得速度 u^*，v^*，如果速度场满足连续方程，则流场求解完毕，否则变换压力场，重新迭代计算，直到获得正确的速度场。

假定压力场 P^*，代入动量方程(7-31)和方程(7-32)中，可求得速度场 u^*，v^*：

$$\alpha_e u_e^* = \sum \alpha_i u_i^* + b \qquad (7\text{-}38)$$

$$\alpha_e v_n^* = \sum \alpha_i v_i^* + b \qquad (7\text{-}39)$$

由于 P^* 为我们假定值，所以有可能不满足连续方程，因此需要对 P^* 进行修正，使所得速度场逐步逼近连续方程。假定正确的压力 P 由下式得到：

$$p = P^* + P' \qquad (7\text{-}40)$$

类似地可引入速度修正：

$$u = u^* + u' \qquad (7\text{-}41a)$$

$$v = v^* + v' \qquad (7\text{-}41b)$$

将公式(7-40)、公式(7-41a)、公式(7-41b)、代入动量方程(7-31)、方程(7-32)中，并且减去公式(7-37)、公式(7-38)，可得速度修正方程：

$$\alpha_e u_e{}' = \sum \alpha_i u_i{}' + (P_P{}' - P_E{}')\Delta y \qquad (7\text{-}42a)$$

$$\alpha_e v_n{}' = \sum \alpha_i v_i{}' + (P_P{}' - P_N{}')\Delta x \qquad (7\text{-}42b)$$

舍弃上式 $\sum \alpha_i u_i{}'$，$\sum \alpha_i v_i{}'$，从而得到：

$$\alpha_e u_e{}' = (P'_P - P_E{}')\Delta y \qquad (7\text{-}43a)$$

$$\alpha_n v_n{}' = (P'_P - P_N{}')\Delta x \qquad (7\text{-}43b)$$

将公式(7-41a)，公式(7-41b)，公式(7-43a)，公式(7-43b)代入连续方程中，经整理可以得到压力修正 P 的离散化方程：

$$\alpha_P P'_P = \alpha_E P'_E + \alpha_W P'_W + \alpha_N P'_N + \alpha_S P'_S + b \qquad (7\text{-}44)$$

其中系数为：

$$\alpha_E = \rho_e \frac{A_e}{\alpha_e}\Delta y \qquad (7\text{-}45a)$$

$$\alpha_W = \rho_w \frac{A_w}{\alpha_w}\Delta y \qquad (7\text{-}45b)$$

$$\alpha_N = \rho_n \frac{A_n}{\alpha_n}\Delta x \qquad (7\text{-}45c)$$

$$\alpha_S = \rho_s \frac{A_s}{\alpha_s} \Delta x \qquad (7\text{-}45\text{d})$$

$$\alpha_P = \alpha_E + \alpha_W + \alpha_N + \alpha_S \qquad (7\text{-}45\text{e})$$

$$b = \frac{(\rho_P^0 - \rho_P)}{\Delta t} g \Delta x \Delta y + \left[(\rho u^*)_w - (\rho u^*)_e \right] \Delta y +$$

$$\left[(\rho v^*)_s - (\rho v^*)_n \right] \Delta x = 0 \qquad (7\text{-}45\text{f})$$

上述方法得出的 P' 值对修正速度相当好,在计算中我们利用 P' 来修正速度,反过来用速度修正压力。为了确定动量离散方程的系数,我们先假定一个速度分布,那么与这一速度分布相协调的压力场即可由动量方程计算得到,不必单独假定一个压力场。

记

$$u = \frac{\sum \alpha_i u_i + b}{\alpha_e} \qquad (7\text{-}46\text{a})$$

$$v = \frac{\sum \alpha_i u_i + b}{\alpha_n} \qquad (7\text{-}46\text{b})$$

代入连续方程,可得到压力方程:

$$\alpha_P P_P = \alpha_E P_E + \alpha_W P_W + \alpha_N P_N + \alpha_S P_S + b \qquad (7\text{-}47)$$

$$b = \frac{(\rho_P^0 - \rho_P)}{\Delta t} g \Delta x \Delta y + \left[(\rho \hat{u})_w - (\rho \hat{u})_e \right] \Delta y + \left[(\rho \hat{v})_s - (\rho \hat{v})_n \right] \Delta x = 0$$

$$(7\text{-}48)$$

式中,b 为质量源项,趋向于 0 时表示我们将得到收敛解。

7.5.5　方程组的算法步骤[15,16]

(1)假定巷道内的风流初始速度 u_0、v_0 以及巷道内的速度场分布,计算动量离散方程的系数和常数项;

(2)估计整个求解区域压力场 p^*;

(3)依次迭代求解动量离散方程,得到 u^*,v^*;

(4)迭代求解压力修正 p' 方程,得到 p';

(5)进行压力修正:$p = p^* + Ap'$,A 为松弛因子,取值

0.5~0.8；

(6)求校正后的速度分布；

(7)将新求得的速度场及新的物性代入动量方程，回到步骤(2)重复全过程，如此反复迭代直至得到收敛解；

(8)迭代求解其他变量的离散方程。

其流程图如图 7-4 所示。

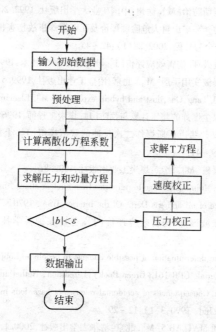

图 7-4　求解流程图

7.6　本章小结

本章主要对矿井火灾严重度评价进行了研究。

在简要分析矿井火灾时期烟气流场意义的基础上，建立了巷道火灾烟气流动的数学模型，该模型主要包括连续性方程、动量方程、能量方程、组分方程。

通过将三维流动模型简化为二维流动模型，从而确定了火灾烟流流动模型的控制方程。应用有限差分法对微分方程离散进行离散,从而可以实现对巷道火灾烟气流动二维场模型的求解。最后给出了方程组得求解步骤。

参 考 文 献

[1] 俞启香. 矿井瓦斯防治[M]. 徐州:中国矿业大学出版社,1992.2.

[2] 张甫仁,景国勋,等. 矿山重大危险源评价及瓦斯爆炸事故伤害模型建立的若干研究[J]. 工业安全与环保,2002,28(1):42~45.

[3] 朱建华. 爆炸波破坏/伤害效应评价[J]. 劳动保护科学技术,1999,19(3):39~41.

[4] 刘殿中. 工程爆破实用手册[M]. 北京:冶金工业出版社,1999.5.

[5] W E Baker,M J. Tang,Gas,dust and hybrid explosions[M]. Elsevire,1991.

[6] 杨源林. 瓦斯煤尘爆炸的超压计算与预防[J]. 煤炭工程师,1996,2:32~37.

[7] 居江宁,吴文权. 巷道瓦斯爆炸二次反冲的数值模拟[J]. 上海理工大学学报,1999,21(1):39~41.

[8] 王文龙. 钻眼爆破[M]. 北京:煤炭工业出版社,1992.8.

[9] Stephens M M. Mniming damage to refineries from nuclear attack,natural and other disasters,The office of oil and gas Dert. Of the Interior,USA,1970.

[10] 朱建华. 爆炸波破坏/伤害效应评价[J]. 劳动保护科学技术,1999,19(3):39~41.

[11] Methods for the determination of possible damage to people and objects from releases of hazardous materials CPR 16E(Green Book),1st edition,Netherlands,1992.

[12] C M Pietersen. Consequences of accidental releases of hazardous material[J]. J. Loss Prev. Process Ind,1990,3(1):12~29.

[13] 张宜华. 精通 MATLAB 5[M]. 北京:清华大学出版社,2000.1.

[14] 李翼祺,马素贞著. 爆炸力学[M]. 北京:科学出版社,1992.4.

[15] 王国正,等. 冲击波致伤和安全标准研究. 国外医学军事医学分册,1987.

[16] 王文龙. 钻眼爆破[M]. 北京:煤炭工业出版社,1992.8.

8 煤矿安全预警的原理及内容

8.1 煤矿安全预警的理论基础

煤矿安全预警的基本思想与原理,是以系统论中的系统非优理论和系统控制论以及安全科学理论为基础的[1]。

8.1.1 系统非优理论

系统非优理论(System Non – Optimum Theory,SNOT)是1985年提出来的系统科学理论,认为一切系统的实际状态都是由"优"和"非优"两状态组合而成的。"优"范畴包括最优和优,即成功的过程和结果。"非优"范畴包括失败和可以接受的不好过程的结果。系统非优理论指出,人类的认识和实践不仅表现在"优"范畴内探索和追求,而且大部分领域内始终在"非优"范畴内徘徊,即人类在现实中所面临的急迫问题,并不总是寻求最优模式或实现最优化目标,而更多的是面临如何有效地摆脱大量严重非优事件的困扰和对系统非优因素的控制能力的问题。

系统非优理论给安全预警提供了理论思想基础,系统非优思想表明,系统是由"优"和"非优"组成的,由于系统总是会受到外界环境的影响,总是在不断的运动之中,也就是说系统会在"优"和"非优"之间运动,而安全预警的功能在于,从系统"非优"的角度出发,在获得系统"非优"的成因、表现形式以及发展规律的基础上,制定反映系统"非优"的评价指标体系,然后通过预警管理手段,使系统"非优"状态回复到"优"状态,尽量使系统处于"非优"状态缩短,减少事故发生概率。

8.1.2 系统控制论

系统控制论诞生于20世纪40年代,由美国著名的数学家诺伯特·维纳(Norbert wiener)出版的《控制论》一书为代表。控制论是自动调节、通信工程、计算机和计算机技术以及神经生理学和病理学等学科在数学的联系下而形成的一门综合性学科。它在忽略了机器、生物以至社会的具体构造特征的前提下,研究它们作为控制系统与信息系统的共同规律和控制它们的方法。控制论跨越了机器与生命的局限,将自动机器和生物有机体进行类比,研究信息在它们中传递、变换、处理的共性问题;跨越了自然科学和社会科学的界限,将自动工厂、学习机和智能机、经济、社会系统等均视为自己的研究对象,探索怎样使这些复杂的系统按照人们的期望去工作、运转。

控制论认为,控制不论在哪个领域出现,作为一个过程都必须包括三个基本要素:作用者(施控主体)与被作用者(受控客体),以及将作用由施控主体向受控客体传递的介质,而这三个部分组成了相对于某种环境而具有控制功能与行为的控制系统。一般地,控制可被理解为"在获取、加工和使用信息的基础上,控制主体使被控客体进行合乎目的的动作的过程",它具有三个特征:控制是控制主体对被控客体的作用、控制具有明确的目的性和控制是获取、加工、使用信息的过程。控制的有效行使需要三个基本条件:必须能够为需要控制的可变因素规定标准、必须能够得到表示实际结果与标准结果间偏差的信息和必须能够采取措施纠正实际工作结果与标准之间的偏差。

根据控制活动的重点,控制可分三种类型:

(1)预先控制:预先控制是面向未来的控制,是在对于可能出现的偏差有所估计并有所准备的情况下展开的控制。

(2)实时控制:实时控制是现场控制,监控实际正在进行的操作。

(3)反馈控制:反馈控制是通过对已得结果的分析来纠正组织将来的行为,是一种立足于历史而对未来进行的连续不断的控制。

在实际的应用中,很少孤立地用某一种类型控制方法的情况,一般控制类型多被有机地结合在一起,互为补充。

管理实质上是一个控制过程,是按照计划所确立的目标来衡量计划的完成情况,并纠正执行计划过程中所出现的偏差,最终保证计划目标的实施。预警管理实质上也是一个控制过程,只是预警管理不同于传统的管理控制。安全预警是立足于以防范发生事故或灾害为目标,从逆向角度防范不发生事故的情况下,使生产始终处于受控状态的管理行为。

8.1.3　安全科学理论

安全科学(Safety Science)是 20 世纪 40 年代以来,在国际产业界、科学界的合作探索中,才逐步形成的一门跨学科的独立科学,它以 A. 库尔曼教授的《安全科学导论》为学科成熟标志。安全科学研究技术应用中的可能产生的安全问题。安全科学的最终目的是将应用现代技术所生产的任何损害后果控制在绝对的最低限度内,或者至少使其保持在可允许的限度内。在实现这个目标的过程中,安全科学的独特功能是获取及总结有关知识,并将有关发现和获得的知识引入到安全工程中来。这些知识包括应用技术系统的安全状况和安全设计,以及预防技术系统内固有危险的各种可能性。

安全科学是研究安全问题的,它必须尽其所能地回答技术安全问题,并且尽力满足预防技术灾害的要求。安全科学认为,事故的发生只能看成是人与机器以及二者在一定环境中相互作用所形成的"人 - 机 - 环境系统"内出现异常状况的结果。人 - 机 - 环境系统分析必须揭示事故的原因,必须有可能对给定的允许危及度和实际危险进行评价比较。

尽管灾害和事故的发生是随机的、偶然的,具有很大的不确定性,但也遵循着一定的必然性和规律性。当人们掌握了这种必然性和规律性,就可以有效地预防和控制灾害以及事故的发生,把灾害和事故控制在最低限度或允许的范围内。这是因为灾害和事故具有可预见性及可防性的特征。灾害和事故的可预见性,首先在于灾害和事故的发生背景及发生、发展过程可以被观测;其次灾害和事故的发生具有因果规律性,由于生产过程本身就是一种规范性、规律性的活动过程,这种规范性、规律性的活动过程被破坏,必然就会产生灾害或事故,而这种与灾害、事故有直接关联的因果关系可以被发现、分析和观测。灾害和事故的可防性,是指在预见灾害和事故的基础上,可以实现预防措施或回避手段的可能性。

安全预警的基本原理是,预警管理人员依照安全预警目标确定不同预警监测指标,确定预警监测指标的标准,并用这些标准对预警管理对象实施控制,信息通道是这个控制系统的反馈机制,通过预警机构或人员获得的监测信息,将预警管理人员的预警指标的实际状况反馈回去,为预警管理人员实施预控对策提供参照的依据。预警管理人员将反馈回来的实际效果信息与预警目标加以比较之后根据两者的差距,纠正标准,改善措施,重新开始新一轮的预警控制过程。通过这样一轮一轮连续不断地调整、控制,预警规律中的预先控制得以实现,最终使实际状况逼近计划预警目标,从而使管理对象始终处于安全状态之中。

8.2　煤矿安全预警系统的组成

8.2.1　煤矿安全预警管理对象

根据事故致因理论[2]可知,事故的发生是偶然的、随机的,但也有它的必然性。人们在控制事故时,只能尽量降低事故的发生概率,使其发生概率达到最小。

煤矿事故的发生,主要是人、机、环境三因素不相适而导致的,也就是说,煤矿事故主要涉及人的因素、机的因素和环境的因素。所以,在煤矿生产过程中,人的不安全行为、物的不安全状态以及环境因素的不良,是煤矿安全预警的管理对象。

(1)对人的管理。人是生产过程的主体,是创造财富,实现既定目标的关键,但也是激发事故的主要因素。人的生理、心理和行为、能力方面的失误都可能导致事故的发生。人的不安全行为是事故控制的主要方面。控制人在生产过程中的行为,使之符合生产安全的规定,是安全预警管理的重要环节。

（2）对机的管理。在人－机－环境系统中，人是决定因素，机是重要因素。随着机械化水平的提高，机在系统中发挥着越来越重要的作用。机是生产过程中的物质基础，包含工具、设备、原材料等。因工具、设备、原材料等因素的缺陷导致生产过程中不安全隐患的存在，对事故的发生有着极大的关联作用。控制机的管理工作，主要是从工具、设备的设计、制造、安装、使用、维修、报废等全过程进行管理。

（3）对环境的管理。环境是人、机在生产过程中共同面临的条件因素，环境因素的不良或突变，可以引起人的生理、心理和行为的变化，也可以引起工具、设备缺陷的显现。在采掘生产过程中，环境管理主要是针对环境中的毒、尘、声、围岩稳定性、热等环境因素来进行的。

安全预警从逻辑上一般包括四个阶段：明确警义、寻找警源、分析警兆与预报警度。明确警义就是明确监测预警的对象，警义就是指警的含义，一般从两个方面考察，一是警素，即构成警情（灾害）的指标是什么；二是警度，即警情的程度；寻找警源，即是寻找警情发生的根源；分析警兆，即分析警素发生异常变化导致警情发生的预兆；预报警度即预报警情发生的程度。

安全预警主要是对预警对象的监测与评价，重点在于预警指标的建立和评价方面。而预警管理的重点在于在获得预警信息基础上，如何采用预控的管理手段防范灾害的发生以及发生后的应急管理措施。

8.2.2 煤矿安全预警的目标体系

为了达到煤矿安全预警的有效性目的，煤矿安全预警系统必须建立以下目标体系。

（1）对煤矿安全状况的监测与评价。煤矿安全问题包括采掘粉尘爆炸与职业病、瓦斯爆炸、井巷火灾、爆破灾害、冒顶片帮、井巷水灾及提升运输所造成的灾害等。采掘系统安全是采掘生产得以顺利进行的基础，煤矿安全预警系统应能有效控制采掘生产各个环节的安全度,发现煤矿生产各种灾害情况与煤矿人－机－环境系统缺陷之间的关系,分析煤矿人－机－环境系统与煤矿生产各种灾害之间的原因,从而提高和加强对煤矿生产人－机－环境系统的监测,降低或避免事故的发生。

(2)煤矿安全预警活动的综合评价指标体系。煤矿安全预警机制的实现必须依靠预警评价指标才能进行,否则,预警系统的活动将是经验性的、随机的、非统一的过程,所以要建立对煤矿生产安全状况与管理状况的具体评价指标体系,通过对指标的监测,来获得煤矿生产实际的安全状况和规律状况。

(3)煤矿安全预警管理组织结构的构建。管理组织是预警职能得以发挥的基础,预警职能的实现必须以管理组织来保证。预警管理组织具有监测、识别、诊断、采取预控对策以及紧急援救的职能,为避免新设组织结构,可在原有的煤矿安全管理体系中增加预警管理的职能和相应的机构来完成煤矿安全预警管理的各项职能。

(4)建立煤矿安全预警对策库。通过综合评价指标的监测与评价,发现煤矿生产系统中的安全隐患,然后从安全预警对策库中寻找相对应的对策,以实现事故预防智能化和防灾专家系统的作用。

8.2.3 煤矿安全预警的基本内容

为了实现和完成煤矿安全预警的职能,煤矿安全预警活动可由两个方面构成。一是预警分析,即对诱发煤矿事故或灾害的各种现象进行识别、分析和评价,并由此做出警示的管理活动。二是预控对策,即是根据预警分析的输出结果,对煤矿生产致灾因素的早期征兆进行及时矫正、避防与控制的管理活动。

8.2.3.1 预警分析的内容

(1)监测:监测是安全预警的前提,就是确定煤矿生产活动中的重要致灾因素为监测对象。监测环节的任务有两个,一是过程监测,二是信息处理。过程监测是对被监测对象的全过程、全方位的监视,对监测对象同技术条件和生产关系进行监测。信息处理是对大量的监测信息进行分类、存储、传播,建立信息档案,进行历史的和条件的比较。这个信息档案中的情报,是整个预警管理系统所共享的,是整个预警管理活动的基础。

(2)识别:提高对监测信息的分析,可以识别煤矿生产活动中可能发生的灾害与事故的主要诱因或致灾因素。识别的主要任务是判断煤矿生产活动过程中的某些环节是否正在异变,即现实的事故诱因。识别的另一任务,是判断煤矿生产活动或安全管理活动中的一个或几个环节是否已经发生异变以及可能导致连锁的反应,即致灾现象的动态发展趋势。

(3)诊断:诊断是对已识别的现实事故诱因,进行综合分析,以明确哪个致灾因素(现象)是主要的危险源。诊断的主要任务是在致灾环境的诸多问题与现象中,提出危险性最高、危险程度最严重的主要因素,并对其成因进行分析。

(4)评价:评价是根据监测、识别、诊断的结果对煤矿生产过程及设备存在的危险进行定性或定量的判断,明确问题所在,得出发生危险的可能性及严重程度的评价,从而提出预防、回避的措施与方案,纠正和排除致灾诱因,防止或减少事故的发生。

(5)监测、识别、诊断和评价的关系:监测、识别、诊断和评价这四个预警分析环节是前后承接的因果联系。监测活动是整个预警活动开展的前提,没有明确和准确的监测信息,整个预警活动就是盲目的,甚至是无意义的。识别活动,可以使预警管理活动在复杂的致灾因素中确立预警度。诊断是对整个过程危险源和危险度的确认,使预警管理活动能够抓住主要问题并做到追根溯源。评价是进一步用量的概念来明确危险所在,并提出解决危险的措施和方案,以有效地控制和消除危险。四个环节前后继承,其中监测活动中的监测信息系统为整个预警管理系统所共享,识别、诊断、评价的活动结果都以实时方式输入到监测信息系统之中。预警分析四个环节的分析结果,将被表征为煤矿安全的预警信号,是煤矿实施预控对策活动的前提。

8.2.3.2　预控对策的内容

煤矿安全预警的目标,是实现煤矿灾害或事故的早期预防和控制,并能在煤矿灾害或事故发生时实施危机管理方式。这种预控对策活动包括组织准备、日常监控、应急管理三个活动环节。

(1)组织准备:组织准备是为开展煤矿安全预警管理活动的组织保障活动。它包括对煤矿安全及事故的对策制定与实施,以及相对应的安全规章、制度、标准,目的在于为预控对策活动和整个预警管理提供有保障的组织环境。组织准备有两个特定任务,一是规定预警管理系统的组织结构(机构、职能设定)和运行方式,它亦涵括煤矿安全管理体系的活动;二是为煤矿发生灾害或事故状态下的应急管理提供组织训练与对策准备,即对策库。

(2)日常监控:日常监控是指对预警分析活动所确定的煤矿灾害诱导现象进行专门监控的管理活动。由预警分析活动所确立的"危险诱因",不仅诱发煤矿灾害与事故的危险性很大,而且它所诱发的事故所连带的其他灾害,有可能造成难以迅速控制的局面。所以在日常监控过程中还要预测灾害现象扩散发展的严重程度及可能导致的危机结果,以防患于未然。因此,日常监控活动有两个主要任务,一是日常对策,二是危机模拟。日常对策,即对煤矿灾害致灾现象进行防范与煤矿发生灾害后采取紧急救援活动,使煤矿生产恢复到正常状态;危机模拟,是在日常对策活动中发现煤矿灾害处于失控状态难以有效控制,对有可能陷入更大灾害的危机状态的假设与模拟活动,以此提出对策方案,为未来一旦进入危机状态做好对策准备。

(3)应急管理:当日常监控活动无法有效制止与避免因煤矿灾害的发生与发展而将陷入灾难性危机时,管理者所采取的一种特别应急管理方式。应急管理是一种"例外"性质的管理,只有在特殊境况下才采取的特别规律方式。它包括特别应急计划、应急领导小组、紧急应对措施以及救助方案等。一旦煤矿安全状态恢复到正常可控状态,应急管理的任务便告完成,由日常监控继续执行预控对策的任务。

(4)组织准备、日常监控、应急管理的关系:组织准备、日常监控活动是执行预控对策任务的主体,应急管理活动是特殊状态下对日常监控活动的一种扩展。组织准备活动不但连接预警分析与预控对策活动的环节,也为整个煤矿安全预警系统提供组织运行规范。

8.3 煤矿安全预警机制及系统目标

煤矿安全预警的职能主要是对煤矿灾害或事故的监测、识别、诊断、评价和预控。整个活动过程都有自己独立的规律、活动计划、执行过程、信息网络及程序规范。它寻求的是灾害及事故现象与生产运行之间的关系,不仅要指导现有的煤矿安全管理组织如何保证和改善其常规职能,而且还要产生新的管理职能以形成防错纠错新机制。

8.3.1 煤矿安全预警的基本机制

(1)预警机制。预警机制是对煤矿灾害的致灾征兆进行监测、识别、诊断与报警的一种机制。它通过设立在煤矿生产组织中可能产生失误的界限区域,对可能出现的各种灾害征兆和危机诱因进行识别和警告,以保证煤矿生产的安全状况、安全管理状况处于良好、有效的状态。

(2)矫正机制。矫正机制是对煤矿生产的不安全征兆的不良发展趋势进行预控和纠错的一种机制,它能促成管理过程在非均衡状态下的自我均衡。

(3)免疫机制。免疫机制是对同质性造成煤矿不安全状况的诱因进行预测或迅速识别并提出对策的一种机制,在安全管理过程中出现同质性征兆或诱因时,能准确预测并及时采用规范化手段回避或有效制止。

8.3.2　煤矿安全预警系统的目标

煤矿安全预警系统的建立与运行,应以下述四个目标的实现为基础。

(1)对人的行为进行监测与评价,以此明确并预控人的生产行为或管理行为的过程与结果。监测对象主要是管理者的个人行为或部门(群体)管理行为以及生产者的操作行为。同时监测行为与事故之间的因果关系和转化关系,并提供提高行为管理优化模式。人的行为是在各种不同情况下决定事故发生频率、严重程度和影响范围的一个重要因素,由于在许多情况下的行为是事故发生的一个重要因素,因而可能通过人的行为的改变而造成事故发生率的增减,并影响发生错误造成的后果。人之所以会发生不安全的行为,其原因是多方面的,有人的生理、心理问题,也有技术水平、生产环境问题等等。显然,要减少事故或灾害的发生,就必须要提高人的安全行为频率,缩小不安全行为的频率,研究对人的行为的有效控制方法。

(2)对设备状态进行监测与评价,以此明确并预控设备的运行过程与结果。监测对象主要是设备的故障率与安全设施完好情况以及设备运行状况,同时监测、分析设备可靠性与事故之间的相互关系,提出设备安全检查、维修和使用的规范。长期以来,生产设备伤害事故相当频繁的主要原因之一,就是没有很好地从治"本"上解决安全防护措施,以致使很多带有隐患的生产设备不断投入使用。有些企业为了降低生产成本,按规程规定该配的安全装置不配,带有缺陷的机械零部件该报废的不报废,有些生产设施从投入使用就带有安全隐患而得不到治理,设备的不可靠性,影响到生产系统的安全性。因此,提高设备的可靠性程度,有助于提高生产系统的安全性。

(3)对生产环境进行监测与评价,以此明确生产面临或可能面临的不安全、不卫生的环境因素。生产环境监测的范畴主要是生产场所的毒、尘、声、光、围岩的稳定性等因素。监测与评价的目标主要是掌握、了解生产环境因素对人体的影响以及和事故发生之间的关系,提出控制和改进生产环境的标准与方法。在生产过程中,人们必然面临着种种不同的环境条件,所有这些环境条件都直接或间接地影响着人们的生产操作,轻则降低工作效率,重则影响整个生产系统的运行和危害人体健康与安全。因此,监测、评价、控制生产环境因素对于减少事故、保证生产安全,具有十分重要的作用。

(4)建立安全预警活动的评价指标体系。以上三个目标任务的实施,必须依靠特别的预警评价指标才能进行,否则,预警系统的工作将是经验性的、随机的、不系统的过程。为此,安全预警系统要建立对人的操作行为、管理行为的评价指标,对生产设备可靠性、安全性的评价指标,对生产环境因素安全性的评价指标。这三个评价指标体系,构成灾害预警管理活动的评价指标体系。

以上四个目标实际上就是安全预警系统模型建立的内容和建模原则。

8.4　煤矿安全预警管理体系

灾害与事故的发生,是人、机、环境三者相互作用并互不适应的结果,因此,在考虑安全预警管理体系时,应当针对灾害和事故的成因来设计安全预警管理体系。同任何管理活动运行一样,煤矿安全预警管理活动也需要专业的技能与工作程序来支撑。一般来说,预警管理工作应由两级组成,一是执行,二是监督。根据预警管理理论,安全预警管理体系可以考虑如下:

8.4.1　预警监测系统

安全预警管理运作关键在于对灾害状况的监测与识别。由于对灾害的监测与识别是面向生产过程的,所以应具有易操作性和规范性。经分析和比较,采用科学的评价指标体系是最好的方式。

评价指标对生产安全状况应具有敏感性,并且指标之间应具有独立性。评价指标体系一般应包括四个部分:一是对人员行为的监测指标,主要使用不安全行为检查表进行实地观察,由训练有素的观察员按表所列项目对每个操作人员定时进行观察,确定他们的行为(操作)安全与否。每次观察后要计算出操作人员在充分安全状况下操作的百分率。在观察时,只有操作者的各项动作都是安全的,才能认为行为是安全的,否则只要违反了其中任何一项,其行为便不是安全的。二是对设备、材料等的故障率及可靠性评定。可根据国标 GB 5083—85《生产设备安全卫生设计总则》来进行。特种设备应由国家指定的安全监察机构审批设计图纸及有关技术文件。常用的有安全检查表、预先危险性分析法、故障模式影响和致命度分析法、事件树分析法、事故树分析法。三是对生产环境的监测与评价,生产环境监测主要依靠有关仪器进行,环境监测的关键在于采样必须符合统计学的要求。环境检测仪器大致可以分为三大类:第一类是便携直读式快速测试仪器,由于其能快速直读,在实际工作中非常实用;第二类是连续、自动监测系统;第三类是实地监测采样仪器和实验室检测所用的仪器。四是对安全生产管理工作的检测与检查,包括管理运作、制度建立、教育指导及信息沟通等指标。

预警监测值的获取主要来源于两个途径:一是对现有的资料分析,包括各种标准、规范、制度以及历年的事故档案等;二是来源于预警人员现场的监测、观察和调查。

在预警管理过程中,识别也是一个难点,因为每一起事故的表现情况是不一样的,经验指标的区域值也是不一样的,因此对指标的识别可采用德尔菲法,利用专家来对指标进行评判。

8.4.2　预警管理系统

预警管理系统履行预警工作的执行职能,与安全管理系统职能形成分工合理、职能互补的良性运行关系。预警管理系统专门对安全生产的波动情况组织监测、识别、诊断及预控工作,协调预警各子系统的运行,负责这个预警预控工作的组织协调和指挥。此外,还要设置"预警工作档案",建立对策库以及进行各种危机的预测和模拟,设计"危机管理方案",以在特别状态时供决策机构采纳。预警管理系统一般的工作流程是:安全生产预警的各种初始化信息直接流向预警信息系统中,经过该信息系统分离处理,提出是否报警以及报警内容的提示,并制定相对应的对策方案,以保证重大事件发生的征兆和紧急情况能够及时得到快速反映和处理。

8.4.3 预警信息系统

预警信息系统是专用于预警管理活动的现代信息系统,是集电子计算机技术与专家系统技术的智能化系统,它必须符合安全预警的技术与管理要求。

(1)预警信息管理的内容:根据安全预警管理的目标及煤矿安全生产的内容,主要是监测安全生产过程中人-机-环境系统信息变动情况,以及信息变动所导致的不确定性后果的信息。预警信息管理的主要目的是增强灾害预防能力。

预警信息的管理包括信息收集、处理、辨伪、存储、推断等。1)获取预警信息,应采取多渠道组合策略,通过对多种信息来源进行组合和相互印证,以使零散信息转变为整体化的具有预报性的可靠信息。2)处理各种监测信息,要进行分类、整理与统计分析,使之成为可用于预警的有用信息。3)信息辨伪在预警管理中非常重要。伪信息所导致的风险比信息不全所导致的风险更严重,它会导致预警活动中的误警和漏警现象。因此,一般来说,对原始信息不能直接应用,必须加以辨伪,去伪存真。4)进行信息存储的目的是进行信息积累以供备用。信息存储应不断更新与补充。5)能否对已有信息做出准确的推断,对于预警管理是很重要的。在进行信息推断时,要注意两个问题:一是要善于用现在的信息判断未来,善于用某一部分信息推断另一部分信息;二是要善于从信息中捕捉机会,或者利用信息来创造机会。

(2)预警信息系统的建立:在安全生产管理活动中,安全预警信息是对安全生产人-机-环境系统波动的反映,建立预警信息系统,必须认真研究安全生产中的信息结构、信息流程、信息流量、处理环境、处理结果等,要对安全生产中的各种信息高度敏感,迅速收集、分析,做出正确的处理并及时做出相应的对策。而这一切离开了计算机和通信技术的支撑是不可能实现的。因此,预警信息系统的建立必须具备计算机信息管理系统(Management Information System,MIS)、办公室自动化系统(Office Automation,OA)、决策支持系统(Decision Supporting System,DSS)和专家系统(Expert System,ES)。有了这些基本条件,预警信息系统的建立的实现就不言而喻了。

(3)预警信息管理工作的基础:要想使预警信息系统取得成功,安全基础管理工作必须要做好以下工作。1)规范化:安全管理的每个工作岗位都必须有明确的任务和定量的要求,各项管理工作都应有符合安全生产规律的业务流程。2)标准化:安全生产过程中设备要求、人员行为和环境条件都应有明确的标准和规范。3)统一化:各类安全报表、安全台账和事故报告都要进行统一整理,统一格式和内容,统一分类编码。4)程序化:数据的采集、传递和整理应有明确的程序、期限和责任者。

总之,预警信息管理系统的建立将使预警管理功能实现方便、直接和高效。

8.5　煤矿安全预警系统的要求

安全预警系统为了能保证有效地实施其功能,就必须要保持其地位上的相对独立性、预警指标的有效性、结构上的完整性和信息传输的及时性等要求[3]。下面我们就建立煤矿安全预警系统必须要满足的这些要求分别加以论述。

(1)安全预警系统的相对独立性。煤矿安全预警系统的相对独立性是确保其系统有效运行并完成其预警目标的关键。作为一个发挥独特监控职能的预警系统,它应该是在一个经过对煤矿生产安全做出深入研究和调查的基础上,所建立的一个只用数据和指标说话,而不受任何权力制约或操纵的客观评估系统。当然,在建立和完善预警控制系统的初期,企业的最高领导和各个职能部门等,都应积极参与,并提出具有针对性的建议和意见,不断促使其预警系统的有效和完善。但一旦该预警系统建立完成并成为一个公认的监控系统,那么它应该具有绝对的权威性和相对的独立性,不能因为某些高层领导的好恶或涉及到责任的划分,而随意改变预警标准。通过预警系统反映出来的问题,应由相关领导和职能部门承担应有的责任,并及时制定有效的整改措施。当然之所以称其为相对独立,是因为预警系统的独特控制,要求最高管理层应该针对煤矿生产环境和安全状况的变化,及时做出修正和完善,确保安全预警系统始终保持合理和高效。

(2)安全预警系统预警指标的有效性。预警系统的合理和高效,首先离不开所设置的预警指标的有效性。预警依赖于监测,监测离不开与安全相关的指标,指标的内容就是煤矿在采掘过程中涉及安全问题的表现。所以,安全预警系统所确定的预警指标必须与煤矿生产和安全管理的发展规律有内在的联系。另外,预警指标的有效性还体现在能否全面地掌握这些预警指标在不同的生产条件和安全管理体制中可能发生差异的表现形式,它们主要有如下三种形式:首先,从单一指标看,指标在不同的煤炭生产条件和安全管理体制中的取值和走势会发生不同;其次,从全体指标综合的角度看,综合指标的特征在不同的煤炭生产条件和安全管理体制中的取值和走势也会发生不同;第三,从指标间数量关系特征和变动倾向上看,它们在不同的煤炭生产条件和安全管理体制中的取值和走势也会发生不同。然而,目前已有的煤矿安全预警系统对这些差异并没有给予高度关注,而且也没有做全面、细致、深入的考虑,所以就有可能大大影响了预警指标的有效性和整个预警系统的合理高效。因此,煤炭企业在建立安全预警系统时必须对其预警指标的有效性进行深入的研究,特别对这些指标可能在不同环境和特定状况下,可能出现的表现差异做仔细的分析,只有这样才能做到真正使预警系统准确合理。

（3）安全预警系统结构的完整性。虽然煤矿安全预警系统的最终评判可能主要表现在其关键的预警指标上，但实际作为一个有效的预警系统，它必须在结构上具有完整性，才能最终确保其预警结果的合理性。所谓安全预警系统的结构的完整性，主要反映在过程的完整性、数据的完整性、指标的完整性和分析的完整性等这样几个方面。

过程的完整性是指作为预警系统，不仅是简单地说明某些预警指标是否超越了警限，而是应该能说明这种危机产生的原因、发展的过程、目前的状态和未来发展的趋势，这样才能真正为高层领导提供有用和完整的预警信息。

数据的完整性是指该预警系统所做出的最后预警评判的结论，是依据了充分数据的积累和比较所得出的，这些数据包括历史的和预测的、计划的和实际的、本企业和同行业的、目标的和平均的等等，只有通过完整数据检验，才能真正得出正确合理的安全预警结论。

指标的完整性是安全预警系统中最重要的一点，因为不同的安全指标都具有其一定的侧重点，但无一例外，都具有一定的不全面性。因此，任何只注重某一类指标，而忽视另一类指标，都可能导致预警评判的偏差。所以在安全预警指标体系建立时，必须要充分注意其完整性，各种相关和对应的指标都应该在其指标体系中占据必要的份额，并通过完整指标的比较分析，才能最终得出正确合理的预警结论。

分析的完整性是建立在前面过程的完整性、数据的完整性和指标完整性的基础之上的，在进行安全预警信号和判别标准确定时，必须要进行全面和综合的分析研究，正反两方面的情况都要分析，不能只见树木，不见森林，或一叶障目，不见森林，只有进行深入细致的全面分析，才能真正确保预警系统的合理和高效。

（4）安全预警系统信息传递的及时性。安全预警系统的有效性，很重要的一点在于其信息传递的及时性。因为与其讲安全预警系统是一个风险评判系统，还不如说是一个风险信息的传递系

统,如果一旦失去了其及时性,将会失去其生命力所在。如果等到
煤矿的安全状况已经发展到无法收拾的境地,安全预警系统方才
做出预示警告,那就变得毫无意义了。谁都知道信息的价值在于
其合理判断和决策之前,否则就可能给煤矿造成巨大的损失,而安
全预警系统在这方面表现得更为突出。所以,要建立有效的安全
预警系统就必须要考虑建立一套及时有效的信息保障系统,企业
的安全管理信息化系统必须要达到一定的要求,如由于企业安全
管理信息系统的不发达,就必然会在一定程度上影响其安全预警
系统的及时和高效。

8.6 本章小结

本章主要对煤矿安全预警的原理和内容进行了分析和研究。

首先介绍了煤矿安全预警的理论基础,主要包括系统非优理
论、系统控制论和安全科学理论;然后分析了安全预警系统的组
成,主要包括安全预警的管理对象、目标体系和基本内容;详细分
析了安全预警机制及系统的目标;初步建立了煤矿安全预警管理
体系,并提出了煤矿安全预警系统的要求。

参 考 文 献

[1] 李红杰,吴荣俊,许永峰. 采掘业灾害预警管理[M]. 石家庄:河北科学技术出版
社,2003.

[2] 王凯全,邵辉编. 事故理论与分析技术[M]. 北京:化学工业出版社,2004.

[3] 张鸣,张艳,程涛著. 企业财务预警研究前沿[M]. 北京:中国财政经济出版社,
2004.

9 煤矿安全预警系统

煤矿安全预警系统的关键是预警的指标体系和预警模型。

9.1 煤矿安全预警指标体系

预警指标体系的建立是预警系统的关键之一,而煤矿安全涉及面非常广,影响因素非常多,如何建立一套科学、系统、实用的指标体系是安全预警研究的重点内容之一。

9.1.1 预警指标体系建立的原则

由于煤矿生产系统的复杂性,对其安全性进行预警,单靠一个或几个指标往往难以科学测度其系统安全方面存在的问题,因此需要建立综合预警指标体系。指标体系是建立在涉及煤矿安全各要素基础上的各方面指标的集合,是一个有机的统一体。预警指标体系的建立需要遵循以下几个原则。

(1)全面性与代表性相结合。煤矿生产安全的复杂性要求预警指标体系应具有足够的涵盖面。根据指标的内容与特点,可将其分为综合性指标与单项要素指标,同时要求指标体系内容简单、明了与准确,并具有代表性。指标往往是经过加工处理后的,通常以效率、百分比、增长率等表示,要求指标能准确、清楚地反映问题,能全面并综合地反映构成煤矿安全系统指标体系的各种要素。

(2)定性分析与定量分析结合。指标体系应尽量选择可量化指标,对难以量化的重要指标可以采用定性描述指标,然后进行定量化转化,以定量为主。

(3)科学性与可操作性相结合。煤矿安全系统预警指标的构成应以理论分析为基础,建立在科学、合理分析的基础之上,但在实际应用中必须考虑数据和信息的可获得性,尽可能多地利用现有经过甄别的统计数据并进行加工处理。

（4）动态性与静态性相结合。煤矿安全系统是一个动态的系统，是一个不断变化的动态过程。煤矿安全不只局限于过去、现状，要着眼于未来，关注系统在未来时间和空间上的发展潜力和趋势。因此，对系统的动态变化过程进行监测评价，积累时间系列信息，建立煤矿安全数据库，并依据监测信息的分析对系统总体变化趋势进行评价和调控，将是实现煤矿安全的关键。这就要求指标体系的构建必须充分考虑动态与静态相结合，要求评价指标及其评价标准应充分考虑动态性，因此，评价指标体系也应该是动态与静态的统一，既要有静态指标，也要有动态指标。

（5）规范性。所设计的指标体系中的各项指标应尽量与行业惯例接轨，便于比较、交流。要求所设计的指标尽量采用国内外权威机构发布的规范化统计数据。

（6）时效性与预见性。所选指标，有关部门能及时统计或预测出来，不可与报告期时差太大，以免使决策失去有利时机。预见性，要求预警指标真正起到领先的警示信号和预控功能的作用。

在指标预警系统中，决策者（专家）可以根据各种信息及经验、直觉来确定这些参数：各个警兆指标的报警区间；各个警情指标的安全警限；各个警兆指标的重要程度。但在确定的过程中，应尽可能地减少人为因素，使指标的客观性尽量得以保证，科学合理地选定警情警兆指标系统，确定其综合处理方法，为计算机处理打好基础。

9.1.2 煤矿安全预警指标体系

根据前述，预警的指标体系主要可以分为人、机、环境和管理状态四大类要素。由于煤矿事故或灾害几乎都发生在井下，所以就以煤矿井下安全建立预警指标体系。

9.1.2.1 井下工作人员监测指标

和世界上煤炭生产发达国家相比，我国的煤矿生产仍然处于半机械化状态。例如：美国采矿业共有职工几万人，大小矿井共四千多个，每年的煤炭开采总量为 10 亿 t 左右；而我国大小矿井和

从事煤炭开采的人员不计其数,每年的煤炭开采总量大约为
20 亿 t[1],由此可以看出我国煤炭开采的大部分工作仍以人工为
主,因此大部分的安全事故都发生在井下,所以对井下工作人员进
行监测显得尤为重要。

对井下工作人员监测主要包括以下指标。

A　违章作业

违章作业包括未穿、戴安全工作服、危险的行为和错误的动
作、超负荷工作、违反煤矿安全规程或安全生产法。违章作业是酿
成煤矿事故的主要原因,违章作业率能够很好地反映违章作业的
严重程度,是人员状态监测的一个重要指标。

在煤矿安全生产中,违章作业的主要表现如下:(1)作业时未
穿工作服、穿不合适的工作服、不使用或错误地使用护具等;(2)
作业前未能对使用的机械设备、设施、工具及作业工作场所进行全
面细致的检查;(3)开动、关停机器设备时未发出信号;(4)无资格
操作、未经准许操作;(5)忘记关闭设备而离岗;(6)不遵守安全操
作规程和标准,如:奔跑作业;(7)机器超速运转;(8)违章驾驶机
动车辆;(9)使用无安全装置的设备,以手代替工具操作;(10)不
听从命令、指挥等。

$$r_z = Z_s / P_s \times 100\% \qquad (9\text{-}1)$$

式中,r_z 为违章作业率;Z_s 为工作人员的违章次数;P_s 为井下工作
人员总人次。

B　违章指挥

通过对煤矿安全事故的统计分析可以得出:人的不安全行为
一方面是工人的违章操作所致,另一方面原因来自于指挥人员的
违章指挥。违章作业主要是对矿井内进行现场操作的人员不安全
行为而设立的预警监测指标,违章指挥主要是针对现场管理人员
的不安全行为而建立的预警监测指标。

违章指挥在煤矿生产中的表现主要来自以下几个方面:(1)
为了个人或集体目标,强令工人进行超负荷劳动;(2)未经过周密
思考随意指挥开、关、移采掘机械或停、送电操作;(3)随意性地指

令拆除安全设施和信号、警示装置;(4)制定和下达作业计划时,没有考虑制定和下达安全措施,仍安排连续加班、加点,而无任何措施;(5)图省事继续安排使用带病的机械、设备、设施和工具;(6)安排无证人员上岗和驾驶车辆;(7)指挥人员冒险进入危险场所而无任何防范措施等。

$$r_h = Z_m/P_m \times 100\% \qquad (9-2)$$

式中,r_h 为违章指挥率;Z_m 为指挥人员的违章次数;P_m 为井下指挥人员总数。

C 违反劳动纪律

违反劳动纪律是煤矿"三违"之一,也是导致事故发生的重要因素之一。违纪率可以很好的反映煤矿作业人员违反劳动纪律的程度,是作业人员监测的一个重要指标。

$$r_p = Z_p/P_s \times 100\% \qquad (9-3)$$

式中,r_p 为违纪率;Z_p 为作业人员违纪人次;P_s 为井下工作人员总数。

D 作业人员的技术水平达标率

在市场经济条件下,任何企业都把追求利润作为工作的第一考核标准,在生产总量一定的情况下,为了赢利,许多单位只能通过降低成本来获取利润,尤其像煤矿这样的企业,生产环境恶劣,难以吸引高素质的作业人员,所以工人的文化水平普遍不高。许多领导简化了对职工培训的程序,大多数工人甚至部分矿长等高层领导未达到国家规定的生产技术水平就上岗操作,从而为事故的发生埋下了隐患,一旦发生危险工人无法采取措施加以防范。由于人的技术水平要经过反复练习在大脑皮层建立起巩固的动力定型才能形成,所以缺少了学习培训或学习培训不够就会在实际操作中力不从心而造成人为失误。因此,作业人员的技术水平也将直接影响煤矿的安全生产,为此可以通过作业人员的技术达标率这一指标来加以监测,从而实现煤矿安全预警管理。作业人员的技术水平指标主要表现为以下几个方面:1)安全知识匮乏,不知道有危险;2)缺乏安全操作技能或不熟练、不习惯;3)缺少应急能力和经验,遇事慌张、不冷静、不果断;4)因技能欠缺而造成行为反应失误等;5)其他。

$$r_t = Z_t/P_s \times 100\% \qquad (9\text{-}4)$$

式中,Z_t 为技术达标人员数;P_s 为井下工作人员总数。

随着科学技术的发展及自动化程度的不断提高,对操作人员的技术水平要求会越来越高,因此技术水平达标率将是煤矿安全管理的重要参考指标之一。

9.1.2.2　机械设备监测指标

煤矿的井下开采大多数的工作都是通过工人操纵机器来完成的,因此对主要机械设备的运行状态进行监测也是煤矿安全预警的一个重要因素。

根据煤矿生产作业的特点,对主要机械设备的监测指标可以从这样几个方面来考察:

A　机械维修保养合格率

由于井下开采工作主要由工作人员操纵一定的机械设备来完成,因此设备的维修保养的质量将直接影响到机械设备能否正常运转。设备维修保养不良是设备不安全状态的主要表现。要减少机械设备的不安全状态,最重要的是要做好机械设备的及时维修和正常保养。因此有必要建立一个指标——维修保养合格率,用以监测设备的维修保养情况,同时也是安全预警监测指标体系中的一个重要指标。

$$q = S_q/S \times 100\% \qquad (9\text{-}5)$$

式中,q 为维修保养合格率;S_q 为抽检设备维修保养合格数;S 为抽检设备总台数。

B　设备故障率

设备故障是指由于自然力、人为失误而引起的设备元件、子系统、系统在规定的时间、条件内达不到设计功能的状态。

设备故障一般发生于设备运转过程中。设备故障不仅会导致煤矿生产作业中断、效率降低,而且也会直接影响煤矿生产安全。因此,对设备故障状态进行监测,及时了解并掌握设备故障率的变化趋势,将有利于控制设备的不安全状态,保障煤矿安全生产。

设部件的失效密度函数为$f(t)$,可靠度函数为$R(t)$,则称:

$$r(t) = \frac{f(t)}{R(t)} \qquad (9-6)$$

为部件故障率。若部件的寿命T服从指数分布时,其故障率为:

$$r(t) = \frac{f(t)}{R(t)} = \frac{\lambda e^{-\lambda t}}{e^{-\lambda t}} = \lambda \qquad (9-7)$$

C 设备待修率

设备待修是指设备发生故障后,暂时等待修理的状态。设备待修是由于维修人员少或者是维修技术低所致,因此设备待修率能很好地反映设备在故障后重新返回到工作状态快慢的程度,因此设备待修率也是安全预警监测指标体系中的一个重要指标。

$$\mu = S_w/S \times 100\% \qquad (9-8)$$

式中,S_w为待修设备台数;S为井下设备总台数。

D 设备更新率

众所周知,一个企业的总资产包括固定资产和变动资产两部分,而作为煤矿企业先期投入的机械设备都属于固定资产,它的损耗不像变动资产那样明显,但随着生产的不断进行,机械设备不断磨损,在一定程度上影响煤矿生产的效率和生产安全,因此就需要定期对设备进行更新。设备更新的目的是为了消除设备的有形磨损和无形磨损。设备更新的内容主要包括两方面:一是设备改造(技术更新、安全防护设计改造、人机操作界面改造);一是设备更换(用新设备代替旧设备)。

设备更新率,是衡量煤矿生产设备先进性(技术和性能)的一个重要指标,可以作为煤矿机械状态的预警监测指标之一。

$$c = S_c/S \times 100\% \qquad (9-9)$$

式中,S_c为某段时间内设备更新台数;S为同期煤矿拥有设备总数。

E　设备带病作业率

由于 20 世纪 90 年代的中后期至 21 世纪初,煤矿经济普遍比较低迷,再加上煤矿企业职工多,负担重,为了维持企业的正常生产,减少不必要的开支,确保整个煤矿企业成本最低,许多企业都出现了安全"欠账",能不买设备尽量不买,从而导致许多设备老化、带病作业,造成了一定的安全隐患,而且工作效率极低。要彻底改变煤矿设备不安全状态,必须严格控制设备带病作业情况。因此,把设备带病作业率作为监测煤矿设备安全状态的预警指标是十分必要的。

$$r_i = S_i \times 100\% \tag{9-10}$$

式中,S_i 为设备带病作业数;S 为使用设备总台数。

F　安全防护设备合格率

安全防护作为煤矿生产的主要保护措施,在整个作业环境中起着举足轻重的作用。因此,安全防护设备合格率也是煤矿安全生产的重要监测指标之一。安全防护设备不合格主要包括:1)作业人员工作服、工作帽、手套等不合格或性能不佳;2)采煤面皮带巷及集中运输巷的皮带无皮带安全保护装置;3)井下巷道的支架不牢靠或不合理;4)安全信号装置、标志不明显;5)皮带巷、开拓掘进面、采煤面回风巷无防尘管路;6)采煤面、皮带巷、开拓掘进面均未安装瓦斯探头、断电仪等。

$$q_s = S_q/S \times 100\% \tag{9-11}$$

式中,S_q 为安全防护设备合格数;S 为煤矿拥有的井下设备总数。

9.1.2.3　作业环境监测指标

在人 – 机 – 环境系统中,环境是影响系统安全的一个重要因素。人、机都处于一定的环境之中,环境常影响着人的心理和生理状态,影响着人的工作效率和身心健康;机的效能的充分发挥也不同程度地受到环境因素的影响。环境通常也是滋生人的不安全行为和物的不安全状态的"土壤",是导致事故发生的基本原因。

事故致因论也指出,作业环境也可以引发事故。再加上煤矿生产环境极其恶劣,很多事故的发生都和环境有着密不可分的关系;因此,作业环境也是煤矿安全生产中的一个重要因素。对作业环境的预警监测指标体系应包括以下几个主要方面:粉尘污染控制合格率、噪音污染控制合格率、温度、瓦斯浓度、通风系统可靠度等。

A 粉尘污染控制合格率

粉尘污染是煤矿企业所面对的主要环境问题之一。煤矿粉尘在矿井中扩散迁移是构成煤矿大气悬浮物污染的主要成分之一。

粉尘污染不仅会直接作用于人体,危害人体健康,而且也会作用于人的心理,降低人的可靠性,影响系统整体的安全性。据统计,全国尘肺病共有 50 多万人,死亡 10 多万人,每年新发病人约 1.5 ~ 2 万人,其中矿山企业占 80%。因此,对粉尘污染控制合格率的预警监测,是作业环境预警监测指标体系的一项重要内容。

$$q_d = t_d / T \times 100\% \qquad (9\text{-}12)$$

式中,t_d 为井下煤尘控制达标天数;T 为作业总天数。

B 噪声污染控制合格率

由于井下作业主要依靠采掘机械来完成,而且工作环境相对比较封闭,噪声污染是煤矿生产所面对的又一环境问题。噪声对煤矿安全生产的负面影响主要体现在两个方面:一是噪声污染严重直接危害人体健康;二是长时间处于噪声干扰下,人们会感到烦躁不安、容易疲劳、注意力分散,人为失误率明显上升。由此看来,改善煤矿生产的作业环境,必须加强对噪声污染的控制。建立对噪声污染控制合格率的预警监测,是消除作业环境不良状态的一个重要环节。

$$q_y = t_y / T \times 100\% \qquad (9\text{-}13)$$

式中,t_y 为作业现场噪音控制达标天数;T 为作业总天数。

C 温度

随着机械化程度的提高,开采深度的增加,井下主要作业空间的温度也显著增加,加上井下的高湿度,形成了井下特殊的高湿热环境。矿工的工作属于重体力劳动,在高湿热的环境中作业,使人的生理发生变化,人体内某些平衡状态失调,操作的差错率、事故率都相应增加,工作效率明显下降。据国外研究资料表明,工作空间空气温度每升高 1℃,工作效率降低 6% ~ 8%。医学研究结果表明,事故率以 19℃ 为最低,温度升高或降低,事故率都相应增加。井下的高湿热环境中,温度大都在 19℃ 以上。据日本北海道 7 个煤矿的调查,30 ~ 37℃ 的工作面事故率较 30℃ 以下的增加 1.5 ~ 2.3 倍。因此建立对温度的预警监测,是提高煤矿安全生产的措施之一。

D　瓦斯浓度

近几年我国频频发生的特别重大事故中绝大部分是瓦斯爆炸事故,在国内外造成了极其恶劣的影响。要杜绝瓦斯爆炸事故的发生,就必须密切监视各主要作业点的瓦斯浓度,防止出现瓦斯积聚,使瓦斯浓度不超出《煤矿安全规程》的规定,这是彻底杜绝瓦斯爆炸事故的根本措施之一。因此,瓦斯浓度是煤矿安全预警极其重要的预警指标之一。

E　通风系统可靠度

众所周知,煤矿通风系统对煤矿的安全生产是极其重要的。因此对煤矿通风系统的可靠性进行监测是煤矿安全预警的重要内容之一。影响通风系统可靠性的因素[2~4]主要包括以下几个:

a　矿井总风压 H

单风井通风系统的矿井总风压 H 与利用伯努利能量方程计算的矿井通风阻力等值异号,多风井通风系统的矿井总风压 H 一般应根据各个风井系统的通风阻力 H_i 和风量 Q_i,按风量加权平均求得。

作为决策指标,H 有其理想的取值范围。对所有的矿井来讲,H 不能太大,H 大时会增加矿井通风的电耗,不经济。对于有自然发火倾向性的矿井来说,H 大时会增加矿井内部的漏风,H 大已成为公认的可引起煤层自然发火的重要因素之一。当然,H 值也不能太小,当 H 值小到与矿井自然风压 h_n 相当时,则很容易造成矿井通风的不稳定,甚至出现风流逆转。因此又要求:$H \geq 1.2 h_n$。

b 矿井风量 Q

在任何时候,矿井实际风量 Q 都必须满足大于矿井需风量 Q_{xv} 的要求:

$$Q > Q_{xv} (m^3/min) \qquad (9-14)$$

同样,矿井风量 Q 也不是越大越好,Q 较大时,会与 H 等效的增加矿井通风年电耗,同时也会导致矿井内部漏风增加。为此建议矿井风量满足:

$$Q \leq (1.2 \sim 1.3) Q_{xv} (m^3/min) \qquad (9-15)$$

c 矿井等积孔 A

与矿井风阻 R 类似,矿井通风等积孔 A 不是一个独立的指标。矿井通风等积孔 A 是 20 世纪 40 年代由前苏联学者提出来的,用它可以形象地表示矿井通风难易程度,是反映矿井通风难易的理想的综合性指标:

对于单风井矿井,其通风等积孔 A:

$$A = 1.19 \cdot Q/\sqrt{H} = 1.19/\sqrt{R} (m^2) \qquad (9-16)$$

对于多风机多风井的矿井,应按各风井风量加权确定矿井通风等积孔 A:

$$A = 1.19 \cdot \frac{(\sum_{i=1}^{n} Q_i)^{3/2}}{\sqrt{\sum_{i=1}^{n} (H_i Q_i)}} \qquad (9-17)$$

通常依据矿井风阻 R 或通风等积孔 A,把矿井按通风难易程度划分为三级,见表 9-1。根据等积孔的分级就可以初步断定生产矿井通风的总体状况,判定矿井通风是否容易。

d 矿井风量供需比 β

即矿井实际进风量 Q 与矿井所需风量 Q_{xv} 的比值:

$$\beta = Q/Q_{xv} \qquad (9-18)$$

一般认为,该比值应当在 1 ~ 1.2 的范围内较为合理。

表 9-1　矿井通风难易程度划分方法

矿井通分难易程度	矿井风阻 $R/\mathrm{N} \cdot \mathrm{s}^2 \cdot \mathrm{m}^{-8}$	等积孔 A/m^2
容　易	<0.353	>2
中　等	0.353 ~ 1.412	1 ~ 2
困　难	>1.412	<1

e　矿井有效风量率 ψ

指矿井采掘工作面、独立通风硐室等用风地点实际风量的总和 Q_s,同矿井实际总进风量 Q 的比值:

$$\psi = Q_s / Q \times 100 \qquad (9\text{-}19)$$

一般要求,该比值不得低于 80%。

f　矿井通风方式

矿井进、回风井的相对位置的布置方式即为矿井通风方式。一般使风流顺向流动、折返性小的通风方式比较优越。例如在高温矿井中,进风路线的长度不宜太长,为此矿井最好采用两翼进风或两翼、中央进风的方式。

g　风机运转稳定性

主要指矿井通风机的工况点是否位于通风机个体特性曲线的合理工作范围上;多风井矿井各运转通风机之间是否相互干扰等。

h　矿井通风系统抗灾能力

矿井通风系统的抗灾能力是衡量矿井通风系统安全性优劣的重要综合指标。抗灾能力强的矿井是指在矿井一旦发生安全事故时,有较好的防止事故扩大及控制风流稳定流动的应急措施,可将事故局限在一定的范围内;矿井通风系统有可靠的安全出口、有计划的避灾路线和其他安全措施;矿井通风网络简单;矿井实行分区独立通风;矿井通风设施少;矿井通风系统有利于排放瓦斯、有利于降尘、有利于防灭火、有利于降温等。

9.1.2.4 管理状态监测指标

通过煤矿安全事故的研究可以发现,安全管理在煤矿安全事故的成因过程中,发挥着举足轻重的作用。安全管理是协调煤矿生产系统中"人、机(物)、环"各要素相互关系的重要手段,其目的是为了避免生产系统各要素的失控和防止生产系统内部关系的失衡。管理状态监测指标体系可以从管理制度、组织状态、事故控制三个方面来考虑。

A 管理制度方面的监测指标

任何一种职能的执行都需要一定的制度来约束,安全管理职能的执行也同样如此。因此要确保煤矿安全管理职能最大限度的为煤矿安全生产发挥作用,就必须建立一套标准的、完善的安全管理制度。对安全管理制度的预警监测指标就应该从以下两方面来考察:

a 安全管理制度完善率

所谓安全管理制度完善率,主要指针对煤矿企业安全生产情况,在制订安全管理制度时,是否考虑到煤矿生产的各个方面因素,包括内部的、外部的,井下的、地面上的、职工的、领导层的等等诸方面因素。它是安全管理考核的重要依据。

$$r_{mp} = S_m / S_t \times 100\% \qquad (9-20)$$

式中,S_m 为实用安全管理制度数;S_t 为安全管理制度总数。

b 安全管理制度标准率

煤矿安全管理制度完善率是从大的方面来考核安全管理的执行情况。而安全管理标准率则是针对每一条款而言,将安全管理加以细化,使每一项制度符合煤矿企业的生产特点,而且通过努力可以实现,因此安全管理制度标准率是安全管理制度监测指标的一个重要方面。

$$r_{ms} = S_s / S_t \times 100\% \qquad (9-21)$$

式中,S_s 为标准安全管理制度数;S_t 为安全管理制度总数。

B　组织状态方面的监测指标

煤矿安全管理组织是煤矿安全管理职能的承载体,对管理状态的预警监测就必须对安全管理组织的状态进行监测。对组织状态监测的预警指标主要有以下两个:

a　专业安全管理人员占有率

安全管理作为管理的一个重要方面,必须有专门的安全管理人员来执行,否则企业的安全生产问题将被忽视。安全管理人员的文化水平将直接影响煤矿安全管理,因此,衡量安全管理组织状态的优劣,应首先建立对安全管理人员素质考核指标。主要通过专业安全管理人员占有率来反映。

$$r_p = S_p / S_m \times 100\% \tag{9-22}$$

式中,S_p 为专业安全管理人员数;S_m 为煤矿全部安全管理人员数。

b　安全管理组织的协调性

作为一个组织,必然有许多部门构成,因此在执行任务的过程中必须强调组织的合作精神,任何一个部门脱节都将影响到整个组织的工作。例如:由于个人矛盾导致部门间的信息不流通,出现信息的歪曲、延误,甚至中断等情况,最终使整个组织工作效率降低、功能萎缩,久而久之必然酿成严重后果。

由此看来组织的协调性可以折射出组织运转情况,它主要通过组织任务执行的满意度来反映。

$$r_s = S_s / S \times 100\% \tag{9-23}$$

式中,r_s 为任务执行的满意度;S_s 为任务执行的满意数;S 为组织接受任务的总数。

C　事故控制方面的监测指标

事故控制是衡量煤矿安全管理水平的最直接标准,比较直观,易说明问题。在大多数情况下都采用这种方法来评价一个煤矿或地区的安全性。对事故控制的预警监测,可以反映当前煤矿安全事故的严重程度和变化趋势。

在安全管理工作中,为便于分析、评价事故发生的情况,需要规定一些通用的统一的伤亡事故统计指标。在 1948 年 8 月召开的国际劳联(ILO)会议上确定以伤亡事故频率和伤害严重度作为伤亡事故的统计指标。事故发生频率表示事故发生的难易程度;事故后果严重度反映事故造成损失的大小。它们在事故管理中具有重要意义。

a 事故发生频率指标

事故发生频率是单位时间内发生的事故次数。国标 GB 6441—86 规定,按千人死亡率、千人重伤率、伤害频率计算事故频率。

(1)千人死亡率——某时期内平均每千名职工中因工伤事故造成的死亡人数

千人死亡率 = 死亡人数/平均职工数 $\times 10^3$

(2)千人重伤率——某时期内平均每千名职工中因工伤事故造成的重伤人数

千人重伤率 = 重伤人数/平均职工数 $\times 10^3$

(3)伤害频率——某时期内平均每千名职工中因工伤事故造成的伤害人数

百万工时伤害率 = 伤害人数/实际总工时数 $\times 10^6$

目前,国内仍沿用劳动部门规定的工伤事故频率作为统计指标。

工伤事故频率 = 本时期内工伤事故人数/本时期内在册职工人数 $\times 10^3$

习惯上把它称作千人负伤率。

在安全预警系统中,事故发生频率的监测指标采用千人死亡率和千人负伤率两个指标。

b 事故后果严重度指标

　　事故后果的严重度指标包括反映人员伤害严重度和财物损失的金额。通常,以轻伤、重伤、死亡来定性地表示人员伤害的严重度;以同时伤亡人数、由于人员伤亡而损失的工作日数(休工日数)来定量地表示伤害的严重度。国标 GB6441—86 规定了各种伤害严重度相对应的值。财物损失严重度指标按事故造成的财物损失金额的多少分为 4 级:

　　一般损失——损失金额在 1 万元以下;

　　较大损失——损失金额达到 1 万元、小于 10 万元;

　　重大损失——损失金额达到 10 万元、小于 100 万元;

　　特大损失——损失金额达到或超过 100 万元。

　　国标 GB 6441—86 还规定,可以按伤害严重率、伤害平均严重率及按产品产量计算死亡率等指标计算事故的严重度。

　　(1)伤害严重率——某时期内平均每百万工时由于事故造成的损失工作日数。

　　伤害严重率 = 总损失工作日/实际总工时 $\times 10^6$

　　国家标准中规定了工伤事故损失工作日数计算方法,其中规定永久性全失能伤害或死亡的损失工作日为 6000 个工作日。

　　(2)伤害平均严重率——受伤害的每人次平均损失工作日。

　　伤害平均严重率 = 总损失工作日/伤害人数

　　(3)按产品产量计算的死亡率。这种统计指标适用于以吨、立方米为单位计算产量的企业、部门。百万吨死亡率是指煤矿每开采 100 万 t 煤炭所发生的死亡事故人数。

　　百万吨死亡率 = 死亡人数/实际产量(t) $\times 10^6$

　　在安全预警系统中,采用伤害平均严重率和百万吨死亡率作为事故后果严重度的监测指标。

　　综上所述,煤矿安全预警系统的指标体系如图 9-1 所示。

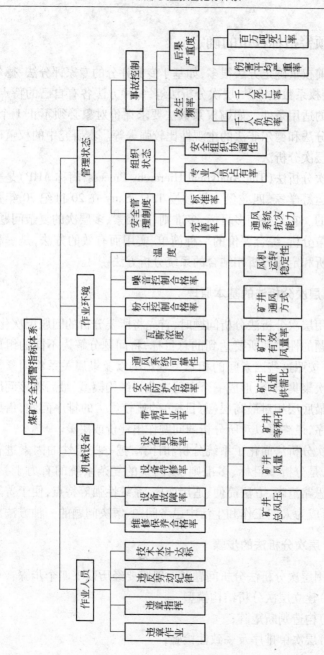

图 9-1 煤矿安全预警指标体系

9.2　预警指标权重的确定

目前权重确定方法很多,如基于专家评分的专家评分法、德尔非法、熵权系数法[5,6]、层次分析法等,每种方法各有自己的特点,有不同的适用条件。如熵权系数法要求评价对象必须不止 1 个,专家评分法和德尔非法的主观性比较强等等。本研究中的权重确定采用层次分析法。

层次分析法(The Analytical Hierarchy Process,简称 AHP)是美国著名运筹学家、匹兹堡大学教授 T. L. Satty 在 20 世纪 70 年代初提出的。它是处理多目标、多准则、多因素、多层次的复杂问题,进行决策分析、综合评价的一种简单、实用而有效的方法,是一种定性分析和定量分析相结合的系统分析方法[7,8]。

9.2.1　层次分析法的基本原理

利用层次分析法分析问题时,首先将所要分析的问题层次化,根据问题的性质和所要达到的总目标,将问题分解为不同的组成因素,并按照这些因素间的相互关联影响以及隶属关系将因素按不同层次聚集组合,形成一个多层次分析结构模型,最后将该问题归结为最底层相对最高层(总目标)的比较优劣的排序问题,借助这些排序,最终可以对所分析的问题作出评价或决策。

层次分析法简化了系统分析和计算,把一些定性的因素进行定量化,是分析多目标、多准则、多因素的复杂系统的有力工具。它具有思路清晰、方法简便、适用面广、系统性强等特点,便于普及推广,可成为人们工作和生活中思考问题、解决问题的一种方法。

9.2.2　层次分析法的步骤

运用层次分析法分析问题时一般需要经历以下四个步骤:

(1)建立层次分析结构模型;

(2)构造判断矩阵;

(3)层次单排序及一致性检验;

(4)层次总排序及一致性检验。

以下对各主要步骤进行详细讨论。

9.2.2.1 建立层次分析结构模型

利用层次分析法分析问题时,首先就是建立系统的递阶层次结构模型。这一步是建立在对所分析问题及其所处环境的充分理解、分析的基础之上的,所以这项工作应由运筹学工作者与管理人员、专家等密切合作完成。

对于一般的系统,层次分析法模型的层次结构大体分为三类:

(1)最高层:又称为顶层、目标层,表示系统的目的,即进行系统分析要达到的总目标。一般只有一个。

(2)中间层:又称为准则层。表示采取某些措施、政策、方案等来实现系统总目标所涉及到的一些中间环节,这些环节通常是需要考虑的准则、子准则。这一层可以有多个子层,每个子层可以有多个因素。

(3)最底层:又称为措施层、方案层。表示为实现目标所要选用的各种措施、决策、方案等。

在层次分析结构模型中,用线标明上一层因素与下一层因素之间的联系。如果某个因素与下一层次的所有因素都有联系,这种关系叫作完全层次关系。而更多的情况是上一层因素只与下一层因素中的部分因素有联系,这种关系叫作不完全层次关系。

9.2.2.2 构造判断矩阵

层次分析的信息主要是人们对于每一层次中各因素的相对重要性做出判断。这些判断通过引入合适的标度进行定量化,就形成了判断矩阵。判断矩阵表示相对于上一层次的某一个因素,本层次有关因素之间相对重要性的比较。

一般情况下,直接确定有关因素的相对重要性是很困难的,因此层次分析法提出用两两比较的方式建立判断矩阵。

设与上层因素 z 关联的 n 个因素为 $x_1, x_2, \cdots, x_n$,对于 $i, j = 1, 2, \cdots, n$,以 a_{ij} 表示 x_i 与 x_j 关于 z 的影响之比值。于是得到这 n 个因素关于 z 的两两比较的判断矩阵 A。

$$A = \begin{bmatrix} a_{11} & a_{12} & \cdots & a_{1n} \\ a_{21} & a_{22} & \cdots & a_{2n} \\ \vdots & \vdots & & \vdots \\ a_{n1} & a_{n2} & \cdots & a_{nn} \end{bmatrix}$$

为了便于操作,Satty 建议使用 1～9 及其倒数共 17 个数作为标度来确定 a_{ij} 的值,习惯上称为 9 标度法。9 标度法的含义如表 9-2 所示。

表 9-2　9 标度法

含义	x_i 与 x_j 同样重要	x_i 比 x_j 稍重要	x_i 比 x_j 重要	x_i 比 x_j 强烈重要	x_i 比 x_j 极重要
a_{ij} 取值	1	3	5	7	9
	2	4	6	8	

表 9-2 中的第 2 行描述的是从定性的角度,x_i 与 x_j 相比较重要程度的取值,第 3 行描述了介于每两种情况之间的取值。由于 a_{ij} 描述了两因素重要程度的比值,所以 1～9 的倒数分别表示相反的情况,即 $a_{ij} = 1/a_{ji}$。

显然,两两比较形成的判断矩阵 A(亦称为正互反矩阵)具有下列性质:

对于任意 $i,j = 1,2,\cdots,n$,

(1) $a_{ij} > 0$;

(2) $a_{ji} = 1/a_{ij}$;

(3) $a_{ii} = 1$。

9.2.2.3　层次单排序及一致性检验

所谓层次单排序,是指根据判断矩阵计算出某层次因素相对于上一层次中某一因素的相对重要性权值。可以用上一层次各个因素分别作为其下一层次各因素之间相互比较判断的准则,即可做出一系列的判断矩阵,从而计算得到下一层次因素相对上一层次因素的多组权值。

在给定准则下,由因素之间两两比较判断矩阵导出相对排序权重的方法有许多种,其中提出最早、应用最广、又有重要理论意义的特征根法受到普遍的重视。

特征根法的基本思想是,当矩阵 A 为一致性矩阵时,其特征根问题 $Aw = \lambda w$ 的最大特征值所对应的特征向量归一化后即为排序权向量。

最大特征根及其特征向量的精确算法可以用线性代数中求矩阵特征根的方法求出所有的特征根,然后再找一个最大特征根,并找出它对应的特征向量。当判断矩阵的阶数较高时,此方法就要求解 A 的 n 次方程且要把所有的 n 个特征根都找到,才能比较其大小,这给计算带来了一定的困难。鉴于判断矩阵有它的特殊性,一般情况下采用比较简便的方根法近似计算。

方根法的基本过程是将判断矩阵 A 的各行向量采用几何平均,然后归一化,得到排序权重向量。计算步骤如下:

(1)计算判断矩阵各行元素乘积的 n 次方根。

$$M_i = (\prod_{j=1}^{n} a_{ij})^{1/n}, i = 1, 2, \cdots, n \qquad (9\text{-}24)$$

(2)对向量 M 归一化。

$$w_i = M_i / \sum_{j=1}^{n} M_j, i = 1, 2, \cdots, n \qquad (9\text{-}25)$$

$W = (w_1, w_2, \cdots, w_n)^T$ 即为所求的特征向量。

(3)计算判断矩阵的最大特征值。

$$\lambda_{\max} = \frac{1}{n} \sum_{i=1}^{n} \frac{(Aw)_i}{w_i} \qquad (9\text{-}26)$$

式中,$(Aw)_i$ 为 Aw 的第 i 个分量。

容易证明,当正互反矩阵 A 为一致性矩阵时,方根法可得到精确的最大特征值与相应的特征向量。

利用两两比较形成判断矩阵时,由于客观事物的复杂性及人们对事物判别比较时的模糊性,不可能给出精确的两个因素的比值,只能对它们进行估计判断。这样判断矩阵中给出的 a_{ij} 与实际的比值有偏差,因此不能保证判断矩阵具有完全的一致性。于是

Satty 在构造层次分析法时,提出了满意一致性概念,即用 $\lambda_{\max}$ 与 n 的接近程度作为一致性程度的尺度(有定理可以保证一致性矩阵的最大特征值等于矩阵的阶数)。

对判断矩阵进行一致性检验的步骤为:

(1)计算判断矩阵的最大特征值 $\lambda_{\max}$;

(2)计算一致性指标(Consistency Index):

$$CI = \frac{\lambda_{\max} - n}{n - 1} \tag{9-27}$$

(3)查表求相应的平均随机一致性指标 RI(Random Index):

平均随机一致性指标可以预先计算制成表,其计算过程为:取定阶数 m,随机取 9 标度数构造正互反矩阵求其最大特征值,计算 m 次(m 足够大)。由这 m 个最大特征值的平均值可得随机一致性指标:

$$RI = \frac{\lambda_{\max} - n}{n - 1} \tag{9-28}$$

Satty 以 $m = 1000$ 得到表 9-3。

表 9-3　平均随机一致性指标

矩阵阶数	3	4	5	6	7	8	9	10	11	12	13
RI	0.58	0.90	1.12	1.24	1.32	1.41	1.45	1.49	1.51	1.54	1.56

(4)计算一致性比率 CR(Consistency Ratio):

$$CR = \frac{CI}{RI} \tag{9-29}$$

(5)判断:

当 $CR < 0.1$ 时,认为判断矩阵 A 有满意一致性;反之,当 $CR \geqslant 0.1$ 时,认为判断矩阵 A 不具有满意一致性,需要进行修正。

9.2.2.4　层次总排序及一致性检验

所谓层次总排序,是指某一层次的所有因素相对于最高层(总目标)的重要性权值。依次沿递阶层次结构由上而下逐层计算,即可计算最底层因素(如待选的项目、方案、措施等)相对于最高层(总目标)的相对重要性权值或相对优劣的排序值。

设已计算出第 $k-1$ 层 n_{k-1} 个因素相对于总目标的权值向量为：

$$w^{(k-1)} = (w_1^{(k-1)}, w_2^{(k-1)}, \cdots, w_{n_{k-1}}^{(k-1)})^T \tag{9-30}$$

再设第 k 层的 n_k 个因素关于第 $k-1$ 层的第 j 个因素的层次单排序权重向量为：

$$w_j^k = (w_{1j}^k, w_{2j}^k, \cdots, w_{nj}^k)^T, j = 1, 2, \cdots, n_{k-1} \tag{9-31}$$

上式对第 k 层的 n_k 个因素是完全的。当某些因素与 $k-1$ 层第 j 个因素无关时,相应的权重为 0,于是得到 $n_k \times n_{k-1}$ 矩阵：

$$W^k = \begin{bmatrix} w_{11}^k & w_{12}^k & \cdots & w_{1n_{k-1}}^k \\ w_{21}^k & w_{22}^k & \cdots & w_{2n_{k-1}}^k \\ \vdots & \vdots & & \vdots \\ w_{n_k1}^k & w_{n_k2}^k & \cdots & w_{n_kn_{k-1}}^k \end{bmatrix} \tag{9-32}$$

于是可得到第 k 层 n_k 个因素关于最高层的相对重要性权值向量为：

$$w^{(k)} = W^k \times w^{(k-1)} \tag{9-33}$$

将上式分解可得：

$$w^{(k)} = W^k \times W^{k-1} \times \cdots \times W^3 \times w^{(2)} \tag{9-34}$$

把式(9-34)写成分量的形式有：

$$w_i^{(k)} = \sum_{j=1}^{n_{k-1}} w_{ij}^k w_j^{(k-1)}, i = 1, 2, \cdots, n_k \tag{9-35}$$

层次总排序得到的权值向量是否可以被满意接受,需要进行综合一致性检验。

设以第 $k-1$ 层的第 j 个因素为准则的一致性指标为 CI_j^k,平均随机一致性指标为 $RI_j^k (j = 1, 2, \cdots, n_{k-1})$。那么第 k 层的综合指标分别为：

$$CI^{(k)} = (CI_1^k, CI_2^k, \cdots, CI_{n_{k-1}}^k) w^{(k-1)} = \sum w_j^{(k-1)} CI_j^k \tag{9-36}$$

$$RI^{(k)} = (RI_1^k, RI_2^k, \cdots, RI_{n_{k-1}}^k) w^{(k-1)} = \sum w_j^{(k-1)} RI_j^k \tag{9-37}$$

$$CR^{(k)} = \frac{CI^{(k)}}{RI^{(k)}} \tag{9-38}$$

当 $CR^{(k)} < 0.1$ 时,认为层次结构在第 k 层以上的判断具有整体满意一致性;反之,当 $CR^{(k)} \geqslant 0.1$ 时,认为层次结构在第 k 层以上的判断不具有整体满意一致性,需要修正判断矩阵。

在实际应用中,整体一致性检验常常不必进行,主要原因是对整体进行考虑是很困难的;另外,若单层次排序下具有满意一致性,而整体不具有满意一致性时,判断矩阵的调整非常困难。因此,一般情况下,可不予进行整体一致性检验。

综上所述,层次分析法计算过程的流程图如图9-2所示。

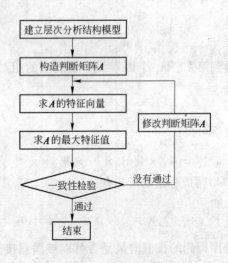

图 9-2　AHP 的流程图

9.2.3　煤矿安全预警指标权重的确定

根据层次分析法原理,可以对上文中确定的煤矿安全预警指标体系中的指标的权重进行计算。指标的层次结构如图 9-1 所示。以第一层次指标权重的确定为例。

(1)构造判断矩阵:

根据对有关专家的咨询,可以构造出如下的判断矩阵:

$$A = \begin{bmatrix} 1 & 5 & 3 & 2 \\ 1/5 & 1 & 1/2 & 1/2 \\ 1/3 & 2 & 1 & 1/2 \\ 1/2 & 2 & 2 & 1 \end{bmatrix}$$

(2)层次单排序及一致性检验:

由式(9-24)可得:

$$M_1 = \sqrt[4]{1 \times 5 \times 3 \times 2} = 2.34, M_2 = 0.473, M_3 = 0.76, M_4 = 1.189$$

由式(9-25),可求出各指标的权重集为:$W_1 = \{0.49, 0.1, 0.16, 0.25\}$。

根据式(9-26)可求出判断矩阵最大特征值:$\lambda_{max} = 4.04$。

根据式(9-27)可计算出一致性指标:$CI = 0.013$

查表9,3可知平均随机一致性指标:$RI = 0.9$

根据式(9-29)可计算出一致性比率:$CR = 0.014$

由于 $CR < 0.1$,所以判断矩阵 A 有满意一致性,所求权重即为合理权重。

类似于第1层次指标权重确定的过程,可以分别求出各指标的权重(计算过程略)。

作业人员监测指标的权重向量为:$W_{21} = \{0.35, 0.25, 0.22, 0.18\}$;

机械设备监测指标的权重向量为:$W_{22} = \{0.14, 0.26, 0.1, 0.12, 0.17, 0.21\}$;

作业环境监测指标的权重向量为:$W_{23} = \{0.12, 0.14, 0.08, 0.34, 0.32\}$;

管理状态监测指标的权重向量为:$W_{24} = \{0.22, 0.34, 0.44\}$;

通风系统可靠度的监测指标权重向量为:$W_{331} = \{0.14,$

0. 13，0. 05，0. 11，0. 1，0. 09，0. 17，0. 21｝；

　　管理制度监测指标的权重向量为：$W_{341} = \{0.45，0.55\}$；

　　组织状态监测指标的权重向量为：$W_{342} = \{0.42，0.58\}$；

　　事故控制监测指标的权重向量为：$W_{343} = \{0.27，0.23，0.28，0.22\}$。

　　煤矿安全预警指标体系中各指标的权重如表9-4所示。

表9-4　煤矿安全预警指标的权重

第1层次指标	权重	第2层次指标	权重	第3层次指标	权重
作业人员	0.49	违章作业率	0.35		
		违章指挥	0.25		
		违反劳动纪律	0.22		
		技术水平达标率	0.18		
机械设备	0.1	维修保养合格率	0.14		
		设备故障率	0.26		
		设备待修率	0.1		
		设备更新率	0.12		
		设备带病作业率	0.17		
		安全防护设备合格率	0.21		
作业环境	0.16	粉尘控制合格率	0.12		
		噪声控制合格率	0.14		
		温度	0.08		
		瓦斯浓度	0.34		
		通风系统可靠度	0.32	矿井总风压	0.14
				矿井风量	0.13
				矿井等积孔	0.05
				矿井风量供需比 β	0.11
				矿井有效风量率 ψ	0.1
				矿井通风方式	0.09
				风机运转稳定性	0.17
				通风系统抗灾能力	0.21

续表9-4

第1层次指标	权重	第2层次指标	权重	第3层次指标	权重
管理状态	0.25	管理制度	0.22	制度完善率	0.45
				制度标准率	0.55
		组织状态	0.34	专业管理人员占有率	0.42
				安全管理组织的协调性	0.58
		事故控制	0.44	千人死亡率	0.27
				千人负伤率	0.23
				伤害平均严重率	0.28
				百万吨死亡率	0.22

9.3 煤矿安全预警的可拓综合模型

预警模型对于预警系统而言是至关重要的,只有在客观、合理、有效的预警模型支持下,预警系统才可能不会发生误警、漏警。由前述国内外预警模型研究可知,目前绝大多数预警模型是基于财务预警[9~12]、金融预警[13~16]和宏观经济预警[17~20]的,煤矿预警方面仅见到基于粗集—神经网络的矿井通风系统可靠性预警模型和基于模糊综合评价的预警模型[21]。所以研究适合煤矿安全预警的预警模型对于建立煤矿安全预警系统具有重要的理论意义和现实意义。

可拓理论是广东工业大学的蔡文研究员于1983年将物元理论和可拓集合理论相结合提出的一门新兴学科,它用形式化工具,从定性和定量的角度研究解决复杂问题的规律和方法[22,23]。

可拓理论的理论基础有三个:一个是研究基元(包括物元、事元和关系元)及其变换的基元理论,一个是作为定量化工具的可拓集合理论,另一个是可拓逻辑,它们共同构成了可拓论的理论内涵。这三个理论与其他领域的理论相结合,产生了相应的新知识,形成了可拓论的应用外延。以可拓论为基础,发展了一批特有的方法,如物元可拓方法、物元变换方法和优度评价方法等。这些方法与其他领域的方法相结合,产生了相应的可拓工程方法。可拓论与管理科学、控制论、信息论以及计算机科学相结合,使可拓工程方法开始应用于经济、管理、决策和过程控制中。

可拓理论中的物元模型是一个动态模型,参变量既可以是时间,也可以是其他变量,如压力、风速等。动态模型能够很好的拟合现实系统,尤其是像煤矿生产这样复杂的、动态变化的系统。所以应用可拓理论来建立煤矿安全预警综合模型较目前的财务、经济预警模型更合理,更能反映煤矿的实际安全状况。

9.3.1　可拓理论的基本概念

9.3.1.1　物元

在可拓学中,物元是以事物、特征及事物关于该特征的量值三者所组成的有序三元组,记为 $R = ($ 事物,特征,量值 $) = (N, C, V)$。它是可拓学的逻辑细胞。

把物 N,n 个特征 $c_1, c_2, \cdots, c_n$,及 N 关于特征 $c_i(i = 1, 2, \cdots, n)$ 对应的量值 $v_i(i = 1, 2, \cdots, n)$ 所构成的阵列:

$$R = (N, C, V) = \begin{bmatrix} N, & c_1, & v_1 \\ & c_2, & v_2 \\ & \vdots & \vdots \\ & c_n, & v_n \end{bmatrix}$$

称为 n 维物元。

在物元 $R = (N, C, V)$ 中,若 N, V 是参数 t 的函数,称 R 为参变量物元,记作:

$$R(t) = (N(t), C, v(t))$$

9.3.1.2　可拓集合

设 U 为论域,K 是 U 到实域 $(-\infty, +\infty)$ 的一个映射,T 为给定的对 U 中元素的变换,称:

$$\tilde{A}(T) = \{(u, y, y') \mid u \in U, y = K(u) \in (-\infty, +\infty), y' = K(Tu) \in (-\infty, +\infty)\}$$

为论域 U 上关于元素变换 T 的一个可拓集合,$y = K(u)$ 为 $\tilde{A}(T)$ 的关联函数。

9.3.1.3　距

为了描述类间事物的区别,在建立关联函数之前,规定了点 x

与区间 $X_0 = \langle a,b \rangle$ 之距为：

$$\rho(x,X_0) = \left| x - \frac{a+b}{2} \right| - \frac{b-a}{2} \qquad (9-39)$$

9.3.1.4 关联函数

设 $X_0 = \langle a,b \rangle$，$X = \langle c,d \rangle$，$X_0 \subset X$，且无公共端点，令：

$$K(x) = \frac{\rho(x,X_0)}{D(x,X_0,X)}$$

则：

(1) $x \in X_0$，且 $x \neq a,b \leftrightarrow K(x) > 0$；

(2) $x = a$ 或 $x = b$，$\leftrightarrow K(x) = 0$；

(3) $x \notin X_0$，$x \in X$，且 $x \neq a,b,c,d$，$\leftrightarrow -1 < K(x) < 0$；

(4) $x = c$ 或 $x = d$，$\leftrightarrow K(x) = -1$；

(5) $x \notin X$，且 $x \neq c,d$，$\leftrightarrow K(x) < -1$。

称 $K(x)$ 为 x 关于区间 X_0,X 的关联函数。

式中，$D(x,X_0,X)$ 为点 x 关于区间套的位值，

$$D(x,X_0,X) = \begin{cases} \rho(x,X) - \rho(x,X_0), & x \notin X_0 \\ 1, & x \in X_0 \end{cases} \qquad (9-40)$$

9.3.2 安全预警问题的物元模型

设安全性预警问题为 P，共有 m 个预警对象，$R_1,R_2,\cdots,R_m$，n 个预警指标，$c_1,c_2,\cdots,c_n$，则此问题可以利用物元表示为：

$$P = R_i \times r, R_i \in (R_1, R_2, \cdots, R_m)$$

R_i 为预警对象，$R_i = (N_i(t), C, V_i(t)) = \begin{bmatrix} N_i(t), & c_1, & v_{i1}(t) \\ & c_2, & v_{i2}(t) \\ & \vdots & \vdots \\ & c_n, & v_{in}(t) \end{bmatrix}$

r 为条件物元，$r = \begin{bmatrix} N, & c_1, & V_1(t) \\ & c_2, & V_2(t) \\ & \vdots & \vdots \\ & c_n, & V_n(t) \end{bmatrix}$

9.3.3　安全预警的可拓综合模型

可拓综合预警的基本思想是[24,25]:根据日常安全管理中积累的数据资料,把预警对象的警度划分为若干等级,综合各专家的意见确定出各等级的数据范围,再将预警对象的指标带入各等级的集合中进行多指标评定,评定结果按它与各等级集合的综合关联度大小进行比较,综合关联度越大,就说明评价对象与该等级集合的符合程度愈佳,预警对象的警度即为该等级。

9.3.3.1　确定经典域与节域

令:

$$\boldsymbol{R}_{0j} = (\ N_{0j}, C, V_{0j}\ ) = \begin{bmatrix} N_{0j}, & c_1, & V_{0j1} \\ & c_2, & V_{0j2} \\ & \vdots & \vdots \\ & c_n, & V_{0jn} \end{bmatrix}$$

$$= \begin{bmatrix} N_{0j}, & c_1, & \langle a_{0j1}, b_{0j1} \rangle \\ & c_2, & \langle a_{0j2}, b_{0j2} \rangle \\ & \vdots & \vdots \\ & c_n, & \langle a_{0jn}, b_{0jn} \rangle \end{bmatrix}$$

式中,N_{0j}表示所划分的第j个等级;$c_i(i=1,2,\cdots,n)$表示第j个等级N_{0j}的特征(预警指标);V_{0ji}表示N_{0j}关于特征c_i的量值范围,即预警对象各警度等级关于对应的特征所取的数据范围,此为一经典域。

令:

$$R_D = (D, C, V_D) = \begin{bmatrix} D, & c_1, & V_{D1} \\ & c_2, & V_{D2} \\ & \vdots & \vdots \\ & c_n, & V_{Dn} \end{bmatrix} = \begin{bmatrix} D, & c_1, & \langle a_{D1}, b_{D1} \rangle \\ & c_2, & \langle a_{D2}, b_{D2} \rangle \\ & \vdots & \vdots \\ & c_n, & \langle a_{Dn}, b_{Dn} \rangle \end{bmatrix}$$

式中 D 表示警度等级的全体,V_{Di} 为 D 关于 c_i 所取的量值的范围,即 D 的节域。

9.3.3.2 确定待评物元

对预警对象 p_i，把测量所得到的数据或分析结果用物元表示，称为预警对象的待评物元。

$$R_i = (p_i, C, V_i) = \begin{bmatrix} p_i, & c_1, & v_{i1} \\ & c_2, & v_{i2} \\ & \vdots & \vdots \\ & c_n, & v_{in} \end{bmatrix} i = 1, 2, \cdots, m$$

式中，p_i 表示第 i 个预警对象，v_{ij} 为 p_i 关于 c_j 的量值，即预警对象的预警指标值。

9.3.3.3 首次评价

对预警对象 p_i，首先用非满足不可的特征 c_k 的量值 v_{ik} 评价。若 $v_{ik} \notin V_{0jk}$，则认为预警对象 p_i 不满足"非满足不可的条件"，不予评价；否则进入下一步骤。

9.3.3.4 确定各特征的权重

一般来说，预警对象各特征的重要性不尽相同，通常采用权重来反映重要性的差别。权重的确定采用层次分析法。

9.3.3.5 建立关联函数，确定预警对象关于各警度等级的关联度

$$K_j(v_{ki}) = \frac{\rho(v_{ki}, V_{0ji})}{\rho(v_{ki}, V_{0Pi}) - \rho(v_{ki}, V_{0ji})} \tag{9-41}$$

式中，$\rho(v_{ki}, V_{0ji})$ 为点 v_{ki} 与区间 V_{0ji} 的距，

$$\rho(v_{ki}, V_{0ji}) = \left| v_{ki} - \frac{a_{0ji} + b_{0ji}}{2} \right| - \frac{1}{2}(b_{0ji} - a_{0ji}) \tag{9-42}$$

9.3.3.6 关联度的规范化

关联度的取值是整个实数域，为了便于分析和比较，将关联度进行规范化。当预警对象只有 1 个时，此步将省略。

$$K'_j(v_{ki}) = \frac{K_j(v_{ki})}{\max_{1 \leq i \leq m} |K_j(v_{ki})|} \tag{9-43}$$

9.3.3.7 计算评价对象的综合关联度

考虑各特征的权重，将（规范化的）关联度和权系数合成为综

合关联度。

$$K_j(p_k) = \sum_{i=1}^{n} \alpha_i K'_j(v_{ki}) \tag{9-44}$$

式中，p_k 表示第 k 个预警对象。

9.3.3.8　警度等级评定

若 $K_k(p) = \max\limits_{k \in (1,2,\cdots,m)} K_j(p_j)$，则预警对象 p 的警度属于等级 k。

当预警对象的各指标间分为不同层次或预警指标较多而使权重过小时，需要采用多层次综合预警模型。多层次综合预警是在单层次综合预警的基础上进行的，计算方法与单层次相似。第二层次评定结果组成第一层次的评价矩阵 $\boldsymbol{K}_1$，然后考虑第一层次各因素的权重 $\boldsymbol{A}$，权系数矩阵和综合关联度矩阵合成为预警结果矩阵。

$$K = A \cdot K_1 \tag{9-45}$$

9.3.4　煤矿安全预警模型的几点说明

（1）基于可拓理论的煤矿安全预警模型是一个综合预警模型，该模型计算出的评价对象的综合关联度将作为预报警度的最终依据，结合确定出的警限标准，即可发出煤矿整体安全状况的预警信号。

（2）在使用该模型时，必须和单指标预警模型一起联合使用，在单指标尤其是重要指标不超限的前提下，才能将综合评价结果作为预警的唯一依据；反之，则必须同时发出单指标超限的警报。例如在瓦斯超限的情况下，首先必须发出瓦斯超限的警报，然后再输出整体安全状况的评价结果，并发出整体安全状况的预警信号。

（3）将该模型应用于不同评价对象时，预警指标体系中的各指标的权重应作相应调整，以尽可能符合评价对象的实际安全状况，从而保证综合评价模型的评价结果的公正、客观，从而使得系统发出的预警信号准确、可信。当同时对几个评价对象进行监测、预警时，可以考虑采用熵权系数，以保证预警指标权重的客观性。

（4）该模型适于编制成计算机程序求解，以提高评价的及时性,提高预警信号发出的速度,为安全决策节约宝贵的时间。

9.4 预警应用分析

9.4.1 矿井概况

河南神火煤电股份有限公司新庄矿位于豫、皖两省交界的永城市东部的苗桥乡境内。该矿西至永城市 24km,东至安徽省淮北市 19km,西傍京九铁路,交通便利。井田东部及北部以人为边界与安徽皖北矿务局刘桥二矿分界,西以王庄断层与葛店煤矿扩大区比邻,南至煤层露头线,南北长约 7.5km,东西宽约 3km,井田面积约 22.5km。

该矿 1978 年动工兴建,1995 年正式投产,设计生产能力 90万 t/a。1998 年底改扩建完成,年设计生产能力 180 万 t/a,自 2003 年以来,该矿的年生产能力基本稳定在 240 万 t/a。矿区主采煤层为二₂煤层和三₂煤层,采用立井提升,水平运输大巷。目前有四个采区,5 个工作面生产。矿井采用主、副井进风,南、北风井回风的中央边界式、抽出式通风方式,该矿为低瓦斯矿井。

通过对该矿的有关资料进行整理,有关数据如表 9-5 所示。

表 9-5　新庄矿各指标的原始数据

第1层次指标	第2层次指标	第3层次指标	指标值
作业人员	违章作业率		32.1%
	违章指挥率		15.2%
	违反劳动纪律		2.8%
	技术水平达标率		65.2%
机械设备	维修保养合格率		92.6%
	设备故障率		7.6%
	设备待修率		2.1%
	设备更新率		10.4%
	设备带病作业率		15.6%
	安全防护设备合格率		93.5%

第 1 层次指标	第 2 层次指标	第 3 层次指标	指标值
作业环境	粉尘控制合格率		86.7%
	噪声控制合格率		89.2%
	温度		26℃
	瓦斯浓度(体积分数)		0.5%
	通风系统可靠度	矿井总风压	2428Pa
		矿井风量	13577m³/min
		矿井等积孔	5.92m²
		矿井风量供需比 β	1.15
		矿井有效风量率 ψ	0.877
		矿井通风方式	9.4
		风机运转稳定性	9.2
		通风系统抗灾能力	9.6
管理状态	管理制度	制度完善率	85.4%
		制度标准率	88.2%
	组织状态	专业管理人员占有率	65.2%
		安全管理组织的协调性	91.2%
	事故控制	千人死亡率	0.59‰
		千人负伤率	2.35‰
		伤害平均严重率	15%
		百万吨死亡率	0.42%

注:1. 表中通风方式、风机运转稳定性和通风系统抗灾能力三个指标值为专家评
分值;

2. 温度为各采掘工作面中的最高温度;

3. 瓦斯浓度为各采掘工作面瓦斯监测浓度的最高值。

9.4.2 警限的确定

根据新庄矿的实际安全状况,结合建立预警指标体系时每个

指标的分析,可分别确定出每个指标的预警界限,具体警限值如表9-6所示。

表9-6 煤矿安全预警指标的警限

项目	安全预警指标	警限值			
		重警	中警	轻警	无警
作业人员	违章作业率/%	≥50	≥30	≥20	<20
	违章指挥/%	≥40	≥20	≥10	<10
	违反劳动纪律/%	≥50	≥30	≥15	<15
	技术水平达标率/%	<40	≥40	≥50	≥60
	维修保养合格率/%	<60	≥60	≥80	≥90
机械设备	设备故障率/%	≥30	≥20	≥10	<10
	设备待修率/%	≥20	≥10	≥5	<5
	设备更新率/%	<0.5	<3	<5	≥5
	设备带病作业率/%	≥30	≥20	≥10	<10
	安全防护设备合格率/%	<60	<70	<85	≥85
	粉尘控制合格率/%	<50	<60	<80	≥80
	噪声控制合格率/%	<50	<60	<80	≥80
作业环境	温度/℃	≥30	≥28	≥26	<26
	瓦斯浓度(体积分数)/%	≥1	≥0.9	≥0.8	<0.8
	矿井总风压/Pa	≥3000	≥2800	≥2700	≥1000
	矿井风量/$m^3 \cdot min^{-1}$	<9000	<11000	<12000	≥12000
	矿井等积孔/m^2	<1	<2	<4	≥4
	矿井风量供需比β	<0.8	<0.9	<1	[1, 1.2]
	矿井有效风量率ψ	<0.7	<0.8	<0.85	≥0.85
	矿井通风方式	<6	<7	<8	≥8
	风机运转稳定性	<6	<7	<8	≥8
	通风系统抗灾能力	<6	<7	<8	≥8
管理状态	制度完善率/%	<60	<70	<80	≥80
	制度标准率/%	<60	<70	<80	≥80

续表 9-6

安全预警指标	警限值			
	重警	中警	轻警	无警
专业管理人员占有率/%	<50	<60	<70	≥70
安全管理组织的协调性/%	<60	<70	<80	≥80
千人死亡率	≥5	≥3	≥1	<1
千人负伤率	≥10	≥8	≥5	<5
伤害平均严重率	≥100	≥80	≥50	<50
百万吨死亡率	≥3	≥2	≥1	<1

注：管理状态

9.4.3　新庄矿安全性可拓综合预警

9.4.3.1　第 3 层次可拓综合评价

A　通风系统可靠性的评价

a　确定各指标的经典域和节域

煤矿的安全性预警等级可以划分为无警、轻警、中警和重警四级，各等级的经典域物元根据专家意见分别为：

$$R_{01} = \begin{bmatrix} N_{01}, & 风\ 压, & \langle 1000,2700\rangle \\ & 风\ 量, & \langle 12000,15000\rangle \\ & 等积孔, & \langle 4,8\rangle \\ & 供需比, & \langle 1,1.2\rangle \\ & 风量率, & \langle 0.85,0.99\rangle \\ & 通风方式, & \langle 8,9.9\rangle \\ & 稳定性, & \langle 8,9.9\rangle \\ & 抗灾能力, & \langle 8,9.9\rangle \end{bmatrix}$$

$$R_{02} = \begin{bmatrix} N_{02}, & \text{风} \quad \text{压}, & \langle 2700, 2800 \rangle \\ & \text{风} \quad \text{量}, & \langle 11000, 12000 \rangle \\ & \text{等积孔}, & \langle 2, 4 \rangle \\ & \text{供需比}, & \langle 0.9, 1 \rangle \\ & \text{风量率}, & \langle 0.8, 0.85 \rangle \\ & \text{通风方式}, & \langle 7, 8 \rangle \\ & \text{稳定性}, & \langle 7, 8 \rangle \\ & \text{抗灾能力}, & \langle 7, 8 \rangle \end{bmatrix}$$

$$R_{03} = \begin{bmatrix} N_{03}, & \text{风} \quad \text{压}, & \langle 2800, 3000 \rangle \\ & \text{风} \quad \text{量}, & \langle 9000, 11000 \rangle \\ & \text{等积孔}, & \langle 1, 2 \rangle \\ & \text{供需比}, & \langle 0.8, 0.9 \rangle \\ & \text{风量率}, & \langle 0.7, 0.8 \rangle \\ & \text{通风方式}, & \langle 6, 7 \rangle \\ & \text{稳定性}, & \langle 6, 7 \rangle \\ & \text{抗灾能力}, & \langle 6, 7 \rangle \end{bmatrix}$$

$$R_{04} = \begin{bmatrix} N_{04}, & \text{风} \quad \text{压}, & \langle 3000, 3500 \rangle \\ & \text{风} \quad \text{量}, & \langle 8000, 9000 \rangle \\ & \text{等积孔}, & \langle 0.8, 1 \rangle \\ & \text{供需比}, & \langle 0.6, 0.8 \rangle \\ & \text{风量率}, & \langle 0.6, 0.7 \rangle \\ & \text{通风方式}, & \langle 4, 6 \rangle \\ & \text{稳定性}, & \langle 4, 6 \rangle \\ & \text{抗灾能力}, & \langle 4, 6 \rangle \end{bmatrix}$$

$$
\text{节域物元为：} R_P = \begin{bmatrix} N, & \text{风　压,} & \langle 900,3800 \rangle \\ & \text{风　量,} & \langle 8000,16000 \rangle \\ & \text{等积孔,} & \langle 0.5,9 \rangle \\ & \text{供需比,} & \langle 0.5,1.3 \rangle \\ & \text{风量率,} & \langle 0.5,1 \rangle \\ & \text{通风方式,} & \langle 3,10 \rangle \\ & \text{稳定性,} & \langle 3,10 \rangle \\ & \text{抗灾能力,} & \langle 3,10 \rangle \end{bmatrix}
$$

b　确定待评物元

$$
\text{待评物元为：} R = \begin{bmatrix} N, & \text{风　压,} & 2428 \\ & \text{风　量,} & 13577 \\ & \text{等积孔,} & 5.92 \\ & \text{供需比,} & 1.15 \\ & \text{风量率,} & 0.877 \\ & \text{通风方式,} & 9.4 \\ & \text{稳定性,} & 9.2 \\ & \text{抗灾能力,} & 9.6 \end{bmatrix}
$$

c　首次评价

在通风系统可靠性指标体系中,没有非满足不可的指标(特征),故该步可省略。

d　建立关联函数,计算关联度

根据公式(9-41)和公式(9-42)可计算评价对象与各安全等级的关联度:

$$
K_{331} = \begin{bmatrix} 0.247 & -0.165 & -0.213 & -0.294 \\ 1.423 & -0.394 & -0.515 & -0.654 \\ 1.655 & -0.384 & -0.56 & -0.615 \\ 0.5 & -0.5 & -0.625 & -0.7 \\ 0.281 & -0.18 & -0.385 & -0.59 \\ 5 & -0.7 & -0.8 & -0.85 \\ 7 & -0.6 & -0.733 & -0.8 \\ 3 & -0.8 & -0.867 & -0.9 \end{bmatrix}
$$

e 计算评价对象的综合关联度

根据公式(9-54),可得各评价对象的综合关联度:

$K_{p35} = W_{331} \cdot K_{331}$

$= (0.14 \quad 0.13 \quad 0.05 \quad 0.11 \quad 0.1 \quad 0.09 \quad 0.17 \quad 0.21)$

$$\begin{bmatrix} 0.247 & -0.165 & -0.213 & -0.294 \\ 1.423 & -0.394 & -0.515 & -0.654 \\ 1.655 & -0.384 & -0.56 & -0.615 \\ 0.5 & -0.5 & -0.625 & -0.7 \\ 0.281 & -0.18 & -0.385 & -0.59 \\ 5 & -0.7 & -0.8 & -0.85 \\ 7 & -0.6 & -0.733 & -0.8 \\ 3 & -0.8 & -0.867 & -0.9 \end{bmatrix}$$

$= (2.655 \quad -0.5 \quad -0.611 \quad -0.694)$

B 管理制度的可拓评价

a 确定经典域和节域

各安全性等级的经典域物元分别为:

$$R_{01} = \begin{bmatrix} N_{01}, & 完善率, & \langle 80,99 \rangle \\ & 标准率, & \langle 80,99 \rangle \end{bmatrix}$$

$$R_{02} = \begin{bmatrix} N_{02}, & 完善率, & \langle 70,80 \rangle \\ & 标准率, & \langle 70,80 \rangle \end{bmatrix}$$

$$R_{03} = \begin{bmatrix} N_{03}, & 完善率, & \langle 60,70 \rangle \\ & 标准率, & \langle 60,70 \rangle \end{bmatrix}$$

$$R_{04} = \begin{bmatrix} N_{04}, & 完善率, & \langle 50,60 \rangle \\ & 标准率, & \langle 50,60 \rangle \end{bmatrix}$$

节域物元为:$R_p = \begin{bmatrix} N, & 完善率, & \langle 40,100 \rangle \\ & 标准率, & \langle 40,100 \rangle \end{bmatrix}$

b 确定待评物元

待评物元为:$R = \begin{bmatrix} N, & 完善率, & 85.4 \\ & 标准率, & 88.2 \end{bmatrix}$

c　首次评价

在管理制度的指标体系中,没有非满足不可的指标(特征),故该步可省略。

d　建立关联函数,计算关联度

根据公式(9-41)和公式(9-42)可计算出评价对象与各安全预警等级的关联度:

$$K_{341} = \begin{bmatrix} 0.587 & -0.27 & -0.513 & -0.635 \\ 2.278 & -0.41 & -0.607 & -0.705 \end{bmatrix}$$

e　计算评价对象的综合关联度

根据公式(9-44),可得评价对象与各安全预警等级的综合关联度:

$$K_{41} = W_{341} \cdot K_{341} = (0.45 \quad 0.55)\begin{bmatrix} 0.587 & -0.27 & -0.513 & -0.635 \\ 2.278 & -0.41 & -0.607 & -0.705 \end{bmatrix}$$
$$= (1.517 \quad -0.347 \quad -0.565 \quad -0.674)$$

C　组织状态的可拓评价

同理,可以对组织状态监测指标进行可拓评价,得到评价对象与各安全等级的综合关联度:

$$K_{42} = (4.473 \quad -0.258 \quad -0.464 \quad -0.58)$$

D　事故控制的可拓评价

同理,可以对组织状态监测指标进行可拓评价,得到评价对象与各安全等级的综合关联度:

$$K_{43} = (1.77 \quad -0.556 \quad -0.781 \quad -0.841)$$

9.4.3.2　第2层次可拓综合评价

A　作业人员的可拓评价

a　确定经典域和节域

各安全性预警等级的经典域物元分别为:

$$R_{01} = \begin{bmatrix} N_{01}, & 违章作业率, & \langle 1,20 \rangle \\ & 违章指挥率, & \langle 1,10 \rangle \\ & 违纪率, & \langle 1,15 \rangle \\ & 技术达标率, & \langle 60,99 \rangle \end{bmatrix}$$

$$R_{02} = \begin{bmatrix} N_{02}, & 违章作业率, & \langle 20,30 \rangle \\ & 违章指挥率, & \langle 10,20 \rangle \\ & 违纪率, & \langle 15,30 \rangle \\ & 技术达标率, & \langle 50,60 \rangle \end{bmatrix}$$

$$R_{03} = \begin{bmatrix} N_{03}, & 违章作业率, & \langle 30,50 \rangle \\ & 违章指挥率, & \langle 20,40 \rangle \\ & 违纪率, & \langle 30,50 \rangle \\ & 技术达标率, & \langle 40,50 \rangle \end{bmatrix}$$

$$R_{04} = \begin{bmatrix} N_{04}, & 违章作业率, & \langle 50,90 \rangle \\ & 违章指挥率, & \langle 40,80 \rangle \\ & 违纪率, & \langle 50,90 \rangle \\ & 技术达标率, & \langle 30,40 \rangle \end{bmatrix}$$

节域物元为：$R_p = \begin{bmatrix} N, & 违章作业率, & \langle 0,100 \rangle \\ & 违章指挥率, & \langle 0,90 \rangle \\ & 违纪率, & \langle 0,100 \rangle \\ & 技术达标率, & \langle 20,100 \rangle \end{bmatrix}$

b 确定待评物元

待评物元为：$R = \begin{bmatrix} N, & 违章作业率, & 32.1 \\ & 违章指挥率, & 15.2 \\ & 违纪率, & 2.8 \\ & 技术达标率, & 65.2 \end{bmatrix}$

c 首次评价

在作业人员预警指标体系中，没有非满足不可的指标(特征)，故该步可省略。

d 建立关联函数，计算关联度

根据公式(9-41)和公式(9-42)可计算出评价对象与各安全预警等级的关联度：

$$K_{21} = \begin{bmatrix} -0.274 & -0.061 & 0.07 & -0.358 \\ -0.255 & 0.462 & -0.24 & -0.62 \\ 1.8 & -0.813 & -0.907 & -0.944 \\ 0.176 & -0.13 & -0.304 & -0.42 \end{bmatrix}$$

e　计算评价对象的综合关联度

根据公式(9-44),可得评价对象与各安全预警等级的综合关联度:

$$K_1 = W_{21} \cdot K_{21} = (0.35 \quad 0.25 \quad 0.22 \quad 0.18)$$

$$\begin{bmatrix} -0.274 & -0.061 & 0.07 & -0.358 \\ -0.255 & 0.462 & -0.24 & -0.62 \\ 1.8 & -0.813 & -0.907 & -0.944 \\ 0.176 & -0.13 & -0.304 & -0.42 \end{bmatrix}$$

$$= (0.268 \quad -0.108 \quad -0.29 \quad -0.564)$$

B　机械设备的可拓评价

类似于作业人员的可拓评价过程,可得出评价对象与各安全预警等级的综合关联度为:

$$K_2 = (3.436 \quad -0.25 \quad -0.58 \quad -0.714)$$

C　作业环境的可拓评价

首先计算作业环境预警指标体系中前4个指标的关联度,计算过程类似于作业人员的可拓评价的计算过程,得到4个指标的关联度矩阵:

$$K_{31} = \begin{bmatrix} 1.015 & -0.335 & -0.668 & -0.734 \\ 5.75 & -0.46 & -0.73 & -0.784 \\ 0 & 0 & -0.182 & -0.308 \\ 1.5 & -0.375 & -0.444 & -0.5 \end{bmatrix}$$

该矩阵和第3层次的通风系统可靠性评价结果组成第2层次的评价矩阵,考虑各指标的权重,可得到评价对象第2层次作业环境与各安全预警等级的综合关联度:

$$K_3 = (0.12 \quad 0.14 \quad 0.08 \quad 0.34 \quad 0.32)$$

$$\begin{bmatrix} 1.015 & -0.335 & -0.668 & -0.734 \\ 5.75 & -0.46 & -0.73 & -0.784 \\ 0 & 0 & -0.182 & -0.308 \\ 1.5 & -0.375 & -0.444 & -0.5 \\ 2.655 & -0.5 & -0.611 & -0.694 \end{bmatrix}$$

$$= (2.287 \quad -0.392 \quad -0.543 \quad -0.615)$$

D 管理状态的可拓评价

第 3 层次的评价中,管理制度、组织状态和事故控制的评价结果组成第 2 层次的管理状态的评价矩阵,考虑各因素的权重,可得管理状态的综合评价结果:

$$\boldsymbol{K}_4 = (0.22 \quad 0.34 \quad 0.44) \begin{bmatrix} 1.517 & -0.347 & -0.565 & -0.674 \\ 4.473 & -0.258 & -0.464 & -0.58 \\ 1.77 & -0.556 & -0.781 & -0.841 \end{bmatrix}$$

$$= (2.633 \quad -0.409 \quad -0.626 \quad -0.716)$$

9.4.3.3 第 1 层次可拓综合评价

第 2 层次的评价结果组成第 1 层次的评价矩阵,考虑第 1 层次各因素的权重,可得新庄矿安全预警的综合预警结果:

$$\boldsymbol{K}_{\mathrm{p}} = \boldsymbol{W}_1 \boldsymbol{K} = (0.49 \quad 0.1 \quad 0.16 \quad 0.25)$$

$$\begin{bmatrix} 0.268 & -0.108 & -0.29 & -0.564 \\ 3.436 & -0.25 & -0.58 & -0.714 \\ 2.287 & -0.392 & -0.543 & -0.615 \\ 2.633 & -0.409 & -0.626 & -0.716 \end{bmatrix}$$

$$= (1.499 \quad -0.243 \quad -0.443 \quad -0.625)$$

根据最大关联度准则可知,新庄矿的安全状况良好,安全预警等级为无警。

9.4.3.4 预警结果分析

根据第 4 章中建立预警模型时的说明,新庄矿各单项指标中,违章作业率达到了中警的警限范围,违章指挥率达到了轻警的警限范围,诸如瓦斯浓度等重要指标均为无警范围。此时采用综合预警模型得出的综合预警结果为无警。

　　通过第 2 层次的可拓综合评价,可以看出该矿的井下作业人员的综合关联度属于无警的程度比较小,这说明了该矿作业人员的整体安全性比较差,需要加强对作业人员的安全法制教育、安全知识和安全技能教育,加大对"三违"的处罚力度,提高"三违"的机会成本,从而达到降低违章作业率、违章指挥的目的,提高作业人员安全作业的程度,进而提高矿井的安全生产水平。

　　在第 2 层次的作业环境评价中,温度属于无警和轻警的综合关联度均为 0,这是由于该矿的 21121 采面的温度达到了 26℃,而 26℃ 恰好是无警和轻警的分界点。(《煤矿安全规程》第 102 条规定,采掘工作面的空气温度不得超过 26℃)这也说明该矿需要加强通风,以降低采掘工作面的空气温度,改善作业环境。

9.5　本章小结

　　本章主要对煤矿安全预警进行了深入的分析和研究。

　　研究了建立煤矿安全预警指标体系的原则,提出了全面性与代表性相结合等 6 项原则,并在该原则的指导下,建立了煤矿安全预警的指标体系。该体系包括人、机、环境和管理状态四大方面,共分为 3 个层次,30 个指标。

　　利用层次分析法确定了煤矿安全预警指标体系中各层次指标的权重,避免了权重确定的主观性。

　　在分析现有预警模型优缺点的基础上,充分借鉴国内外比较成熟的财务预警和风险预警模型,提出了适合煤矿需要的综合性安全预警模型。该模型基于可拓理论的物元模型,以综合关联度作为评价准则,从而避免了评价过程中的主观性,使评价结果更加客观。

　　利用建立的煤矿安全预警指标体系和预警模型,对河南神火煤电股份有限公司新庄矿安全状况进行了预警分析,建立了各预警指标的警限,得出了该矿的综合安全状况,预警结果为无警。

参 考 文 献

[1] 吴征艳,蒋曙光,金双林. 简述目前我国煤矿安全管理[J]. 矿业快报,2004,(5): 14~16.

[2] 谭家磊. 矿井通风系统评判及安全预警系统研究[D],山东科技大学,2005.5.

[3] 范明训. 通风[M]. 北京:煤炭工业出版社,1999.56~57.

[4] 周福宝,王德明,李正军. 矿井通风系统优化评判的模糊优选分析法[J]. 中国矿业大学学报,2002,31(3):262~266.

[5] 杨玉中,吴立云,张强. 综采工作面安全性多层次灰熵综合评价[J]. 煤炭学报, 2005,30(5):598~602.

[6] 杨玉中,张强,吴立云. 基于熵权的 TOPSIS 供应商选择方法[J]. 北京理工大学学报,2006,26(1):31~35.

[7] Yurdakul, Mustafa, AHP approach in the credit evaluation of the manufacturing firms in Turkey[J]. International Journal of Production Economics, 2004, 88(3):269~289.

[8] 吴祈宗. 运筹学与最优化方法[M]. 北京:机械工业出版社,2003,215~219.

[9] George Mavrotas, Yannis Caloghirou, Jacques Koune. A model on cash flow forecasting and early warning for multi-project programme : application to the operational programme for the information society in Greece[J]. International Journal of Project Management, 2005,23:121~133.

[10] Jose-Manuel Zaldlvar, Jordi Bosch, Fernanda Strozzi. Early warning detection of runaway initiation using non-linear approaches[J]. Communications in Nonlinear Science and Numerical Simulation, 2005, 10:299~311.

[11] 高雷,王升. 财务风险预警的功效系数法实例研究[J]. 南京财经大学学报, 2005, 1:93~97.

[12] 高艳青,栾甫贵. 基于模糊综合评价的企业财务危机预警模型研究[J]. 经济问题探索,2005, (1):56~57.

[13] Jeffery W Gunther, Robert R Moore. Early warning models in real time[J]. Journal of Banking & Finance, 2003, 27:1979~2001.

[14] W L Tung, C Queka, P Cheng. GenSo-EWS:a novel neural-fuzzy based early warning system for predicting bank failures[J]. Neural Networks, 2004, 17:567~587.

[15] 吴铭峰. 建立金融风险预警指标体系的探讨[J]. 市场周刊,2005,(5):33~34.

[16] 韩国丽. 企业信用危机的预警及管理[J]. 武汉大学学报(人文科学版),2005,58(1):113~118.

[17] Abdul de Guia Abiad. Early warning systems for currency crises A Markov-switching

approach[D]. USA：University of Pennsylvania，2002.

[18] Cynthia A. Philips. Time series analysis of famine early warning systems in Mali[D]. USA：Michigan State University，2002.

[19] 张勇，曾澜，吴炳方. 区域粮食安全预警指标体系的研究[J]. 农业工程学报，2004，20(3)：192~196.

[20] 王超，佘廉. 社会重大突发事件的预警管理模式研究[J]. 武汉理工大学学报(社会科学版)，2005，18(1)：26~29.

[21] 郭小哲，段兆芳. 我国能源安全多目标多因素监测预警系统[J]. 中国国土资源经济，2005，(2)：13~16.

[22] 蔡文，杨春燕，林伟初. 可拓工程方法[M].北京：科学出版社，2000，207~209.

[23] 蔡文，杨春燕，何斌. 可拓逻辑初步[M].北京：科学出版社，2003，82~84.

[24] 杨玉中，吴立云，黄卓敏. 矿井通风系统评价的可拓方法[J]. 中国安全科学学报，2007，17(1)：126~130.

[25] 杨玉中，冯长根，吴立云. 基于可拓理论的煤矿安全预警模型研究[J]. 中国安全科学学报，2008，18(1)：40~45.

冶金工业出版社部分图书推荐

书　名	作　者	定价（元）
产业循环经济	北京现代循环经济研究院　编著	69.00
投资项目可行性分析与项目管理	王维才　等编著	29.00
管理系统工程基础	朱　明　等编	19.00
现代海洋经济理论	叶向东　著	28.00
现代矿山企业安全控制创新理论与支撑体系	包国忠　赵千里　等著	75.00
现代设备管理	王汝杰　石博强　著	56.00
中国工业发展解难	黄建宏　著	19.00
工程项目管理与案例	盛天宝　等编著	36.00
建筑工程经济与项目管理	李慧民　主编	28.00
建立山西煤炭战略储备机制	马旭军　张志华　著	19.00
现代物业管理实务——精选100案例	刘昌民　等编著	52.00
基于监管的审计定价研究	王宥宏　著	22.00
电子废弃物的处理处置与资源化	牛冬杰　等主编	29.00
生活垃圾处理与资源化技术手册	赵由才　宋　玉　主编	180.00
工业固体废物处理与资源化	牛冬杰　等主编	39.00
安全管理基本理论与技术	常占利　著	46.00
医疗废物焚烧技术基础	王　华　等著	18.00
水资源系统运行与优化调度	邹　进　等编著	10.00